Das Kosmos Handbuch
Tiere und Pflanzen

Das Kosmos Handbuch

Tiere und Pflanzen

Dreyer
Laske
Laux
Schmid

KOSMOS

5 Kapitel – 5 Farben

Das Buch besteht aus fünf einzelnen Kapiteln bzw. Kennfarben, die sich immer auf eine bestimmte Tier- oder Pflanzengruppe beziehen. Um die vorgestellten Arten gut unterscheiden zu können bzw. zu finden, erfolgt die Einteilung der Kapitel entweder nach Lebensräumen (bei Vögeln und Bäumen) oder nach Verwandtschaftsgruppen (bei sonstigen Tieren und Pilzen). Die Blumen sind nach der Farbe der Blüten eingeteilt, da sie sich am besten danach bestimmen lassen. Innerhalb der Unterkapitel sind die Arten stets nach ihrer Verwandtschaft sortiert.

Vögel 10

am Meer 18
in Wäldern 44
in Dorf und Stadt 58
an See und Teich 98
in Feld und Wiese 116

Sonstige Tiere 134

Säugetiere 142
Kriechtiere und Lurche 162
Fische 172
Insekten und andere Wirbellose 180

Bäume 224

in Park und Garten 232
am Wasser 268
Wälder der Ebene 284
Wälder der Gebirge 308
Hecken und Feldgehölze 328

Blumen 348

Blütenfarbe weiß 356
Blütenfarbe gelb 382
Blütenfarbe rot 406
Blütenfarbe blau 434
Blütenfarbe grün 456

Pilze 472

Röhrenpilze* 482
Blätterpilze* 502
Sprödblättler* 556
Nichtblätterpilze* 568

*Erklärung der Begriffe auf den angeführten Seiten

Zu diesem Buch

Dieses Handbuch der häufigsten Pilze, Pflanzen und Tiere gliedert sich in fünf Themenkapitel, die an fünf unterschiedlichen Farben kenntlich sind: Es beginnt blau mit den Vögeln, gefolgt von einem orangen Teil mit einer Auswahl sonstiger Tiere, den Bäumen unter der Farbe Grün, den Blumen unter Gelb und Pilzen unter Rot.

Innerhalb der einzelnen Themenkapitel erfolgt aus praktischen Gründen die Einteilung der aufgeführten Arten nach verschiedenen Kriterien. Vögel und Bäume lassen sich am leichtesten unter Lebensräumen wie „am Meer" oder „im Gebirge" ordnen und finden; sonstige Tiere und Pilze sind leichter unter Verwandtschaftsgruppen sortierbar. Am einfachsten und hilfreichsten ist es bei den Blumen. Diese sind nach den Blütenfarben Weiß, Gelb, Rot, Blau und Grün eingeteilt. Und innerhalb der Farben noch einmal nach der jeweiligen Blütenform, die man auf den ersten Blick an der Blume erkennt.

Auf diese Weise gliedert sich das umfangreiche Handbuch in kleinere und gut überschaubare Lese- oder Nachleseportionen.

Innerhalb der Kapitel sind die Seiten für jede Art nach einem einheitlichen Schema aufgebaut. Ein Bild mit unterlegter Kennfarbe stellt die Art vor und nennt die deutschen und die wissenschaftlichen Namen. Darunter folgen Kurzmerkmale und die wichtigsten Kennzeichen zur Bestimmung. Das Besondere dieses Handbuchs sind die „Merksprüche". Sie beschreiben die Art mit einprägsamen Sätzen. So ist der Kleiber „von Beruf Stammläufer und Maurer" oder der Igel „ein lautstarker Einzelgänger mit 6000 Stacheln". Die Baumhasel in unseren Städten trägt als Markenzeichen „Haselnüsse büschelweise", das Tüpfel-Johanniskraut verbreitet als altes Heilkraut „heitere Stimmung durch goldgelbe Blüten" und der März-Schneckling bringt „Vorfrühlingsfreude für den Pilzfreund".

Die Haupttexte berichten interessante biologische Details, erzählen von der gemeinsamen Geschichte mit uns Menschen oder der Herkunft ihrer Namen.

Deutscher Artname

Wissenschaftlicher Artname

Kennfarbe und Kapitelname: entspricht den 5 Kapiteln (Vögel, sonstige Tiere, Bäume, Blumen, Pilze)

jeweiliges Unterkapitel: Lebensraum, Verwandtschaftsgruppe oder Blütenfarbe bei den Blumen

Kurzmerkmale

Tiere
Säugetiere

- Insektenfresser
- KR bis 35 cm
- G 400 – 1900 g

Merkmale
Oberseits völlig mit Stacheln bedeckt, unterseits behaart; dunkle Knopfaugen, kleine Ohren, spitze Schnauze und plumper, kurzbeiniger Körper; Färbung sehr unterschiedlich.

Igel

Erinaceus europaeus

Lautstarker Einzelgänger mit 6000 Stacheln

In der Dämmerung streift der Igel laut schnaufend und schmatzend durch sein Revier. Er kann sich's leisten, Lärm zu machen: Wenn es brenzlig wird, rollt er sich blitzschnell ein. Kopf und Unterseite liegen dann gut geschützt in der Stachelkugel.

Igel sind Winterschläfer. Im Spätherbst ziehen sie sich unter Holzstöße oder Reisighaufen zurück. Winterschlaf ist Energiesparschlaf: Bei einer stark abgesenkten Körpertemperatur, zwei Herzschlägen und einem Atemzug pro Minute zehren die Igel mehrere Monate von ihren Fettvorräten. Im Frühjahr erscheinen sie abgemagert und hungrig. Insekten und Spinnen, Regenwürmer, Schnecken, Vogeleier, Aas oder Kompostabfälle stehen auf dem Speisezettel. Wenig später beginnt die Paarungszeit. Nur dann sucht der streitsüchtige Einzelgänger Kontakt. Frisch geborene Igel haben kurze weiche Stacheln und verlassen erst nach drei bis vier Wochen mit ihrer Mutter das Nest. Wenn sie keinem Auto zum Opfer fallen, gegen das ihr Überlebensrezept des Einkugelns nichts nützt, können sie acht bis zehn Jahre alt werden.

Ein seltenes Bild: Igel sind lieber allein.

144

Wie viele Tier- und Pflanzenarten auf der Erde vorkommen, weiß niemand auch nur annähernd genau. Beschrieben und mit wissenschaftlichen Namen benannt sind derzeit etwa 1,4 Millionen Tiere und 400 000 Pflanzen. Doch seit man in den Regenwäldern Südamerikas die Baumkronen der Urwaldriesen näher untersuchte, fand man unglaublich viele unbekannte Arten. Von den neuen Erkenntnissen ausgehend schätzen Biologen die Artenzahl von Organismen auf der Erde zwischen 15 und 30 Millionen. Davon sind etwa 75 Prozent Insekten. Wir kennen bislang also nur einen Bruchteil aller Pflanzen und Tiere.

Überschaubarer dagegen sind schon die Artenzahlen in Mitteleuropa. Hier im gemäßigten Klima leben deutlich weniger Organismen. Aber immerhin sind es noch beispielsweise 30 000 Arten von Insekten oder 3000 Blütenpflanzen. Sie alle zu kennen ist selbst Spezialisten kaum möglich.

Natürlicherweise engen sich die Artenzahlen sehr ein, wenn man unser tägliches Umfeld betrachtet. Meist auf jene Arten, denen man beim sonntäglichen Waldspaziergang, während des Urlaubs an der See, beim Schlendern im Stadtpark, im eigenen Garten oder auf einer Radtour durch Felder und Wiesen begegnet. Das sind kaum mehr als 500 Arten, die häufig unseren Weg kreuzen.

Zutraulich und immer in unserer Nähe: das Rotkelchen ist einer unserer häufigsten Singvögel.

Leuchtend rot und zart: Mohnfelder vermitteln Harmonie – ein Anblick, der heute seltener zu genießen ist als früher.

Die „Auswahl“ dabei ist natürlich immer subjektiv. Der Waldspaziergänger und Pilzfreund hat eher einen Blick für die Vielfalt der Pilze, der Vogelinteressierte sieht nur die gefiederten Tiere und der Baumliebhaber sucht mit seinen Blicken die Konturen kühner Baumriesen in der Landschaft. Dennoch werden sich die häufigeren Tier- und Pflanzenarten bei den meisten bei etwa 500 einpendeln.

In diesem Handbuch haben die Autoren 470 Tier- und Pflanzenarten zusammengestellt. Es sind Vögel, Säugetiere, Kriechtiere und Lurche, Fische, einige wenige Insekten und andere Wirbellose. Außerdem Bäume vom Gebirge bis in unsere Gärten und häufige Blumen. Schließlich gibt es noch ein Kapitel über die wichtigsten Pilze.

Immer ging es den Autoren darum, neben den Erkennungsmerkmalen erstaunliche Geschichten aus dem Leben der Tier- und Pflanzenarten zu berichten: aus dem Verhältnis etwa zwischen Mensch und Pflanze oder Vogel und Mensch, von den Leistungen der jeweiligen Arten, ihren ökologischen Vorlieben oder schlicht von kleinen Naturwundern, die es um uns herum zu entdecken gibt.

Inhalt

Einleitung Vögel 12

Vögel

am Meer 18
in Wäldern 44
in Dorf und Stadt 58
an See und Teich 98
in Feld und Wiese 116

Orientierung im Kapitel

Die Bestimmung der einzelnen Arten geht ganz einfach. Fünf Leitfarben führen zu den Vögeln der fünf häufigsten Lebensräume:

- am Meer
- in Wäldern
- in Dorf und Stadt
- an See und Teich
- in Feld und Wiese

Jeder Vogel hat eine eigene Seite. Ganz oben in der Randspalte steht der deutsche Name des Vogels. Darunter ist der wissenschaftliche Name gedruckt. Er besteht aus zwei lateinischen Begriffen. Vorne steht der groß geschriebene Gattungsname, dahinter der klein geschriebene Artname. Das ist internationaler Brauch und bezeichnet jeden Vogel ganz genau. Der Haussperling heißt wissenschaftlich *Passer domesticus*.

Am Rand steht jeweils der **Familienname**. Dann folgen Angaben zur Größe. Hinter dem Buchstaben **L** ist die **Länge** vom Schnabel bis zum Schwanz angegeben. Darunter stehen die **Monate**, in denen die Vögel bei uns zu finden sind. Zusammen mit den typischen Erkennungsmerkmalen helfen diese Anga-ben beim Erkennen und Bestimmen.

Jede Seite beginnt mit einem Merksatz. Er soll dem Leser helfen, sich diesen Vogel einzuprägen. Darunter finden Sie einen größer gedruckten Text, der Außergewöhnliches dieser Art beschreibt. Der Erzähltext führt mitten hinein ins Vogelleben und berichtet von Vorlieben, vom Verhalten und interessanten Beobachtungen dieser Tiere.

Vögel

Wolfgang Dreyer

Wussten Sie das?

Eine der erstaunlichsten Entwicklungen der Natur sind die Vogelfedern. Sie bestehen aus Keratin, einem Stoff, der sich aus Aminosäuren aufbaut. Eine Vogelfeder ist federleicht, Wasser abstoßend und widerstandsfähig. Sie isoliert, wärmt und wächst nach. Das Federkleid eines Höckerschwans besteht aus mehr als 25 000 Einzelfedern. Die Singdrossel hüllt sich in 3300 Federn und der Haussperling trägt 1400 dieser Wundergebilde auf dem Leib. Weil sich Federn mit der Zeit abnutzen, müssen sie ersetzt werden. Das Nachwachsen geschieht schrittweise, damit der Vogel flugfähig bleibt. Nur die schwereren Entenvögel brauchen zum Fliegen ein komplettes Federkleid und müssen während der Mauser etwa 28 Tage lang flugunfähig auf dem Wasser verbringen.

Fast schwerelos steht sie über dem Heck der Fähre im Wind. Ein kleiner Schwenk und schon fliegt die Silbermöwe eine Spirale hoch in den Himmel. Kurz darauf segelt sie wieder regungslos im Wind. Wer hat in diesen Momenten nicht schon mal geträumt, wie ein Vogel fliegen zu können? Viele haben es erfolglos versucht. Die Eroberung des Luftraumes gelang erst, als man begriff, was Vögeln den Auftrieb bringt: Es ist die gewölbte Form ihrer Flügel und ihre Leichtigkeit.

Weltweit gibt es über 9000 Vogelarten. Bei uns in Mitteleuropa leben etwa 230 Arten. Wir begegnen ihnen jeden Tag, freuen uns über ihre Lieder, bewundern ihre Farben und träumen sogar auf einem Kissen, gefüllt mit Gänsedaunen. Manchmal sind ihre Lebensgeschichten unseren ähnlich. Kein Wunder, dass Vogelbeobachtung eines der beliebtesten Hobbies von Naturliebhabern wurde.

Dieses Buch wendet sich an alle, die Lust haben, die häufigsten Vögel um uns zu entdecken. Vorkenntnisse sind dazu nicht notwendig. Zum leichten Auffinden sind die einzelnen Vogelarten fünf Lebensräumen zugeordnet, in denen sie sich am häufigsten aufhalten:

- am Meer
- in Wäldern
- in Dorf und Stadt
- an See und Teich
- in Feld und Wiese

Manchen Leser mag es erstaunen, dass beispielsweise die Lachmöwe in dem Kapitel „In Feld und Wiese“ aufgeführt ist. Aber dort hat man mittlerweile die größte Chance, unsere Binnenland-Möwe anzutreffen. In großen Schwärmen folgt sie viele Monate den Bauern bei der Feldarbeit, während sie am Teich nur kurze Zeit brütet. Wer beginnt, sich für Vögel zu interessieren, wird diese faszinierenden Tiere nicht mehr los. Die Freude an der Vogelbeobachtung bleibt für immer.

Die richtigen Begriffe

Vögel zu erkennen und richtig zu bestimmen ist meist sehr einfach. Ein Gimpel ist mit Farbe und Form genauso unverwechselbar wie ein Kiebitz. Schwieriger wird es schon bei den Singvögeln, die im Buschwerk leben. Manchmal verraten sie sich mit ihrem typischen Gesang. Manchmal jedoch kommt es auf einen hellen Streifen über dem Auge oder eine Flügelzeichnung an. Ich habe versucht, in diesem Buch auf Fachausdrücke weitgehend zu verzichten. Dennoch sollte man wissen, wo ein Vogel seinen Scheitel hat und welche Federn man als Armschwingen bezeichnet. Die Schemazeichnung erklärt die wichtigsten Begriffe.

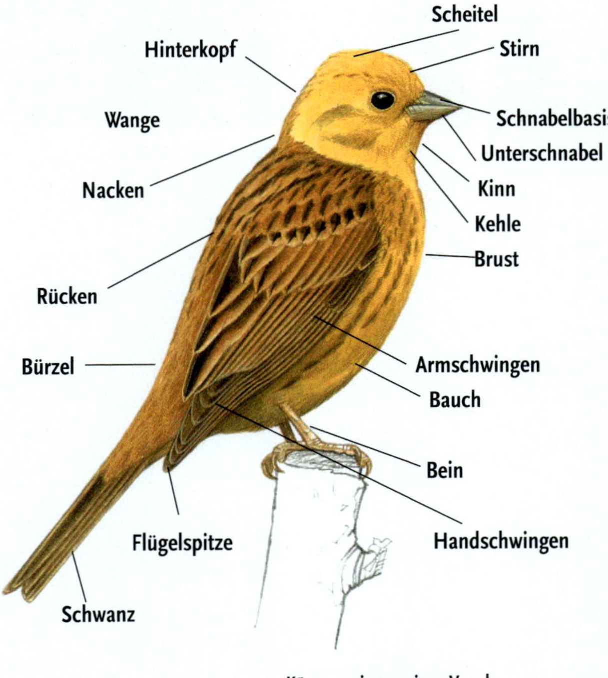

Körperregionen eines Vogels

Warum Vögel reisen

Keine andere Tiergruppe hat sich die Nahrungsquellen der Natur so gründlich erschlossen wie die Vögel. Weltweit gibt es kaum eine Pflanze oder ein Tier, das nicht irgendwann von Vögeln als Nahrung genutzt wird. Diese Wendigkeit ermöglichte es ihnen, alle Lebensräume der Erde zu erobern. Doch in unseren Breiten bezahlen sie einen hohen Preis dafür. Wenn im Winter keine Insekten verfügbar sind, müssen manche Arten weite Wege fliegen, um in warmen Gegenden bessere Lebensbedingungen zu finden. Manchmal genügt es aber auch, dem Winter nur ein wenig auszuweichen. Kiebitze ziehen oft entlang der Küsten nur ein Stück weit nach Süden. Aber andere Vögel sind erstaunliche Weitflieger. Mehlschwalben aus Dörfern an der Ostsee flogen 10 000 Kilometer bis nach Kapstadt, wie Wiederfunde beringter Vögel zeigten. Den Rekord hält wohl eine dänische Küstenseeschwalbe, die im Packeis der Antarktis wiederge-

Im Schwarm nach Süden. Viele Arten weichen dem Winter aus.

funden wurde. Sie bewies, dass Seeschwalben zweimal im Jahr 25 000 Kilometer weit fliegen. Auch andere erreichen beachtliche Rekorde. Ein Steinwälzer legte auf dem Zug innerhalb eines Tages die Strecke von 1044 Kilometern zurück, ein Kiebitz dagegen kam gerade 170 Kilometer weit.

Der Zug in die Stadt

Früchte und Beeren sind für viele Singvögel so etwas wie ein Glücksfall. Kurz vor der schlechten Jahreszeit bietet sich die Gelegenheit, mit den zuckerreichen Früchten die Fettreserven aufzufüllen. So fallen Amseln und Grasmücken über Holunderbeeren her, Gimpel suchen die roten Ebereschenfrüchte und Stare laben sich an Weintrauben. Die Früchte fressenden Vögel sind Nomaden. Sie ziehen umher auf der Suche nach

Unterschlupf in der Menschenburg. Turmfalken nehmen gerne Nisthilfen an.

günstige Gelegenheiten. Längst sind sie in den Dörfern und Städten angekommen, weil unsere Gärten ein gut sortierter Früchtemarkt sind. Doch der Zug in die Stadt hat noch viele andere Vogelarten erfasst. Mittlerweile lebt etwa die Hälfte der mitteleuropäischen Arten in unseren Siedlungen. Für Turmfalken sind unsere Hochhäuser ideale Felsen zum Brüten und Kirchtürme bieten Schleiereulen ein ungestörtes Refugium. Für Rauchschwalben sind Pferdeställe ein Fliegenparadies und Sperlinge finden in Reithallen das, was früher auf der Straße lag.
Wo die Ernährungslage fast ganzjährig günstig ist, lässt es sich trefflich brüten. Viele Vogelarten bauen ihr Nest in unserer unmittelbaren Nähe. Oft sind es kuriose Neststandorte. Bei einer Untersuchung in Kiel fand ich schöne Beispiele: Viele Jahre lang brütete eine Amsel, durch eine weiße Schwanzfeder individuell erkennbar, auf dem Balkon im zweiten Stockwerk. Sie hatte sich ausgerechnet den Blumenkasten von Frau Vogel ausgesucht. Von der Sitte, einen Türkranz als Haustürschmuck aufzuhängen, profitieren häufig die Zaunkönige. Ihr Backofennest passt haargenau in die Kranzmitte. Sie brüteten schon in Jackenärmeln, Fischernetzen, Lampenschalen oder Ofenrohren. Besonders treu war eine Stockente. Sieben Jahre lang kam sie im März vor die Haustüre einer Fischerin. Stellte diese ihren Einkaufskorb vor die Türe, brütete die Ente trotz regen Besucherverkehrs Jahr für Jahr im Korb. Ihre Küken wurden später darin zum Teich getragen.

Ente im Korb. Viele Jahre brütete diese Stockente auf der Haustreppe.

Vom Glück, das richtige Fernglas zu besitzen

Mein erstes Fernglas bekam ich mit sechs Jahren. Es war ein ausgedientes Armeeglas. Viel Freude hatte ich damit nicht. Im Lauf meines Biologenlebens habe ich über ein Dutzend Ferngläser verbraucht. Die meisten starben den Wassertod, weil sie mir in den Teich fielen oder bei Regen innen beschlugen. Deshalb suchte ich nach dem idealen Fernglas und wurde fündig. Die Neuentwicklungen vorwiegend der deutschen Spitzenoptikfirmen beheben die vielen Mängel von Gläsern der letzten Jahrzehnte auf einmal. Mein ideales Glas ist Stickstoff gefüllt und beschlägt deshalb nicht. Außerdem ist es absolut wasserdicht. Es liegt gut in der Hand und besitzt eine Innenfokussierung. Es knirscht also nicht mehr im Getriebe, wenn das Fernglas etwas Staub abbekommt. Am meisten achte ich auf optische Brillanz. Wenn schon die Augen im Lauf der Zeit nachlassen, dann muss die Optik mit höchster Qualität einsetzen. Kaum zu hoffen wagte ich auf die Lösung eines alten Wunsches, zwei Ferngläser in einem zu haben: Meist genügt eine achtfache Vergrößerung. Man kann damit sehr schnell einen

Geduldiges Warten: Vogelbeobachtung mit bester Optik macht Spaß.

Ein Spektiv vergrößert bis 60fach und erlaubt es, auch ferne Vögel nah zu erleben.

Vogel finden, weil das Gesichtsfeld schön groß ist. Dann aber möchte man mehr sehen und wünscht sich ein Fernglas mit zehnfacher oder gar zwölffacher Vergrößerung. Auch solche superscharfen „Umschaltgläser" gibt es mittlerweile. Die Produktpalette der großen Firmen Leica, Zeiss oder Swarovski lässt keine Wünsche offen.

Nicht überall lassen sich Vögel so nah beobachten wie im Garten oder im Wald. Die riesigen Schwärme von Knutts oder Alpenstrandläufern stehen meist weit draußen im Watt. Bei der Bestimmung kommt es aber auf jede Feder an. Wie aber an die Vögel herankommen, ohne den Schwarm bei der wichtigen Energieaufnahme zu stören? Für derartige Beobachtungen verwenden Profis ein Fernrohr, auch Spektiv genannt. Auch auf diesem Gebiet gibt es erstaunliche Neuentwicklungen kurzer, leichter und extrem scharfer Spektive, die oft schon zusammen mit einem ultraleichten Stativ als Paket angeboten werden.

Besonders gut lassen sich die optischen Produkte auf den „bird-watching"-Messen vergleichen. Diese finden jährlich mehrmals statt und sind bei den Naturschutzverbänden zu erfahren.

Dabei bei der Brut

Wer noch näher am Vogelgeschehen in Park und Garten dabei sein möchte, kann den vielen Höhlenbrütern dieses Lebensraums einen Nistkasten bauen. Dabei bekommt jede Art ihr passendes Haus. Die Hausgröße ist bei den kleineren Singvögeln nicht entscheidend, wohl aber die Größe des Fluglochs. Der Hauseingang einer Blaumeise darf nicht größer als 26 mm sein, sonst wird die stärkere Kohlmeise zum Hausbesetzer. Diese braucht wie der Feldsperling ein 32 mm großes Schlupfloch. Spezielle Anforderungen stellen Gartenrotschwanz und Trauerschnäpper, sie lieben ovale Hauseingänge von 35 x 45 mm. Beim Nistkastenbau ist nicht viel zu beachten. Aus Fichte, Kiefer oder Erle sollten die Bretter sein und etwa 2 cm dick. Die Größe des Vogelheims sollte etwa bei 18 x 24 x 27 cm liegen, Variationen vom schrägen Dach bis zur Rundform sind möglich. Nur eines ist wichtig: Ein gutes Vogelhaus hängt nach Osten zur Morgensonne hin.

Vögel
am Meer

Der Morgen kommt mit leisem Licht auf das Meer. Ein Krabbenkutter tuckert in die auflaufende Flut der Nordsee. Schwer zieht er seine Netze über den Boden, um kleine Garnelen zu fangen. Ein Schwarm Möwen folgt ihm, in der Gewissheit, beim Aufholen der Netze etwas von den Schätzen des Meeres miternten zu können.

Die Nordsee ist ein schwieriger Lebensraum für Vögel. Nur alle sechs Stunden öffnet sie ihre Schatzkammer und gibt den Boden frei. Bei Ebbe wimmelt es hier von Krebsen, Muscheln und Würmern. Dann landen Schwärme von Vögeln, die von weit her kommen.

Das Wattenmeer ist für die große Gruppe der Watvögel eine internationale Drehscheibe. Viele Arten brüten in der Arktis und brauchen auf dem Zugweg nach Süden dieses schier unerschöpfliche Reservoir an Kleintieren.

Kaum sechs Stunden später verschließt die Flut wieder das Watt mit einem Deckel aus Wasser. Dann müssen die Möwen wieder den kleinen Kuttern hinterherfliegen und auf das warten, was ihnen Menschen vom Fang übrig lassen. Vögel und wir brauchen das Meer.

Ringelgans

Branta bernicla

- **Entenvögel**
- **L 55 – 60 cm**
- **Oktober – April**

Merkmale
Kleine, dunkel wirkende Gans; Kopf, Hals, Schnabel, Brust und Beine schwarz; scharf abgesetzter heller Bauch; an beiden Halsseiten ein schmaler, weißer Fleck; Jungvögel ohne weißen Halsfleck.

Die Drehscheibe der Gänse

Von Oktober bis April halten sich riesige Gänsescharen im Wattenmeer der Nordsee auf. Bei Ebbe fallen die in langen Ketten fliegenden Vögel ins Watt zum Fressen ein. Bei Flut ziehen sie über die Salzwiesen der Halligen. Weithin sind ihre typischen Kontaktlaute „rott-rott-rott" zu hören.

Es war die berühmte Nadel im Heuhaufen, die Kieler Biologen fanden. Sie beringten einige der Ringelgänse auf der Hamburger Hallig und folgten ihnen per Flugzeug bis nach Sibirien. Auf der russischen Taimyrhalbinsel begegneten sich Ringelgänse und Forscher erneut. Die beringten und wiedergefundenen Ringelgänse sind der Beweis dafür, dass das nordfriesische Wattenmeer eine internationale Drehscheibe des Vogelzuges ist. Ringelgänse betreiben ein regelrechtes Biotopmanagement, fand man in Holland heraus. Wenn sie eine Fläche beweiden, zupfen sie besonders gern den Strandwegerich. Dabei fressen sie aber nur etwa 35 Prozent der Pflanzen und ziehen dann weiter. Nach etwa fünf Tagen kehren die Gänse zurück. In der Zwischenzeit sind die Pflanzenteile in gleicher Menge nachgewachsen und sogar noch eiweißhaltiger.

Ringelgänse: Weidespezialisten im flachen Salzwasser

Brandgans

Tadorna tadorna

Vögel
am Meer

- Entenvögel
- L 58 – 67 cm
- ganzjährig

Merkmale
Unverwechselbar durch die kontrastreiche Gefiederfärbung: Kopf und Hals grünschwarz, Körper schwarz und weiß, breites fuchsrotes Brustband; Männchen mit, Weibchen ohne Höcker an der Schnabelbasis.

Die bunte Gans vom Meer

Spaziergänger auf Sylt sind oft überrascht, wenn im Frühsommer eine bunte Gans mitten in den Dünen steht. Dieser Ganter hält Wache vor einer Kaninchenhöhle. Tief verborgen sitzt dort das Weibchen auf einem Dutzend Eier. Nach dem Schlüpfen geht es im Gänsemarsch zum Wasser.

Die Brandgans ist eine typische Meerente, obwohl sie mittlerweile auch schon im Binnenland zu sehen ist. Sobald das Wasser der Nordsee zur Ebbe abfließt, landen Brandgänse und durchseihen mit pendelnden Kopfbewegungen das flache Wasser. Manchmal trampeln sie auch auf der Stelle und schwemmen so Muscheln und Schnecken frei, die sie ganz verschlucken. Im Frühjahr versammeln sich viele Brandgänse zur gemeinsamen Balz. Dann kann der Vogelbeobachter Verfolgungsjagden sehen, Scheinputzen und Kopfschütteln. Der Familiensinn der Brandgänse ist ungewöhnlich: Während einige wenige Altvögel große Kükenscharen vieler Paare beaufsichtigen, ziehen die anderen Eltern zum Knechtsand vor der Wesermündung. Dort wechseln sie ihre Federn und kehren dann in ihr angestammtes Brutgebiet zurück.

Die Gänsemutter führt die Kükenschar ans Wasser.

Eiderente

Somateria mollissima

- Entenvögel
- L 50 – 71 cm
- ganzjährig

Merkmale
Große, massige Meeresente mit typisch abgeflachtem Kopfprofil und keilförmigem Schnabel; Männchen (Foto oben) im Brutkleid auffallend schwarz und weiß; Weibchen braun mit dichter, dunkler Bänderzeichnung.

Die Ente der Muschelbänke

Diese kräftige Meeresente mit dem dreieckigen Kopfprofil ist in Europa überall am Meer zu sehen. Wo große Gruppen auf den Wellen tanzen, gibt es sicher viele Miesmuscheln. Bis zu 6 m tief tauchen die Eiderenten auf der Suche nach ihrer Muschelbank.

Alljährlich um den 20. April ist auf der Nordseeinsel Amrum ein Naturspektakel zu sehen. Dann treffen sich in der Bucht von Wittdün mehr als 5000 Eiderenten und balzen. Zwei Wochen später wandern sie paarweise in die Dünen. Die Ente scharrt eine Mulde und legt das erste Ei. Das scheint das Signal für den Erpel zu sein, sich für immer aus dem Staub zu machen. Nach der Eiablage zupft sich die Ente ihre Dunenfedern aus. Sorgfältig wattiert sie damit ihr Nest. Die brütende Ente verlässt es nur selten. Sogar Spaziergänger lässt sie nur wenige Dezimeter entfernt vorbeigehen, ohne sich zu rühren. Wenige Minuten nach dem Schlüpfen führt sie ihre Jungen zum Meer, auf Amrum nicht selten durch die Dorfstraße. Die führenden Weibchen bewachen auf dem Meer große Kindergärten aus hunderten von Küken.

Trupps aus Erpel und Enten zur Balzzeit

Mittelsäger

Mergus serrator

Vögel am Meer

- Entenvögel
- L 52 – 58 cm
- ganzjährig

Merkmale
Mit seinem abstehenden Federschopf am Hinterkopf und dem roten, schmalen Schnabel unverwechselbar; Männchen mit grünschwarzem Kopf, weißem Halsring und braunem Brustband; Weibchen mit braunem Kopf.

Kein Ostseespaziergang ohne Säger

Wohl nirgends kann man dem stockentengroßen Säger mit dem langen, schlanken Schnabel so nahe bei der Unterwasserjagd zusehen wie in den Ostseehäfen. Hier tauchen sie unter den Yachten durch und jagen Stichlinge. Im klaren Wasser sind sie wie in einem Aquarium zu sehen.

Der Mittelsäger hat sich die Küste als Lebensraum ausgesucht. Dort schwimmen die Tiere sommers wie winters als Paar entlang seichter Ufer. Wie alle Säger hat er geringe Ansprüche an ein Nest. Das Weibchen legt rund ein Dutzend Eier einfach ins Heidekraut oder in den blanken Dünensand. Sie müssen nur dicht am Wasser liegen, damit die geschlüpften Küken einen kurzen Weg zu ihrem Lebenselement haben. Manche Mütter verlassen ihre Küken kurz nach der Geburt. Diese werden dann von einem anderen Sägerweibchen adoptiert. Vom ersten Tag an können die Jungen schwimmen und tauchen und fangen ihre Fische selbst. Als bewährte Anpassung an diese Lebensweise tragen Säger im Schnabel beiderseits kleine Zahnleisten mit rückwärts gerichteten Zähnchen. So können sie jeden noch so glatten Fisch festhalten. Vor dem Verschlucken wird der Fisch so gedreht, dass er mit dem Kopf voraus in den Schlund gleitet.

Auch beim Ausruhen ein Paar. Links das Männchen

Vögel
am Meer

- Watvögel
- L 40 – 46 cm
- ganzjährig

Merkmale
Charaktervogel vieler Küsten; groß, kräftig, mit langem rotem, seitlich etwas zusammengedrücktem Schnabel und roten Beinen; Gefieder auffällig schwarz-weiß; im Flug breite weiße Flügelbinde sichtbar.

Austernfischer

Haematopus ostralegus

Immer laut und aufgeregt

Sie rufen im Frühling, Sommer, Herbst und Winter, bei Tag und Nacht, im Flug und im Stehen. Die Triller der Küste sind ihr Markenzeichen. Stehen mehrere Austernfischer zusammen, senken sie die Köpfe, drehen sich im Kreis und trillern. Das hält die Gruppe zusammen.

Austern sucht der Austernfischer nicht, wohl aber Mies- und Herzmuscheln. Deren Schalen öffnen die Vögel auf unterschiedliche Weise. Der Typ „Hämmerer" schlägt seine Schnabelspitze auf die dünnste Stelle der Muschel, dort wo der Schließmuskel sitzt. Die Muschel ergibt sich und öffnet ihr Haus. Diese schnelle Methode fordert jedoch Tribut. Bald werden die Hammerschnäbel stumpf. Der „Dolchtyp" überrascht die Muschel mit Schnelligkeit. Blitzartig stößt er mit dem Schnabel in die Atemöffnung und durchtrennt den Schließmuskel. Doch manchmal ist die Muschel schneller. Dann fliegt der Austernfischer stundenlang mit einer Schnabelklammer übers Watt. Die dritte Möglichkeit, sich zu ernähren, ist risikoärmer und etwas für alternde Vögel: Sie stochern Wattwürmer aus dem Schlick.

Das Begrüßungstrillern der Austernfischer

Säbelschnäbler

Recurvirostra avosetta

Vögel
am Meer

Wozu braucht man einen Bogenschnabel?

Wer diesen eleganten Vogel sehen möchte, muss sich entweder für den Neusiedler See oder für die Küsten Schleswig-Holsteins entscheiden. Dort finden diese Watvögel flache Salz- und Brackwasserbereiche, um mit ihrem Schnabel den Schlick nach Kleintieren zu durchseihen.

Richtig Fuß zu fassen, das gelang dem schwarz-weißen Säbelschnäbler an der Nordseeküste noch nicht. Zu oft werden die vier Eier in der flachen Nestmulde bei Hochwasser überschwemmt. Nur wenn die Säbelschnäbler höher in den Dünen brüten, haben sie eine Überlebenschance. Nicht selten brüten sie in Kolonien und zeigen im Frühjahr ein merkwürdiges Verhalten, das der Auslese von brutgeeigneten Paaren dient: Ein Trupp von mehreren Vögeln stellt sich ringförmig auf, wobei die Schnäbel nach innen zeigen. Dann tun sie so, als würden sie mit dem Schnabel etwas zum Mittelpunkt schieben. Das geht so lange, bis einzelne Tiere flüchten. Im Schutzgebiet Katinger Watt bei Tönning/Nordsee gibt es zwei in einen Wall eingelassene Versteckhäuser, aus denen jeder Interessierte Säbelschnäbler aus nächster Nähe beobachten kann.

- **Watvögel**
- **L 42 – 45 cm**
- **April – Oktober**

Merkmale
Der einzige große Watvogel mit stark aufwärts gebogenem Schnabel; Gefieder überwiegend weiß, schwarze Partien an Oberkopf und hinterem Hals; lange graublaue Beine, die im Flug den Schwanz weit überragen.

Der gebogene Schnabel hat einen Wattwurm aufgespürt.

Vögel
am Meer

Sandregenpfeifer

Charadrius hiaticula

Der Renner vom Sand

Dieser Vogel strahlt Hektik aus. Er rennt so schnell am Sandstrand entlang, dass man seine Beine kaum noch sieht. Dann bleibt er ruckartig stehen, knickst einmal, fliegt ein Stück, landet und rennt. Sandige Küsten sind seine Arena. Im Binnenland lebt der Flussregenpfeifer auf ähnliche Art und Weise.

- **Watvögel**
- **L 18 – 20 cm**
- **März – Oktober**

Merkmale
Kleiner Watvogel, der mit schnellen Schritten über den Strand läuft; Altvögel mit brauner Oberseite, schwarzem Brustband und typischer Kopfzeichnung; Beine gelborange; Schnabel gelb mit schwarzer Spitze.

Der lerchengroße Sandregenpfeifer ist ein Schauspieler. Für jeden Zweck hat er eine bestimmte Geste. Gilt es im Frühjahr das Revier zu markieren, fliegt er plötzlich wie in Zeitlupe. Im Flug wirft er sich von einer Seite auf die andere und zeigt mal die weiße Unterseite und dann wieder das braune Rückengefieder. Landet ein Weibchen, rennt er zu einem Stein oder angetriebenen Holzstück und dreht mit der Brust im Sand mehrere kleine Mulden. Dann breitet er seine Flügel aus, spreizt den Schwanz zu einem Fächer und stellt sich wie ein Sonnenschirm über eine Mulde. Findet das Weibchen dieses Schauspiel gut, legt es Muscheln oder Steine in die Mulde. Damit ist der Neststandort akzeptiert. Kommt jetzt ein Fuchs, spielen beide Vögel ihm vor, sie seien flügellahm. Folgt der Räuber dieser vermeintlich leichten Beute, fliegen die Vögel schnell auf. So locken sie den Fuchs oder andere Räuber weg von ihren Jungen.

Der Eimulde nähert sich der Vogel nur sehr vorsichtig.

Alpenstrandläufer

Calidris alpina

Vögel
am Meer

- Watvögel
- L 16 – 22 cm
- Juli – März

Merkmale
Häufigster Strandläufer Europas; Geschlechter gleich; Oberseite rostbraun und schwarz gemustert; Unterseite zur Brutzeit mit großem schwarzem Bauchfleck; im Ruhekleid graubraun ohne Bauchfleck.

Wer macht den Doppelstich ins Watt?

Bei Ebbe ist der Meeresboden wie ein Buch. Jeder Vogel hinterlässt hier seine Spuren, die sich klar abdrücken und die man lesen kann. Für Doppelpunkte vor einem Fußabdruck ist ein Strandläufer verantwortlich. Er sticht mit geöffnetem Schnabel in den Schlick.

Der Alpenstrandläufer brütet in der arktischen Tundra und im grünen Marschland der Küsten. Warum Carl von Linné ihn dennoch Alpenstrandläufer nannte, kann man nur vermuten. Vielleicht, weil dieser Vogel auf dem Zug auch an schwedischen Bergseen zu sehen ist. Schon Mitte Juli kommen die Vögel aus dem Norden zurück in das norddeutsche Wattenmeer. Dann tragen sie noch den schwarzen Bauch ihrer Brutzeit. Erst allmählich bildet sich das graubraune Ruhekleid aus. Dann sind Alpenstrandläufer unterseits weiß. Voller Bewunderung sieht man im Herbst und Winter riesige Schwärme wie dunkle Wolken fliegen. Wenn die Vögel plötzlich wenden, wird die Wolke weiß. Dieses eindrucksvolle Schauspiel schneller Bewegung ist nur möglich, weil Vögel dreimal schneller sehen und reagieren als wir Menschen. Oft fliegen in den Schwärmen auch andere Strandläufer-Arten mit. Es wurden sogar schon Schwärme von bis zu 300 000 Vögeln beobachtet.

Kennzeichen zur Brutzeit: schwarzer Fleck am Bauch

- Watvögel
- L 20 – 21 cm
- ganzjährig

Merkmale
Kleiner, im Ruhekleid heller Strandläufer mit geradem schwarzem Schnabel und schwarzen Beinen; im Brutkleid Oberseite, Kopf und Hals rostbraun mit dunkler Musterung, Unterseite reinweiß.

Sanderling

Calidris alba

Schneller als jede Welle

Jede Welle bringt etwas mit. Ein paar Tangfliegen, ein Stück Muschelfleisch oder einen kleinen Krebs. Wenn der kleine Strandläufer unglaublich schnell am Meeressaum entlangrennt, serviert ihm das Meer seine Leckerbissen direkt vor den Schnabel. Geschickt pickt er zu, ohne nass zu werden.

Der Sanderling kennt Meerwanderer ganz genau und diese ihn. Beide schlendern zu gerne am Meer entlang, der Sanderling immer mit ein paar Metern Vorsprung. Scheu ist er nicht, der helle Vogel mit dem schwarzen Schnabel und den pechschwarzen Beinen. Eigentlich müsste er längst weg sein und in der Tundra brüten. Aber einige bleiben im Sommer an der Nordsee und rennen an der Flutlinie entlang. Die übrigen brüten in der Arktis und ziehen meist zwei Bruten sehr schnell hoch. Schon mit 18 Tagen sind die Jungvögel flugfähig. Im August fliegen dann die elterlichen Brüter aus der Arktis nach Süden und bilden hier schon größere Laufgruppen. Dabei führen sie laufend Selbstgespräche in Form von „plit-plit-plit"-Rufen. Die Jungtiere kommen erst im Oktober nach. Manchmal ziehen sie sogar bis in die Tropen.

Hektisch am Spülsaum. Typisch Sanderling

Knutt

Calidris canutus

Vögel
am Meer

- Watvögel
- L 23 – 25 cm
- Oktober – April

Merkmale
Kurzbeiniger Watvogel; fliegt oft in dichten Schwärmen, die dabei synchrone Schwenks vollführen, über den Strand; im Brutkleid rostbrauner Bauch, helle Oberseite mit dunkler Musterung; im Ruhekleid hellgrau.

Familientreffen in Norddeutschland

Sie kommen aus Grönland oder Sibirien. Jedes Jahr treffen sie sich in den Wattgebieten der Nordsee und laden ihre Energiespeicher auf. Von hier geht es gemeinsam Richtung Dakar und bis nach Kapstadt. Das norddeutsche Wattenmeer gibt ihnen die Kraft für den Langstreckenflug.

Knutt kommt von „wut". So ähnlich klingt ein nasaler Laut, den die geselligen Vögel im Flug äußern. Der Knutt nistet in der Moostundra der Arktis mitten auf einem Teppich von Silberwurz. Diese charakteristische Kältepflanze überdeckte nach der Eiszeit auch weite Gebiete Deutschlands. Die Insekten des arktischen Sommers bieten diesem drosselgroßen Strandläufer nicht immer gute Nahrungsbedingungen, wie es die riesigen Trupps vermuten lassen. Aber die Einzugsgebiete der nordamerikanischen und nordasiatischen Tundra sind gewaltig groß. Und alle Knutts sammeln sich auf dem Südzug an der Nordsee. Es ist kaum vorstellbar, welche weltumspannende Bedeutung diese Schlickflächen besitzen. Allerdings öffnet der reich sortierte „Laden der Meeresfrüchte" nur alle sechs Stunden bei Ebbe, und alle richten sich danach.

Knutts sind an der Nordsee wolkenweise zu sehen.

Kampfläufer

Philomachus pugnax

Vögel am Meer

▸ Schnepfen
▸ L 20 – 32 cm
▸ März – September

Merkmale
Männchen zur Brutzeit mit auffälliger Halskrause und Haube; nackte, warzige Gesichtshaut; Beine orange; Weibchen deutlich kleiner als das Männchen und viel unauffälliger gefärbt; eindrucksvolle Gruppenbalz der Männchen.

Der Schönste gewinnt

Unauffällig ziehen kleine Trupps von Kampfläufern, oft zusammen mit Kiebitzen, durch das Land. Sie landen auf Schlamm- und Schlickflächen, an Klärbecken oder in abgelassenen Fischteichen. Nur einmal im Jahr sind sie aufgeputzt wie die buntesten Kampfhähne.

Der Kampfläufer trägt seinen Namen nur einmal im Jahr zu Recht. Zur Brutzeit bekommen die Männchen einen mächtigen Halskragen. Manchmal ist er weiß, manchmal braunschwarz gemustert oder auch glänzend schwarz. Dann sehen sie aus, als hätten sie sich einen dicken Federkragen zugelegt. An den Brutplätzen treffen sich die Männchen täglich bei Morgendämmerung und rennen mit aufgerichteter Halskrause, mit Haubenfedern und mit halb geöffneten Flügeln umher. Geraten sich zwei in die Quere, beginnt ein heftiger Kampf. Federn fliegen, bis einer der beiden demütig knickst. Dann kehren sie wieder auf ihre Zuschauerplätze zurück. Der stärkste Hahn darf die Weibchen begatten. Nur die Kampfläufer mit dem weißen Brustgefieder werden abgedrängt. Sie kommen nur bei Weibchenüberschuss zum Zug und werden „Satellitenmännchen“ genannt, weil sie die Gruppe umkreisen.

Kampfläufer bei der Balz: aufgeputzte Kampfhähne

Großer Brachvogel

Numenius arquata

Vom Vorteil, einen langen Schnabel zu haben

Je größer die Sandklaffmuschel wird, desto tiefer wandert sie in den Boden des Watts. Nur der Große Brachvogel kann sie dann noch mit seinem langen, gebogenen Schnabel aus der Tiefe holen. Damit gewinnt er eine große Portion Nahrung statt vieler kleiner.

Vögel am Meer

- **Schnepfen**
- **L 50 – 60 cm**
- **ganzjährig**

Merkmale
Großer Watvogel mit langem, abwärts gebogenem Schnabel; Weibchen größer als die Männchen und auch mit längerem Schnabel; Geschlechter sonst gleich: graubraunes Gefieder mit Strichen und Flecken.

Auch der Große Brachvogel ist im Winter gezwungen, die schier unerschöpflichen Nahrungsmengen der Wattflächen zu nutzen. Oft kann man ihn bei Flut an der Küste der Nordseeinseln beobachten, wenn er direkt neben der Straße nach Regenwürmern stochert. Besonders haben es ihm von Wühlmäusen durchpflügte Stellen angetan. Dort steckt er seinen langen Schnabel bis zum Ansatz in den lockeren Boden. Dann sieht man ihn wieder bei Ebbe im Watt stochern. Früher gehörte der Brachvogel mit seinem melancholisch fragenden „tlüiid“ zu jeder moorigen Gegend. Viele Niedermoore und Feuchtwiesen wurden jedoch trockengelegt. Manchmal konnte dieser Schnepfenvogel dann auf bewirtschaftetes Grünland ausweichen. Aber dann vertrieb ihn die frühe Mahd auch von dort. So flötet er heute fast nur noch am Meer.

Kennzeichen: langer gebogener Schnabel. Ruf: klagend „tlüih“

Steinwälzer

Arenaria interpres

Vögel
am Meer

Von Grönland bis in die Südsee dreht er alles um

Häufig ist er nicht gerade. Doch im Flug fällt er wegen seines bunt gemusterten Gefieders sofort auf. Auch bei der Futtersuche ist er einmalig. Im schnellen Lauf dreht der Vogel immer wieder Muscheln, Steinchen, Tang und Treibgut um und pickt die verborgenen Tiere auf.

Den Steinwälzer in seiner persönlichen Beobachtungsliste zu haben, ist etwas ganz Besonderes. Dieser Vogel vollbringt Jahr für Jahr unglaubliche Flugleistungen. Er gehört zu den am nördlichsten brütenden Vogelarten und wandert bis nach Neuseeland oder zu den Südsee-Inseln. Das bedeutet jährlich fast eine Erdumrundung für den nur 23 cm großen Vogel. Mit Vorliebe sitzt der Steinwälzer als Durchzügler an felsigen und steinigen Stellen der Küste. Und da Hafeneinfahrten, Molen oder Inselränder oft mit Felsbrocken befestigt sind, ist er dort zu finden. Bei dieser spannenden Suche hilft nur ein wetterfestes Spektiv mit guter Vergrößerung. Damit sollte es jährlich einmal gelingen, diesen Vogel auf seinem Weg von der Arktis bis in die Südsee bei uns beobachten zu können.

- **Schnepfen**
- **L 21 – 25 cm**
- **Oktober – April**

Merkmale
Gedrungener, kurzbeiniger und kurzschnäbliger Watvogel mit charakteristischer schwarz-weißer Kopfzeichnung, schwarzem Latz, weißer Unterseite, rostbraun und schwarz gemusterter Oberseite.

Am Spülsaum ungeheuer flink unterwegs

Vögel
am Meer

- Schnepfen
- L 37 – 41 cm
- ganzjährig

Merkmale
Schnepfe mit langem, leicht aufwärts gebogenem Schnabel; Weibchen größer als Männchen; zur Brutzeit Männchen an Kopf, Hals und Unterseite intensiv rostbraun, auf dem Rücken mit schwarzen Flecken; Weibchen ockerfarben.

Pfuhlschnepfe

Limosa lapponica

Vogelwolken aus Skandinavien

Wer einmal richtig viele Pfuhlschnepfen in seinem Fernglas haben möchte, der muss Mitte August das Rantrumbecken auf Sylt oder den Kniepsand auf Amrum besuchen. Dort gibt es Pfuhlschnepfen nur wolkenweise zu sehen.

Das Land an der Küste hat viele Bereiche. Das Watt hat sandige und schlammige Zonen – zum Land hin türmen sich Dünen auf, dann folgen Salzwiesen im Vorland und schließlich das grüne Marschland. Die bräunlichen Pfuhlschnepfen haben sich die sandigen Zonen des Watts ausgesucht. Dort stehen sie immer in ungeheuer großen Gruppen. Denn im sandigen Watt versiegt die Ansammlung kleiner Muscheln, Schnecken und Krebstiere zu keiner Jahreszeit. Im Sommer nisten Pfuhlschnepfen in Skandinavien in ausgedehnten Mooren und Zwergstrauchzonen. Ihre Nester schmücken sie oft mit den Blättern der Zwergbirke. Im Herbst fliegen sie nach West- oder Ostafrika zum Überwintern. Doch seit unsere Winter milder werden, bleiben sie oft zwischen Ameland, Borkum, Norderney oder Amrum hängen und können hier gut leben. Es sind vor allem die Ringelwürmer, Krebse und Schnecken des Meeres, die diese Vögel mit dem langen Schnabel ernähren.

Intensiv rostbraun leuchten die Männchen, tarnfarben die Weibchen.

Rotschenkel

Tringa totanus

Vögel am Meer

Der Wächter der Küste

Oft überschauen sie ihr Revier von einem Koppelpfahl. Schon bei der kleinsten Störung in ihrem Brutrevier fliegen die Altvögel laut rufend umher. Fast herzzerreißend schreien sie, um die Aufmerksamkeit auf sich zu lenken. Ist die Störung vorbei, sind sie wieder stumm.

Dem Rotschenkel schauten Forscher schon oft auf den Schnabel. Dabei zeigte sich, dass er ein Feinschmecker ist. Er frisst besonders gern den kleinen Wattkrebs *Corophium*, gelegentlich auch den Wattwurm *Nereis*. Dieser enthält doppelt soviel Kalorien wie der Krebs, doch dem Rotschenkel scheint das egal zu sein. Denn, wo immer er den Wattkrebs erreichen kann, zieht er ihn aus dem Boden. Doch ganz so festgelegt auf eine einseitige Kost scheinen Rotschenkel auch wieder nicht zu sein. Auf dem Zug nach Süden ernähren sie sich auch von Würmern, Schnecken, kleinen Fischen und Fröschen. Für den Beobachter hat der Rotschenkel neben seinen roten Beinen und dem melodischen Flötenruf „djüü" noch ein sehr typisches Merkmal parat: Nach dem Landen lässt er häufig noch eine Weile die Flügel hochgestreckt. Dann leuchten seine weißen Federn.

- **Schnepfen**
- **L 27 – 29 cm**
- **März – Oktober**

Merkmale
Typisch die leuchtend roten Beine und der nur im Flug sichtbare, breite, weiße Flügelhinterrand; Geschlechter gleich; überwiegend graubraunes Gefieder mit dunklen Flecken und Strichen auf Ober- und Unterseite.

Name einleuchtend: Rotschenkel

Sturmmöwe

Larus canus

Vögel
am Meer

Nie mit schwarzem Kopf

In Norwegen brütet sie an Bergseen, in Schottland im Binnenland, bei uns hauptsächlich an der Küste auf Sanddünen, die der Sturm frisch aufgetürmt hat. Die Sturmmöwe folgt dem Pflug und lässt sich in den Städten füttern. Oft tritt sie gemeinsam mit der Lachmöwe auf. Doch ihr Kopf ist immer reinweiß.

Das Lied „Kleine Möwe flieg‘ nach Helgoland“ ist wohl der Sturmmöwe gewidmet. Keine andere ist so zutraulich, fliegt so weit aufs Meer hinaus, zeigt diesen mühelosen Flug und ist doch nicht so aufdringlich wie die Lachmöwe. Noch vor wenigen Jahrzehnten waren die Sturmmöwen recht selten. Doch die Vögel haben von den weit anpassungsfähigeren Lach- und Silbermöwen gelernt, menschliche Abfälle zu nutzen oder sich füttern zu lassen. Aus diesen Gründen hat sie im Ostseeraum stark zugenommen. Und noch weitere Eigenschaften ihrer Verwandten hat sie angenommen: Auf den Nordseeinseln brütet sie schon auf Dächern und Schornsteinen oder wartet hinter dem Restaurant auf Speiseabfälle. Nach dänischen Untersuchungen bleiben im Winter nur 20 Prozent der Vögel an der Küste. Der Großteil wandert ins Binnenland.

- **Möwen**
- **L 40 – 42 cm**
- **ganzjährig**

Merkmale
Sieht aus wie eine kleine Silbermöwe; weißer Kopf, gelber Schnabel ohne roten Schnabelfleck, dunkle Augen, grüngelbe Füße, schwarze Flügelspitzen mit weißen Flecken; Jungvögel oben bräunlich gemustert.

Erwachsene Sturmmöwen tragen einen leuchtend roten Augenring.

Vögel
am Meer

Silbermöwe

Larus argentatus

Die Stimmen der Häfen

Kein Hafen ohne die klagenden Schreie der Silbermöwen. Kein Poller, den sie nicht lautstark verteidigen. Manchmal miauen sie wie Katzen und manchmal lachen sie wie der Klabautermann. Und immer teilen sie sich Aufregungen mit. Sie sind die Stimmen der Häfen und Schiffe.

Wenn der Fischer auf dem Kutter seinen Fang filettiert und Kopf und Gräten über Bord wirft, klatschen die großen Möwen aufs Wasser. Laut streiten sie sich um die Beute. Die Silbermöwe ist sehr anpassungsfähig und hat schnell erkannt, wo Nahrungsquellen in Menschennähe sprudeln. Sie folgt den Schiffen, belagert Müllkippen oder sucht auf frisch gepflügten Äckern nach Kleintieren. Nicht selten spezialisieren sie sich darauf, Watvögeln die Nester leer zu räumen. Silbermöwen sind erst mit vier Jahren reif zum Brüten. Dann erst tragen sie den gelben Schnabel mit dem roten Brutfleck. Das Alter der jugendlichen Möwen lässt sich leicht feststellen: Die ganz jungen (Foto links unten) sind noch graufedrig und werden mit jedem Jahr heller. Und das Gelb im Schnabel nimmt Jahr für Jahr zu.

- Möwen
- L 56 – 64 cm
- ganzjährig

Merkmale
Die häufigste Großmöwe an unseren Küsten; Gefieder weiß bis auf die blaugrauen Oberflügel und die schwarzen Flügelspitzen; Schnabel kräftig, gelb, mit rotem Punkt; Augen gelb; Füße fleischfarben.

Silbermöwe im Brutkleid und in bester Verfassung

Heringsmöwe

Larus fuscus

- **Möwen**
- **L 53 – 60 cm**
- **März – Oktober**

Merkmale
Rücken und Flügeloberseite dunkel schiefergrau bis fast schwarz; Beine gelb, Schnabel gelb, roter Unterschnabelfleck; Geschlechter gleich; Jungvögel bräunlich gefleckt, erst im 4. Lebensjahr ausgefärbt.

Nahe verwandt und doch zu trennen

Im Winter lässt sich die Heringsmöwe in Europa nur selten sehen. Dann lebt die wanderfreudige Großmöwe an den tropischen Küsten Westafrikas. Sie ist nahe verwandt mit der Silbermöwe. Doch ihre Oberflügel und Rückenpartien sind viel dunkler. Ob sie sich vermischen?

Am 10. Mai beim Vogelwart. Wir stehen auf der Beobachtungsplattform zwischen den Dünen von Sylt oder Amrum und schauen in das Dünental. Zwischen dem Grün des Strandhafers und dem Grau freier Sandflächen sind überall weiße Möwen zu sehen. Rund 800 Exemplare sitzen hier auf ihren Eiern. Schon bald erkennen wir am Rand der Kolonie Möwen mit dunkleren Flügeln. Es sind Heringsmöwen. Sie werden von den stärkeren Silbermöwen an den Rand der Kolonie gedrängt. Ihre Nester liegen fast schon in den Kriechweiden, die den Sand einst festlegten. Die Heringsmöwen beginnen gerade erst mit der Eiablage und gelegentlich sind auch noch die Verbeugungen zweier Partner zu sehen. Kurz darauf fliegt das Männchen hinaus auf das weite Meer, um dort zu fischen. Es wird erst gegen Abend mit dem vollen Schlund zurückkehren.

Immer auf Oberflächenfische und Würmer aus

Vögel
am Meer

- Möwen
- L 38 – 40 cm
- April – Juli

Merkmale
Nur wenig größer als eine Lachmöwe, aber mit deutlich größerem Körper und längeren Flügeln; im Sommer mit weißem Kopf, grauer Oberseite und schwarzen Füßen; Altvögel mit schwarzen Flügelspitzen.

Dreizehenmöwe

Larus tridactylus

Am Felsen der 1000 Möwen

Um 1800 brütete diese Hochseemöwe schon einmal auf Helgoland. Dann fehlte sie 150 Jahre lang. Heute brüten mehr als 5000 auf dem senkrechten Felsen der Kleinen und Langen Anna. Es ist ihr einziger Brutplatz in Mitteleuropa.

Der Lärm ist ohrenbetäubend und hallt aus der Felsspalte zum Weg hinauf. Kaum 20 m weit weg sitzen die Dreizehenmöwen dicht an dicht auf schmalen Bändern und Simsen. Erstaunlich, wie sich hier zwei Eier in einem Nest halten können. Beide Partner bauten aus Tang, Schlamm und Kot ein flaches Nest, das beim Trocknen steinhart wird. Mit dem Kopf zum Felsen sitzen die brütenden Weibchen. Oft ragen ihre Schwanzspieße weit über den Abgrund. Mit ausgestreckten Schwimmbeinen fliegen die Tiere herbei und landen punktgenau auf ihrem Nest. Die Jungen holen sich ihre Nahrung aus dem scharlachroten Schlund der Altvögel. Meist sind es kleine Fische, denn Dreizehenmöwen sind Hochseevögel, die einzigen in der Möwenfamilie. Manchmal fliegen sie bis zu 100 km weit aufs Meer. Diese Felsenbrüter ziehen allmählich in Menschennähe. In Norwegen nisten sie sogar auf Fenstersimsen. Außerhalb der Brutzeit sind Dreizehenmöwen Hochseevögel, die nur gelegentlich Häfen und Buchten aufsuchen.

Steilwandbrüter an senkrechten Klippen

Küstenseeschwalbe

Sterna paradisaea

Vögel am Meer

- Seeschwalben
- L 33 – 38 cm
- April – August

Merkmale
Typisch für diese Seeschwalbe sind der einheitlich rote Schnabel und die roten Beine; tief gegabelter Schwanz mit langen Schwanzspießen; Flug fast schwerelos.

Sie zieht uns den Scheitel nach

Um diesen Vogel macht sich ein Vogelwart auf den nordfriesischen Inseln wenig Sorgen. Obwohl hier die größten Brutkolonien Europas liegen, sind die Bodengelege vor Spaziergängern gut geschützt. Betritt jemand das Brutrevier, zieht ihm der Vogel mit scharfem Schnabel den Scheitel nach.

Das Tagebuch der Küstenseeschwalbe ist voller Termine. Mai: Brut in der Arktis. August: Abflug ins Winterquartier. Ziel Antarktis. Entfernung 15 000 Kilometer. Dort ist es gerade Sommer. März: Flug zurück Richtung Norden. Wieder 15 000 Kilometer. Die Küstenseeschwalben gehören zu den ausdauerndsten Fliegern in der Vogelwelt. Der Flug des gerade mal 120 g wiegenden Vogels ist elegant und wirkt schwerelos. Wahrscheinlich gelingen den Vögeln diese Leistungen nur, weil sie auf dem Meer rasten und Krillkrebse von der Oberfläche fischen können. Diese Kleinkrebse gibt es in polaren Gewässern in großen Mengen. Im Wattenmeer sind es dann oft kleine Fische, die im Flug gesichtet und elegant von der Oberfläche gefischt werden. Oft nehmen Küstenseeschwalben bei Ebbe auch Krebse direkt vom Wattboden.

Schwereloser Flug. Typisch sind roter Schnabel und die Schwanzgabel.

Zwergseeschwalbe

Sterna albifrons

Vögel
am Meer

- Seeschwalben
- L 22 – 24 cm
- April – Oktober

Merkmale
Die kleinste Seeschwalbe; rüttelt vor dem Stoßtauchen; leicht zu erkennen an dem gelben Schnabel mit schwarzer Spitze und der vom schwarzen Scheitel und Augenstreifen scharf abgesetzten weißen Stirn.

Die Stoßtaucherin hinter der Fähre

Mächtig strudeln die Fähren zu den friesischen Inseln das Meer auf. Kurz vor dem Anlegen stehen blitzweiße Seeschwalben rüttelnd über dem Heck. Kopf und Schnabel nach unten gebeugt stößt der Vogel ins Wasser und fängt einen silbrig glänzenden Fisch.

Die Zwergseeschwalbe ist oft der erste Vogel, den der Meeresurlauber zu Gesicht bekommt. Und auch der letzte, wenn die Fähre wieder ablegt. Dazwischen sind die kleinsten Seeschwalben Europas wie vom Erdboden verschluckt. Höchstens an den streng abgesperrten Stränden mit Kiesgeröll oder Muschelschill ist ihr scharfes „kitt-kitt“ zu hören. Dort liegen die noch wenigen vorhandenen Kolonien der gesellig brütenden Zwergseeschwalben. Aber selbst von den Sperrschildern sind es oft nur 20 m bis zu den Nestern. Ohne zu stören lässt sich von hier die Beuteübergabe beobachten. Wenn sich Seeschwalben bei der Brut auf dem nackten Boden ablösen, bringen sie sich ein Fischlein mit. Wer jetzt Verbote missachten würde, der zerträte ganz sicher die hervorragend getarnten Gelege.

Zur Begrüßung ein Fischchen für den gerade Brütenden

Trottellumme

Uria aalge

Vögel
am Meer

- Alken
- L 38 – 43 cm
- April – Juli

Merkmale
Entengroßer Küstenvogel, der in aufrechter Haltung sitzt; im Prachtkleid Kopf, Hals, und Oberseite schwarz, Unterseite weiß; im Ruhekleid Wangen, Kehle und Vorderhals ebenfalls weiß.

Der „Pinguin" des Nordens

Pinguine leben ausschließlich auf der Südhalbkugel der Erde. Doch im Norden gibt es eine Vogelfamilie, die ähnlich aussieht, sich ähnlich bewegt, aber überhaupt nicht mit ihnen verwandt ist. Es sind flugfähige Alken, die steile Vogelfelsen bewohnen. Die einzige deutsche Kolonie liegt auf Helgoland.

Winzig ist der Felsvorsprung an der Kleinen Anna und doch liegt dort ihr einziges Ei fest und sicher. Der eine Pol ist spitz, der andere sehr rund. Und landet eine Trottellumme, rollt das Ei höchstens ein Stück näher zur Wand. Dicht an dicht sitzen die brütenden Lummen und rufen sich ein miauendes „jau" zu. Das sagen die Helgoländer auch gerne und meinen damit, alles sei in Ordnung. Untersuchungen ergaben, dass Lummen weniger Eiverluste durch Möwen haben, wenn sie sehr dicht zusammen brüten und ihre Nester gegenseitig verteidigen. Schon Tage vor dem Schlupf lernen die Eltern ihr Kind an der Piepsstimme im Ei persönlich kennen. Im Alter von 16 Tagen stürzen sich die Jungen in die Tiefe. Die meisten überleben diesen Lummensprung. Ihr Brustkorb ist besonders elastisch gebaut und federt den Stoß ab.

Auf dem schmalen Felsband drängen sich dutzende von Lummen.

Vögel in Wäldern

Wie kleine Federknäuel sitzen junge Schwanzmeisen auf einem Zweig und sperren ihre Schnäbel auf. Manchmal ein Dutzend nebeneinander. Was wir als niedlich empfinden, ist im Wald eine nützliche Strategie. Im blätterreichen Laubdach leben viele Insekten. Es sind Millionen winziger Eiweißportionen, die ein Insektenfresser sich hier im Laubdach zusammensuchen muss. Das bedeutet hohe Flugkosten für einen Vogel. Wohl deshalb sind Vögel wie die Schwanzmeisen truppweise unterwegs, um gemeinsam nach Blattläusen zu suchen. Damit verteilen sie auch ihre Energiekosten zum Fliegen auf mehrere Vögel. Für junge Schwanzmeisen (großes Foto) bedeutet das, bald den Eltern hinterherzufliegen. Und diese haben sie beim Füttern gerne dicht bei sich.

Für einen Singvogel steckt in tierischer Nahrung fünf- bis zehnmal mehr Eiweiß als in pflanzlicher. Viele Planstellen für Insektenfresser hat deshalb der Wald. Die Laubsänger sind für die Blätter der Krone zuständig, die Meisen und Goldhähnchen für die Zweige und Äste, der Kleiber für die Borken und für den Stamm- und Bodenbereich die Spechte.

Vögel in Wäldern

- Greifvögel
- L 48 – 62 cm
- ganzjährig

Merkmale
Oberseite dunkel; Unterseite weiß mit schmalen, dunklen Querbändern; langer, gebänderter, an den Ecken gerundeter Schwanz; kurze, runde Flügel; Beine und Zehen gelb; Weibchen bussardgroß, Männchen deutlich kleiner.

An den Zehen trägt er messerscharfe Dolchkrallen.

Habicht

Accipiter gentilis

Der schnelle Jäger mit dem scharfen Blick

Seine Sehschärfe ist dreimal so groß wie die von uns Menschen. Seine Flugeigenschaften sind bestechend. Mit großer Geschwindigkeit streift er auf der Jagd durch die Bäume, fliegt niedrig am Boden entlang und überrascht seine Beute. Manchmal verfolgt er sie auch über lange Strecken.

Vom Habicht gibt es zwei „Ausgaben“, die in der Natur unterschiedliche Nischen besetzen. Das Weibchen ist bussardgroß und kann Rabenvögel, Eichhörnchen und Kaninchen erbeuten. Das Männchen ist fast ein Drittel kleiner und jagt nach Sperlingen oder Tauben. Damit kommen sich die beiden schnellen Jäger nicht ins Gehege und vermeiden Konkurrenz um die manchmal schwer zu erreichende Beute. Greifvögel magern bei Nahrungsmangel schnell lebensbedrohlich ab. Deshalb ist der regelmäßige Jagderfolg wichtig. Ein Habichtpaar ist sehr standorttreu und bleibt meist lebenslang in seinem Revier. Dort bauen sie in der Krone hoher Bäume einen Horst, den das Weibchen mit frischen Nadelholzzweigen auslegt. Während des Brütens mausert sie ihre Flügel und ist kaum flugfähig. In dieser Zeit füttert sie das Männchen.

Ringeltaube

Columba palumbus

Weißer Halsschmuck

Den Winter verbringen die Ringeltauben in großen Schwärmen auf den Feldern. Man könnte sie für Haustauben halten, doch ein gutes Fernglas hilft schnell, die größte Wildtaube Europas eindeutig zu erkennen. Ihre typischen Kennzeichen sind je ein auffälliger weißer Fleck an den Halsseiten und eine weiße Flügelbinde.

Der Engländer R.E. Kenward wollte die Vorteile wissen, warum Ringeltauben im Winter das karge Futter im großen Schwarm suchen. Er ließ deshalb seinen Beizhabicht auf die Ringeltauben los und konnte zeigen: Je größer der Taubentrupp ist, desto weniger Chance hat ein Habicht, eine Taube zu erbeuten. Wenn die Laubbäume wieder Deckung bieten, leben Ringeltauben paarweise in Waldinseln, Parks und Gärten. Häufig sogar in der Nähe von Greifvogelnestern. Denn dicht um deren Horst ist Beute tabu. Ringeltauben sind Vegetarier. Sie fressen Bucheckern, Eicheln, Beeren und Obst. Und damit der Mineralhaushalt stimmt, picken sie nach Taubenart ab und zu ein paar Erdkrümel auf. Ringeltauben bleiben nur eine Brutsaison zusammen. Danach leben sie wieder gemeinsam in großen Schwärmen.

- **Tauben**
- **L 40 – 42 cm**
- **ganzjährig**

Merkmale
Größte Wildtaube Europas; Kropf und Brust weinrot, leuchtend weiße Flecken an den Halsseiten, relativ langer Schwanz mit schwarzer Endbinde; im Flug ist ein weißes Band über den Flügeln zu erkennen.

Fütterung der Jungen mit Sämereien aus dem Kropf

- **Kuckucke**
- **L 32 – 34 cm**
- **April – September**

Merkmale
Sperbergroßer Vogel, der mit dem bekannten Kuckucksruf auf sich aufmerksam macht; Kopf, Brust und Oberseite blaugrau, Bauch hell mit feinen dunklen Querbändern; spitze Flügel; langer, stufiger Schwanz.

Kuckuck

Cuculus canorus

Er lässt andere für sich arbeiten

„Kuckuck, Kuckuck ruft's aus dem Wald", sagt der Volksmund. Doch ein reiner Waldvogel ist er nicht. Er bewohnt fast alle Lebensräume und fliegt ständig weit umher, auf der Suche nach Vögeln, in deren Nester er seine Eier legen kann. Meist hören wir ihn jedoch im Wald.

Eine Vogelehe geht der Kuckuck nicht ein. Die Weibchen leben eher in Vielmännerei und besetzen Reviere, die sie Jahr für Jahr aufsuchen. Dort legen sie ihre Eier in fremde Vogelnester. Doch das geschieht nicht wahllos. Jedes Weibchen ist auf eine Vogelart festgelegt. Je nach Gegend können es unterschiedliche Wirtsvögel sein. In Pommern ist es hauptsächlich die Bachstelze, bei Leipzig ein Würger, bei Hamburg der Teichrohrsänger und in Baden-Württemberg häufig das Rotkehlchen. Das Weibchen beobachtet seine Opfer schon beim Nestbau und legt im günstigsten Moment schnell ihr Ei. Der frisch geschlüpfte Kuckuck schiebt die Eier seiner Wirtseltern rückwärts über den Nestrand und wird allein großgezogen. Sein orangeroter Rachen löst bei den Pflegeeltern einen besonderen Fütterungstrieb aus.

Schwerstarbeit für die Kuckuckseltern Teichrohrsänger

Buntspecht

Dendrocopus major

Vögel in Wäldern

- Spechte
- L 23 cm
- ganzjährig

Merkmale
Häufigster Specht Europas; kontrastreich schwarz-weiß gefärbtes Gefieder; Männchen mit rotem Fleck am Hinterkopf, Weibchen dort ohne Rot; bogenförmige Flugbahn; trommelt zur Revierabgrenzung.

Der Ruf des Trommlers

Bevor man ihn sieht, hat er schon lautstark auf sich aufmerksam gemacht. Mit einem hohen, harten „kick" kündigt er sich an, mit schnellen Trommelschlägen auf einen Ast zeigt er Artgenossen seine Reviergrenzen. Solch ein Trommelwirbel dauert eine halbe Sekunde.

Alte Eichen und Hainbuchen liebt der Buntspecht besonders. Aber auch in andere alte Bäume baut er seine Höhlen. Buntspechte zimmern jedes Jahr eine neue Höhle. Bei der Holzarbeit lösen sich die Partner ab, ebenso wie beim Brüten und Füttern der fünf bis sieben Jungen. Diese versorgen sie mit einer vielseitigen Nahrungspalette. Sie füttern im Holz lebende Käferlarven, Rindeninsekten oder Forstschädlinge. Bei der Suche nach diesen Tieren hat der Buntspecht zwei wertvolle „Handwerkzeuge": Mit seinem Meißelschnabel erweitert er den Bohrgang einer Käferlarve, bis schließlich seine stilettartige Zunge die Beute erreichen kann. Sie harpuniert die Larven regelrecht. Widerhaken an der Zunge helfen dabei, sie aus dem Gang zu ziehen. Dazwischen öffnet er Kiefernzapfen.

Die Jungen hören die Eltern schon am Klettergeräusch.

Vögel in Wäldern

- Spechte
- L 45 – 57 cm
- ganzjährig

Merkmale
Fast krähengroßer schwarzer Specht mit sehr kräftigem, hellem Schnabel; Männchen mit roter Kopfplatte, Weibchen nur mit rotem Fleck am Hinterkopf; fliegt nicht so wellenförmig wie andere Spechte.

Schwarzspecht

Dryocopus martius

Der Zimmermann von alten Wäldern

Der größte Specht Europas lebt nur in alten Wäldern. Den Namen Spessart soll der riesige Buchenwald im Maingebiet von diesem Vogel haben. Denn Spessart leitet sich von Spechtshard, Spechtswald ab. Tatsächlich ist er hier häufig zu hören und zu sehen.

Der Schwarzspecht macht keine halben Sachen. Hat er erst einen alten Stamm mit Bockkäferlarven gefunden oder durchtunneln große Rossameisen das morsche Holz, macht er sich über den Baum her. Mit heftigen Hieben zerlegt er ihn völlig. Ein Haufen Späne ist alles, was übrig bleibt. In unseren Wirtschaftswäldern werden heute solche morschen Riesen als Spechtbäume stehen gelassen. In seine verlassenen Höhlen ziehen Dohlen, Käuze, Hohltauben und sogar Schellenten ein. Im Harz glaubte man früher, dieser verehrte Specht kenne das Geheimnis der Sprengwurzel. Denn – so wurde gesagt – wer dieses Kraut besäße, dem würden sich Türen und Schlösser öffnen und der käme zu großem Reichtum. Doch dem Schwarzspecht mit der großen Sprengkraft im Schnabel sind alte Märchen sicher egal.

Ein Brutpaar benötigt etwa 400 ha alten Baumbestand.

Grünspecht

Picus viridis

Vögel in Wäldern

- Spechte
- L 31 – 33 cm
- ganzjährig

Merkmale
Großer, oben leuchtend grün gefärbter Specht; Kopf rot, schwarze Maske um helles Auge; Bartstreif beim Männchen rot, schwarz eingerahmt, beim Weibchen reinschwarz; Wangen, Hals und Unterseite gelbweiß.

Ein bisschen Glück vom Wieherspecht

Dieser Specht trommelt selten. Aber sein Wiehern klingt wie ein Lachen durch den Wald. Deshalb wird er regional auch Wieherspecht genannt. Vor allem im Frühling hört man seine lachenden Rufreihen, die wie „glückglückglückglück" klingen. Vielleicht bringt er es auch.

Der Grünspecht ist ein Erdspecht. Er durchsucht nicht morsche Bäume, sondern sammelt seine Nahrung meist am Boden, am liebsten Ameisen und deren Puppen. Oft reißt er mit seinem Schnabel einen Ameisenhügel auf und holt die Tiere mit seiner 10 cm langen, klebrigen Zunge aus ihrem Bau. Seine Spezialisierung wird ihm im Winter manchmal zum Verhängnis. Dann sind Ameisenhaufen gefroren und der Specht kommt trotz Meißelschnabel nicht mehr an sein Futter. Oft erleiden die Spechte dann herbe Verluste. In lichten Laubwäldern und Obstplantagen zimmert er eine Höhle in morsches Holz. Rund zwei Wochen arbeiten beide Vögel daran. Das Weibchen legt die fünf bis acht Eier auf blankes Holz. Nach 15 Tagen schlüpfen die Jungen und werden drei Wochen lang aus dem Kropf gefüttert. Später kommen sie nur zum Schlafen hierher.

Ein Männchen, erkenntlich am schwarzroten Bartstreif

- **Pieper und Stelzen**
- **L 15 cm**
- **April – September**

Merkmale
Etwa so groß wie eine Lerche; Kopf, Nacken, Rücken und Flügeloberseiten graubraun, Rücken schwarz gestreift; Brust und Kehle gelb mit dunkelbraunen Längsflecken; Geschlechter gleich.

Baumpieper

Anthus trivialis

Die Lerche, die von Bäumen singt

Sein ganzes Gefieder erinnert an eine Lerche. Und auch sein Verhalten. Im Frühjahr sitzt der Baumpieper auf Baumspitzen und trillert sein Lied. Plötzlich steigt er senkrecht auf, beginnt zu singen und gleitet mit ausgebreiteten Flügeln wieder herab.

Jeder Wald hat seine Stimmen. Im Inneren trommeln Spechte oder gurren Tauben. Doch am Rand, da wo noch ein paar einzelne, große Bäume stehen und Jungwuchs die Lichtung besiedelt, da ist der Baumpieper in seinem Element. Einzelne hohe Bäume sind seine Singwarten. Von dort startet er Ende April seinen Singflug. Lockere Kiefernwälder und Heiden mag er besonders. Das Ungewöhnliche an diesem Vogel ist seine Ähnlichkeit mit einer Lerche (siehe Seite 116) in Farbe, Form und Verhalten. Dabei gehört er zu einer ganz anderen Familie. Es muss daher in der Evolution einen Anreiz gegeben haben, für bestimmte Lebensräume besondere Verhaltensweisen zu entwickeln. Schmetternder Singflug für offenes Gelände heißt offensichtlich hier das Erfolgsmodell. In den Kiefernforsten der Lüneburger Heide kann man ihn eindrucksvoll erleben, vor allem an der Grenze zwischen Heide und Wald.

Erstes Lied: Ende April bis Anfang Mai. Schmetternd

Trauerschnäpper

Ficedula hypoleuca

Der Fliegenfänger im Buchenwald

Würden Vogelfreunde keine Nistkästen aufhängen, bekäme diesen heimlichen Vogel kaum jemand zu Gesicht. Er lebt in dichten Buchenwäldern und ist von Beruf Fliegenfänger. Ständig liegt er mit Meisen und Rotschwänzen im Wettstreit um Nisthöhlen. Doch wir können ihm helfen.

Vögel in Wäldern

- **Fliegenschnäpper**
- **L 13 cm**
- **April – September**

Merkmale
Zuckt häufig mit Flügeln und Schwanz; Männchen zur Brutzeit oben graubraun bis tiefschwarz, unten reinweiß; weißer Flügelfleck, weißer Stirnfleck; Weibchen oben graubraun, unten weiß; ohne Stirnfleck.

Kaum ein Vogel ist als Fänger des Kiefernspanners besser geeignet als der Trauerschnäpper. Gegen diesen gefürchteten Waldschädling leistet er ebenso gute Hilfe wie gegen den Eichenwickler. Deshalb versuchte man schon oft, den Trauerschnäpper mit Nistkästen anzusiedeln. Nicht immer gelang es, denn er ist ein Vogel, der sich erst nördlich der Donau wohl fühlt. Möglicherweise gibt es aber auch eine Nord- und eine Ostrasse. Der 13 g leichte Vogel legt vier bis sieben Eier und ist als Insektenfänger sehr witterungsabhängig. Deshalb verteidigt er auch mitten im Wald Reviere, um seinen Nahrungsbereich abzustecken. Das macht er sogar auf dem Zug nach Westafrika. Er rastet in Portugal, verteidigt auch dort seine Reviere und wagt den Trans-Saharaflug erst mit genügend angefuttertem Fettvorrat.

Ein Heimlichtuer im Wald. Männchen schwarz mit weißer Flügelbinde

Wintergoldhähnchen

Regulus regulus

Vögel in Wäldern

- Goldhähnchen
- L 9 cm
- ganzjährig

Merkmale
Sehr klein, neben dem Sommergoldhähnchen der kleinste Vogel Europas; Männchen mit olivgrüner Oberseite und orangefarbenem, schwarz begrenztem Scheitel; Weibchen mit gelb-schwarzer Scheitelzeichnung.

Der Kleine mit der hohen Stimme

Im verschneiten Winterwald fallen ihre hohen Stimmen sofort auf. Aus den Bäumen ist überall ein dünnes „sih-sih-sih" zu hören. Ohne Fernglas hat man hier keine Chance, die winzigen Federbällchen in den Zweigen zu erkennen. Doch wer sie sieht, ist von den Zwergen fasziniert.

Das Wintergoldhähnchen ist der zweitkleinste Vogel Europas. Nur das Sommergoldhähnchen ist noch eine Spur kleiner. Unglaublich leicht sind diese Vögel, wiegen nur 5 g. Für Ökologen ist die Frage spannend, wie zwei so nahe verwandte, kleine Vögel ihr Leben meistern. Denn Vögel mit gleichen Lebensansprüchen machen sich Konkurrenz. Daher müssen sie sich in mindestens einer Lebensweise unterscheiden. Ergebnis: Das Wintergoldhähnchen sucht an senkrechten Nadelzweigen besonders genau nach Insekten. Das Sommergoldhähnchen dagegen dreimal so flink auf waagerechten Zweigen. Beide Arten bauen kugelige Hängenester zwischen herabhängenden Fichten- und Tannenzweigen. Dabei verweben sie fünf bis zehn feine Zweige mit Spinnenfäden. Darin wird dann das Kugelnest aus Moos und Flechten gebaut und mit kleinen Federn gefüllt. Drei Wochen dauert der Bau des Kunstwerkes. Manchmal werden darin zehn Wintergoldzwerge groß.

Kindergarten der Vogelzwerge bei der Fütterung

Schwanzmeise

Aegithalos caudatus

- **Schwanzmeisen**
- **L 14 cm**
- **ganzjährig**

Merkmale
Unverwechselbare Art mit sehr langem Schwanz, kugeligem Körper und kleinem Schnabel; Oberseite rötlich-schwarz; Unterseite grauweiß; Kopf weiß; über den Augen ein breiter dunkler Streifen.

Luftspringer von Baum zu Baum

Beim Winterspaziergang im Wald fällt der Trupp umherstreifender Schwanzmeisen sofort auf. Mit leisen „sisisi"-Rufen streifen die Vögel von Baum zu Baum und turnen in den Zweigen. Ihr langer Schwanz macht die nur ganze 8 g schweren Meisen größer als sie sind.

Gut verstecktes Beutelnest mit der typisch langschwanzigen Meise

An ihrem Nest ist jeder Waldspaziergänger sicher schon oft vorbeigegangen, ohne es zu bemerken. Zu gut ist der ovale Beutel mit dem seitlichen Einschlupfloch in niedrigen Nadelbäumen oder dicht am Stamm von Laubbäumen versteckt. Über 2000 Einzelteile von Moos, Flechten, Gespinsten, Haaren oder Vogelfedern fliegen die Vögel herbei und bauen daraus ihr filziges Nest. Das Nest muss viel aushalten, denn oft werden zwölf Schwanzmeisen darin groß. Manchmal beteiligen sich sogar fremde Weibchen am Füttern der umtriebigen Brut. Schließlich wird die Nestwand löchrig und die Jungen stecken ihre Schwänze heraus. Nach 15 Tagen wird es in ziemlich zerzaustem Zustand verlassen. Der Familienverband bleibt noch bis zum nächsten Frühjahr zusammen und turnt als Trupp durch den Winterwald.

Vögel in Wäldern

- Pirole
- L 24 cm
- Mai – August

Merkmale
Scheuer, drosselgroßer Vogel; Männchen dottergelb mit schwarzen Flügeln; Weibchen und Jungvögel mit gelbgrüner Oberseite und weißgrauer Unterseite; auffällig der melodische Gesang des Männchens.

Pirol

Oriolus oriolus

Der Sommervogel Loriot

Er ist ein Exot unter den heimischen Vögeln. Als einzige Art einer tropischen Familie bewohnt der Pirol unsere Breiten. Und er besitzt auch die melodische Vielfalt tropischer Vögel. Sein klangvolles Flöten klingt sprachlich nachgeahmt: „Ich bin der Herr von Bülow."

Zu Gesicht bekommt man den drosselgroßen Pirol nicht so leicht, obwohl er so auffallend gefärbt ist. Doch wer seinen Flötenpfiff „düad-lüo" nachpfeifen kann, dem folgt der Vogel bald neugierig. Spät kommt der „Pfingstvogel" aus dem tropischen Afrika zurück. Er bleibt auch nur drei Monate. In dieser Zeit baut das Weibchen in einer waagrechten Astgabel ein Hängenest. Wie ein Körbchen wird es an einen Zweig gehängt. Die vier Jungen müssen sich am Nestboden festkrallen, so sehr schaukelt es manchmal im Wind. Schon im August zieht der Pirol über Griechenland und Nordostafrika wieder südwärts. Auf dem Rückweg fliegt er über Italien. Der älteste bekannte Pirol wurde in der freien Natur 14 Jahre und 10 Monate alt. Ein Ring der Vogelwarte belegt dieses hohe Alter. Wie alle Vögel besitzt auch der Pirol Federlinge, kleine, meist dunkel gefärbte Parasiten im Federkleid. Beim Pirol jedoch sind sie so gelb wie seine Federn. Auf französisch heißt der Pirol Loriot, den Vicco von Bülow als Künstlername wählte.

Küken etwa zwei Wochen alt. Links das Weibchen

Eichelhäher

Garrulus glandarius

- Rabenvögel
- L 33 – 34 cm
- ganzjährig

Merkmale

Der bunteste Rabenvogel Europas; Altvögel rosa-graubraun mit auffällig blauschwarz gebänderten Flügelfedern; weiße Abzeichen an Flügeln und Schwanz; Oberkopf gestrichelt; breiter schwarzer Bartstreif.

Der Vogelförster und Waldgärtner

Ungesehen kommt niemand in seinen Wald. Der Eichelhäher entdeckt jede noch so kleine Bewegung und schreit laut seinen Warnruf „rätsch". Er räubert andere Nester aus, fängt Würmer und Eidechsen. Doch weil er Bucheckern und Eicheln versteckt und vergisst, pflanzt er neue Wälder.

Die Stimme des Eichelhähers ist laut und aufdringlich. „Sich unterhalten wie Eichelhäher" heißt in Frankreich wenig schöne Worte zu benutzen. In Schweden ist er der Wolkenvogel, weil er Eicheln nie wiederfindet, wenn er sie wie „in Wolken" versteckt. Doch der Nussgaggl Frankens ist in Wirklichkeit ein Erfolgsvogel. Als Allesfresser nutzt er die verfügbaren Ressourcen, die sein Lebensraum bietet. Nach Rabenvögelart warnt er andere Vögel vor sich, um sie aufzuscheuchen. Das ermöglicht ihm eine weitere Eiweißquelle, nämlich die Plünderung anderer Nester. Sorgfältig abgeteilt sind die Areale zweier Arten, die gleichermaßen erfolgreich operieren: In allen Lebensräumen bis 1500 m Höhe lebt der Eichelhäher, in den höheren Bergwäldern wohnt der Tannenhäher. Dadurch sind die Lebensräume der beiden Arten weitgehend räumlich getrennt. So bleibt jeder in seiner Nische.

Bei Erregung sträuben Eichelhäher ihre Kopffedern.

Vögel in Dorf und Stadt

Wie glitzernde Tauperlen tropfen die Töne des Rotkehlchens in den noch jungen Morgen. Bald beginnt die Amsel zu flöten und die Türkentaube gibt ihre Rufe dazu. Der Morgen in Dorf und Stadt ist voller Vogelstimmen. Mit jedem Sonnenstrahl werden es mehr. Unser Lebensraum ist schon ein Stimmengewirr, bevor wir Menschen mit unseren Lauten den Tag übernehmen. Mit schrillen Schreien toben nachmittags Mauersegler durch die Straßenfluchten, und die Singdrossel singt uns im Garten das Lied zur Nacht. Viele Vogelarten zogen in die Städte, seit sie zum bunten Mosaik aus felsenähnlichen Häusern und baumreichen Gärten und Parks wurden. Bis zur Mitte des vorigen Jahrhunderts war zum Beispiel die Amsel ein reiner Waldvogel. 1830 brütete sie erstmals in Bamberg, 1850 in Stuttgart. Heute ist sie der häufigste Stadtvogel. Mitten in der City leben Haussperling, Mauersegler, Türkentaube und Turmfalke. In der Gartenstadt am Rand der städtischen Siedlungen erreichen die Vögel ihre größte Siedlungsdichte. Fast die Hälfte unserer Vogelarten lebt schon in Dorf und Stadt.

Vögel
in Dorf und Stadt

- Störche
- L 100 – 115 cm
- März – September

Merkmale
Großer Schreitvogel mit weißem Gefieder, schwarzen Schwingen, glänzend rotem Schnabel und langen roten Beinen; steht gern auf einem Bein; fliegt im Gegensatz zu Reihern mit ausgestrecktem Hals.

Weißstorch

Ciconia ciconia

Klappern gehört zum Handwerk

Ihr Begrüßungszeremoniell am Nest ist einmalig: Die Vögel legen den Kopf weit zurück und klappern laut. Dann beugen sie den Hals vor und zeigen mit ihren synchron klappernden Schnäbeln auf den Nestboden. Jedes Jahr kehren die Paare zu ihrem Nest zurück.

Der Fortpflanzungserfolg des Weißstorchs ist altersabhängig. Dreijährige Erstbrüter sind erfolgloser in der Jungenaufzucht als erfahrene Störche. Drei Junge aufzuziehen, gelingt ihnen meist erst im Alter von neun Jahren. Dazwischen liegen Jahre voller Gefahren: trockengelegte Niederungen, Strommasten und gefährliche Weitflüge bis nach West- oder Südafrika. Die Überlebensrate und der Bruterfolg hängen wesentlich vom Ausmaß der Dürre in der westafrikanischen Sahelzone ab, ergaben Forschungen. Kommen die Störche geschwächt aus dem Winterquartier, sind die Bruten in Gefahr. Nach starken Rückgängen nimmt der Bestand in Norddeutschland wieder leicht zu. Im Rostocker Zoologischen Museum ist der berühmte Pfeilstorch (Foto rechts oben) zu sehen. Er kam einst mit einem langen Pfeil durch den Hals aus Afrika zurück.

Begrüßungszeremonie eines Weißstorchpaares. Danach folgt Klappern.

Türkentaube

Streptopelia decaocto

Vögel
in Dorf und Stadt

Die Taube mit dem Nackenband

Einst bewohnte sie die Trockensavannen und Halbwüsten Südasiens. Doch seit den dreißiger Jahren begann ihre beispiellose Ausbreitung über ganz Europa bis zu den Britischen Inseln. Hier lebt sie in Dorf und Stadt, wo die vegetarischen Nahrungsquellen ständig verfügbar sind.

Die Türkentaube fängt den Frühling früh an. Bereits im März besetzt der Täuber ein Revier und markiert es mit Schauflügen. Oft sitzt er auf der Fernsehantenne, startet von hier aus mit klatschenden Flügeln steil nach oben und gleitet in Spiralen wie ein Segelflieger herab. Dann landet er wieder an der gleichen Stelle. Wird eine Taube aufmerksam, lockt er sie mit gesenktem Kopf, aufgeblasenem Hals und zitternden Flügeln auf einen Baum. Oft sind es Fichten, die jetzt schon Sichtschutz zum Brüten bieten. Zum Nestbau übergibt der Täuber seiner Partnerin dünne Zweige, die sie zu einer lockeren Nestplattform zusammensteckt. Ihre zwei Jungen füttern beide Eltern mit Kropfmilch, später mit eingeweichten Sämereien aus dem Kropf. Die Zweit- und Drittbrut wird dann meist in Laubbäumen großgezogen. Allerdings ist diese Taube bei der Nistplatzwahl sehr vielseitig. Statt auf einer Nestplattform aus kleinen Zweigen brütete sie auch schon auf blanken Metalldrähten.

- **Tauben**
- **L 31 – 33 cm**
- **ganzjährig**

Merkmale
Sandgraue, schlanke Taube mit einem schwarzen, halbmondförmigen Nackenband und roten Augen; langer Schwanz, Schwanzunterseite schwarz mit weißer Endbinde; beide Geschlechter gleich.

Brütet gerne in Menschennähe

Sperber

Accipiter nisus

Wie ein Blitz taucht er auf

Dieser Vogel ist ein Überraschungsjäger. Plötzlich schießt er aus der Deckung und fängt Kleinvögel. Oft gibt es Spezialisten für Dörfer und Städte, und solche für Landschaften mit kleinen Nadel- und Mischwäldern. Häufig besucht der Sperber auch unsere Futterstellen im Winter.

Vögel
in Dorf und Stadt

- **Greifvögel**
- **L 28 – 38 cm**
- **ganzjährig**

Merkmale
Greifvogel; typisch sind die kurzen, runden Flügel und der lange, rechteckige Schwanz; Oberseite schiefergrau; Unterseite hell, eng quer gebändert; Männchen um ein Drittel kleiner als das Weibchen.

Der Sperber ist ein Musterbeispiel dafür, wie anpassungsfähig ein Greifvogel sein muss. Brüten in einem Jahr viele Sperber, gibt es im nächsten Jahr weniger Brutpaare und umgekehrt. Sperber passen sich immer dem Futterangebot an. Und sogar dem Wetter. Je häufiger es im April regnet, umso weniger Paare schreiten zur Brut, entdeckte man in Schottland. Bei uns erbeuten die Stadtsperber meist Sperlinge und Grünfinken, die Waldsperber eher Finken und Meisen. Ihr Nest bauen beide Partner aus selbst abgebrochenen Zweigen dicht an den Stamm einer Fichte. Das Weibchen brütet allein und wird vom Männchen versorgt. Dabei fliegt es mit Beute am Horst vorbei und lockt die Partnerin zu einem nahen Rupfplatz. In den letzten Jahren werden Sperber immer seltener. Die Gründe dafür sind vielfältig: weniger Singvögel als Beute, weniger Wäldchen als Brutplatz sowie eine hohe Sterblichkeitsrate.

Selten in Ruhe zu sehen: Sperberweibchen

- **Falken**
- **L 36 – 48 cm**
- **ganzjährig**

Merkmale
Größter Falke Mitteleuropas; Oberseite schiefergrau; Unterseite weiß, dunkel quer gebändert; schwarzer, lappenförmiger Backenstreifen; lange, spitze Flügel; kurzer Schwanz; Männchen kleiner als das Weibchen.

Wanderfalke

Falco peregrinus

Schutz für den schnellsten Jäger

Als wir begannen, Insektenschutzmittel auf die Felder zu sprühen, verschwanden plötzlich die Wanderfalken. Über die Beute reicherte sich das Insektengift in ihren Eiern an. Die Schalen wurden zerbrechlich, die Vögel büßten ihren Nachwuchs ein. Heute wird die Situation für sie langsam besser.

Der Stauferkaiser Friedrich II. schrieb um 1200 eine hinreißende Anleitung zur Beizjagd mit einem Falken. Der Wanderfalke ist dabei der begehrteste unter den Hochleistungsvögeln. Entdeckt er eine Beute vom Segelflug aus, legt er die Flügel an und schießt kurzerhand mit 300 Stundenkilometern auf die Beute herunter, bremst kurz ab und reißt ihr mit der Hinterzehe die Rückenmuskeln auf. Sein Nahrungsspektrum ist groß, doch Tauben jagt er am liebsten. Sein Flug ähnelt sogar dem der Tauben. Jahrelang sorgten engagierte Wanderfalkenschützer für eine gründliche Bewachung der Horste. Diese Methode brachte Erfolg. Heute sind Wanderfalken sogar mitten in der Stadt zu beobachten: Im fränkischen Erlangen brütet fast jährlich ein Paar in einem künstlichen Nistkasten am Turm des Kraftwerks.

Wanderfalke: der Vogel mit dem Nackenband

Waldohreule

Asio otus

Vögel in Dorf und Stadt

- Eulen
- L 35 – 37 cm
- ganzjährig

Merkmale
Schlanke, langflügelige Eule mit orangefarbenen Augen; lange Federohren, die nur bei Gefahr aufgerichtet werden, sonst aber kaum zu sehen sind; Gefieder baumrindenartig, rötlich braun mit Längsstrichen.

Bei Nacht spitzt sie die Ohren

Zweimal sechs Federn bilden die Ohren auf dem Kopf. Während die Eule den Tag verschläft, sind sie angelegt. Doch wird sie gestört, stehen die Federbüschel senkrecht. Mit dem Gehör haben die Federohren nichts zu tun. Sie sind nur Ausdruck für Wachsamkeit oder Erregung.

Ohne Krähen und Elstern hätte die Waldohreule wahrscheinlich nie den Sprung in unsere Dörfer geschafft. Sie braucht deren Nester als Brutplatz. Eigentlich bewohnt sie kleine inselförmige Nadelwälder. Aber als ihre Nestlieferanten in Menschennähe zogen, wanderte sie mit. Nicht selten brütet heute eine Waldohreule im einzigen Nadelbaum eines Dorfes. Es sind die wollgrauen Jungen (Foto links) in ihrem Dunenkleid, die uns tagsüber mit ihrem Fiepen aufmerksam machen. Denn die Altvögel verlassen erst in der Dämmerung ihr Versteck. Mit langsamen und weit ausholenden Flügelschlägen fliegen sie lautlos zum Beutefang. Spezielle Federn am Flügelrand dämpfen jedes Fluggeräusch. Bei Tag schmiegt sich die Eule an einen Stamm, ihr braun gesprenkeltes Federkleid dient ihr als Tarnkappe.

Brütende Waldohreule. Im trockenen Reisignest kaum zu entdecken

Waldkauz

Strix aluco

Vögel
in Dorf und Stadt

▸ Eulen
▸ L 37 – 39 cm
▸ ganzjährig

Schauerlich klingt es durch die Nacht

In milden Februar- und Märznächten ist in Dörfern und Vorstädten um Mitternacht ein Ruf weithin zu hören. Dieses geheimnisvolle „huu-hu-hu-uuu-uuuuh“ fehlt in keinem Fernsehkrimi. Zu sehen bekommt man den Rufer der Nacht meist erst später: als junges Federknäuel.

Eulen sind Beutegreifer und stehen am Ende der Nahrungskette. Damit sind sie abhängig vom Beuteangebot. Vielleicht ist der Waldkauz deshalb in Dörfer und Städte gezogen, weil es hier ganzjährig ausreichend Kaninchen, Eichhörnchen, Ratten und Mäuse gibt. Im Berliner Grunewald brütet der Waldkauz in Jahren mit vielen Gelbhalsmäusen erfolgreicher als in Jahren mit geringem Angebot dieser Kleinsäuger. Und im Umfeld der Stadt findet er auch mehr Plätze, die sich als Nisthöhle eignen. Im Wald nimmt er geräumige Baumhöhlen an, bei uns auch Nistkästen, Hohlräume in Gebäuden oder Krähennester. Dort brütet er drei bis fünf Junge aus. Nicht selten sitzen diese grauen Federknäuel (Foto rechts oben) tagsüber in den Parkbäumen und fiepen laut vor sich hin. Findet man eine Jungeule auf dem Boden, setzt man sie einfach wieder auf einen Ast. Sie wird ohne weiteres von ihren Eltern weitergefüttert.

Merkmale
Häufigste Eule Mitteleuropas; breite, gerundete Flügel, dunkle Augen und großer, runder Kopf ohne Federohren; Gefieder braun bis grau mit dunklen Flecken und Strichen; sonnt sich tagsüber oft vor seiner Höhle.

Vom Waldkauz gibt es Farbvarianten: kastanienbraun bis rindengrau

Vögel in Dorf und Stadt

- Eulen
- L 33 – 35 cm
- ganzjährig

Merkmale
Eule mit herzförmigem Gesichtsschleier und dunklen Augen; Oberseite graumeliert mit ockerfarbenen Flecken und feinen schwarz-weißen Punkten; Unterseite hell; macht mit lautem Schnarchen auf sich aufmerksam.

Hilfreich bei der Mäusejagd in der Scheune

Schleiereule

Tyto alba

Ohren, denen nachts nichts entgeht

Die feinsten Trippelschritte einer kleinen Maus hört die Schleiereule. Wenn sie bei Nacht geräuschlos durch die Dörfer streift, ergreift sie zielsicher ihre Beute. Zum besseren Hören liegen ihre Ohren etwas unsymmetrisch seitlich am Kopf. Jungeulen müssen ihre Ohren erst eichen.

Das Schnarchen der Schleiereulen vom Kirchturm hatte uns schon immer begeistert. Und so gingen wir als Biologiestudenten daran, diese Eulen in fränkischen Kirchtürmen aufzuspüren, um ihre Jungen zu beringen. Wagemutige Kletterpartien waren angesagt, denn Schleiereulen brüten meist in der „Laterne", der kleinen Zwiebel vor der Kirchturmspitze. Dort riecht man sie schon, die einfachen Nester auf den Gewöllen. Das sind die Speiballen unverdaulicher Reste. Im Schein der Taschenlampe ließen sich die fauchenden Jungen leicht beringen. Aus den Ringfunden erfuhren wir, dass die Jungen weit weg ziehen, um selbst zu brüten. Die Altvögel dagegen bleiben ihrem Kirchturm treu. Bauern wussten, dass Schleiereulen ihre Kornkammer mäusefrei halten. Deshalb hatte ihr Haus stets eine Uhlenflucht, ein Loch unter dem Hausgiebel. In der Scheune hilft eine große Holzkiste mit Seitenloch.

Mauersegler

Apus apus

Vögel in Dorf und Stadt

Mit zweihundert Sachen durch die Stadt

Der schnelle Flieger unter den Vögeln ist ein Außenseiter. Er sieht wie eine Schwalbe aus, ist aber kein Singvogel, sondern mit den Kolibris verwandt. Bis auf wenige Bruttage im Nest verbringt er sein ganzes Leben in der Luft. Mit schrillem Schrei stiebt er durch unsere Straßen.

Kühle Regentage im Sommer sind für den Mauersegler lebensbedrohlich. Dann kann er keine Insekten fangen. Doch der Vogel hat Ausweichstrategien entwickelt. Er fliegt dann mehrere hundert Kilometer weit in Gebiete mit besseren Wetterbedingungen und kehrt wieder zurück. Seine Jungen im Nest fallen derweil vor Hunger in eine Art Kältestarre und können eine Woche lang ohne Nahrung überleben. Dabei ist ihre Atemfrequenz um 90 Prozent verringert. Auch Altvögel können so Hungerperioden überstehen. Die zahlreichen Nistmöglichkeiten unter unseren Dächern haben den Mauersegler in der Stadt heimisch werden lassen. Beide Partner sammeln im Flug Federn, Haare oder Pflanzenteile auf und kleistern sie mit Speichel zu einem tellerförmigen Nest zusammen. Für eine einzige Fütterung der zwei Jungen brauchen sie ungefähr tausend Insekten.

- **Segler**
- **L 16 – 17 cm**
- **Mai – August**

Merkmale
Mittelgroßer Segler mit schmalen, spitzen, sichelförmigen Flügeln und gegabeltem Schwanz; fällt auf durch seine lauten, schrillen Rufe; Geschlechter gleich; Gefieder bis auf die helle Kehle dunkelbraun.

Die Halme des Nests sind mit klebrigem Speichel verleimt.

Vögel in Dorf und Stadt

- Schwalben
- L 13 – 19 cm
- April – Oktober

Merkmale
Die häufigste Schwalbe auf dem Land; schlanker Vogel mit tief gegabeltem Schwanz und auffallend langen Schwanzspießen; beide Geschlechter mit blauschwarzer Oberseite und rostbrauner Stirn und Kehle.

Rauchschwalbe

Hirundo rustica

Ein Musterhaus aus Lehm

Ihre Lehmnester sehen nicht so ordentlich aus wie die von den Mehlschwalben. Doch zum besseren Halt werden Grashalme mit eingemauert. Sie waren einst Vorbild für unsere Lehmhäuser. Jeder freut sich über diese Vögel. Sie fangen Fliegen und zwitschern gesellig.

Drei Wochen im Nest zu verbringen, ist für Vögel ungewöhnlich. Zu groß ist die Gefahr, von Räubern überrumpelt zu werden. Doch die Rauchschwalbe kann es sich in Menschennähe leisten, ihre Jungen langsam aufzuziehen. Sie sind die elegantesten Flieger, fangen kleine Insekten in der Luft und sogar von der Wasseroberfläche. Sie trinken sogar im Flug und sitzen nur am Boden, wenn sie aus einer Pfütze Lehm zum Nestbau holen. Rauchschwalben brüten zwei- bis dreimal im Jahr und ziehen spätestens im Oktober in Gebiete südlich der Sahara. Auf dem Weg dorthin fallen die großen Schwärme abends ins Schilf ein. Dort finden sie genügend Halme für die gemeinschaftlichen Schlafplätze. Im Frühling müssen sie bis zum 15. April bei uns zurück sein. Denn dieser Tag heißt in England "swallow-day", Schwalbentag.

Typisch: Lehmnest mit Grashalmen im Stall

Mehlschwalbe

Delichon urbica

Vögel
in Dorf und Stadt

Das schnelle Glück

Nach einer Legende soll sich die syrische Göttin Isis in eine Schwalbe verwandelt haben. Seitdem ist sie die Schirmherrin des häuslichen Friedens und Eheglücks. Seit Menschengedenken sind Schwalben Glücksbringer: „Wo die Schwalbe nistet am Haus, zieht der Segen niemals aus."

Vom Mittelmeer bis zum Nordkap reicht ihr Areal. Überall folgen sie dem Menschen und kleben ihre Nester an die Ostseite unserer Häuser. Das viertelkugelige Nest bauen sie mit speicheldurchtränktem Schlamm unter Dachvorsprünge. Einst waren sie Felsenbrüter. Doch in Menschennähe ist das Nahrungsreservoir langfristig berechenbarer. Das lebensbedrohliche Risiko liegt für die Mehlschwalbe in Schlechtwetterperioden. Dann müssen sie ein bis zwei Wochen ohne Nahrung zurechtkommen. In dieser Zeit können diese Vögel ihre Körpertemperatur sehr tief absenken. Sie verfallen in eine Art Starre und können 70 Prozent ihres Stoffwechsels einsparen. Doch genauso plötzlich wachen sie dann wieder auf und jagen in pfeilschnellem Flug Insekten hoch am Himmel oder dicht über dem Wasser.

- Schwalben
- L 12 cm
- April – Oktober

Merkmale
Gedrungener als die Rauchschwalbe; typisch für diese Schwalbe ist der weiße Bürzel und die reinweiße Unterseite, eine blauschwarze Oberseite und ein nur schwach gegabelter Schwanz ohne lange Spieße.

Der Gabelschwanz hilft beim Abstützen am Nest.

Vögel
in Dorf und Stadt

- Zaunkönige
- L 9 – 10 cm
- ganzjährig

Merkmale
Lebhafter, brauner Kleinvogel mit kurzem, aufgerichtetem Schwanz; langer, dünner, spitzer Pinzettenschnabel; Geschlechter gleich; schmetternder Gesang von niedrigen Singwarten fast das ganze Jahr.

Zaunkönig

Troglodytes troglodytes

Ein König wohnt bei uns im Zaun

Überhören können wir den fast kleinsten heimischen Vogel nicht. Nahezu das ganze Jahr ertönen seine lauten Triller, die den Zwerg richtig vibrieren lassen. Erregt ruft er laut und hart „tick tick tick" und manchmal schnurrend „zerrrr". Wie eine Maus schlüpft er durchs Gebüsch.

Den Namen König hatte der Vogelzwerg schon im Althochdeutschen. Königle heißt er heute im Elsass, Winterkoning in Holland, aber am weitesten verbreitet ist der Name Zaunkönig. Er beschreibt treffend sein Verhalten, wenn er im Gestrüpp mit feinem Pinzettenschnabel nach Spinnen sucht. Das Männchen baut backofenförmige, runde Nester mit seitlichem Eingang, oft auch mehrere als „Spielnester", um einer Zaunkönigin zu imponieren. Diese Backofennester sind an den verrücktesten Stellen zu finden: In Fischernetzen, Haustürkränzen oder Regenschirmen. Weil der Zaunkönig das Feuer vom Himmel gebracht haben soll, hält man in Frankreich sein Nest hoch in Ehren. Er zieht darin bis zu sieben Prinzessinnen und Prinzen auf, die manchmal wie Federbällchen im Zaun sitzen. Sie schlüpfen aus kleinen Eiern, die oft nur 16 x 12 mm groß sind. Bei warmem Wetter legen die Weibchen größere, bei kühlem kleinere Eier.

Gelbe Schnabelsignale beim Sperren: nur immer hier hinein!

Heckenbraunelle

Prunella modularis

Vögel
in Dorf und Stadt

- Braunellen
- L 14 cm
- ganzjährig

Merkmale
Spatzengroß, aber schlank; Altvögel an Kopf, Nacken, Kehle und Brust bleigrau; Oberseite braun, dunkel gestrichelt; Auge auffallend rotbraun; Jungvögel an Ober- und Unterseite braunschwarz gestrichelt.

Die Sängerin mit der Tarnkappe

Hedgesparrow nennen die Engländer diesen Vogel. Und tatsächlich bewohnt der Heckenspatz Hecken und erinnert ein wenig an einen Spatz. Nur der Schnabel ist fein und spitz. Obwohl er einer der häufigsten Vögel bei uns ist, lässt er sich nur selten sehen.

Fichtenhecken im Garten sind besser als ihr Ruf. Zwischen ihren Nadeln entwickeln und verstecken sich unzählige Insekten und in ihrem immergrünen Schutz brüten viele Vögel katzensicher. Die recht unscheinbare Heckenbraunelle hat ihr Leben eng an Koniferen angelehnt. Sie lebt versteckt im Dickicht junger Fichten und Tannen, nicht selten an Waldrändern. Dort baut sie auch ihr Nest und streift zur Futterbeschaffung weit umher. Dabei hüpft sie auf dem Boden und pickt feinste Samen und Insekten auf. Das ist die Stunde der Beobachter. Oft sieht man sie aus dem Terrassenfenster durch den Garten hüpfen. Im Winter kann man Heckenbraunellen mit einer handelsüblichen Waldvogelmischung aus dem Zoogeschäft regelrecht anlocken. Wo es ihnen im Winter gut geht, da bleiben sie auch zur Brut und zwitschern dem Gärtner ein melodisches Lied. Und helfen ihm sogar noch bei der Vertilgung von Insekten. Denn im Sommer leben sie animalisch, im Winter vegetarisch.

Sehr schwer zu finden: das Nest der Heckenbraunelle

Seidenschwanz

Bombycilla garrulus

- **Seidenschwänze**
- **L 18 cm**
- **November – März**

Merkmale
Rötlich graubraunes Gefieder; auffallender Federschopf; schmaler schwarzer Augenstreif; schwarze Kehle; Flügel mit auffällig buntem Muster; grauschwarzer Schwanz mit breiter gelber Endbinde.

Mit wem verreist der Schneeballstrauch?

Die leuchtend roten Früchte des Schneeballs hängen noch im Winter an dem kahlen Strauch. Kein heimischer Vogel vergreift sich daran. Doch plötzlich, im tiefen Winter, fällt ein Trupp merkwürdiger Vögel ein und leert den Busch binnen weniger Minuten. Und niemand weiß, wohin die Samen reisen.

Der Seidenschwanz ist ein Vogel des Hohen Nordens. Er brütet in Nordskandinavien, Nordosteuropa und Sibirien. Doch wenn dort die Früchte der Eberesche knapp werden, beginnen Seidenschwänze südwärts zu ziehen. Dann kommen sie invasionsartig in Dörfer und Städte und fallen über alle roten Früchte her, die noch übrig sind. Weit strolchen sie im Schwarm umher und verbreiten damit die Samen über ganz Europa. Die arktischen Vögel sind keineswegs scheu, sie kennen den Menschen aus ihrer menschenleeren Heimat kaum. Im Sommer bewohnen sie nordische Birken- und Lärchenwälder und schnappen nach Fliegen wie Grauschnäpper. Da ihre Flügeldeckfedern an den Spitzen wie mit rotem Nagellack angestrichen aussehen, heißt der Seidenschwanz in England Waxwing.

Bei Erregung kann die seidenweiche Federholle aufgerichtet werden.

Rotkehlchen

Erithacus rubecula

- Drosselvögel
- L 14 cm
- ganzjährig

Merkmale
Kleiner rundlicher Vogel mit orangeroter Brust, Kehle und Stirn; großer Kopf mit großen, dunklen Augen; Gefieder oben olivbraun, an Bauch und Unterschwanzdecken weiß; Jungvögel (Foto links) oben braun, unten beige, hell gesprenkelt.

Der Vogel mit dem roten Herz auf der Brust

Wie Tauperlen tropfen die Töne des Rotkehlchens in den Morgen. Ihr melodischer Klang erklingt jeden Tag in der Morgen- und Abenddämmerung. Diesen Vogel braucht man nicht näher zu beschreiben. Sein Name ist treffend genug. So hübsch er ist, so streitbar ist er auch.

Die Silhouette dieses Vogels löst bei uns sofort Sympathie aus. In dem kaum vom Körper abgesetzten Kopf liegen zwei große dunkle Augen. Scheinbar viel zu groß für den kleinen Vogel. Konrad Lorenz nannte diese Proportionen „Kindchenschema“. Wir mögen diesen Vogel, wenn er wie eine Maus durch dichtes Gebüsch schlüpft und sich auf dem Boden mit großen Sprüngen bewegt. Das ganze Jahr über bleibt das Rotkehlchen im Garten und pickt im Winter sogar am angebotenen Apfel. Es ist ein Einzelgänger und kann gegen Rivalen sehr aggressiv werden. In der Brutzeit fliegen bei Konkurrenzkämpfen oft die Federn. Was löst diese Aggression aus? Es ist die Farbe Rot. Selbst auf einen rotgefärbten Wattebausch, fanden Verhaltensforscher heraus, reagieren Rotkehlchen ausgesprochen wütend.

Das Nest ist oft unter Wurzelballen versteckt.

Vögel
in Dorf und Stadt

- Drosselvögel
- L 14 cm
- März – Oktober

Merkmale
Männchen (Foto rechts unten) an der rußschwarzen Gefiederfärbung, dem weißen Flügelspiegel und dem rostroten Schwanz schon von weitem zu erkennen; Weibchen (Foto oben) graubraun, ohne weißen Flügelspiegel.

Hausrotschwanz

Phoenicurus ochruros

„Wo-wo-wo-bi-bist"

Der Hausrotschwanz ist der erste Vogel des Morgens und singt schon, bevor es hell wird. Er sitzt auf dem Dachfirst und quetscht ein kurzes Lied, das der Volksmund schon immer mit „wo-wo-wo-bi-bist" beschrieb. Dabei ist das Stottern am Ende besonders gut ausgedrückt.

Eigentlich ist der Hausrotschwanz ein Bewohner steiler Felsen im Hochgebirge. Doch im Laufe der letzten Jahrhunderte besiedelte er die Ebenen. Der Grund für diese Ausbreitung des Lebensareals waren wir Menschen. Unsere Häuser sind ideale Felsen, unsere Gärten beste Insektenmärkte und Lieferanten von energiereichen Holunderbeeren im Herbst. Alles das nutzt der Hausrotschwanz ohne Scheu. Er hüpft über den Rasen, hält inne und knickst mit dem Schwanz. Oft baut das Weibchen ihr Nest aus Grashalmen und Moos in die Halbhöhle einer Gartenmarkise oder auch in einen Mauervorsprung unter der Dachtraufe. Meist wird man erst auf die Jungen aufmerksam. Sie betteln mit einem hohen Schnurren. Rotschwänzchen am Haus zu haben, bringt Glück und schützt es vor Blitz und Feuer, sagt man in Schlesien.

Typische Haltung zwischen den Knicksen

Gartenrotschwanz

Phoenicurus phoenicurus

Ein Knicks vom Gartenrotschwanz

Lichte Wälder mit Baumhöhlen braucht dieser Vogel. Da diese selten werden, kommt er häufiger in Parks und Gärten. Der rotkehlchengroße Vogel nimmt gerne Nistkästen an. Und sitzt er auf dem Gartenpfahl, knickst er ständig und zittert mit dem Schwanz.

Spät kommt der Gartenrotschwanz aus Afrika zurück. Es muss schon warm sein, wenn der bunte Vogel mit dem rostfarbenen Schwanz den Flug zu uns wagt. Dann wählt das Männchen eine Bruthöhle und hat es dabei nicht leicht. Denn zu dieser Zeit sind die meisten schon besetzt. Später singt es aus dem Höhleneingang und fliegt häufig rein und raus. Dabei spreizt es die Schwanzfedern wie ein rotes Signal. Das Weibchen erinnert im Flug an eine Nachtigall, hat aber eine graubraune Oberseite. Die Jungvögel sind überwiegend braun, tragen aber auch schon rote Schwanzfedern. Die Vogelfamilie ist lange im Garten zu sehen und jagt vom Ansitz aus Insekten. Im Herbst gehen sie an die Beerensträucher, um sich Fettvorräte für den Zug anzufressen. Der ist sehr riskant, denn er führt durch die trockene Sahelzone Afrikas. Dort führen Dürrezeiten zu starken Bestandsschwankungen, so dass mal mehr, mal weniger Vögel zu uns zurückkehren. Ein Nistkasten mit ovalem Einflugloch (35 x 50 mm) hilft ihnen.

- **Drosselvögel**
- **L 14 cm**
- **April – Oktober**

Merkmale
Männchen (Foto unten): Gesicht und Kehle schwarz; Stirn weiß; Oberseite schiefergrau; Brust, Flanken und Schwanz rostrot; Weibchen: Oberseite graubraun; Unterseite gelb, Schwanz rostrot; Jungvögel braun mit rotem Schwanz.

Gartenrotschwanz: Männchen im Brutkleid

Wacholderdrossel

Turdus pilaris

- **Drosselvögel**
- **L 25 cm**
- **ganzjährig**

Merkmale
Auffällig gezeichnete, große Drossel; typisch ihr wellenförmiger, etwas schwerfälliger Flug; Rücken und Flügel kastanienbraun; Kopf hellgrau; Kehle und Brust gelbbraun, schwarz gefleckt; Schwanz schwarz.

Die lauten Herbstvagabunden

Es gibt Vögel, die sind einfach erfolgreich – so wie die Wacholderdrosseln. Sie breiten sich immer weiter aus, dringen in Städte ein und nutzen jede Chance. Diese „Krametsvögel" sind die Wetterboten der Bauern. Fallen sie in der Oberpfalz in die Vogelbeerbäume der Täler ein, dann wird es bald schneien.

Wacholderdrosseln sind ein lautes und starkes Volk. Sie fliegen im Schwarm, sie brüten als Gruppe und erkunden zusammen neue Lebensräume. Selbst als ein Schwarm 1937 vom Sturm ins eisige Grönland verschlagen wurde, blieben sie zusammen und gründeten eine Kolonie, die heute noch besteht. Einst waren sie Vögel der Taiga. Heute ziehen die Vagabunden in Obstgärten und Wäldchen ein. Ihre Stärke, als Schwarm aufzutreten, ist so groß, dass selbst Greifvögel verzweifeln. Schon oft musste ein Bussard notlanden, weil seine Federn vom hundertfachen Kot eines Wacholderdrosselschwarms verklebten. Selbst tierische Nestplünderer wie Eichhörnchen und Marder haben bei ihnen kaum eine Chance. Sie werden gemeinsam mit den typischen "schacka-schacka"-Rufen lautstark vertrieben. Allerdings reagieren sie empfindlich auf Veränderungen in der Landschaft. Sie brauchen Hecken und kleine Wäldchen.

Im Winter vegetarische Nahrung, für die Brut Lebendfutter

Amsel

Turdus merula

Vögel
in Dorf und Stadt

- Drosselvögel
- L 24 – 25 cm
- ganzjährig

Merkmale
Sehr anpassungsfähige Vogelart und ein typischer Kulturfolger; Männchen mit glänzend schwarzem Gefieder, Schnabel und Augenring kräftig orangegelb, Beine dunkelbraun; Weibchen und Jungvögel braun.

Was Amseln alles lernen können

Als vor Jahren in England Telefone mit zweisilbigem Klingelton eingeführt wurden, rannte so mancher umsonst zum Telefon. Die männlichen Amseln bauten in kurzer Zeit den Klingelton perfekt in ihre Lieder ein. Für Weibchen sind solche Männer unwiderstehlich.

Amseln brüten bis zu drei Mal im Jahr.

Als diese einstige Walddrossel in die Städte wanderte, brachte das handfeste Vorteile mit sich. In Menschennähe gibt es viele immergrüne Bäume wie Fichte und Thuja, die mit ihrem Sichtschutz Amseln schon vier Wochen früher brüten lassen. Außerdem gibt es Holzstöße, Carports und Unterstände, die Sichtschutz vor Nesträubern gewähren. Wegen dieser Vorteile wurde die Amsel zum häufigsten Vogel unserer Dörfer und Städte. Brüten, so stellte sich heraus, ist für Amselweibchen durchaus Erholung. Mit ihrem gut isolierten Nest sparen sie innerhalb von zwei Wochen rund 20 Prozent Energie gegenüber Nichtbrütern. Beide Eltern versorgen die Jungen mit Regenwürmern und Schnecken. Weil die Nahrung in Menschennähe so reichlich fließt, werden nur die kleinen Brutreviere heftig verteidigt. Die Nahrungsreviere stehen allen offen.

Singdrossel

Turdus philomelos

- Drosselvögel
- L 22 cm
- März – Oktober

Merkmale
Mittelgroße Drossel mit langen fleischfarbenen Beinen und aufrechter Haltung; Geschlechter gleich; braune Oberseite; rahmgelbe Unterseite mit kleinen dunklen Flecken übersät; große dunkle Augen.

Der Vogel, der alles dreimal sagt

„Wenn die Amseln pfeifen, sind die Drosseln nicht mehr fern“, sagt eine Bauernregel. Die Singdrossel sitzt bald abends auf der Spitze eines Baumes und lässt ihre flötenden, pfeifenden und zwitschernden Melodien hören. Die wechselnden Folgen wiederholt sie mehrmals.

Die Singdrossel ist ein Waldvogel. Sie bewohnt alle Waldtypen, wenn sie nur ein wenig offen sind. Diesem Ideal entsprechen unsere Parks und Gärten. So kamen wir zu ihren Liedern. Kurz vor Regen oder vor einem Gewitter singt die Drossel mit dem gepunkteten Bauch ganz allein in den Abend. Oft sieht man sie ruckartig am Boden rennen, plötzlich stehen bleiben, einen Regenwurm aus dem Rasen ziehen und hektisch weiterrennen. Am liebsten sammelt sie in den Gärten die gelbbraun gebänderten Schnirkelschnecken. Diese hat sie zum Fressen gern und schlägt ihre Schalen an einem Stein auf. Um diese „Drosselschmieden“ liegen oft hunderte von Schneckenhäusern. Wer ihr Nest in Fichte, Weißdorn oder anderen Bäumen findet, erkennt es sofort. Die Nestmulde ist mit Holzmulm auszementiert.

Typisch für die Singdrossel: aufrechte Haltung, Fleckenperlen am Bauch

Vögel
in Dorf und Stadt

Mönchsgrasmücke

Sylvia atricapilla

Wer singt im Garten „mi niño chiceritito"?

Während die übrigen Vögel im Hochsommer kaum noch singen, erklingt im Garten laut ihr kunstvolles Lied. Es beginnt ganz piano. Dann folgt eine Flötenstrophe und endet mit einem Überschlag. Die Lautmalerei für diesen Gesang heißt spanisch „mein liebes Kind" .

Die Mönchsgrasmücke fliegt viele Wege, um den Winter zu umgehen. Die „Skandinavier" reisen ins tropische Afrika, die „Spanier" an die Elfenbeinküste und die „Mitteleuropäer" ins Mittelmeergebiet. Treffen sie im April wieder bei uns ein, sind ihre Lieder nicht zu überhören. Sehr häufig ist der „Mönch" in buschreichen Gärten zu erleben. Dort sind beide Altvögel gut aus der Nähe zu sehen, wenn sie tagelang die schwarzen Larven des Schneeballkäfers einsammeln. Mit ihren unterschiedlichen Kopffarben lassen sich Männchen und Weibchen gut unterscheiden. Fast flügge sitzen die Jungen wie graue Federbällchen dicht nebeneinander auf dem Ast und werden von beiden Eltern gefüttert. Im Herbst sind die Mönchsgrasmücken täglich vor dem Holunderbusch zu sehen. Seine Beeren sind die beste Fitnesskur für den weiten Zug.

- **Grasmückenartige**
- **L 14 cm**
- **April – Oktober**

Merkmale
Unsere häufigste Grasmücke; typisch ist ihr laut flötender Gesang von den Baumkronen, bevorzugt morgens; Körper graubraun mit schwarzer (Männchen, Foto oben) oder rotbrauner (Weibchen) Kopfplatte bis in Augenhöhe.

Das Weibchen bringt Schnaken als Futter.

- **Grasmückenartige**
- **L 11 cm**
- **März – Oktober**

Merkmale
Eintöniger, wie „zilp-zalp-zilp-zalp" klingender Reviergesang; Geschlechter gleich; Gefieder oben olivbraun, unten weißgelb; heller Überaugenstreif; große, dunkle Augen; heller Augenring; dunkle Beine.

Zilpzalp

Phylloscopus collybita

Er singt immer seinen Namen

Stundenlang ertönt er aus der hohen Eiche, der zweisilbige Gesang in einer schön klingenden Terz. Der kleine grüne Sänger singt „zilp-zalp". Jeder kann den Laut nachpfeifen. Und weil das so einleuchtend klingt, wird der Weidenlaubsänger eben Zilpzalp genannt.

Der Zilpzalp ist eine typisch buschbewohnende Art. Wie alle Laubsänger. Ihr Beruf ist es, durch Zweige und Blätter zu schlüpfen, um dort Spinnen und Insekten zu sammeln. Damit sie sich nicht ins Gehege kommen und Konkurrenz machen, haben sie sich Waldtypen und Baumbereiche untereinander aufgeteilt. So hat der Zilpzalp unter allen Laubsängern die besten Klammerfüße. Damit kann er die dünnsten Zweige umklammern, aber auch auf dem Zug Schilfgebiete als Nahrungsbereich nutzen. Zusätzlich kann das Leichtgewicht von 9 g auch flatternd Mücken aufpicken. Nicht immer allerdings kann man sicher sein, einen Zilpzalp zu beobachten. Denn der Fitis-Laubsänger bewohnt ebenfalls Gärten und Parks und ist selbst mit dem besten Fernglas nicht zu unterscheiden. Nur bei "zilp-zalp" ist alles klar, denn der Fitis (Foto links unten) ruft „hü-it".

Das Nest ist immer am Boden unter dichten Halmen versteckt.

Gartenbaumläufer

Certhia brachydactyla

Der Herr der Rinde

Das Schema ist immer das gleiche. Der kleine Vogel mit dem langen Pinzettenschnabel landet unten am Stamm, klettert mit ruckartigen Bewegungen hinauf, steckt seinen Schnabel in jede Ritze und fliegt zum nächsten Baum. Dort beginnt das gleiche Spiel wieder von unten nach oben.

Der Gartenbaumläufer fehlt in keinem Park und Obstgarten. Überall, wo rissige Rinde viele Insektenverstecke verspricht, fliegt er an. Oft kontrolliert er täglich über 200 Bäume. Dabei legt er kletternd 2–3 km zurück. Selbst sein Nest legt er hinter rissiger Borke an. Berühmt wurde er wegen seiner Fähigkeit zum Lernen. Als ein Brutpaar im Inneren eines Hohlblocksteines brütete, nutzte ein Zoologe die Situation für einige Experimente. Er fand heraus, dass Baumläufer sich ihren Nestbaum einprägen und zwei Anflugwege lernen. Dabei merken sie sich sogar ungewöhnliche Gegenstände in Nestnähe. Gartenbaumläufer sind sehr kälteempfindlich. Dennoch bleiben sie im Winter bei uns. Um zu überleben, schlafen sie in kalten Nächten als Knäuel am Stamm und wärmen sich gegenseitig. Über ein Dutzend Vögel fand man schon zusammen schlafend, lediglich die Schwänze schauten sternförmig heraus.

- **Baumläufer**
- **L 12 cm**
- **ganzjährig**

Merkmale
Blaumeisengroßer Vogel, der sich besonders am Stamm von Laubbäumen aufhält; Geschlechter gleich; Gefieder oben rindenfarbig graubraun, unten weißlich; zarter, abwärts gebogener Schnabel; langer Schwanz.

Der gebogene Pinzettenschnabel wird in kleinsten Ritzen fündig.

Grauschnäpper

Muscicapa striata

- Fliegenschnäpper
- L 14 cm
- April – September

Merkmale
Größter heimischer Fliegenschnäpper; der einzige mit fein dunkel gestrichelter Unterseite und unscheinbarer graubrauner Oberseite; große dunkle Augen; sitzt oft auf erhöhter Warte und fängt von dort aus Insekten.

Ein grauer Flieger auf Mückenjagd

Was mag einen Vogel bewegen, im Schuppen in einer alten Petroleumleuchte zu brüten? Oder in der Lampenschale der Garage? Doch was für uns oft unverständlich ist, kann aus Vogelsicht ein idealer Lebensraum sein. So ist auch ein Garten für den Grauschnäpper ein Fliegenparadies.

Aufmerksam sitzt der Grauschnäpper auf der Lenkstange des abgestellten Fahrrads. Das ist sein momentaner Lieblingsplatz im Garten. Dann wieder tagelang der Griff der hochgestellten Schubkarre. Gegen Abend summt es hier von Mücken und Fliegen. Der Fliegenschnäpper fliegt ab, schnappt ein Insekt aus der Luft und flattert zu seinem Aussichtspunkt zurück. Dann zuckt er mit den Flügeln und dem Schwanz. Aufmerksam verfolgt er die Sechsbeiner und startet erneut. Sein eigentlicher Lebensraum sind Waldlichtungen. Dort brütet er in Efeuranken, im dichten Stammausschlag oder in allen natürlichen und künstlichen Halbhöhlen. Beide Eltern füttern ihre fünf bis sieben Jungen sehr eifrig bis zu 40 Mal in der Stunde. Kurz vor dem Wegzug im Herbst stehen die Vögel im Flatterflug vor dem Holunder und Faulbaum. Deren Früchte bauen schnell Fettreserven für den Flug nach Südafrika auf.

Jede Nisthilfe ist willkommen. Manchmal sogar ein Schmuckkranz

Blaumeise

Parus caeruleus

Vögel
in Dorf und Stadt

- Meisen
- L 12 cm
- ganzjährig

Merkmale
Unverwechselbar; einziger heimischer Vogel mit einem blaugelben Federkleid; Weibchen etwas matter gefärbt als die Männchen; sehr lebhaft, turnt geschickt mit dem Bauch nach oben.

Wenn es eng wird, hat die Blaumeise Vorteile

Kohl- und Blaumeisen sind Konkurrenten um Nisthöhlen. Ist das Angebot gering, sind die Kohlmeisen stärker. Gibt es aber Nisthöhlen mit Schlupflöchern von maximal 27–28 mm Durchmesser, können Blaumeisen ungestört brüten. Das zeigten Beobachtungen in der Oberrhein-Ebene.

Vogelberinger entdeckten eine weitere Vorliebe der Blaumeise. Während der Zugzeit verlassen diese Waldmeisen die herbstfarbenen Wälder und bevölkern in Scharen heimische Schilfflächen. Dort überwintern viele Insekten und bieten ihnen auch im Winter eine Nahrungsbasis. Viele bleiben aber auch in Menschennähe. Mit ihrem harten Meißelschnabel schaffen sie es, Sonnenblumensamen aufzupicken, aber auch Spinnen aus der Borke zu holen. Meisen sind berühmt dafür, durch Nachahmung zu lernen. Als es 1948 einigen wenigen Blaumeisen in London gelang, die Deckel der Milchflaschen vor den Haustüren aufzupicken, konnten es bald darauf fast alle Blau- und Kohlmeisen Englands. Sehr zum Ärger der Milchmänner hatten sie es in kürzester Zeit von anderen gelernt. Es brachte ihnen Vorteile, den fetthaltigen Rahm abzuschöpfen.

Wärmen sich gegenseitig: junge Blaumeisen

Vögel
in Dorf und Stadt

- Meisen
- L 14 cm
- ganzjährig

Merkmale
Größte heimische Meisenart; wenig scheu; schwarzer Kopf mit weißen Wangen; Unterseite gelb mit einem breiten, schwarzen Mittelstreif beim Männchen und einem deutlich schmaleren beim Weibchen.

Kohlmeise

Parus major

Fast jeder hat so eine Meise

Schon seit dem 15. Jahrhundert begegnet man in der Literatur dem Namen Kohlmeise. Wegen ihres glänzend schwarzen Kopfes hieß sie so in Straßburg oder Nonnette in Frankreich. Sie ist in Mitteleuropa die häufigste Meise und lebt das ganze Jahr bei uns.

Die Kohlmeise ist eine „Fleischmeise". Sie sucht fast ausschließlich Insekten, deren Raupen und Spinnen oder Tausendfüßer. Damit füttert sie auch ihre Jungen und hat reichlich zu tun. Sie legt meist neun Eier und ist mit dem Insektenbedarf für die Jungen ein willkommener Schädlingsbekämpfer. Zahlen aus einer Großuntersuchung: Bei durchschnittlich elf Jungen im Nest erfolgten 637 Fütterungen je Brut und Tag. Ein Nestling bekam pro Tag 58 Mal Insektenfutter. In kleinen Bruten mit durchschnittlich fünf Jungen bekamen diese sogar 78 Portionen pro Tag gereicht. Die produktiven Kohlmeisen leiden häufig an Kalziummangel, das in den Insekten selten vorkommt. Dadurch gibt es viele Verluste durch dünnhäutige Eischalen. Als Ausweg picken die Kohlmeisen dann Schneckenhäuser an.

Flügge Meisen streifen noch lange im Familienverband umher.

Kleiber

Sitta europaea

Von Beruf Stammläufer und Maurer

Alte Bäume mit rissiger Borke und ausgefaulten Astlöchern sind sein Lebensrevier. Wo der Waldvogel diese Bedingungen findet, bleibt er meist ein Leben lang. Seinen Namen hat er wegen seiner Eigenart, Nisthöhlen mit Lehm auf Körpergröße zuzumauern.

Wenn die Raupen von Frostspanner, Kiefernschwärmer oder Nonne den Stamm hinauflaufen, um ins Blätterdach zu gelangen, begegnen sie sicher dem Kleiber. Dem agilen Kletterer mit der blaugrauen Oberseite entgeht an seinem Baum nichts. Mit fast hüpfenden Sprüngen klettert er an Baumstämmen empor und steckt seinen meißelförmigen Schnabel in jede Borkenritze. Als einziger heimischer Vogel kann er auch abwärts klettern. Seine Zehen tragen spitze Krallen und geben ihm Halt. Beim Aufwärtsklettern stützt ihn zusätzlich der Schwanz. Die Borke der Bäume ist sein Lebensraum. Selbst das Nest in einer Asthöhle ist aus kleinen Borkenstückchen zusammengesetzt. Und darunter versteckt er für den Winter Sonnenblumenkerne und kleine Nüsse. Oft klemmt der Kleiber auch Nüsse in Borkenspalten und hackt sie auf. Im Frühjahr singt er im Park sein Revierlied: „wihe-wihe-wihe".

- **Kleiber**
- **L 14 cm**
- **ganzjährig**

Merkmale
Weit verbreiteter Vogel, gedrungen, mit kurzem Schwanz und einem starken spechtartigen Schnabel; Oberseite und Scheitel blaugrau, Unterseite rahmgelb; schwarzer Augenstreifen; klettert unermüdlich.

Der einzige Vogel, der auch abwärts klettern kann. Seine besonderen Zehen machen es möglich.

Vögel
in Dorf und Stadt

- Rabenvögel
- L 46 – 47 cm
- ganzjährig

Merkmale
Typisch ist die unbefiederte weiße Schnabelwurzel der Altvögel; schwarzes Gefieder mit blauem Metallschimmer; Unterschied zur Rabenkrähe: Bauch- und Schenkelgefieder wird im Stehen locker abgespreizt.

Saatkrähe
Corvus frugilegus

Die lauten Stadtvögel
Saatkrähen sind Koloniebrüter und haben sich in den Städten eingenistet. Sie sind gesellig und laut und ziehen zunehmend unseren Unmut auf sich. Vertreiben lassen sich die Tiere nicht. Lediglich Greifvögel können sie verunsichern. So müssen wir wohl mit dem Beschiss von oben leben.

Dämmerung über Kiel. Von allen Seiten nähern sich Scharen dunkler Vögel und steuern einen bestimmten Punkt an. Die Hochbrücke über dem Nord-Ostsee-Kanal ist ihr Ziel. Seit Jahrzehnten ist das luftige Bauwerk der Schlafplatz der Saatkrähen. Früher wurden die Vögel mit der hellen Schnabelwurzel verfolgt, weil sie in der Maissaat Schäden anrichteten. Heute halten spezielle Drillmaschinen die Ausfälle klein. Und heute weiß man, dass die Saatkrähen sich über Drahtwürmer, Schnecken und Käferlarven hermachen. Bei dieser nützlichen Suche halten sie Abstand und befreien so ein Feld sehr gründlich von Schädlingen. Saatkrähen leben in Dauerehe und bleiben einem Nistplatz lange treu. Die großen Winterschwärme aus tausenden von Vögeln sind Gäste aus Osteuropa.

Unverwechselbar ist die Saatkrähe wegen der grauen Schnabelbinde.

Dohle

Corvus monedula

Vögel
in Dorf und Stadt

Die Stimmen der Ruinen

Alte Gemäuer und das hundertfache „kjack" dieser Vögel gehören zusammen. Die geselligen Vögel lärmen immer und sind ungewöhnlich lernfähig. Konrad Lorenz hat sie aufgezogen und studiert. Sie wohnen meist in Menschennähe. Und das schon seit ewiger Zeit.

Für Höhlenbrüter an steilen Felsen müssen Menschen einst Glücksboten gewesen sein. Als diese begannen, große Häuser und Türme wie künstliche Felsen zu bauen, nahmen viele Vögel diesen Lebensraum aus Menschenhand an. Seit dieser Zeit leben die Dohlen in unserer Nähe. Dieser Rabenvogel beobachtet uns genau. Er lernte die Handbewegungen des säenden Bauern genauso schnell deuten wie heute den Nahrung versprechenden Pflug. Dohlen können sicher bis sechs zählen, ergaben Dressurversuche. Und offensichtlich menschelt es bei ihnen auch. Sie verloben sich schon im ersten Herbst, pflanzen sich im zweiten Sommer fort und leben offenbar in Dauerehe. Sie leben in Gruppen zusammen und streiten sich ausgiebig. Und immer ahmen sie andere Geräusche nach und können sogar Wörter erlernen. Auch ihr Sozialverhalten ist sehr ausgeprägt: Paare füttern sich und pflegen sich gegenseitig das Gefieder.

- **Rabenvögel**
- **L 33 cm**
- **ganzjährig**

Merkmale
Gesellige Vögel; Gefieder der Altvögel schwarz mit grauem Nacken und grauem Hinterkopf, das der Jungvögel braunschwarz; auffällig helle Augen; Schnabel kurz, schwarz; Beine schwarz; Geschlechter gleich.

Das Prinzip der Reihumfütterung: Satte Junge sperren nicht.

Vögel
in Dorf und Stadt

- Rabenvögel
- L 44 – 48 cm
- ganzjährig

Merkmale
Wachsamer Vogel mit kontrastreich glänzendem schwarz-weißen Gefieder und langem stufigen Schwanz; Schnabel und Beine schwarz; Geschlechter sehen gleich aus; läuft am Boden mit wackelndem Gang.

Elster

Pica pica

Die Elster baut sich ein Dach überm Nest

Vor dem Laubaustrieb sind ihre großen Nester in den Bäumen schon von weitem an der typischen Haube aus Zweigen (Foto links unten) zu erkennen. Mittlerweile sind sie in der Landschaft und auch in unseren Städten überaus häufig. Aber nicht überall wird darin gebrütet. Oft sind es auch nur Schlafnester.

Die Elster ist ein Problemvogel. Sie ist in die Städte gezogen, wahrscheinlich, um dem Druck von Greifvögeln zu entgehen. Dort im Schlaraffenland hat sie sich rasch vermehrt. Darin liegt das Problem. Denn als Allesfresser plündert die Elster häufig die Nester anderer Vögel. Dabei setzt sie verschiedene Fähigkeiten ein. Zum einen reagieren viele Singvögel aufgeregt auf ihr Schackern und verlassen das Nest. Zum anderen besitzen Elstern eine große Lernfähigkeit und beobachten ihre Umgebung genau. Damit sind sie sehr effiziente Räuber. Sicher lernen die Singvögel bald, mit ihrem Problemvogel umzugehen. Für uns bleibt nichts anderes, als den schlauen Vogel mit dem schönen Erzglanz im Gefieder zu bewundern. Sitzt eine Elster auf dem Dach, kommt bald lieber Besuch, heißt es.

Elstern haben stets alles im Blick.

Star

Sturnus vulgaris

Vögel
in Dorf und Stadt

Ein Star verkündet den Frühling

Er ist der bekannteste Vogel in Menschennähe. Seine Lieder bedeuten für uns Frühlingsbeginn. Oft bauen wir ihm ein Haus mit Sitzstange. Wir sehen ihm gerne zu, wenn er Regenwürmer aus dem Rasen zieht. Aber wenn er sich in Schwärmen über unsere Kirschen hermacht, mögen wir ihn nicht mehr.

Jeder Star braucht einen Stammbaum. Der liegt im lockeren Mischwald oder mitten in der offenen Landschaft und enthält eine Spechthöhle oder ein ausgefaultes Astloch. Dort brütet er viele Jahre hintereinander. Doch irgendwann haben wir uns die Stare mit ihren Frühlingsliedern als natürliche Schädlingsbekämpfer in die Gärten geholt. Schon Mitte des 17. Jahrhunderts baute man in Schlesien Nistkästen für Stare. Sie vermehrten sich wie im Schlaraffenland. Im Sommer und Herbst fallen nun Stare massenhaft in Weinberge ein und richten große Schäden an. Das ist die Zeit des Sammelns für den Zug in die Überwinterungsgebiete. Die mitteleuropäischen Stare fliegen nach Südeuropa, die nordöstlichen überwintern bei uns. So entsteht der Eindruck, als blieben immer mehr Stare im Winter hier. Im Frühling ist er dann wieder unser Star im Garten.

- **Stare**
- **L 21 cm**
- **März – September**

Merkmale
Amselgroßer Vogel mit abwechslungsreich schwätzendem Gesang; Geschlechter ähnlich; zur Brutzeit mit schwarzem, grün bis purpur schillerndem Gefieder und langem, spitzem, zitronengelbem Schnabel.

Oft dienen schon kleine Astlöcher als Nisthöhlen.

Vögel
in Dorf und Stadt

- Sperlinge
- L 15 cm
- ganzjährig

Merkmale
Einer der bekanntesten Vögel; wirkt plump, großer Kopf und kräftiger Schnabel; Männchen (Foto oben) mit grauem Scheitel, schwarzem Latz und braun gestreifter Oberseite; Weibchen und Jungvögel unscheinbar graubraun.

Haussperling

Passer domesticus

Die lautstarke Familie unter der Dachrinne

Im griechischen Altertum stand der Spatz in hohen Ehren. Die Tempelsperlinge waren sogar heilig, und wer ihnen schadete, wurde mit dem Tode bestraft. Sie leben fast überall auf der Erde in Menschennähe und nisten sich in jeder kleinen Nische unter dem Dach ein.

Rund 3600 Federn trägt der Haussperling als Federkleid auf dem Leib. Es wiegt gerade einmal 1,9 g. Der ganze Vogel ist ein Leichtgewicht von nur 30 g. Damit fliegt er im Schwarm um die Häuser, findet jedes Korn, das ein Bauer verlor, plantscht in Pfützen und badet ausgiebig im Staub. Der Dreckspatz hatte lange Zeit kein hohes Ansehen. Doch das ändert sich gerade wieder. Wissenschaftler entdeckten, wie erfolgreich seine Lebensstrategien sind. Bei guter Nahrungslage übergeben die Eltern ihre Halbwüchsigen an Onkel und Tanten, um schnell weitere Nachkommen zu erbrüten. Als Großfamilie ist man sicherer vor dem Sperber, dessen scharfe Augen viele auseinander stiebende Spatzen verwirren. Bei Alarm kennt jeder seinen Fluchtweg. Das Versteck ist oft eine Fichtenhecke.

Typisches Spatzennest, mit Federn ausgekleidet

Feldsperling

Passer montanus

Vögel in Dorf und Stadt

- Sperlinge
- L 14 cm
- ganzjährig

Merkmale
Etwas kleiner und schlanker als der Haussperling; Altvögel mit kastanienbraunem Oberkopf und Nacken, schwarzem Augenstreif, weißen Wangen und schwarzem Kehlfleck; Geschlechter gleich.

Der Spatz mit der braunen Kopfbedeckung

Erdfarben ist der braune Kopf des männlichen Feldsperlings. Das sicherste Kennzeichen, um ihn vom grauköpfigen Haussperling zu unterscheiden. Und tatsächlich meidet er bei uns auch die Stadt und bewohnt lieber offenere Gebiete.

In Bangkok allerdings lebt der Feldsperling mitten in der Großstadt. In ganz Ost- und Südostasien ist er der Spatz unter dem Dach. Wahrscheinlich, weil der Haussperling dort nicht vorkommt. In Europa dagegen muss der schmächtigere Feldsperling in den Städten wohl dem Haussperling weichen. Im Winter leben die beiden Arten friedlich in großen Gruppen zusammen und nehmen auch Buchfinken mit in den Schwarm auf. Im Sommer sind sie Konkurrenten um Nisthöhlen. Der Feldsperling nutzt gerne Starenkästen und in Kiesgruben besonders gerne die Höhlen der Uferschwalben. Den vermeintlichen Schaden, den Spatzen in Getreidefeldern anrichten, machen sie längst wieder wett, wenn sie ihre zahlreiche Nachkommenschaft mit Blattläusen und Insektenlarven füttern. Schließlich brüten sie drei- bis viermal pro Jahr.

Als Schwarm entdeckt man Futterquellen schneller.

Vögel in Dorf und Stadt

- Finken
- L 13 cm
- ganzjährig

Merkmale
Kleiner Finkenvogel mit kurzem Schnabel und langem gegabelten Schwanz; Männchen zur Brutzeit mit rotem Scheitel und roter Brust; Weibchen und Jungvögel stets ohne Rot; typischer nasaler Flugruf.

Bluthänfling

Carduelis cannabina

Der Vogel der Friedhöfe

Schon Mitte März sucht der Bluthänfling nach Nistgelegenheiten. Er baut sein Nest häufig in immergrüne Bäume wie Wacholder, Thujen, Eiben, Fichten und Tannen. Das sind auch die bevorzugten Bäume unserer Gottesäcker. Und hier leben die „Bluetströpfli", wie Schweizer den Vogel nennen.

Der Bluthänfling liebt Leinsamen über alles. Deshalb war er früher der Hanfvogel, denn die Begriffe Hanf, Lein oder Flachs bezeichnen alle ein und dieselbe Pflanze. Außerhalb der Brutzeit durchstreifen die Hänflinge in großer Zahl die Landschaft. Auffällig eng zusammen fliegen diese Finkenvögel und „tanzen" neben der Straße auf und ab, bevor sie sich endlich niederlassen. Dabei rufen sie „geckgeckgeck". Regelmäßig suchen sie die Wildkräutersäume von Feldrändern und Straßen nach Samen ab. In milden Wintern streunen sie gemeinsam mit anderen Finken über die Meeresstrände. Bei Frost weichen sie ins Mittelmeergebiet aus. Zur Brutzeit sind sie sehr heimlich und huschen schnell in ihren blickdichten Busch. Dort füttern sie ihre vier bis sechs Jungen mit eingeweichten Sämereien aus dem Kropf.

Der Name stammt von der Brustfärbung des Männchens.

Grünling

Carduelis chloris

Vögel in Dorf und Stadt

- Finken
- L 15 cm
- ganzjährig

Merkmale
Größter Fink; Männchen oben olivgrün, unten gelbgrün; gelbe Abzeichen an Flügeln und Schwanz; kräftiger, schmutzig rosafarbener Schnabel; Weibchen ähnlich, aber matter.

Der grüne Fink, der klingelnd singt

Er ist einer der häufigsten Singvögel in Dorf und Stadt. Im Sommer brütet er in unseren Gartenbüschen, im Winter verteidigt er hartnäckig die Sonnenblumenkerne im Vogelhaus. Gelbgrün sind seine Federn und sein kräftiger Schnabel weist auf die Verwandtschaft mit den Finkenvögeln hin.

Sag mir, wie dein Schnabel ist, dann weiß ich, was du frisst. Der Schnabelbau bestimmt die Nahrung. Als englische Wissenschaftler untersuchten, wie Finkenvögel sich die Nahrung aufteilen, stellten sie fest, dass die Größe des Schnabels die Art des Futters bestimmt. Die größten Samen frisst der Kernbeißer. Dann folgt der Grünling oder Grünfink mit Samen mittlerer Größen. Hänfling und Zeisig teilen sich kleine Sämereien. Zur Abwechslung gibt es Knospen und merkwürdigerweise gelbe Blüten. Oft brüten Grünlinge bei uns in Thujen. Diese Bäume geben schon im zeitigen Frühjahr Deckung für das Nest, das aus dürren Reisern und Halmen besteht. Für ein Finkennest ist es nicht gerade sehr kunstvoll. Das Weibchen baut es allein. Schon um den 10. April fängt es an zu brüten. In manchen Jahren ziehen Grünlinge sogar drei Bruten hoch.

Ewig streitsüchtig am Futter: Grünlinge

Vögel
in Dorf und Stadt

- Finken
- L 15 cm
- ganzjährig

Merkmale
Der am weitesten verbreitete Vogel Mitteleuropas; Männchen bunt: Scheitel und Nacken schieferblau, Rücken rostbraun, Unterseite bräunlich rosa, Flügel dunkel, mit zwei weißen Binden; Weibchen olivbraun (Foto rechts unten).

Buchfink

Fringilla coelebs

Zink sagt der Fink

Unermüdlich wiederholt der Buchfink sein strahlendes Lied. Hoch beginnt es, sinkt ab, wird zu einem Rollen und endet mit einem „Schnapp", wie es früher hieß. Es gibt viele Übersetzungen in die Menschensprache. Am bekanntesten ist „zink zering zink zink zink ziah".

Wer in Europa den Namen Pinson, Pinchard, Finch, Finke oder von Finkenstein trägt, verdankt ihn wohl dem Buchfink. Sehr wahrscheinlich waren seine Vorfahren Finkler, was Finkenfänger bedeutet. Der männliche Buchfink war einer der beliebtesten Singvögel und wurde lange Zeit zur Käfighaltung gefangen. Sein Lautinventar ist sehr ungewöhnlich. Hört man zwei Buchfinkenmännchen nebeneinander, so unterscheiden sich ihre Strophen sehr deutlich. Tonanalysen zeigten, dass sich Buchfinken Dialekte zulegen. So nehmen sie den Ruf eines Sperbers auf und bauen ihn in ihr Lied ein oder ahmen Meisen nach. Auch die Jungen sprechen später diesen Dialekt. Man wertet das als Erkennungszeichen einer genetisch erfolgreichen Gruppe. Ein eifriger Buchfink singt sein Lied an jedem Frühlingstag rund 4000 Mal.

Mittlerweile der häufigste Vogel in unseren Siedlungsräumen

Gimpel

Pyrrhula pyrrhula

Vögel
in Dorf und Stadt

Der rote Fink mit der schwarzen Kappe

Im skandinavischen Sprachraum war er der Dompap oder das Pfäffchen. Seine schwarze Kappe und seine füllige Erscheinung führten wohl zu dem Vergleich mit den Geistlichen. Der Name Gimpel soll aus dem bayrischen Wort „gumpen" für hüpfen stammen.

- Finken
- L 14 – 16 cm
- ganzjährig

Merkmale
Unverwechselbar; Männchen mit leuchtend roter Unterseite, schwarzer Kopfkappe, kräftigem schwarzen Schnabel und grauen Flügeldecken; Weibchen blasser gefärbt; im Flug fällt der weiße Bürzel auf.

Der Vogelsberg zwischen Gießen und Fulda hat seinen Namen nach dem Gimpel. Dort kaufte man früher diese Vögel von den Bauern als beliebte Käfigvögel. Auch für einen Gimpel aus dem Frankenwald wurde früher viel Geld gezahlt, wenn er gut singen konnte. Doch das war nicht so leicht, denn Gimpel singen von Natur aus nur ein leises, quietschendes Lied. Wenn aber die Weber und Korbflechter dem Vogel stundenlang Lieder vorpfiffen, brachten es Gimpel zur Meisterschaft. Als Knospenfresser lebten sie im Wald, doch das warme Klima der Städte lockte sie in unsere Gärten. Dort gibt es quellende Knospen schon früher im Jahr. Das Nest wird aus flachen Reisern geschichtet und mit feinen Wurzeln und Haaren gepolstert. Vorzugsweise liegt es in einer dichten Fichte, einem Wacholderstrauch oder einer Eibe. Ein Brutpaar bleibt meist ein Jahr lang zusammen. Es wurden aber auch schon mehrjährige Ehen beobachtet.

Gimpelpaar mit zweitägigen Jungen. Rechts das Männchen

Vögel
an See und Teich

Majestätisch rudert der Höckerschwan über den Teich. Stolz sind seine Flügel aufgerichtet, der Hals hoch emporgereckt. Rund 25 000 weiße Federn trägt der Vogel als Kleid. Sein Revier sind Seen und Teiche. Wer hier erfolgreich leben will, muss zum Beispiel ein schneller Taucher sein, um Fischen unter Wasser hinterherzujagen oder Schnecken vom Grund heraufzuholen. Eine weitere Strategie ist es, zu gründeln oder mit „Schwänzchen in die Höh'" Unterwasserpflanzen abzuweiden. Einem massigen Höckerschwan wird es nie gelingen zu tauchen. Aber mit dem langen Hals gründelnd die Unterwasserwiesen abzuweiden, das gelingt ihm bestens.

Ein Teich hat viele Überraschungen bereit. Manchmal balanciert ein Teichhuhn wie eine Tänzerin über die großen Seerosenblätter. Und dann wieder baut ein Teichrohrsänger ein kunstvolles Pfahlnest zwischen drei Schilfhalme. Die Meister der Seen und Teiche sind die Taucher. Bei der Balz tanzt der Haubentaucher mit seiner Partnerin ein Wasserballett. Dann bauen sie ein Schwimmnest. Bei Gefahr können sie blitzschnell abtauchen.

Vögel
an See und Teich

- Lappentaucher
- L 46 – 51 cm
- März – September

Merkmale
Zur Brutzeit Männchen und Weibchen mit auffälligem Kopf- und Halsschmuck; im Winter ist die charakteristische Haube nur angedeutet, die Federohren sind zurückgebildet und die Halskrause fehlt.

Haubentaucher

Podiceps cristatus

Als würden Pinguine auf dem Wasser tanzen

Wenn Anfang März die Haubentaucher aus Südosteuropa zurückkehren, vollführen die Paare besondere Balztänze. Beide schwimmen mit gesträubter Haube aufeinander zu und recken sich hoch aus dem Wasser. Heftiges Kopfschütteln heißt „ja".

Ende April tauchen Haubentaucher geschäftig. Sie bringen Rohrstängel, faulende Teile von Seerosenblättern, Wasserhahnenfuß und Schlamm zu einer windgeschützten Stelle am Schilfrand und türmen sie auf. Jeden Tag bauen sie an ihrem Schwimmnest. Im Abstand von zwei Tagen werden die vier Eier gelegt. Anfangs sind sie noch bläulich weiß, später werden sie von den fauligen Wasserpflanzen kaffeebraun. Verlässt der Taucher sein Nest, deckt er die Eier sorgfältig mit Pflanzen zu. 25 Tage brüten beide abwechselnd. Dann schlüpfen die gestreiften Küken. Anfangs verbringen sie die meiste Zeit unter den Flügeln der Eltern und werden sogar zum Tauchen mitgenommen. Rund 200 g Kleinfische, Wasserinsekten, Krebstiere, Schnecken oder Kaulquappen fangen die Haubentaucher täglich unter Wasser.

Balzszene eines Haubentaucherpaares

Zwergtaucher

Tachybaptus ruficollis

Laute Triller an kleinen Teichen: das Duett der Zwergtaucher

Zu sehen sind sie selten, die kleinsten Taucher der heimischen Vogelwelt. Entweder verstecken sie sich in der Ufervegetation oder sie sind abgetaucht. Doch das laute „dididididi"-Getriller verrät die Zwergtaucher. Sie fehlen an keinem Tümpel.

Mal tanzt er wie ein Korken auf dem Wasser, mal schwimmt er bis zum Hals unter Wasser. Bei Gefahr stürzt er sich kopfüber in die Tiefe und taucht wenig später wieder auf. Kein anderer Vogel kann so mit der Luft im Gefieder spielen wie der Zwergtaucher. Gerade mal 150 g wiegt der behende Vogel. Beide Partner bauen ein Schwimmnest, beide Gatten bebrüten die fünf bis sechs Eier. Zur Brutablösung bringen sich Zwergtaucher ein paar grüne Wasserpflanzen im Schnabel mit. Immer wieder täuscht der Mond die bei Nacht umherziehenden Zwergtaucher. Wenn das Mondlicht in Regennächten Straßen zu hellen Bändern macht, landen häufig Zwergtaucher darauf und schürfen sich ihre Ruderfüße auf. Sie hatten die Straße mit der glänzenden Oberfläche von Flüssen und Teichen verwechselt und wurden Opfer unserer Welt.

Typisch für den Zwergtaucher: weißer Fleck am Schnabel

- **Lappentaucher**
- **L 25 – 29 cm**
- **ganzjährig**

Merkmale
Kleinster Taucher Europas; fliegt meist knapp über dem Wasser; zur Brutzeit Wangen und Hals kastanienbraun, heller Fleck am Schnabelgrund; im Winter unauffällig graubraun gefärbt.

Vögel
an See und Teich

- Kormorane
- L 80 – 100 cm
- ganzjährig

Merkmale
Schwarzer Wasservogel mit weißem Kinn und weißen Wangen; sitzt oft mit ausgestreckten Flügeln auf Pfählen; schwarzes Gefieder mit Metallglanz; großer Schnabel mit Haken an der Spitze.

Kormoran

Phalacrocorax carbo

Der Fischer mit den dunklen Federn

Wie Sonnenanbeter sitzen sie vormittags auf den Buhnen der Ostsee. Ihre Flügel halten sie ausgespannt, um sie vom Seewind trocknen zu lassen. Dann fliegen sie 15 Kilometer landeinwärts zum Plöner See. Auf kahlen Bäumen mitten im See stapeln sich ihre Nester.

Einen glatten Aal kann auch ein Kormoran mit seinem Schnabel nicht festhalten. Und dennoch sind Aale seine Hauptbeute. Mit heftigen Paddelschlägen seiner Schwimmfüße taucht er ihm hinterher und packt ihn mit seinem Hakenschnabel genau bei den Kiemen. Das ist die einzige verwundbare Stelle des Aals. Dann taucht der Vogel auf, wirft den Fisch lässig in die Luft und lässt ihn kopfüber in den Schlund gleiten. Kein Wunder, dass so ein eleganter Fischfänger den Fischern ein Dorn im Auge ist. Vor allem, wenn eine Brutkolonie in der Nähe siedelt. Kormorane brüten an küstennahen Seen und Binnengewässern. Wo sie ihre Nester bauen, sterben die Bäume bald ab. Zu scharf ist der Kot der Fischfresser. Für den Kormoran gibt es bei vielen Naturschutzbehörden Programme, die den Vögeln, aber auch den Fischern helfen. Man schätzt den Tagesbedarf eines Kormorans auf 420–450 g Fisch.

Kormorankolonie auf kahlen Ästen. Vom ätzenden Kot sterben die Bäume ab.

Graureiher

Ardea cinerea

Vögel
an See und Teich

Fische fängt er mit Geduld

Langsam fliegt der storchengroße Vogel über den Abendhimmel. Seine Beine sind gestreckt, doch der Hals ist S-förmig eingezogen. Mit langsamen rudernden Bewegungen gleitet der Vogel gleichsam durch die Luft. Nach der Landung im Teich lauert er bewegungslos.

Strenge Winter sind für den Graureiher verheerend. Wenn Teiche und Seen zufrieren, findet der Fisch- und Amphibienfresser keine Beute mehr. Zum Teil kann er sich dann mit Feld- und Schermäusen über Wasser halten. Oft versucht er auch, in Fischzuchtanstalten satt zu werden. Deshalb schätzt man dort Reiher nicht sehr. Versuche ergaben, dass einige über die Hälterteiche gespannte Schnüre Graureiher vom Landen abhalten. Außerdem kann man ihn gut an flache und ungenutzte Naturteiche anlocken. Dort ist es für ihn einfacher, Kleinfische zu fangen als in tieferen Fischteichen. Graureiher brüten in Kolonien auf hohen Bäumen. Jahr für Jahr werden die Horste ausgebessert. Nach 30 Tagen schlüpfen die Jungen und bleiben zwei Monate im Nest. Zum Beutefang fliegen die Eltern oft 18 Kilometer weit. Obwohl die Flügel des Graureihers nur aus 30 Federn an Arm- und Handschwingen bestehen, tragen sie den großen Vogel.

- **Reiher**
- **L 90 – 98 cm**
- **ganzjährig**

Merkmale
Größter und häufigster Reiher Europas; steht stundenlang bewegungslos im Wasser; Gefieder überwiegend grau; zwei lange Schmuckfedern im Nacken; langer Hals; lange Beine; langer, dolchförmiger Schnabel.

Auf Feldern und Wiesen ist der Graureiher ein erfolgreicher Wühlmausjäger.

Graugans

Anser anser

- **Entenvögel**
- **L 75 – 90 cm**
- **ganzjährig**

Merkmale
Große, kräftige, hellgraue Gans mit orangefarbenem Schnabel und fleischfarbenen Beinen; fliegt in typischer Keilformation oder in einer Linie; im Flug auffällig silbergraue Vorderkanten an den Flügeln sichtbar.

Der Vogel mit den tausend Augen

Die Wachsamkeit der Gänse ist sprichwörtlich. Haben normale Vögel zwei Augen, so haben Gänse mindestens auf jeder Feder ein weiteres, sagt der Volksmund. Einst retteten sie im römischen Reich mit ihrem Schnattern das Capitol vor Feinden.

Seit den epochalen Erkenntnissen des Verhaltensforschers Konrad Lorenz sind Graugänse weltberühmt. Kurz nach der Geburt werden die Küken auf das erste Lebewesen, das sie erblicken, geprägt und folgen ihm ein Leben lang. Neuerdings wissen wir auch, dass Gänse ihre Nahrung mit der Nase finden. Als Vegetarier wählen sie Gräser und Pflänzchen sehr gezielt aus. Auch ihre Heimat erkennen sie am Duft. Graugänse bewohnen flache Gewässer mit fuchssicheren Inseln und weiter Umsicht. Ein Paar bleibt ein Leben lang zusammen, eine Familie bis zur nächsten Brut. Während die Gans auf dem erhöhten Nest ihre Eier bebrütet, wacht der Ganter. Bei Alarm ertönt ein Trompetenstoß. Ist alles in Ordnung, näseln die Gänse ständig „ga-gang-gang“. Die Graugans ist die Stammform unserer Hausgänse.

Graugänse bewachen ihre Gössel mit größter Aufmerksamkeit.

Höckerschwan

Cygnus olor

Vögel
an See und Teich

Mein lieber Schwan

In der germanischen Mythologie galt er als Vogel der Weissagung. Noch heute sagt man, es schwant mir etwas. Und die Griechen erkoren den Schwan als Begleiter der Göttin der Schönheit. Noch heute bewundern wir den majestätischen Vogel, wenn er auf dem Wasser thront.

Wilde Höckerschwäne findet man nur noch in Skandinavien. Alle heimischen Tiere sind meist schon halbzahm und stammen von ausgesetzten Tieren ab. Doch das ändert nichts an ihrer Anmut. Mit halb erhobenen Flügeln rudert ein Männchen über den Parkteich und zeigt unübersehbar an: Dies ist mein Gebiet. Brutreviere sind meist schon Mangelware, denn längst gibt es mehr Schwäne als Teiche. So gelangen nur durchsetzungsstarke Schwäne zur Brut. Wie zu Tschaikowskis Musik „Schwanensee" taucht ein balzendes Paar nacheinander die Hälse ins Wasser und reckt sie danach steil empor. Zum Nestbau schleppt das Männchen Unmengen von Sumpfpflanzen, Schilf oder Binsen heran. Das Weibchen baut daraus ein 2 m großes Nest. Die jungen Schwäne bekommen erst nach zwei Jahren schwanenweiße Kleider.

- **Entenvögel**
- **L 125 – 160 cm**
- **ganzjährig**

Merkmale
Größter und schwerster Schwimmvogel Europas; fliegt mit singendem Fluggeräusch; Gefieder weiß; Schnabel rot, mit deutlich sichtbarem schwarzem Höcker; Jungvögel graubraun, mit grauem Schnabel.

Gut behütet, warm umdaunt

Vögel
an See und Teich

- Entenvögel
- L 50 – 65 cm
- ganzjährig

Merkmale
Größte und bekannteste Schwimmente; Männchen zur Brutzeit mit grünem Kopf, gelbem Schnabel, rostbrauner Brust und weißem Halsring; sonst überwiegend graubraun; Weibchen tarnfarben, mit blauem Flügelspiegel.

Stockente
Anas platyrhynchos

Die Mutter aller Hausenten

Die größte einheimische Schwimmente ist in der freien Natur sehr scheu. Doch wo sie sich sicher fühlt, wird sie zutraulich und manchmal handzahm. Auf Parkseen und Stadtteichen bildet sie zusammen mit gezüchteten Enten viele bunt gefärbte Bastarde. Von ihr stammen alle Hausenten ab.

Anfang Februar zeigen Stockenten merkwürdige Verhaltensweisen. Sie schütteln sich, recken den Kopf, putzen die Flügel, strecken das Schwänzchen in die Höhe oder schwimmen geduckt aufeinander zu. Konrad Lorenz war ihr aufmerksamer Beobachter und ordnete erstmals die einzelnen Verhaltensweisen. Wenn der Erpel den Schnabel ins Wasser taucht und plötzlich den Körper hochreißt, stößt er einen Pfiff mit nachfolgendem Grunzen aus. Lorenz nannte das „Grunzpfiff". Wenn er jedoch den Kopf hochnimmt und der Ente das Hinterteil zeigt, bezeichnete er das als „Aufreißen". Die Schau endet mit lauten „räbräb"-Rufen. Die Erpel balzen jede Ente an, egal welcher Art. Entscheidend ist die Antwort der Ente. Streckt sie den Schnabel vor und bewegt den Kopf ruckartig nach unten, ist das ein Ja-Wort. Das Foto links unten zeigt genau diesen Moment.

Das Farbenspiel der weiblichen Stockente ähnelt braunen Pflanzenhalmen. Zur Tarnung beim Brüten

Tafelente

Aythya ferina

Der Erpel mit dem Schokoladenkopf

Im März sind seine Farben am schönsten. Dann imponiert er dem Weibchen mit braunem Kopf, schwarzer Brust und grauem Rücken. Balzend legt er den Kopf in den Nacken und pfeift leise. Legt er aber den Kopf flach auf die Wasseroberfläche, sind sie verpaart.

Die Tafelente war einst Sachsens häufigste Ente und ist noch heute im Kreis Köthen ein häufiger Brutvogel. Dort lag der Schwerpunkt ihrer Brutgebiete und reichte bis nach Polen. Doch dann begann diese Art zu wandern und hat heute Holland und England erreicht. Aufgestaute Teiche mit einer Verlandungszone sind ihr Lebensraum. Dort tauchen Tafelenten mit einem Sprung über Kopf in die Fluten und suchen sich Armleuchteralgen und Samen von Wasserpflanzen. Rund eine halbe Minute tauchen sie unter Wasser. Während die Weibchen in versteckten Nestern im Uferröhricht 25 Tage lang ihre neun Eier bebrüten, rotten sich draußen auf dem Teich „Männergesellschaften" zum Federwechsel zusammen. Auf dem Ismaninger Stausee östlich Münchens leben im Sommer oft mehr als 20 000 Tafelenten. Im Frühjahr ist eine Besonderheit unter den Enten zu sehen: Ein verpaartes Männchen einer Tafelente füttert sein Weibchen.

- Entenvögel
- L 42 – 49 cm
- ganzjährig

Merkmale
Plumpe Ente mit hohem Kopf und flacher Stirn; Männchen (Foto oben) kontrastreich gefärbt mit braunem Kopf, schwarzer Brust und grauem Rücken; Weibchen dunkelbraun; typisch ein pfeifendes Fluggeräusch.

Verpaarte Enten schwimmen ständig gemeinsam umher.

Vögel
an See und Teich

- Entenvögel
- L 40 – 47 cm
- ganzjährig

Merkmale
Kleine Tauchente; Männchen (Foto oben) mit schwarz-weißem Gefieder und einem langen schwarzen Schopf am Hinterkopf; Weibchen dunkel bräunlich gefärbt, mit nur kurzem oder wenig sichtbarem Schopf.

Reiherente

Aythya fuligula

Mit Federschopf am Hinterkopf

Wie bei einem Reiher tragen Männchen und Weibchen einen abstehenden Federschopf am Hinterkopf. Beim Weibchen ist er kleiner. Schon mitten im Winter tragen sie ihr Brutkleid und sind überall an Parkteichen aus nächster Nähe zu beobachten. Achten Sie auf das Bernsteinauge.

Die Reiherente gibt es noch nicht sehr lange bei uns. Sie kam aus Ostsibirien und breitete sich schnell westwärts aus. Heute ist sie in der norddeutschen Tiefebene zu Hause. Aber auch München erreichte sie 1930, wie der bayerische Vogelpapst Walter Wüst beobachtete. Mit einem optisch hervorragenden und farbechten Fernglas lässt sich der wunderbare Purpurschimmer auf dem schwarzen Kopf des Männchens erkennen. Und wenn sich beide Partner kurz aufschütteln, ist auch der weiße Bauch zu sehen. Diese Tauchente ist ein Musterbeispiel für erfolgreiche Ausbreitung. Überall, wo wir Fischteiche, Baggerseen oder Parkgewässer anlegten, wurde die Reiherente heimisch. Ihr Erfolg heißt Anspruchslosigkeit: Ob Muschel, Insektenlarve, Fischlein oder Grünzeug – sie nimmt, was kommt.

Tanzende Federknäuel auf dem Teich: ein Schof Reiherenten

Rohrweihe

Circus aeruginosus

- **Greifvögel**
- **L 48 – 56 cm**
- **März – Oktober**

Merkmale
Größte und schwerste heimische Weihe; fliegt oft mit angehobenen Flügeln niedrig über dem Boden; Männchen an Rücken und Oberflügeln braun, an Schwanz und Armschwingen hellgrau; Weibchen überwiegend braun.

Wo das Schilf bis zum Horizont reicht

Wo immer ein großes, geschlossenes Schilffeld den See ummantelt, ist sie im Mai zu sehen. Wie ein weites V sind ihre Flügel geöffnet, wenn sie über den Schilfwald segelt. Der Kopf zeigt nach unten. Plötzlich lässt sich der Vogel fallen und steigt mit Beute in den Fängen wieder auf.

Die Rohrweihe beherrscht viele Jagdtechniken. Im Frühjahr, wenn das Schilf noch gelb und licht ist, jagt sie Bisamratten und Blesshühner. Wenn dann später die Entenfamilien auf dem Teich schwimmen, schwebt sie so lange bedrohlich über den Küken, bis diese ermüden und nicht mehr tauchen können. Dann pflückt sie die Beute mit ihren langen Beinen vom Wasser. Das Männchen muss ganz allein Weibchen und Brut versorgen. Meist sind es vier bis fünf Junge, die zu ernähren sind. Oft lässt das Männchen die Beute in Horstnähe einfach aus der Luft ins Schilf fallen. Die Lebensbedingungen im Schilf sind nicht einfach. Gnadenlos scheint die Sonne ins Rohrnest und schwächt die Jungen. Gelegentlich kommt es dann sogar zu Kannibalismus. Fast fünf Wochen müssen sie hier verbringen und sind erst mit zwei Monaten flugfähig.

Der Horst ist ein aufgetürmter Binsenhaufen im Röhricht.

Vögel
an See und Teich

Teichhuhn

Gallinula chloropus

- Rallen
- L 32 – 35 cm
- ganzjährig

Merkmale
Schwimmt mit rhythmischen Kopfbewegungen und ständigem Schwanzzucken; schwarzes Gefieder, roter Schnabel mit gelber Spitze, roter Stirnschild, grüne Beine; Geschlechter gleich; Jungvögel dunkelbraun.

Das Huhn auf dem Dorfteich

„Rotblesschen" heißt es gelegentlich auch, weil sich diese Ralle mit dem roten Stirnabzeichen deutlich vom nahe verwandten Blässhuhn unterscheidet. Der Wasservogel geht oft an Land und läuft sehr geschickt. Beim Schwimmen nickt er ständig mit dem Kopf.

Im Winter sind Teichhühner zusammen mit ihren nahe verwandten Blässhühnern an jeder offenen Wasserstelle in Massen zu sehen. Sie lassen sich füttern, zeigen keinerlei Scheu und streiten sich mit den anderen um die Brocken. Zur Brutzeit lebt das Teichhuhn eher versteckt. Es ist ein Spezialist für Kleinstgewässer und bewohnt fast jeden Dorfteich oder Feuerlöschtümpel, sofern es eine Verlandungsvegetation gibt. Dort baut das Weibchen aus abgestorbenen Ufer- und Wasserpflanzen ein Nest auf eine Reisigplattform. Die schwarzen Dunenjungen haben eine rote Stirn und eine gelbe Schnabelspitze. Sie können von der ersten Lebensminute an schwimmen. Wenn sie erwachsen sind, beteiligen sie sich an der Fütterung und Aufzucht ihrer Geschwister der zweiten Brut. Eine Familie hält oft lange zusammen. Das älteste Teichhuhn wurde nachweislich 15 Jahre alt.

Die Küken folgen der Mutter schon wenige Minuten nach dem Schlüpfen.

Blässhuhn

Fulica atra

Vögel
an See und Teich

- Rallen
- L 36 – 38 cm
- ganzjährig

Merkmale
Rundlicher schwarzer Wasservogel mit leuchtend weißem Stirnschild („Blesse") und weißem Schnabel; schwimmt unter ständigem Kopfnicken auf dem Wasser; Beine schmutzig grün, lange Zehen mit Schwimmlappen.

Der häufigste Wasservogel trägt „black and white"

Das fast entengroße Blässhuhn trägt untrügliche Kennzeichen: weißer Schnabel und weißes Stirnschild zu schwarzem Gefieder und roten Augen. Auch eine Verhaltensweise ist typisch, das Wasserflattern: Auf der Flucht laufen sie eilig über die Wasseroberfläche.

Den Winter verbringen die Blässhühner meist friedlich miteinander. Doch Mitte März lösen sich die Gruppen auf und Brutpaare versuchen, an Teichen mit vielen Wasserpflanzen ein Revier zu ergattern. Bei den Aufteilungskämpfen gehen die Vögel heftig zur Sache. In Revierstreitigkeiten verwickelte Blässhuhn-Männchen drohen zunächst mit scharfen „pix"-Rufen. Dann umschwimmen sich die Rivalen mit gesenktem Kopf und hoch gehaltenen Flügeln. Gibt keiner nach, legen sie sich im Wasser zurück und schlagen sehr heftig mit den Füßen auf den Gegner ein. Schließlich vertreibt der Sieger den Rivalen mit einem lautstarken Lauf übers Wasser. Weithin ist das Geplätscher zu hören. Diese streitbaren Rallen sind sehr zärtliche Eltern und versorgen ihre rotköpfigen Jungen mit pflanzlichen Leckerbissen. Besonders beliebt sind Triebe und Blätter von Schilf. Davon braucht ein Vogel täglich soviel, wie er selbst wiegt.

Blässhühner kämpfen erbittert um Reviergrenzen.

- **Pieper und Stelzen**
- **L 18 cm**
- **März – November**

Merkmale
Typisch ist ihr sehr langer schwarzer Schwanz; zur Brutzeit Kopfplatte, Kehle und Vorderbrust schwarz; Rücken grau; Stirn, Kopfseiten und Bauch weiß; im Winter mit weißer Kehle und dunklem Brustband.

Bachstelze

Motacilla alba

Sie ruft, wie schnelle Scheren klingen

Beim schnellen Trippeln am Boden wippt sie fortwährend mit dem Schwanz. Wenn sie wellenförmig fliegt, ertönt ein scharfes „sisiss“ als klappe man schnell eine große Schere auf und zu. Das „Ackermännchen“ der Bauern wohnt überall in unserer Nähe.

Die Bachstelze lebte schon immer in Menschennähe und hat wohl deshalb viele Volksnamen: Wackelschwanz auf Rügen, Schollenhoppler im Elsass oder Ballerina in Italien. Trippelte sie früher in der Nähe von Gehöften, zeigte sie den Bauern Regen an, auf dem Acker hinter dem Pflug jedoch Sonnenschein. Wir wissen heute, dass Bachstelzen sehr ökonomisch handeln: Sie fressen gern Dungfliegen an Kuhfladen. Bei schnellem Anflug ist ihr Fangerfolg wegen des Überraschungseffektes sehr hoch. Danach nimmt er aber ab, weil die Fliegen sich verteilen. Deshalb bleiben die Bachstelzen durchschnittlich nur 13 Sekunden an einem Dunghaufen und überraschen danach die Fliegen an einem anderen. Gegen Abend gehen Dungfliegen schlafen. Bachstelzen suchen dann Bäche und Flüsse auf, weil abends dort Zuckmücken schwärmen. Um an hochwertiges Eiweiß zu gelangen, sah ich Bachstelzen, die von schwimmenden Halmen aus kleine Fische fingen.

Bachstelzen brüten gerne in einsamen Schuppen.

Eisvogel

Alcedo atthis

Vom Glück, einen Eisvogel zu sehen

Meist sieht man diesen lebenden Edelstein nur vorbeizischen. Der starengroße Vogel fliegt entlang sauberer Gewässer, deren Ufer von Bäumen gesäumt sind. Doch wenn man ihn fliegen sieht, lohnt Geduld und Warten. Denn jeder Eisvogel hat einen Lieblingsplatz und kehrt dorthin zurück.

„Uccello del Paradiso" heißt der Eisvogel in Italien. Und wie ein Paradiesvogel wird er seit alters verehrt. Bewundernswert ist auch seine Methode, kleine Fische zu fangen. Geduldig lauert er auf einem Zweig über dem Wasserspiegel. Plötzlich macht sich der Vogel ganz schlank und stürzt sich mit angewinkelten Flügeln kopfüber in die Fluten. Unter Wasser rudert er mit den Flügeln wieder nach oben. Wie ein Korken steigt er zur Oberfläche und kehrt mit dem Fisch im Schnabel auf seinen Sitzplatz zurück. Dann schlägt er seine Beute gegen den Ast und verschluckt sie mit dem Kopf voran. Zur Brutzeit graben sich die Eisvögel eine armdicke Röhre in die senkrechte Uferböschung. Dort spielen die Jungen „Eisvogelkarussell". Wer gefüttert wurde, stellt sich hinten wieder an.

Eisvögel fangen ihre Fische mit zielgerichtetem Stoßtauchen.

Vögel
an See und Teich

- **Rackenvögel**
- **L 16 – 17 cm**
- **ganzjährig**

Merkmale
Unverwechselbarer Ansitzjäger; Geschlechter gleich; Oberseite glänzend blau und smaragdgrün; Wangen und Unterseite rostfarben; Kehle und Halsseitenfleck weiß; Schnabel lang, dolchförmig.

Vögel
an See und Teich

- Grasmückenartige
- L 12 cm
- Mai – September

Merkmale
Häufigster Rohrsänger an schilfbewachsenen Ufern; an seiner heiseren Stimme sicher zu erkennen; Geschlechter gleich; Altvögel oben olivbraun, unten hell; heller Überaugenstreif; langer, dunkler Schnabel.

Teichrohrsänger

Acrocephalus scirpaceus

Wer schwätzt denn da im Schilf?

Gleichmäßig klingt das Gezwitscher aus dem Röhricht. Wer sich geduldig davorstellt, sieht den Schwätzer bald an einem Schilfhalm singend emporklettern. Denn Rohrsänger sind neugierig. Ihren Dauergesang hört man den ganzen Tag und manchmal auch nachts.

Die ökologische Nische ist kein Ort, an dem ein Tier lebt. Dieser Begriff bezeichnet eher den „Beruf" einer Art. Der Teichrohrsänger ist von Beruf Schilfhalmkletterer, Insektenfresser, Sänger und Pfahlnestbauer. Dafür hat er besondere Beine. Deren unterer Teil ist stark gestreckt und deren oberer Teil besonders gebeugt. Damit sind Rohrsänger besonders gut an senkrechte Halme angepasst und können sie umklammern. Im Mai flicht das Weibchen Gras um drei Schilfhalme und baut auf dieser Basis ein stabiles Napfnest. Die tragenden Halme und der Nestrand werden sorgfältig mit Spinnweben verwebt. Darin werden drei bis fünf Junge groß, oft auch ein Kuckuck. Im Sommer ist am Schilfrand dann ein lautes Schnarren zu hören. Ein sicheres Zeichen, dass hier Junge im Schilfwald groß werden und durch die Halme klettern.

Der Teichrohrsänger verwendet nur drei Schilfhalme als Nestanker.

Rohrammer

Emberiza schoeniclus

Vögel
an See und Teich

▸ Ammern
▸ L 15 – 16 cm
▸ April – Oktober

Merkmale
Männchen im Brutkleid mit schwarzem Kopf und Kehle, weißem Halsband und Bartstreif; Unterseite grauweiß; Oberseite dunkelbraun mit schwarzen Streifen; Weibchen tarnfarben braun gestreift.

Der Spatz aus dem Rohr

Auf den ersten Blick wirkt sie wie ein Sperling, der sich in die Verlandungszone von Teichen verirrt hat. Doch dann ruft der Vogel unverwechselbar „zieh", zuckt dabei mit den Flügeln und fächert den Schwanz. Nun ist der Rohrspatz eindeutig als Rohrammer zu erkennen.

Sumpfiges Gelände, möglichst hohe Wasserpflanzen, eine Schilfzone unterbrochen von Weidengebüsch – das ist das Wohngebiet der Rohrammer. Hier sitzt auf erhöhten Warten oft das Männchen mit dem schwarzen Kopf, dem weißen Backenbart und dem schwarzen Latz und zuckt aufgeregt mit den Flügeln. Kurz darauf fliegt es an die Uferlinie und pickt schwimmende Schilfsamen, kleine Krebse und Wasserschnecken auf. Das noch spatzenähnlichere Weibchen sitzt inzwischen auf seinem Bodennest, das häufig in Seggenbülten gebaut wird. Sehr kunstvoll ist es nicht, sondern aus Blattstückchen und Halmen locker zusammengesteckt. Doch innen ist es mit feinsten Hälmchen und Tierhaaren ausgepolstert. Ab Ende April brütet das Weibchen und wird mittags vom Männchen abgelöst. Sie sind die typischen Vögel der Sümpfe und benötigen Feuchtwiesen mit Weiden als Singbüsche.

Die Raupen von Blattwespen und Schmetterlingen versorgen die Jungen mit wertvollem Fett.

Vögel in Feld und Wiese

Laut kreischend folgt ein großer Möwenschwarm dem pflügenden Bauern. Meist sind es Lachmöwen. Was macht ein Küstenvogel auf den Feldern? Schon seit dem Mittelalter zog die Lachmöwe ins Binnenland. Die Teiche und Seen nutzt sie zum Brüten, die Feldflur als nie versiegende Futterquelle. Mit dem Maisanbau nahm die Zahl der Lachmöwen im Land stark zu. Maisfelder liegen zur Brutzeit noch weitgehend brach und bieten Regenwürmer in Hülle und Fülle. Vor allem, wenn sie der Mensch mit technischem Gerät ans Licht befördert.

Die offene Landschaft der Felder und Weiden nutzen viele Vögel, solange noch Ränder als Platz für Wildkräuter bleiben und Hecken schützende Refugien bieten. Rebhühner beispielsweise sind eng an Hecken gebunden. Diese wilden Hühner brauchen Sämereien und Sichtschutz vor Greifvögeln. Einst wanderten sie aus den Steppen Ostasiens bei uns ein und fanden in der Dreifelderwirtschaft krautreiche Lebensräume. Doch ohne Hecken und Ränder wird es schwieriger für sie. Fast melancholisch singt die Goldammer von der Hecke: Gebt uns mehr Platz in Feld und Flur.

Vögel
in Feld und Wiese

- Greifvögel
- L 60 – 66 cm
- ganzjährig

Merkmale
Großer Greifvogel mit langen Flügeln und langem, tief gegabeltem Schwanz; Kopf hellgrau; Gefieder überwiegend hellbraun; sein Flug wirkt leicht, er segelt oft, hält dabei die Flügel etwas angehoben.

Rotmilan

Milvus milvus

Kreisen über der Autobahn

Oft steht der rostrote Greifvogel bewegungslos dicht über der Autobahn. Von unten sind der Gabelschwanz und die gewinkelten Flügel gut zu erkennen. Ab März kreist er über alten Eichen- und Buchenwäldern. Diese Gabelweihe ist mit keinem anderen Vogel zu verwechseln.

„Quand il crie ‚huy, huy', il annonce la pluie." So lautet eine altfranzösische Wetterregel, die erzählt, dass es bald regnet, wenn der Rotmilan ruft. Doch nur sein Ruf ist treffend beschrieben. Passender ist schon die Bezeichnung „Gabelweihe" im Volksmund. Seine tiefe Schwanzkerbe ist typisch für ihn. Der Rotmilan jagt über offenem Gelände, fängt Lachmöwen, Krähen oder Kaninchen. Oft nimmt er auch frisches Aas an und ist deshalb so häufig in Straßennähe zu sehen. Gelegentlich sieht man ihn mit Lumpen im Schnabel fliegen, denn mit Plastik- oder Stoffresten schmückt er gerne seinen Horst. Er baut ihn aus Knüppeln und Zweigen hoch oben in alten Bäumen, vorzugsweise in Eichen und Buchen. Bei uns brütet er häufig in den Laubwäldern des Spessarts, der Rhön und im Spreewald.

Bei Rotmilanen sind Männchen und Weibchen gleich gefärbt. Typisch ist der helle Kopf.

Mäusebussard

Buteo buteo

Immer auf Mäusejagd

Stundenlang sitzt er geduldig auf dem Baum neben der Straße und wartet. Dann gleitet der Greifvogel herab und fängt eine Maus. Manchmal sieht man ihn schwerfällig in der Luft rütteln und zu Boden stoßen. Und oft ist er sogar zu Fuß auf dem Feld unterwegs.

Der Mäusebussard hat seinen Namen aus dem Mittelhochdeutschen. Bus-Aar bedeutete damals Katzenadler. Damit beschrieb man den Ruf des Vogels im Flug. Oft klingt es hoch aus dem Himmel „miäh“, als ob eine Katze schreit. Wenn die Vögel in der Thermik segeln, sind die Schwingen ausgebreitet und die Flügelspitzen sehen wie gespreizte Finger aus. Auch der Schwanz ist aufgefächert und rund. Dieses Flugbild ist das sicherste Erkennungszeichen des Bussards. Seine Häufigkeit hängt mit seiner Beute zusammen. Etwa 90 Prozent seiner Nahrung sind Mäuse. Beim Brüten ist er anspruchslos. Er baut einen Horst aus Reisig in einen hohen Baum. Jahr für Jahr benutzen die Paare den gleichen Horst und bauen ihn zum riesigen Reisighaufen aus. Im Winter sind hell gefärbte, nordische Mäusebussarde (Foto rechts unten) bei uns zu Gast.

Mäusebussarde sind häufig bei der Jagd zu Fuß zu beobachten.

- **Greifvögel**
- **L 51 – 57 cm**
- **ganzjährig**

Merkmale
Häufigster Greifvogel Mitteleuropas; Gefiederfarbe immer bräunlich, variiert aber von ganz hell bis ganz dunkel; segelt auf breiten Flügeln, gefingerten Flügelspitzen und gefächertem Schwanz; Geschlechter gleich.

Vögel
in Feld und Wiese

- Greifvögel
- L 33 – 39 cm
- ganzjährig

Merkmale
Kleiner Greifvogel mit langen spitzen Flügeln und langem Schwanz; Rücken rotbraun mit schwarzen Flecken; Kopf grau; Schwanz grau mit breiter dunkler Endbinde; rüttelt mit schnellen Flügelschlägen.

Turmfalke

Falco tinnunculus

Wohnen in der Stadt – Jagen neben der Landstraße

Kirchtürme und andere menschliche Kunstfelsen sind mittlerweile der bevorzugte Wohnort von Turmfalken. Doch im städtischen Getümmel fallen sie uns kaum auf. Stehen sie jedoch im Rüttelflug am Himmel, sieht sie jeder häufig neben der Straße.

Rütteln, gleiten, steil herunterstoßen und die Maus schlagen. Das sind die Phasen einer erfolgreichen Jagd. Doch das müssen Turmfalken erst lernen. Jungfalken wissen mit einer Maus noch nichts anzufangen. Sie müssen den Zugriff üben. Bei der Jagd spielt das Beuteangebot die entscheidende Rolle. Landfalken erbeuten zum größten Teil Wühl- und Feldmäuse, Stadtfalken eher Singvögel, wie eine Studie aus Halle und Leningrad zeigte. Das Männchen ist während der Brutzeit durchschnittlich fünf Stunden pro Tag beschäftigt, sein Weibchen und die zwei bis drei Jungen mit Futter zu versorgen. Danach kann der Terzel zur Ansitzjagd übergehen und sich selbst versorgen. Turmfalken scheuen unsere Nähe nicht. In Jerusalem brüten sie schon in den Blumenkästen vor dem Fenster. Lebensraum und Jagdgebiet sind oft mehrere Kilometer weit voneinander getrennt.

Die Küken beginnen ihr Leben weißdaunig. Erst später wachsen die Kiele mit den Federfahnen.

Rebhuhn

Perdix perdix

Das wilde Huhn am Heckensaum

Einst war es ein Steppenvogel. Dann entdeckte es unsere kleinräumige Kulturlandschaft mit Feldern, Hecken und Unkrautsäumen. Doch seit wir Äcker zu Großplantagen machen und Hecken abholzen, gerät das Rebhuhn in Not.

Vögel
in Feld und Wiese

- **Feldhühner**
- **L 29 – 31 cm**
- **ganzjährig**

Merkmale
Kleines graubraunes Huhn mit rostbraunem Kopf; fliegt mit hastigen Flügelschlägen niedrig über dem Boden; kurzer, rotbrauner Schwanz; dunkler, hufeisenförmiger Brustfleck; Weibchen matter gefärbt als das Männchen.

Das Rebhuhn ist einer der wenigen Hühnervögel, die bei uns wild leben. Mehrere Rassen gibt es, die sich die unterschiedlichen Lebensräume Europas erschlossen haben. Sprichwörtlich ist seine Balz. Der Rebhahn verteidigt sein Revier erbittert gegen Rivalen. Dann balzt er mit heftigem Kopfnicken und erregt angehobenen Flügeln um seine Henne herum. Die Henne scharrt eine einfache Mulde in den Boden und legt sie mit einigen Federn aus. Bis zu 20 Eier bebrütet sie und zieht später mit ihren quirligen Küken entlang den Kräutersäumen von Hecken. Vom ersten Tag an fressen die Küken allein, müssen sich aber die richtigen Sämereien und Insekten bei der Henne abgucken. Die Familie bleibt bis in den Winter zusammen. Englische Forschungen ergaben: Je weniger Hecken, desto seltener werden Rebhühner. Nur eine reich gegliederte Ackerlandschaft bietet den Rebhühnern ganzjährig Nahrung und Deckung. Denn ein Vogel braucht pro Tag etwa 65 g an Sämereien.

Scharren und picken lernen die Küken von der Henne.

Fasan

Phasianus colchicus

- Hühner
- L 53 – 89 cm
- ganzjährig

Merkmale
Männchen mit metallisch grünem Kopf- und Halsgefieder, roten Hautlappen im Gesicht; langer brauner Schwanz mit dunkler Querbänderung; Weibchen gelbbraun mit dunklen Flecken; Schwanz kürzer.

Geschätzt, gezüchtet und gejagt

Eine verbindliche Beschreibung für den Fasan ist nicht leicht. Viele Kreuzungen sind verwildert, viele gezüchtete Formen werden ausgesetzt. Er ist der Vogel, auf den Jäger schießen mögen. Und er hat sich in unserer Natur erstaunlich gut eingelebt.

Friedrich der Weise, Kurfürst von Sachsen, ließ im 16. Jahrhundert 200 Fasane aussetzen. Diese vermehrten sich und bildeten bald große Populationen. Doch das war nicht die erste Aussetzaktion. Schon die Griechen führten Fasane nach Italien ein und mancher weltliche und geistige Machthaber förderte das geschätzte Wildbret. Um 400 v. Christus erzählt Aristophanes, dass dieser fremde Vogel als Braten sehr kostbar war und nur bei den luxuriösesten Gastmählern aufgetischt wurde. Unsere Kulturlandschaft mit ihren abwechslungsreichen Strukturen ist für den Vogel aus Osteuropa wie geschaffen. Neben Deckung bietet sie Abflugmöglichkeiten, Nahrungsnischen und Bäume zum Übernachten. Wie viele Hühnervögel fressen Fasane als Küken Insekten und später erst Sämereien. Mit zwölf Tagen können die Küken flattern, nach zwölf Wochen bäumen sie das erste Mal zum Schlafen auf – und können sieben Jahre alt werden.

Fasan mit zwei Hennen. Das komplizie[rte] Sozialverhalten ist noch unerforscht.

Kranich

Grus grus

Die Trompeter von Mecklenburg

Er ist der scheueste und größte heimische Vogel zugleich. Kaum jemand hat ihn je aus der Nähe gesehen. Doch seit der Wende können wir alljährlich ein Schauspiel erleben, das nur Kraniche bieten. Ort des Spektakels sind die Felder rund um den Darß in Mecklenburg-Vorpommern.

Es ist Ende September. Bevor die Kraniche endgültig wegziehen, sammeln sie sich auf den abgeernteten Getreide- und Kartoffeläckern westlich Stralsunds und der mecklenburgischen Seenplatte. Kurz vor der Dämmerung fliegen die Trupps in die seichten Gewässer der Boddenlandschaft zur Übernachtung. Laut trompetend brechen die Vögel in der Morgendämmerung auf und landen auf den Feldern. Majestätisch schreiten sie und sammeln Insekten, Würmer und Schnecken, aber auch Ackerkräuter und Getreidereste auf. Anfang Oktober formieren sie sich zur Keilformation und fliegen mit ausgestrecktem Hals und Beinen Richtung Südwesten. Meist überwintern sie in Südspanien oder Portugal. Auf dem Rückweg im Frühling sind sie wieder dort und balzen. Dann sind hier die berühmten Kranichtänze zu sehen. Dabei zeigt ein Männchen mit schräg aufwärts gehaltenem Schnabel einen „Prahlmarsch".

- **Kraniche**
- **L 110 – 130 cm**
- **März – Oktober**

Merkmale
Scheuer, hochbeiniger Schreitvogel; fällt vor allem durch seine lauten, trompetenden Rufe auf; Gefieder überwiegend grau; Gesicht und Hals schwarz; weiße Streifen an Kopfseiten und Hals; rote Scheitelplatte.

Prahlmarsch zweier Kranichhähne

Vögel
in Feld und Wiese

- **Watvögel**
- **L 28 – 31 cm**
- **März – November**

Merkmale
Schwarz-weißer Vogel mit langem, abstehendem Federschopf; auf den dunklen Gefiederpartien der Oberseite ein grünlicher Metallschimmer; Unterseite reinweiß; Flügelunterseite schwarz mit weißer Spitze.

Kiebitz

Vanellus vanellus

Der Akrobat unter den Vögeln

„Wunderliche Figuren malt der Kiebitz in den Himmel: Wilde Zickzack-Linien, aufsteigend, herabstoßend, sich auf die Seiten hin und herschaukelnd“ schrieb ein Ornithologe 1942. Dabei erzeugt das Männchen mit besonderen Schallfedern peitschende Fluggeräusche.

Nach einer schwedischen Volkssage ist der Kiebitz ein verwandeltes Mädchen, das eine Schere stahl. Als es das Vergehen leugnete, wurde es in einen Kiebitz verwandelt und musste von nun an immer rufen „tyvitt–tyvitt“, „ich stahl sie“. In den Niederungen Mitteleuropas wird plattdeutsch gesprochen. Dort heißt der Vogel heute noch Kiwitt, eine lautmalerisch treffende Nachahmung des melancholischen Rufes. Doch der hat beim Balzflug viele Abwandlungen: „Kiuchi“ beim Aufstieg, „wiwi“ beim waagrechten Flug und „wiuchi“ beim Absturz. Nach der Flugbalz dreht das Männchen vor dem Weibchen Mulden in den Boden. Dabei zieht es den Kopf ein und hebt den Oberkörper wie ein Pfau. Wählt ein Weibchen eine Mulde aus, sind die beiden verpaart. Die Jungen (Foto oben) sind Nestflüchter und sehr gut getarnt.

Unverwechselbar mit der Federtolle. Beide Geschlechter tragen das gleiche Kleid.

Lachmöwe

Larus ridibundus

Vögel
in Feld und Wiese

Die kreischenden Kunstflieger

Nur den kleinsten Teil ihres Jahres verbringt sie mit der Brut auf verlandeten Lachen und Teichen. Das restliche Jahr streift sie umher, besucht Müllhalden, übernachtet in Städten oder folgt pflügenden Bauern. Riesige Schwärme sind dann auf den Feldern zu sehen.

Wie ökonomisch Lachmöwen handeln, lässt sich im Sommer gut verfolgen. Der große Schwarm fliegt nicht blind hinter dem Pflug her, sondern hat sich das Feld aufgeteilt. Sitzend warten die Vögel, bis der pflügende Traktor vorbeikommt. Dann stürzen sich die jeweiligen „Abschnittsmöwen" auf die freigelegten Regenwürmer. Davon verbrauchen sie täglich 150–200 g. Ebenso erfolgreich ist ihre Art zu brüten. Lachmöwen nisten in großen Kolonien in der Verlandungszone von Teichen. Dort sind sie sehr wachsam und vertreiben Nesträuber mit großem Geschrei. Eine Rohrweihe hat kaum eine Chance, sich gegen die wild durcheinander fliegende Menge durchzusetzen. Lachmöwen sind äußerst elegante Flieger und manövrieren im Flug sehr geschickt. Sie können sogar die Flugkurve hochgeworfener Brotstückchen erkennen und sie in der Luft auffangen. Diese Fähigkeit stammt davon, dass diese Kunstflieger sogar Insekten in der Luft fangen können.

- **Möwen**
- **L 38 – 42 cm**
- **ganzjährig**

Merkmale
Häufigste Möwe im Binnenland; im Prachtkleid Kopf mit schokoladenbrauner Kapuze und weißem Augenring; im Schlichtkleid Kopf weiß mit dunklem Ohrfleck; spitze Flügel mit weißem Vorderrand.

Links das Männchen mit etwas größerem braunen Latz

Vögel
in Feld und Wiese

- **Lerchen**
- **L 17 – 18 cm**
- **Februar – Oktober**

Merkmale
Häufigste und bekannteste Lerche Mitteleuropas; tarnfarben bräunliches Gefieder; kurzer runder, oft aufgerichteter Schopf; lange spitze Flügel mit weiß gesäumtem Hinterrand; Schwanz mit weißen Außenkanten.

Feldlerche

Alauda arvensis

Die Himmelssängerin

Kaum ein anderer Vogel wurde dichterisch mehr verehrt als die Lerche. Schon im Februar ertönen ihre tirilierenden Lieder, die ohne Atempause mehrere Minuten lang aus der kleinen Kehle klingen. Und so ganz nebenbei fliegt der Vogel singend fast lotrecht nach oben weit in den Himmel.

Lerchenland nennt man in Frankreich geringwertiges Ackerland. Denn die Feldlerche lebt auf weiträumigen Flächen mit geringem Pflanzenbewuchs. Dort trippelt sie in schnellem Lauf geduckt durch die Ödlandpflanzen und sucht nach Insekten und Spinnen, nach Samen und Grünzeug. Das Nest liegt einfach in einer Bodenmulde unter einem Grasbüschel. Niemals landen die Eltern direkt am Nest, um die drei bis vier Jungen zu füttern. Das wäre zu verräterisch. Oft gehen sie 20 m entfernt nieder und kriechen fast unsichtbar zum Nest. Schon nach wenigen Tagen verlassen die Jungen das Nest. Bei Gefahr drücken sie sich an den Boden und sind dank ihrer Tarnfärbung wie vom Erdboden verschluckt. Nach der Brutzeit sammeln sich Lerchen und ziehen gruppenweise durchs Land.

Kaum zu finden: das Lerchennest auf einer Wiese

Schafstelze

Motacilla flava

Vögel in Feld und Wiese

- Pieper und Stelzen
- L 17 cm
- April – September

Merkmale
Knicksender Vogel; typisch sein niedriger, wellenförmiger Flug; Männchen mit zitronengelber Unterseite, graugrünen Flügeln, langem, dunkelgrauem Schwanz mit weißen Außenkanten; Weibchen blasser gefärbt.

Die verkleidete Bachstelze

Man glaubt sich versehen zu haben. Alles an diesem Vogel erinnert an eine Bachstelze: Wie er trippelt, wie er wellenförmig fliegt und fortwährend mit dem Schwanz wippt. Nur ist der Vogel nicht schwarz-weiß, sondern unterseits leuchtend gelb. Eben nahe verwandt und doch anders.

Ihren Lieblingsplatz, den großen Stein in der Wiese, steuert sie immer wieder an. Ständig ist der Kopf in Bewegung, schaut zur Seite, nach oben, neigt sich und zeigt wieder geradeaus. Dann springt der Vogel hoch, flattert kaum einen Meter hoch auf der Stelle und kehrt mit einer Schnake im Schnabel auf den Stein zurück. Die Schafstelze ist ein ausgezeichneter Fliegenfänger und Insekten sind auch ihre Hauptnahrung. Überall, wo es feucht ist, sieht man die Schafstelze jagen und dort, unter einem trockenen Grasbüschel, legt sie auch ihr Bodennest an. Später, wenn sie ihre fünf bis sechs Jungen füttert, vollführt sie bei Störungen ein großes Gezeter. Im Herbst rotten sich die Stelzen zu großen Schwärmen zusammen und wandern gemeinsam über die Sahara ins mittlere Afrika. Das geschieht ziemlich genau Mitte August. Mitte Mai sind sie wieder zurück.

Schiefergrau am Kopf und chromgelb am Bauch. Das ist das Prachtkleid des Männchens zur Brutzeit.

Vögel in Feld und Wiese

- Würger
- L 17 cm
- Mai – August

Merkmale
Sitzt in aufrechter Haltung auf Hecken; Männchen (Foto oben) mit blaugrauem Scheitel und Nacken, dickem schwarzem Augenstreif, rostbraunem Rücken, rötlich weißer Unterseite und schwarzem Schwanz.

Neuntöter

Lanius collurio

Der Vogel auf der Dornenhecke

Dornig muss der Busch sein und in einer Hecke stehen. Dann sitzt er im Mai auf der höchsten Spitze und schaut nach Beute aus. Plötzlich startet er, holt einen Käfer vom Boden und kehrt auf den Sitzplatz zurück. Der rotbraune Rücken, der graue Oberkopf und die schwarze Augenbinde sind typisch für ihn.

Der Neuntöter ist in Deutschland häufig auch als „Dorndreher“ bekannt. Dieser althochdeutsche Name bezeichnet die Eigenart des Vogels, Käfer, Hummeln und Heuschrecken oder kleine Mäuse auf Dornen und Stacheln von Sträuchern zu spießen. Diese Verhaltensweise führte auch zu dem Namen „Neuntöter“. Möglicherweise ist das eine Vorratshaltung für Regentage. Erstaunlicherweise sind Nestbüsche über viele Jahre besetzt, obwohl Eltern und Jungvögel nachweislich nicht dorthin zurückkehren. Diese Würger müssen Weißdornbüsche am Heckenanfang und Heckenende besonders attraktiv finden. Zum Nestbau schafft das Männchen Nistmaterial herbei, das Weibchen baut allein. Zwölf Tage nach dem Schlupf verlassen die Jungen das Nest und bereits Mitte August ziehen die Neuntöter in das tropische Afrika.

Heckenrosen sind bevorzugte Brutorte des Neuntöters.

Rabenkrähe

Corvus corone corone

Die Stimmen des Winters

Ihre Rufe sind die Stimmen der kalten Jahreszeit. Dann schallt ihr „kraah-kraah" weit durch die stille Landschaft. Sie wohnen immer in unserer Nähe und sind klassische Kulturfolger. Von der Elbe westwärts besiedeln sie ganz Westeuropa.

Die Rabenkrähe hat unzähligen Orten zu ihrem Namen verholfen. Rapperswil im Kanton Bern führt eine Krähe im Wappen, Ramstein leitet sich vom mittelhochdeutschen Ram für Rabe ab und Ravensburg heißt ebenso nach diesem Vogel. Bei den Griechen und Römern standen die Vögel als Orakel in hohen Ehren. Und Odin und Wotan wurden wegen ihrer beiden Sendboten Rabengötter genannt. Rabeneltern sind diese Vögel jedoch keineswegs. Das Weibchen brütet zwar allein, doch beide Eltern füttern die Nestlinge fürsorglich. Auch die flüggen Jungen folgen den Alttieren noch lange bettelnd und werden versorgt. Rabenkrähen sind Allesfresser. Insekten und deren Larven, Würmer, Schnecken, Sämereien, Feldfrüchte und auch Abfälle stehen auf ihrem Speisezettel. Diese Strategie ermöglicht ihnen, auch den Winter bei uns zu überstehen. Dann sammeln sie sich jeden Abend in großen Scharen an Schlafplätzen.

Rabenkrähen: immer aufmerksam

Vögel
in Feld und Wiese

- **Rabenvögel**
- **L 47 cm**
- **ganzjährig**

Merkmale
Überall häufige, anpassungsfähige Krähe; ruft heiser „kraah"; einfarbig schwarzes Gefieder; kräftiger, dolchförmiger Schnabel, befiedertes Gesicht; im Flug abgeschnitten wirkender Schwanz.

Vögel
in Feld und Wiese

- Finken
- L 14 cm
- ganzjährig

Merkmale
Ungewöhnlich bunt; schwarz-weißer Kopf mit roter Gesichtsmaske; brauner Rücken; weißer Bürzel; schwarze Flügel mit breiter gelber Binde; Jungvögel ohne die charakteristische Kopfzeichnung.

Stieglitz

Carduelis carduelis

Er heißt so, wie er singt: „Stieglitt"

Zwei Namen hat dieser Vogel: Den lautmalerischen nach seinem Gesang und den anderen nach seinen Vorlieben. Der Distelfink frisst die Samen der Disteln. Und danach wird er in vielen Sprachen benannt: Carduelis lateinisch, cardello italienisch und chardonnert französisch.

Der Stieglitz lebt häufig in unseren Siedlungen. Er brütet in Obstanlagen, in der alten Kastanie auf dem Bauernhof und in der Bahnhofsallee. Ein kunstvoller Napfbau aus sehr viel Pappelsamenwolle ist sein Nest. Dort brütet das Weibchen allein, aber beide Eltern füttern gemeinsam. Mal Blattläuse, mal die Fallschirmsamen des Löwenzahn. Danach streunen sie gruppenweise weit herum und zupfen die reifen Samen von Disteln aus den Blütenköpfchen. Dabei hat der Sperber die kleinen Finken im Visier. Mindestens einer im Schwarm muss also wachsam sein. Pro Minute kann ein Stieglitz zwischen 40 und 60 Samen aufnehmen. Diese erfolgreiche Zahl schafft er aber nur, wenn er nicht ständig aufblicken muss. Die beste Mitgliederzahl pro Trupp, so entdeckten Zoologen, liegt bei rund fünf Vögeln. Einer passt auf, die anderen picken. Im Frühling sind oft zehnmal so große Schwärme zu sehen. Dann trennen sie sich in kleinere Trupps.

Häufig suchen Schwärme die Straßenränder nach Disteln und Sämereien ab.

Goldammer

Emberiza citrinella

Vögel
in Feld und Wiese

- Ammern
- L 16 cm
- ganzjährig

Merkmale
Spatzengroße Ammer mit langem Schwanz; Männchen zur Brutzeit mit auffällig zitronengelbem Kopf, gelber Unterseite und zimtbraunem Bürzel; Weibchen blasser, außerdem an Kopf und Kehle dunkel gestreift.

„Wiewiewie hab ich dich lieb"

So übersetzt der Volksmund seit langem das melancholische Lied der Landstraße. Der goldgelbe Vogel singt es ab März von den noch kahlen Zweigen der Straßenbäume und bis in den Juli von allen Hecken. Alle zehn Sekunden erklingt dieses Lied.

Von allen Ammern hat sie den leuchtendsten Kopf. Goldgelb mausern sich die Köpfe schon im März, wenn die Goldammern noch an die Fütterungen kommen. Dann sieht es aus, als hätten die Männchen kleine Kronen auf. Die Weibchen sind matter gefärbt, aber ihr Bürzel ist ebenso kastanienbraun wie beim Männchen. Goldammern leben von den Pflanzen des Straßenrandes, von den Sämereien, die der Sommer übrig lässt. Auch ihr Nest liegt an Wegrändern und Böschungen und ist am Boden versteckt. Wenn die Goldammern ihre drei bis fünf Jungen großziehen, fliegen sie mitten in die Getreideschläge und suchen am Boden Laufkäfer und Raupen. Sie werden von den Eltern im Kropf sogar vorgeweicht. Und zwischen den Fütterungen singt das Männchen von seiner Singwarte immer wieder unermüdlich „Wiewiewie hab ich dich lieb".

Das erste Nest wird am Boden gebaut. Das der Zweitbrut etwa einen Meter höher.

Die 10 besten Tipps zur Vogelbeobachtung

1. Ruhe, Zeit, Gelassenheit. Das sind die wichtigsten Beobachtungsregeln. Vögel achten auf Bewegungen. Aber sie vergessen schnell Bewegungsloses. Also einfach hinsetzen, abwarten und schauen. Dann sind auch Heimlichtuer sichtbar.

2. Sich tarnen. Oft genügt es schon, sich etwas gedeckt anzuziehen, etwa grüne Jacken, Hemden oder Hosen. Doch noch besser sind gefleckte Ponchos, die die Körpergestalt des Menschen auflösen. Vor einem Baum sitzt man übrigens besser als in freier Kulisse.

3. Vögel fürchten große Augen. Deshalb die dunklen Öffnungen von Ferngläsern oder Spektiven beschattet halten. Auch keine Sonnenbrillen tragen, diese vergrößern unsere Augen.

4. Ein Versteck bauen. Oft genügt schon, Zweige oder etwas Schilf zusammenzubinden. Werden sie später wieder gelöst, schnellen sie in ihre ursprüngliche Lage zurück.

5. Wer am Teich beobachten will, lässt sich besser von einer Begleitung hinbringen. Während einer sich ruhig an seinen Beobachtungsort hinsetzt, geht der andere einfach weiter. Den Sitzenden nehmen Vögel dann nicht mehr wahr.

6. Erstaunlicherweise ist das Auto ein sehr guter Beobachtungsposten. Vögel freier Flächen kennen diese beweglichen Dinger und wissen, dass diese auch einmal halten – und ungefährlich sind.

7. Ein strauchreicher winterlicher Garten ist ein idealer Beobachtungsort. Dort gibt es Beeren und Obstreste. Man kann mit aufgehobenen Getreidegarben, Sonnenblumenrosetten oder zusammengebundenen Distelsträußen etwas nachhelfen. Man muss nur daran denken, diese schon im Spätsommer für den Winter zu sammeln.

8. Singende Männchen in einem begrenzten Revier auf einer Karte notieren. Bei mehrmaligen Begehungen ergeben sich Reviergröße, Brutdichte und Bruterfolg. Die Dauerbeobachtung eines Reviers ist sehr spannend.

9. Beobachtung im Wattenmeer. Mit einem Spektiv vom Deich aus die Watvögel beobachten und bestimmen. Etwas für Fortgeschrittene, die der „Vogelvirus" schon erfasst hat.

10. *www.birdnet.de* In diesem Portal finden sie die neuesten Beobachtungen, Buchtipps und Vorstellungen neuer Ferngläsern. Eben alles für den „Birder".

Bildnachweis

Mit 255 Farbfotos von Adam (S. 38 o., 53 o., 81 o., 82 l.u.), Angermayer/Reinhard (S. 86 u.), Angermayer/Wendl (S. 78 o.), Arndt (S. 18/19, 47 o., 64 o., 105 l.u.), Bender (35 o.), Brandl (S. 25 u., 70 o., 91 u., 97 u.), Cramm (S. 39 M., 43 u., 82 o.), Danegger (S. 50 u., 68 r.u., 71 l.u., 104 M.), Delpho (S. 59 u., 105 r.u.), Diedrich (S. 35 u., 38 l.u., 86 M.), Dreyer (S. 15), Fischer (S. 21 o., 42 u.), Fünfstück (S. 33 M., 79 u.), Fürst (S. 52 u., 75 u., 76 u., 77 u., 84 o., 127 o., 127 u.), Giel (S. 75 o., 97 o., 124 u.), Gilliéron (S. 94 u.), Goedelt (S. 28 u.), Groß (S. 44/45, 70 M., 90 l.u., 92 M., 103 u., 113 l.u., 99 u., 119 l.u., 129 l.u.), Grüner (S. 29 u., 61 u., 108 u., 108 M., 114 o., 116/117), Hecker (S. 22 o., 22 M., 40 u., 60 u., 108 o., 128 M.), Hecker/Sauer (S. 85 u.), Hinz (S. 103 o.), Höfer (S. 25 o., 32 o., 55 o., 85 o., 92 o., 99 o., 112 o., 118 o., 129 o.), Hofmann (S. 42 M., 115 o.), Hopf (S. 66, 76 o., 88 o.), Hortig (S. 60 o., 69 u., 70 u., 75 M., 77 o., 81 u., 89 u., 92 u., 94 o., 112 u., 113 o., 125 u., 128 u., 131 M.), Juniors/ Danegger (S. 49 o.), Juniors/Kuczka (S. 110 u.), Juniors/Layer (S. 24 M.), Juniors/Schubert (S. 80 l.u.), Juniors/Schulte (S. 24 u.), Klees (S. 80 r.u., 83 u., 111 u., 115 u., 122 o., 122 u.), König (S. 14, 16, 17, 47 u., 72 u.), Kuczka (S. 100 M.), Layer (S. 23 u., 26 u., 41 o.), Limbrunner (S. 34 u., 35 M., 42 o., 19 u., 48 M., 50 o., 65 u., 71 o., 82 r.u., 83 o., 88 M., 93 u., 128 o., 130 u.), Lukasseck (S. 113 r.u.), Meyers (S.123 o.), Moosrainer (S. 27 o., 28 o., 62, 73 u., 101 o., 107 o., 120 o.), Nill (S. 64 l.u., 118 u., 119 r.u., 120 u.), Partsch (S. 14 o., 104 o., 121 u.), Pott (S. 39 u., 102 u.) Schendel (S. 67 u., 118 M.), Schmidt (S. 46 u., 51 o., 58/59, 67 o., 95 u.), Schulz (S. 27 u., 37 o., 119 o.), Schulze (S. 56 u., 101 u., 109 u., 127 u.), Seemann (S. 60 M.), Siegel (S. 57 u.), Silvestris/Danegger (S. 90 r.u., 114 u.), Silvestris/ Nill (S. 63 o.), Silvestris/Sohns (S. 79 o.), Silvestris/Wilmshurst (S. 55 u., 96 u.), Silvestris/Wothe (S. 105 o.), Synatzschke (S. 63 u., 68 l.u., 84 u., 87 o., 98/99, 129 r.u., 131 u.), Thielscher (S. 41 u., 46 o., 48 u., 51 u., 54 u., 56 o., 74 o., 87 u., 89 o., 131 o.), Vogt (S. 53 u.), Vollmer (S. 33 o., 37 u., 69 o., 102 o., 106 o., 106 u.), von Lossow (S. 65 o.), Weber (S. 24 o.), Wendl (S. 11, 54 o., 57 o., 45 u., 72 o., 74 u., 107 u.), Werle (S. 71 r.u., 109 o.), Wernicke (S. 20 u., 22 u., 23 o., 26 o., 31 o., 33 u., 34 o., 36, 38 r.u., 39 o., 43 o., 104 u., 124 o.), Willner (S. 65 M., 68 o., 110 o.), Wisniewski (S. 20 o., 21 M., 21 u., 30, 49 l.u., 78 u., 125 o.) Wothe (S. 29 o., 40 o., 49 r.u., 52 o., 90 o., 91 o., 100 o., 100 u., 111 o., 123 u., 126 o.), Zeininger (S. 32 u., 48 o., 61 o., 64 r.u., 73 o., 80 o., 81 M., 86 o., 88 u., 93 o., 94 M., 95 o., 117 u., 120, 126 u., 130 o.), Ziesler (S. 31 u.) sowie einer Farbzeichnung von S. Walentowitz.

Einzelband

ISBN 3-440-09394-8
Lektorat: Bärbel Oftring
Grundlayout: eStudio Calamar
Produktion: Die Herstellung, Stuttgart / Lilo Pabel

Inhalt

Einleitung Tiere **136**

Säugetiere **142**
Kriechtiere und Lurche **162**
Fische **172**
Insekten und andere Wirbellose **180**

Orientierung im Kapitel

Die Wirbeltiergruppen Säuger, Kriechtiere und Lurche sowie Fische werden in eigenen Kapiteln vorgestellt. Ein weiteres bietet einen Überblick über die überwältigende Artenvielfalt der Wirbellosen Tiere.

Für jede Art finden Sie in der Randspalte zunächst einige Maßangaben. Dann folgen unter der Überschrift „Merkmale" stichwortartig die wichtigsten Kennzeichen, die zusammen mit den Bildern und den Texten bei der Bestimmung helfen.

Abkürzungen
G Gewicht (ungefähre Angaben, da z.B. Weibchen oft weniger als Männchen wiegen)
KR Kopf-Rumpf-Länge (gemessen am ausgestreckten Körper von der Schnauzenspitze bis zum Ende des Rumpfes)
L Gesamtlänge von der Schnauzenspitze bis zur Schwanzspitze
SW Spannweite der Schmetterlingsflügel
♂ Männchen
♀ Weibchen

Monatsangaben beziehen sich auf die Zeit, in der das Tier bei uns beobachtet werden kann.

Tiere

Ulrich Schmid

Etwa 48 000 Tierarten kommen allein in Deutschland vor – das ergab eine „Volkszählung“ heimischer Arten im Jahr 2004. 70 davon stellen wir hier vor. Das ist wenig angesichts der tatsächlichen Vielfalt. Andererseits sind 70 Arten viel – jedenfalls weit mehr, als die meisten Menschen heutzutage kennen.

Unsere Auswahl der auffälligsten und häufigsten Tierarten Mitteleuropas ist ein bisschen ungerecht. Wirbeltiere stellen fast die Hälfte der ausgewählten Arten und unter diesen gilt vor allem den Säugetieren unser besonderes Interesse – schließlich sind wir selber welche. Zahlreiche andere Tiere, vor allem solche, die klein und unscheinbar mehr im Verborgenen wirken, haben wir dagegen fast ganz unterschlagen.

Unter den Spinnentieren und Insekten, der bei weitem artenreichsten Tiergruppe, gilt unser Augenmerk in erster Linie denen, die auch in Haus und Garten auffallen. Hier wird man beim Durchblättern auf manchen alten Bekannten stoßen – und beim Nachlesen dann vielleicht sogar Sympathien für die von vielen Menschen gefürchtete Kreuzspinne entwickeln oder den „ekligen" Ohrwurm in ganz neuem Licht sehen. Schließlich hilft er eifrig bei der biologischen Schädlingsbekämpfung, ebenso wie die ebenfalls porträtierten Marienkäfer, Florfliegen und Schwebfliegen. Und das kleine Silberfischchen, das abends unter der Fußleiste auftaucht und schlängelnd über den Küchenboden läuft, wird dann (hoffentlich) nicht mehr als ungebetener Gast zertreten, sondern als lebendiger Zeuge für ein gesundes, giftfreies Raumklima begrüßt.

Artenzahlen in Deutschland
(Stand 1998)

Säugetiere	100
Brutvögel	256
Reptilien	14
Amphibien	21
Süßwasserfische	70
Zweiflügler (Fliegen und Mücken)	9200
Großschmetterlinge	1450
Bienen	548
Käfer	6537
Wanzen	850
Libellen	80
Webspinnen	956

Nach der Vorstellung des für die Fruchtbarkeit unserer Böden so unschätzbaren Regenwurms beenden wir die Auswahl mit einem Blick auf die Schnecken, zu denen die meisten ein sehr zwiespältiges Verhältnis haben. Zwar versucht man heute, sparsam mit dem früher so freigebig verteilten Etikett „Schädling" umzugehen; bei den Nacktschnecken aber sind auch ökologisch denkende Menschen nicht gegen Emotionen gefeit, zumindest, wenn sie versuchen, Pflanzen im Garten zu hegen ...

Frösche kennt jeder – aber welche Art ist es genau, die hier gleich hüpft? Die Antwort finden Sie auf S. 171.

Mit diesem Kapitel lässt sich also lange nicht alles bestimmen, was da kreucht und fleucht. Dazu wäre eine ganze Bibliothek nötig. Wir verlassen uns darauf, dass der Interessierte sich dort mit den nötigen dicken Bestimmungsbüchern versehen wird, die nun wirklich alle Säugetiere oder sämtliche heimischen Lurche und Kriechtiere abbilden. Problematischer wird es allerdings bei den wirbellosen Tieren. Während man für bunte und große Flieger wie Schmetterlinge und Libellen noch fündig wird, muss man sich durch endlose, trockene Tabellen schwieriger Merkmale durchackern, um eine der vielen tausend mitteleuropäischen Fliegenarten, einen Tausendfüßer oder einen Wurm sicher zu identifizieren. Bei manchen Tiergruppen ist eine genaue Bestimmung gar nur wenigen Spezialisten möglich. Dazu kommt, dass selbst in Mitteleuropa immer wieder Tierarten gefunden und beschrieben werden, deren Existenz der Wissenschaft vorher vollständig entgangen war.

Was die Artenzahl angeht, sind die Insekten die Herrscher der Erde. Ihre Vielfalt erschließt sich im Kleinen. Die Libelle gehört schon zu den Riesen unter den Insekten.

Ganz so schwierig soll Tierbestimmung mit diesem Kapitel nicht sein. Die Gliederung in wenige große Unterkapitel erlaubt eine erste Orientierung. Beim anschließenden Blättern wird man das gesuchte Tier schnell finden!

Einsam kreist ein Bussard am Himmel. Gelegentlich hoppelt ein Hase des Weges. Im Tümpel quakt leise der Frosch. In Wald und Flur trifft man immer wieder auf solche vertrauten Bekannten – aber auch auf viel Neues, Unerwartetes. Wer ein bisschen genauer hinsieht, bemerkt, dass die heimische Vielfalt eine heimliche Vielfalt ist. Die Tierarten, die uns alltäglich begegnen und die wir ohne Probleme erkennen können, Vögel und Säugetiere zumeist, sind in der Minderzahl. 100 Arten von Säugetieren sind aus Deutschland bekannt. Ihnen stehen allein über 6500 verschiedene Käfer gegenüber, um nur ein besonders eindrückliches Beispiel zu nennen. „Gott muss Käfer sehr geliebt haben", lautet ein bekanntes Bonmot eines berühmten britischen Zoologen.

Natürlich gibt es auch noch Kenntnislücken, und viele Lebensräume sind kaum erforscht. Noch immer werden neue Arten entdeckt, meist sind es Insekten. Schließlich sind sie, gemessen an ihrer Vielfalt, ihrer Arten- und Individuenzahl, die wahren Herrscher der Erde.

Die Tierwelt eines Gebietes ändert sich zudem ständig. Elch und Wisent, Wolf und Bär, Schlangenadler und Stör sind in Deutschland längst verschwunden, der einst heimische Auerochse weltweit vollständig ausgerottet. Weniger spektakulär, aber nicht weniger tragisch ist der Rückgang vieler Insekten. Auf der anderen Seite aber gibt es auch Zuwachs. Verbreitungsgebiete können sich in kurzer Zeit stark verändern – ein besonders eindrucksvolles Beispiel bietet die Rosskastanien-Miniermotte (siehe Kasten links). Der beginnende Klimawandel hat ebenfalls schon einige südliche Arten in Mitteleuropa heimisch werden lassen. Oft genug hilft auch der Mensch nach. Wanderratten (S. 155) und Stubenfliegen (S. 217) sind als frühe Nutznießer der Globalisierung inzwischen fast weltweit verbreitet. Der Kartoffelkäfer (S. 103) folgte seiner Lieblingsnahrung, der

Herbst schon im Sommer?

Mitten im August steht die Rosskastanie mit braunen Blättern da. Wassermangel? Umweltschäden? Nein, der Schuldige ist ein winziger, nur 5 mm großer Schmetterling. Erst im Jahr 1984 wurde die Rosskastanien-Miniermotte (*Cameraria ohridella*) von Wissenschaftlern am fernen Ohridsee in Makedonien entdeckt. Ihre kleinen weißen Schmetterlingsraupen fressen die Blätter innerlich aus. Kleine Ursache – große Wirkung: Bis zu drei Generationen fliegen im Jahr, so dass sich sehr schnell große Bestände aufbauen können. 1989 hatte der Falter Österreich erreicht, 1993 bereits Deutschland, wo er inzwischen schon fast allgegenwärtig ist.

Es war einmal ... Nur noch im Märchen zieht der Braunbär durch unsere Wälder. In Deutschland ist Meister Petz wie andere große „Raubtiere" seit langem ausgerottet.

Kartoffel, von Amerika über den Atlantik und wurde trotz heftiger, aber letztlich vergeblicher Abwehr in Europa heimisch.

Beobachtungszeit

Viele Tiere können das ganze Jahr über gesehen werden. Die meisten Säugetiere legen sich im Winter lediglich einen dickeren Pelz zu und vermeiden unnötige Bewegungen. Manche halten allerdings Winterschlaf, um Energie zu sparen. Igel (S. 144), Fledermäuse (S. 147) und – der Name verrät es schon – auch der Siebenschläfer (S. 151) sind solche Winterschläfer. Kriechtiere und Lurche sind wechselwarm und verbringen den Winter gut versteckt in Kältestarre. Ähnliches gilt für Schnecken, Spinnentiere und Insekten. Auch sie machen eine Winterpause. Am besten lassen sich heimische Tiere im Sommer beobachten. Besonders auffällig sind viele Arten, wenn sie bunt oder lautstark im Frühling um Partner werben.

Auffällig, aber selten: Der imposante Hirschkäfer ist der größte der vielen tausend einheimischen Käferarten.

Tiere stellen bestimmte Ansprüche an ihre Umwelt. Ohne Wasser kein Frosch, ohne Baum kein Eichhörnchen. Manche mögen's heiß: Zauneidechsen genießen besonders gerne die wärmende Morgensonne, die sie erst auf Betriebstemperatur bringt. Ganz anders der Feuersalamander, der am liebsten im Regen ausgeht und die feuchte Kühle der Nacht schätzt.

Wald

Wälder gehören meist zu den naturnäheren Lebensräumen. Aber Wald ist nicht gleich Wald. Zwischen einem aus lauter gleichaltrigen Stangen bestehenden trostlosen „Fichtenacker" und einem Laub- oder Mischwald mit verschieden alten Bäumen liegen Welten. Besonders wertvoll sind uralte Bäume. Wenn schon einzelne Äste absterben, Höhlen ausfaulen und an manchen Stellen die Rinde abplatzt, siedeln sich ungewöhnlich artenreiche Lebensgemeinschaften an. Fledermäuse (S. 147), Siebenschläfer (S. 151), Waldmäuse (S. 154) und verschiedene höhlenbrütende Vogelarten ziehen ein und die Zahl der Insektenarten geht in die Hunderte.

Gewässer

Nicht nur bei Freizeitsportlern und Badenixen ist Wasser höchst begehrt. Auch die Zahl der Tiere, die an oder in Gewässern leben, ist groß. Faszinierend ist schon die Vielfalt im Kleinen. Ein Becher voll Teichwasser unter die Lupe genommen: ein Blick ins pralle Leben. Auch mancher Landbewohner hat seine Kinderstube im Wasser, sei es nun Libelle (S. 191, 193) oder Erdkröte (S. 169).

Feld und Flur

Seit Jahrtausenden bereichert die Landwirtschaft unsere Kulturlandschaft. Hier leben viele Tierarten, die sich in offenem Gelände wohl fühlen. Inzwischen ist die Landwirtschaft zum Sorgenkind des Naturschutzes geworden. Immer größe-

Abwechslungsreiche Landschaften

Im Allgemeinen gilt: Je spezialisierter ein Tier ist, je enger eine Art an einen bestimmten Lebensraum gebunden ist, desto seltener ist sie. Heute sind Moore entwässert, Feuchtgebiete trockengelegt und Wiesen durch starke Düngung in reine Grasproduktionsstätten verwandelt. In einer durch uns Menschen immer gleichförmiger gestalteten Umwelt leben immer weniger Tiere. Zwar gibt es auch Arten wie die Wanderratten (S. 155), die davon profitieren. Solche unspezialisierten Alleskönner haben in Zeiten raschen Wandels Vorteile. Unter dem Strich gilt aber: Je abwechslungsreicher die Landschaft, desto vielfältiger die Tierwelt.

re Felder, immer weniger Hecken, asphaltierte Feldwege, starke Düngung und schwere Maschinen lassen kaum mehr Nischen für Pflanze und Tier übrig. Einstmals häufige Tiere wie die Feldgrille sind selten geworden. Der Feldhase (S. 149) hoppelt mittlerweile überall auf die Roten Listen der gefährdeten Tierarten.

Siedlungen

Neben Tauben und Spatzen gelten Ratten (S. 155) als die typischen Tiere unserer Städte. Aber darüber hinaus beherbergen selbst Großstädte eine erstaunliche Vielfalt, so dass manche Biologen sie schon als „heimliche Naturschutzgebiete" bezeichnen. Dabei sind es neben den großen Stadtparks und den Gärten der Vorstädte vor allem die Schmuddelecken, die Schotterflächen alter Gleisanlagen etwa, die Lebensräume auch für selten gewordene Arten bieten.

Baumruinen machen Wälder wertvoll. Absterbendes Holz bietet Unterschlupf und Nahrung für zahllose Tiere.

Wasser ist Leben. Selbst kleine Tümpel wimmeln von Tieren – wenn sie vom Freizeitbetrieb verschont bleiben.

Tiere

Säugetiere

Säugetiere lassen sich ganz einfach erkennen: Fast alle haben ein Fell, ein wirksamer Schutz gegen Kälte. Regelmäßiger Haarwechsel sorgt immer für die richtige „Kleidung". Das dünne Sommerfell kann sich auch farblich vom dichten Winterfell unterscheiden. Rehe und Rothirsche beispielsweise sind im Sommer rotbraun, im Winter grau. Säugetiere sind gar nicht so einfach zu beobachten. Ein hervorragender Geruchssinn und ein gutes Gehör melden ihnen einen nahenden Menschen schon lange, bevor wir selbst etwas gesehen haben. Außerdem sind viele Arten überwiegend nachts unterwegs. Wenn uns die meisten einheimischen Säugetiere auch aus dem Weg gehen – unsere Siedlungen meiden durchaus nicht alle. Im Gegenteil: Steinmarder und Siebenschläfer, Igel und Fledermaus sind in Dörfern und Vorstädten nicht selten. Anderen begegnet man dagegen nur noch dort, wo sich „Fuchs und Hase gute Nacht sagen", weitab von Städten und Straßen also. Fast oder ganz verschwunden sind, nach Jahrhunderten der Verfolgung, die großen Jäger: Bär, Wolf und Luchs.

Tiere
Säugetiere

- Insektenfresser
- KR bis 35 cm
- G 400 – 1900 g

Merkmale
Oberseits völlig mit Stacheln bedeckt, unterseits behaart; dunkle Knopfaugen, kleine Ohren, spitze Schnauze und plumper, kurzbeiniger Körper; Färbung sehr unterschiedlich.

Igel

Erinaceus europaeus

Lautstarker Einzelgänger mit 6000 Stacheln

In der Dämmerung streift der Igel laut schnaufend und schmatzend durch sein Revier. Er kann sich's leisten, Lärm zu machen: Wenn es brenzlig wird, rollt er sich blitzschnell ein. Kopf und Unterseite liegen dann gut geschützt in der Stachelkugel.

Igel sind Winterschläfer. Im Spätherbst ziehen sie sich unter Holzstöße oder Reisighaufen zurück. Winterschlaf ist Energiesparschlaf: Bei einer stark abgesenkten Körpertemperatur, zwei Herzschlägen und einem Atemzug pro Minute zehren die Igel mehrere Monate von ihren Fettvorräten. Im Frühjahr erscheinen sie abgemagert und hungrig. Insekten und Spinnen, Regenwürmer, Schnecken, Vogeleier, Aas oder Kompostabfälle stehen auf dem Speisezettel. Wenig später beginnt die Paarungszeit. Nur dann sucht der streitsüchtige Einzelgänger Kontakt. Frisch geborene Igel haben kurze weiche Stacheln und verlassen erst nach drei bis vier Wochen mit ihrer Mutter das Nest. Wenn sie keinem Auto zum Opfer fallen, gegen das ihr Überlebensrezept des Einkugelns nichts nützt, können sie acht bis zehn Jahre alt werden.

Ein seltenes Bild: Igel sind lieber allein.

Maulwurf

Talpa europaea

Tiere
Säugetiere

Grabschaufel und Spürnase: perfekte Anpassungen an die Unterwelt

Hoch- und Tiefbau sind die Spezialitäten des Maulwurfs. Beim Anlegen der unterirdischen Tunnel und Kammern fällt viel Aushub an, der teilweise an der Gangwand festgedrückt wird, teilweise aber auch nach außen befördert wird. So entstehen die berühmt-berüchtigten Maulwurfshaufen.

Der Maulwurf ist fast ständig in seinem Tunnelsystem unterwegs, das meist etwa einen Meter unter die Erdoberfläche reicht. Regenwürmer und Insektenlarven, die seinen Weg kreuzen, werden entweder gleich gefressen oder fluchtunfähig gemacht und in einer unterirdischen Speisekammer aufbewahrt. Maulwürfe sind Vielfraße: Sie verspeisen jeden Tag soviel, wie sie selbst wiegen. Zentrum des Baues ist die Wohnkammer, in die viele Gänge münden. Etwas abseits befindet sich das mit Pflanzenmaterial gepolsterte Nest, in dem das Weibchen die Jungen zur Welt bringt. Übrigens zeigt der Maulwurf nicht nur im Körperbau Anpassungen an sein unterirdisches Dasein: Da Sauerstoff in den schlecht belüfteten Gängen oft knapp ist, hat er besonders viel roten Blutfarbstoff, der das lebenswichtige Gas aufnimmt.

- **Insektenfresser**
- **KR 11 – 17 cm**
- **G 60 – 120 g**

Merkmale
Walzenförmiger Körper mit samtschwarzem Fell; Grabschaufeln mit kräftigen Krallen; winzige Augen, keine Ohrmuscheln, lange Tasthaare um die spitze Schnauze.

Früher gefragter Pelzlieferant, heute geschützt

Tiere
Säugetiere

- Insektenfresser
- KR 6 – 9 cm
- G 6 – 14 g

Merkmale
Spitze und sehr bewegliche Schnauze mit langen Tasthaaren, winzige Augen, kleine Ohren; kurzes, graubraunes Fell, unterseits heller.

Hausspitzmaus

Crocidura russula

Sehr gefräßig und immer in Bewegung

Spitzmäuse sind zwar spitz – ihr Name spielt auf die rüsselartig verlängerte Schnauze an –, aber keine Mäuse. Anders als diese Nagetiere gehören sie zu den Insektenfressern. Ein Blick in ihr Maul zeigt ein gefährlich aussehendes Gebiss mit zahlreichen nadelspitzen Zähnen.

Die Hausspitzmaus erbeutet damit fast alles, was sie noch überwältigen kann. Ihr hoher Stoffwechsel zwingt sie zu rastloser Nahrungssuche. Meist ist sie nachts unterwegs; nicht selten hört man dann in Gärten oder Feldern ihre schrill zwitschernden Schreie. Im Winter dringt sie aber auch in Gebäude ein. Spitzmäuse leben nur etwa eineinhalb Jahre, falls nicht vorher eine Eule ihrem Leben ein Ende setzt. Auch Katzen erbeuten oft Spitzmäuse, fressen sie wegen ihres unangenehmen Geruchs aber selten. Eine hohe Fruchtbarkeit sorgt für reichlich Nachwuchs: mehrere Würfe mit bis zu elf Jungen, die selbst wieder mit wenigen Monaten geschlechtsreif sind. Fühlen sich Hausspitzmäuse im Nest gestört, ziehen sie um. Eine lange Karawane halbwüchsiger Kinder folgt dann der Mutter, jedes neben der Schwanzwurzel im Fell des Vordermanns verbissen.

Gut zu sehen: die langen Tasthaare am „Rüssel“

Abendsegler

Nyctalus noctula

Tiere
Säugetiere

Fledermäuse sind nur nachts unterwegs? Es gibt eine Ausnahme!

Wenn an warmen Nachmittagen im Frühherbst hoch in der Luft die Schwalben Insekten fangen, lohnt ein zweiter Blick. Nicht selten wird man unter den Vögeln Fledermäuse entdecken, die durch ihren flatternden Flug und abrupte Richtungswechsel auf sich aufmerksam machen.

Der Abendsegler ist eine der wenigen Fledermausarten, die im Hellen fliegen. Schon vor Sonnenuntergang verlassen die geselligen Flattermänner Dachstühle und Baumhöhlen, um zu jagen. Sie fliegen dabei oft sehr hoch. Manchmal verraten sie sich durch ihre hohen, fast schmerzhaft lauten Kontaktrufe. Die Ultraschall-Laute, mit denen sie Beute (Käfer und andere Insekten) orten, sind dagegen für das menschliche Ohr unhörbar. Abendsegler gehören mit bis zu 40 cm Spannweite zu den größten Fledermäusen Europas. Sie überwintern dicht zusammengedrängt in großen Höhlen dicker alter Bäume oder in Gebäuden. Bis zu 200 Tiere kuscheln sich im Energie sparenden Winterschlaf dicht aneinander. Zum Kinderkriegen können sich sogar noch mehr Abendsegler in „Wochenstuben" zusammenfinden.

Spitze Krallen geben festen Halt in Baumhöhlen.

- **Fledermäuse**
- **KR 6 – 8 cm**
- **G 20 – 40 g**

Merkmale
Groß; Flügel lang und schmal, Flughäute und die kurzen, abgerundeten Ohren schwärzlich braun, Fell rötlich braun.

Feldhase

Lepus europaeus

Tiere
Säugetiere

Vorsicht und Spurtstärke sind die Lebensversicherung des Feldhasen

Kaum ein Tier ist so volkstümlich wie er. Als Osterhase ist er ebenso populär wie der Weihnachtsmann. Zahlreiche seiner Eigenschaften sind sprichwörtlich: Als Angsthase, Hasenherz oder Hasenfuß verspotten wir gerne (über)vorsichtige Zeitgenossen.

Der Feldhase drückt sich, die Ohren dicht angelegt, in seine Sasse. Mit den weit geöffneten Augen hat er einen vollkommenen Rundumblick. Der Herzschlag sinkt ab, von 120 auf 60 Schläge pro Minute. Erst als der ahnungslos vorbeischnürende Fuchs zu nahe kommt, „explodiert“ der Hase: Blitzartig steigt sein Puls auf 180, er schnellt hoch und erreicht sofort seine Höchstgeschwindigkeit von 80 km/h. Haken schlagend verschwindet der ausdauernde Langstreckenläufer hinter dem nächsten Gebüsch. Der völlig verblüffte Fuchs hat das Nachsehen ... Für einen wehrlosen Pflanzenfresser, der ganzjährig auf offenem Feld lebt, ist „Mut“ fehl am Platz. Dagegen erweist sich die „Angsthasen-Strategie“ oft als lebensrettend. Hilflos stehen die Hasen aber der zunehmenden Ausräumung und Verarmung der Feldflur gegenüber.

- **Hasentiere**
- **KR 49 – 67 cm**
- **G 3 – 6 kg**

Merkmale
Gelblich grau mit weißem Bauch; Augen groß, Ohren sehr lang, mit schwarzer Spitze; sehr lange Hinterbeine; Schwanz kurz, oben schwarz, unten weiß.

Tiere
Säugetiere

- Hasentiere
- KR 35 – 45 cm
- G 1,3 – 2,2 kg

Merkmale
Grau bis gräulich braun, Bauch heller; „Hasenfigur" mit relativ kurzen Hinterbeinen; Kopf rundlich, Ohren kurz, ohne schwarze Spitzen.

Wildkaninchen

Oryctolagus cuniculus

Kaninchens Freunde und Verwandte – der soziale Verwandte des Hasen

Der Stallhase, häufig als Haustier und Spielkamerad gehalten, ist in Wirklichkeit ein Kaninchen. Vom niedlichen Zwerg-„hasen" bis zum Belgischen Riesen – sie alle stammen vom Kaninchen ab, das auch in seiner Wildform einen Siegeszug über die halbe Erde angetreten hat.

Wildkaninchen sind spanischer Herkunft. Schon die Römer sorgten aber für eine weite Verbreitung der schmackhaften und leicht zu haltenden Tiere. In freier Wildbahn gibt es spätestens seit dem Mittelalter fast in ganz Europa Kaninchen, die teils auf Ausbrecher, teils auf absichtlich ausgesetzte Bestände zurückgehen. Im Gefolge des Menschen erreichten die Hasentiere später selbst Südamerika und Australien. Überall bevorzugen Kaninchen warme und trockene Gebiete mit leichten Böden. Hier lässt sich leichter buddeln. Die sehr geselligen Tiere wohnen nämlich in selbst gegrabenen Höhlensystemen, in die sie auch flüchten, wenn Gefahr droht. Als Kurzstreckenläufer entfernen sie sich kaum weiter als 200 m vom Bau. Dort bekommen sie auch ihre Jungen, pro Jahr oft vier bis sechs Würfe mit je fünf bis zwölf nackten und blinden, hilflosen Nesthockern.

Siebenschläfer

Glis glis

Tiere
Säugetiere

- Nagetiere
- KR 14 – 20 cm
- G 80 – 230 g

Merkmale
„Eichhörnchen-Figur", aber viel kleiner; langer, buschiger Schwanz; silbergrau mit weißer Unterseite und dunklem Augenring; Augen groß, Ohren klein.

Sieben Monate Winterschlaf, den Rest des Jahres umso lebendiger

Mancher fühlt sich von Poltergeistern verfolgt oder von Einbrechern heimgesucht, wenn es zur Geisterstunde in milden Mai- oder Juninächten auf der Bühne klappert und stöhnt. Siebenschläfer können während der Paarungszeit einen erschreckenden Radau veranstalten.

Siebenschläfer gehören zu den Bilchen, einer Gruppe überwiegend nachtaktiver Nagetiere. Sie kommen heute nicht mehr nur in alten höhlenreichen Laubwäldern vor. Nistkästen, Gartenschuppen, Speisekammern und Speicher sind beliebte Ausweichquartiere. Ihr Name ist berechtigt: Sieben Monate kann ihr Winterschlaf dauern. Ausgelöst durch die kürzer werdenden Tage fressen sich die Siebenschläfer im Herbst fett, bekommen ihr Winterkleid und legen sich, zu einer dicken Pelzkugel eingerollt, in einer frostsicheren Erdhöhle schlafen. Die Körpertemperatur sinkt auf wenige Grad, die Atmung auf ein bis drei Züge pro Minute. Gelebt wird von der Substanz: Im Frühjahr erwacht der Bilch um ein Viertel bis die Hälfte leichter.

Den Tag verbringen Siebenschläfer in Baumhöhlen.

Tiere
Säugetiere

- Nagetiere
- KR 20 – 30 cm
- G 200 – 500 g

Merkmale
Fellfärbung von hell rotbraun bis fast schwarz; Bauch hell; langer buschiger Schwanz; kurze Beine mit spitzen Krallen; Ohren im Winter mit auffälligen Haarbüscheln.

Eichhörnchen

Sciurus vulgaris

Kletterkünstler in Rot, Braun und Schwarz

Kein Stadtpark ohne Eichhörnchen. Zwar stammen die kletternden Nagetiere aus dem Wald, in der Nähe des Menschen führen sie aber ein sorgloseres Leben als dort. Viele ihrer Feinde, allen voran Habicht und Baummarder, meiden unsere Nähe.

Da Eichhörnchen nicht sehr wählerisch sind, werden sie in Siedlungen auch satt. Oft sorgen Tierfreunde für (meist gar nicht nötiges) Zusatzfutter. Notfalls plündern die Nager auch mal Vogelfutterhäuser. Im Wald fressen sie Baumsamen, Beeren, Pilze und Insekten. Gelegentlich wird auch ein Vogelnest geräumt. Den nötigen Wintervorrat stellen Buchen und Eichen. Im Herbst legt das Eichhörnchen an vielen Stellen Vorratslager an. Den größten Teil des Winters verbringt es in seinem hoch in Bäumen aus Zweigen gebauten Kugelnest (Kobel). Dort kommen im Frühjahr auch die Jungen zur Welt. Eichhörnchen klettern mit Hilfe ihrer spitzen Krallen ganz hervorragend, selbst kopfunter. Der Schwanz ist eine wichtige „Balancierstange“. Bei weiten Sprüngen von Baum zu Baum hilft er auch steuernd bei Flug und Landung.

Meterweite Sprünge – kein Problem!

Feldmaus

Microtus arvalis

Tiere
Säugetiere

- Nagetiere
- KR 9 – 12 cm
- G 15 – 40 g

Merkmale
Körper plump, Augen und Ohren relativ klein; Schwanz kurz; Oberseite gelbgrau, Unterseite heller, Jungtiere grauer.

Kinderreiche Familien am Anfang vieler Nahrungsketten

Für die einen sind sie gefürchtete Landwirtschafts-Schädlinge, für die anderen kann es gar nicht genug geben: Feldmäuse sind die Lieblingsnahrung vieler heimischer Beutegreifer. Wiesel und Füchse, Mäusebussarde und Eulen jagen sie.

Ob Feldmäuse in Hülle und Fülle vorhanden oder knapp sind, hat direkten Einfluss auf ihre Liebhaber. Schleiereulen etwa brüten in „guten" Mäusejahren am laufenden Band, während in schlechten der Nachwuchs ganz ausbleiben kann. Feldmaus-Kolonien leben überwiegend unter der Erde. Sie legen Gangsysteme an, deren Ausgänge auch oberirdisch durch Mäusepfade verbunden sind. Die Vermehrungsfähigkeit der Feldmaus ist legendär: ganzjährige Fortpflanzung, drei Wochen Tragzeit, vier bis zwölf Junge, die mit kaum drei Wochen ihrerseits selbstständig und geschlechtsreif sind ... Kein Wunder, dass es bald von Feldmäusen wimmelt! Die Überbevölkerung führt dann allerdings zu Stress und Nahrungsknappheit, so dass der Bestand zusammenbricht. Meist dauert es dann 3–4 Jahre bis zum nächsten Bevölkerungsgipfel.

Unterirdisches Dasein schützt vor vielen Feinden.

Tiere
Säugetiere

- Nagetiere
- KR 8 – 11 cm
- G 15 – 35 g

Merkmale
Körper schlank; Augen und Ohren groß; Schwanz sehr lang; oberseits gelblich braun, unten weißlich gefärbt, Jungtiere grauer.

Waldmaus

Apodemus sylvaticus

Große Augen und Ohren verraten das Nachttier

Nur selten begegnet man einer Waldmaus am helllichten Tag. Sie ist hauptsächlich in der Dämmerung oder nachts unterwegs, kommt dann aber nicht nur, wie der Name andeutet, in Feld und Wald vor, sondern auch in Siedlungen, ja sogar in Häusern.

Die Waldmaus unterscheidet sich von der eigentlichen Hausmaus schon farblich. Letztere ist nämlich hierzulande, auch unterseits, die sprichwörtliche „graue Maus", während die Waldmaus ein braunes Pelzchen trägt, das mit dem hellen Bauch kontrastiert. Normalerweise haust die Waldmaus aber im Freien. Ihr unterirdischer Bau hat meist zwei Eingänge. Neben dem Nest liegt die Vorratskammer. Gras- und Kräutersamen, Beeren und Obst stehen auf dem Speisezettel. Waldmäuse klettern hervorragend. Nicht selten findet man ihre Nester sogar in Vogelkästen. Auch am Boden ist die Maus sehr flink. Wenn es ganz schnell gehen muss, kann sie wie ein Känguru auf den Hinterbeinen hüpfen. Notfalls, wenn ein Beutegreifer sie schon am Schwanz festhält, reißt die Schwanzhaut einfach ab.

Kaum etwas ist vor den hervorragenden Kletterern sicher.

Wanderratte

Rattus norvegicus

Tiere
Säugetiere

Vielen gelten sie als Trittbrettfahrer der Zivilisation

Ursprünglich nur in den Steppen Innerasiens lebend, sind Wanderratten heute weltweit verbreitet. In Mitteleuropa ist ihr Vorkommen seit etwa 250 Jahren sicher belegt. Wenig später waren sie per Schiff schon in Amerika eingewandert.

Die Wanderratte bewohnt in freier Wildbahn Erdbaue, außerdem schätzt sie die Nähe von Wasser. So wundert ihre Vorliebe für den feuchten Untergrund nicht: Alte Keller, Kanäle, Ställe und Müllhalden sind oft Rattenparadiese. Ein Schlüssel für ihren Erfolg liegt in ihrer „Spezialisierung auf Nichtspezialisiertsein“, ein anderer in ihrem Sozialleben. Ein Rattenrudel besteht aus oft etwa 50 eng verwandten Tieren, die sich am Geruch erkennen. Sie halten eng zusammen, verteidigen ihr Revier gegen andere und ziehen sogar die Jungen gemeinsam auf. Soviel Einigkeit macht stark. Durch Verfolgung, bessere Hygiene und andere Bauweise (Beton statt Holz) selten geworden ist dagegen die kleinere, schwarzgraue **Hausratte**, früher als Brutstation für Pest übertragende Flöhe gefürchtet.

- **Nagetiere**
- **KR 18 – 28 cm**
- **G 140 – 500 g**

Merkmale
Mäusegestalt, aber sehr groß; graubraun mit hellerer Unterseite; langer nackter Schwanz.

Das Bild zeigt deutlich: Ratten sind Kulturfolger.

Tiere
Säugetiere

- Raubtiere
- KR 60 – 90 cm
- G 6 – 10 kg

Merkmale
Kurzbeinige Hundegestalt; rotbraunes, im Winter sehr dichtes Fell, heller Bauch; spitzes Gesicht mit großen Ohren; langer, buschiger Schwanz, oft mit weißer Spitze.

Rotfuchs

Vulpes vulpes

Fuchs, du hast die Gans gestohlen? Mäuse sind seine Hauptbeute

Die Rolle als schlauer Bösewicht ist dem Rotfuchs schon seit alters auf den Leib geschrieben. Ob in den Fabeln der Antike oder bei Goethes Reineke Fuchs – das Vorurteil steht fest: „Er ist ein Dieb, ein Mörder!“

Der Rotfuchs, seit der weitgehenden Ausrottung von Bär, Wolf und Luchs über weite Bereiche Europas der einzige größere Beutegreifer, geriet ebenfalls ins Visier der Jäger. Wie allen „Raubtieren“ gönnte man ihm seine Beute nicht – selbst wenn die, wie im Falle des Rotfuchses, hauptsächlich aus Mäusen besteht. Auch galt es, den wichtigsten Überträger der Tollwut auszuschalten. Alle Versuche scheiterten letztlich an der sprichwörtlichen „Frechheit“ des Fuchses, der einerseits sehr vorsichtig ist, andererseits überaus anpassungsfähig sehr viele verschiedene Lebensräume und Nahrungsquellen nutzen kann. Selbst mitten in Großstädten leben inzwischen Füchse. Statt im idyllisch gelegenen Fuchsbau am Waldrand verbringen sie die Ruhezeit an Bahndämmen und in einsamen Friedhofswinkeln.

Streit unter Füchsen: im Winter ist Paarungszeit.

Dachs

Meles meles

Tiere
Säugetiere

- Raubtiere
- KR 60 – 90 cm
- G 6 – 15 kg

Merkmale
Gestalt sehr plump und kurzbeinig; auffällige schwarz-weiße Streifenzeichnung am Kopf; Oberseite und Flanken silbergrau, Bauch und Beine dunkler.

Zentrum seines Lebens ist die Burg im Wald

Bis zu 30 Meter Durchmesser, zahlreiche Eingänge, ein Gewirr von Gängen und Aufenthaltsräumen, Kessel genannt, in mehreren Etagen können die teilweise jahrzehntelang von vielen Generationen benutzten Dachsburgen haben.

Der Dachs verlässt seinen Bau gewöhnlich erst bei Dunkelheit. Vom Geruchssinn geleitet – das kleine Auge ist wenig leistungsfähig – geht er auf Nahrungssuche. Dachse sind nicht wählerisch. Mäuse, am Boden brütende Vögel, Frösche, Schnecken, Regenwürmer, Insekten, Obst, Nüsse, Wurzeln: Alles wird gefressen. Bis zum Herbst wird das Gewicht nahezu verdoppelt. Bis zu 25 kg schwer sind die Dachse jetzt, Fettreserven für die Zeit der Winterruhe. In kalten Regionen verlassen sie den Bau, den sie oft mit mehreren Artgenossen teilen, monatelang nicht. Während die erwachsenen Dachse einen eher behäbigen Eindruck machen, passt das Etikett „Frechdachs" auf die jungen: Sie veranstalten ebensolche Balgereien und Jagdspiele wie alle Marderkinder.

Anders als Füchse halten Dachse ihren Bau sauber.

Tiere
Säugetiere

- Raubtiere
- KR 40 – 53 cm
- G 1100 – 2400 g

Merkmale
Schlank und wendig; Beine kurz, Schwanz buschig; braun mit durchschimmernder hellgrauer Unterwolle; weißer Kehlfleck, am unteren Rand gegabelt; Nase rosa.

Steinmarder

Martes foina

Nicht nur Feld und Flur, sondern auch Dörfer und Städte sind Marder-Reviere

Selbst mitten in der City ist der Steinmarder unterwegs. Seine erstaunliche Anpassungsfähigkeit hat dem Steinmarder allerdings nicht nur Freunde gemacht. Früher war er als Hühnermörder verschrien, heute vergreift er sich an des Deutschen liebstem Kind, seinem Auto.

Haus- oder Steinmarder steigen vor allem in kühlen Nächten auf die gemütlich warmen Motorblöcke. Schaden verursachen sie dort weniger aus Zerstörungswut, sondern weil Marder ihre Umgebung eben nagend und beißend prüfen. Außerdem bleiben sie zeitlebens neugierige „Spielkinder", die alles und jedes untersuchen müssen. Abhilfe bieten zum Beispiel für Mardernasen unangenehme Gerüche. Steinmarder sind, der Name deutet es an, oft in felsigem Gelände anzutreffen und finden sich vermutlich deshalb an und in Gebäuden so gut zurecht. Ihr Tagesunterschlupf liegt meist auf Dachböden, in Lagerhallen und Schuppen. In Dämmerung und Dunkelheit gehen sie auf Jagd. Als typische Opportunisten verschmähen sie fast nichts Fressbares vom Amselei bis zum Aas, vom Pilz bis zur Kirsche.

Steinmarder sind überaus neugierig.

Wildschwein

Sus scrofa

Tiere
Säugetiere

„Saudumm" sind Wildschweine nicht – ganz im Gegenteil!

Die wilden Vorfahren der „armen Schweine", die in Dunkelställen vor sich hinvegetieren, um möglichst schnell fett zu werden, gelten als äußerst pfiffig. Die Jagd auf Schwarzkittel ist schwierig, weil sie die Deckung erst verlassen, wenn sie sich völlig sicher fühlen.

Wildschweine gehören nicht zuletzt deshalb in vielen Wäldern zu den häufigsten Großtieren. Von ihnen selbst ist dabei meist wenig zu sehen. Umso auffälliger sind ihre Spuren. Wenn sie den Kartoffelacker kurz vor der Ernte plündern oder Wiesen auf der Suche nach Regenwürmern völlig umbrechen, können sie erheblichen wirtschaftlichen Schaden anrichten. Im Wald sind es vor allem die Suhlen, die uns die Anwesenheit der Schwarzkittel verraten. Hier nehmen sie ihre Schlammbäder und kühlen sich an heißen Tagen. Angst vor den wilden Schweinen ist meist unbegründet. Die mächtigen Keiler (Foto oben) nutzen ihre gefährlich scharfen Hauer zum Rivalenkampf. Lediglich Frischlinge führende Muttersauen greifen zur Verteidigung manchmal sogar Menschen an.

- **Paarhufer**
- **KR 90 – 160 cm**
- **G 35 – 190 kg**

Merkmale
Groß, hochbeinig und schmal; mächtiger Kopf mit kräftigen Eckzähnen und beweglichem Rüssel; schwarzbrauner borstiger Pelz; Junge (Frischlinge) mit Längsstreifen.

Bache mit Frischlingen

Tiere
Säugetiere

- Paarhufer
- KR 180 – 250 cm
- G 70 – 300 kg

Merkmale
Groß, schlank, hochbeinig; kleiner Schwanzwedel; im Sommer rotbraun („Rothirsch"), Winterfell graubraun; Männchen (meist) mit Geweih, Weibchen geweihlos.

Rothirsch

Cervus elaphus

Der König der Wälder, die größte heimische Wildart

Seine Kraft, Schnelligkeit und Eleganz machen die Begegnung mit dem Rothirsch in freier Wildbahn zu einem Erlebnis. Höhepunkt ist die herbstliche Hirschbrunft, bei der die um die Weibchen rivalisierenden Hirsche ihre Auseinandersetzungen mit lautem Röhren beginnen.

Der Rothirsch verteidigt „seine" Weibchen gegen alle Nebenbuhler. Die imposanten Geweihe ineinander verhakt, versuchen die Kämpfer, sich wegzudrücken – eine klassische Kraftprobe mit nur geringer Verletzungsgefahr. Tag und Nacht muss der Platzhirsch auf der Hut sein, damit ihm keiner die Frauen ausspannt. Selbst für die Nahrungssuche bleibt kaum Zeit. Das halten nur Hirsche in den besten Jahren durch. Weder junge noch ältere Tiere haben Fortpflanzungs-Chancen. Mit der Paarungszeit endet auch die Rivalität der männlichen Hirsche; sie schließen sich zu Rudeln zusammen. Das alte Geweih fällt ab, wenig später wächst ein neues. Probleme mit (zu vielen) Hirschen entstehen durch das Fehlen natürlicher Feinde, vor allem des Wolfs, und die manchmal seltsame Blüten treibenden Jagd- und Hegebräuche.

Rivale in Sicht? Rothirsch mit Alttieren

Reh

Capreolus capreolus

Tiere
Säugetiere

- Paarhufer
- KR 100 – 140 cm
- G 15 – 30 kg

Merkmale
Mittelgroß, grazil und schlank; Sommerfell rotbraun, Winterfell graubraun; kein Schwanz, aber auffallend weißer „Spiegel"; Böcke meist mit kleinem Geweih, Weibchen geweihlos.

Anspruchsvolle Feinschmecker mit Vorliebe für feine Kräuter

Rehe fressen nicht wahllos alles, was grün ist, sondern suchen sorgfältig aus. Die Kitze lernen von ihren Müttern, welches Kräutlein schmeckt und welches sie lieber meiden. Im Winter wird hochwertige Nahrung allerdings oft knapp.

Rehe steigen dann auf Knospen und Rinde um. Wo viele Rehe leben, gedeiht Jungwald nur noch hinter Gittern. Ihre große Anpassungsfähigkeit hat dazu geführt, dass Rehe nicht nur im lichten Wald (ihrer eigentlichen Heimat), sondern selbst in der baumlosen Feldflur häufig geworden sind. Dort bilden sie teils richtige Herden, während sie sonst eher Einzelgänger sind. Das zum Schutz gegen Feinde weißfleckige und noch geruchslose Kitz („Bambi") wird in dichter Vegetation abgelegt und nur zum Säugen und Säubern aufgesucht. Erst später folgt es der Mutter und bleibt bis zum nächsten Frühjahr bei ihr. Rehe paaren sich schon im Juli/August. Der befruchtete Keim entwickelt sich aber erst ab Dezember. Dadurch wird die Dauer der Trächtigkeit verlängert und verhindert, dass das Kitz im Winter zur Welt kommt.

„Feldrehe" schließen sich oft zu Rudeln zusammen.

Tiere

Kriechtiere und Lurche

Reptilien und Amphibien – zu deutsch Kriechtiere und Lurche – werden von vielen „in einen Topf geworfen“. Wie unterscheiden sich schon Eidechse und Salamander? Ganz einfach: Die Kriechtiere haben eine trockene, mit Schuppen bedeckte Haut, die Lurche dagegen eine schuppenlose, glatte und mehr oder weniger feuchte Oberfläche. Die Eidechse gehört also, wie auch die Schlangen, zur ersten Gruppe, der Salamander zusammen mit Molchen, Fröschen und Kröten zur zweiten. Grundsätzlich unterscheiden sich beide auch, wenn es ums Kinderkriegen geht. Amphibien legen ihre Eier im Wasser ab. Dort entwickelt sich, anfangs in einer durchsichtigen Hülle verpackt, eine Larve, die mit Kiemen atmet und ganz anders aussieht als ihre Eltern. Erst später wandelt sich das Wassertier zum lungenatmenden Landbewohner. Der Umbau der Kaulquappe zum Frosch ist ein eindrucksvolles Beispiel. Ganz anders bei den Reptilien. Hier schlüpfen aus beschalten, meist in der Erde abgelegten Eiern Jungtiere, die den Erwachsenen in Körperform und Lebensweise schon weitgehend gleichen.

Tiere
Kriechtiere und Lurche

- Echsen
- KR bis 11 cm, S bis 15 cm
- April bis September

Merkmale
Oberseite grau bis braun mit bis zu drei hellen Längsstreifen und dunklen Fleckenreihen; Männchen besonders im Frühjahr mit grünen Flanken und grüner Kehle.

Zauneidechse

Lacerta agilis

Die kleinen Drachen lieben's warm und trocken

Eidechsen schätzen offene Flächen mit spärlichem Pflanzenwuchs. Hier strahlt die Sonne ungehindert auf den Boden, und die wechselwarmen Reptilien haben kein Problem, Wärme zu tanken und sich auf „Betriebstemperatur“ bringen zu lassen.

Flink werden Zauneidechsen dann in der Mittagshitze. Jetzt machen sie ihrem lateinischen Namen Ehre (agilis = gewandt). Auf der Suche nach Würmern und Schnecken, Spinnen und Insekten huschen sie durch ihr Revier, das die Männchen gegen Rivalen auch verteidigen. Die Eier werden in selbst gescharrte Erdlöcher gelegt und von der Sonne ausgebrütet. Ob natürliche Felsen, Trockenmauern oder Bahndämme: Wichtig ist, dass genügend Verstecke da sind, damit die Fluchtwege nicht zu lang werden. Schlangen und Vögel, im Siedlungsbereich auch Katzen, stellen ihnen nach. Falls es mal ganz knapp wird, können Eidechsen einen Teil ihres Schwanzes opfern, der noch eine Weile zuckt und den Angreifer ablenkt. Weil der Schwanz, wenn auch etwas kürzer, wieder nachwächst, funktioniert das auch mehrmals.

Prächtig grün: eine männliche Zauneidechse

Blindschleiche

Anguis fragilis

Tiere
Kriechtiere und Lurche

Weder blind noch Schlange: die beinlose Eidechsenverwandte

Ein tiefer Blick ins Auge einer Blindschleiche zeigt beides: Sie sieht sehr wohl (obwohl das Auge nicht ihr wichtigstes Sinnesorgan ist) und sie blinzelt gelegentlich, was die lidlosen Schlangen mit ihrem berühmt-berüchtigten starren Blick nicht können.

- **Echsen**
- **L bis 45 cm**
- **April bis Oktober**

Merkmale
Schlangenähnliche Echse; Körper drehrund, glatt; Schuppen klein und glänzend; Färbung sehr variabel, Oberseite grau oder braun oft mit Längsstreifen, Strich- oder Punktreihen.

Blindschleichen sind weniger als andere heimische Reptilien auf Wärme angewiesen. Nicht an heißen Trockenhängen, sondern im kühlen Schatten dichten Unterholzes sind sie unterwegs, oft in der Dämmerung und selbst bei Regen. Auch bei der Fortpflanzung verlassen sie sich nicht auf die wärmende Kraft der Sonne. Sie legen keine Eier, sondern bekommen lebende Junge. Meist sind es etwa acht bis zwölf Kinder von knapp 10 cm Länge, die während der Geburt ihre Eihüllen abstreifen. 50 Jahre alt können sie werden. Das schaffen aber nur wenige, denn sie haben viele Feinde. Auch der Mensch gehört dazu: Als vermeintliche Schlangen werden viele Schleichen erschlagen. Andere fallen dem Rasenmäher oder Nachbars Katze zum Opfer. Kleiner Ausgleich: „Schmuddelecken" mit Schlupfwinkeln unter Holz und Steinen im Garten.

Auf der Jagd nach Nacktschnecken und Würmern

Tiere
Kriechtiere
und Lurche

- Schlangen
- L ♂ 70 – 100 cm,
  ♀ 85 – 180 cm
- April bis Oktober

Merkmale
Grundfarbe meist grau; Oberseite mit kleinen dunklen Flecken, in Mitteleuropa gelbe Halbmonde im Nacken; Auge groß, mit runder Pupille.

Ringelnatter

Natrix natrix

Bei Schlangen mit gelben Halbmonden droht keinerlei Gefahr

Giftig oder harmlos? Obwohl auch die heimischen Giftschlangen nicht aggressiv sind, sondern ihr Heil gewöhnlich in der Flucht suchen, bewegt diese Frage viele Beobachter. Bei der Ringelnatter genügt ein Blick. An der typischen Kopfzeichnung ist sie leicht zu erkennen.

Die Ringelnatter ist nicht selten, ist aber selten zu sehen. Sie ist sehr scheu und verschwindet sofort in einem Schlupfwinkel. Ist es dazu zu spät, scheidet sie zur Abwehr eine stark stinkende Flüssigkeit aus oder stellt sich tot. Den Bauch nach oben gedreht erschlafft sie, die Zunge hängt weit aus dem Maul, aus dem blutiger Speichel tritt. Am ehesten begegnet man den großen Schlangen in Wassernähe. Ringelnattern schwimmen und tauchen sehr gut. Oft verrät nur der kleine, über Wasser gehaltene Kopf und eine dreieckige Kiellinie die Schlange. Frösche, Molche und Fische gehören zu ihrer Beute. Im Sommer legen die Weibchen bis zu 50 längliche, pergamentschalige Eier an feuchtwarmen Stellen in verrottenden Pflanzen. Überwintert wird in frostfreien Erdverstecken.

Feuchtgebiete bevorzugt – die Nattern lieben Wasser.

Teichmolch

Triturus vulgaris

Tiere
Kriechtiere und Lurche

- Schwanzlurche
- L 6 – 11 cm
- März bis Oktober

Merkmale
Männchen (Foto unten) im Frühjahr oben braun mit dunklen Flecken, Bauch orange; Zackenkamm vom Kopf bis zur Schwanzspitze; Weibchen blasser.

Hochzeitsritual unter Wasser: der Tanz der bunten Molche

Prächtig sieht der Molch-Mann aus, wenn er seiner Auserwählten die Breitseite zeigt, um ihre Aufmerksamkeit zu erregen. Gelingt ihm das, beginnt er, schnell mit dem nach vorne geschlagenen Schwanz zu vibrieren und ihr mit Duftstoffen angereichertes Wasser zuzufächeln.

Der Teichmolch setzt dieses Vorspiel fort, bis das Weibchen folgt. Schnauze an Schnauze bewegen sie sich nun langsam rückwärts. Schließlich setzt das Männchen mehrere Samenpakete ab, die dann vom Weibchen mit der Geschlechtsöffnung aufgenommen und gespeichert werden. Die Spermien bleiben monatelang befruchtungsfähig und genügen vollauf für die 200 bis 300 Eier, die das Molchweibchen einzeln in die Blättchen von Wasserpflanzen einfaltet. Molchlarven atmen mit den deutlich sichtbaren, büschelförmigen Kiemen; anders als bei Kaulquappen erscheinen zuerst die Vorderbeine, dann erst die Hinterbeine. Mit der Umstellung auf Lungenatmung (in warmem Wasser nach etwa sechs bis acht Wochen) können sie das Wasser verlassen. Erst nach zwei bis drei Jahren kehren die „Landmolche" (Foto oben) wieder zur Paarungszeit ins Wasser zurück.

Männchen im Prachtkleid

Tiere
Kriechtiere und Lurche

- Schwanzlurche
- L bis 20 cm
- März bis Oktober

Merkmale
Plump; langer, runder Schwanz; breiter Kopf mit großen Ohrdrüsen; Oberfläche mit Querwülsten, feucht, glänzend lackschwarz mit gelben Flecken, Streifen oder Bändern.

Feuersalamander

Salamandra salamandra

Das „Regenmännchen" geht gern bei schlechtem Wetter spazieren

Wer Feuersalamander beobachten will, sollte an einem warmen Abend bei strömendem Regen in einen Laubwald gehen. Dann kommen die Regenmännchen aus ihren Verstecken. Bedächtig Fuß vor Fuß setzend suchen sie nach Nahrung: Schnecken, Würmer, Tausendfüßer.

Feuersalamander haben wenig natürliche Feinde. Ihr starkes Hautgift schreckt wirkungsvoll ab. Die im Tierreich auch an anderen Stellen bewährte schwarz-gelbe Warnfarbe ist ein eindeutiges Signal an jeden, der damit schon einmal schlechte Erfahrungen gemacht hat. Nur wir Menschen haben wieder falsch verstanden: Der Feuersalamander mit seinen flammend gelben Flecken verdankt seinen Namen dem alten Aberglauben, er lösche, ins Feuer geworfen, die Glut. Wie fast alle heimischen Amphibien haben auch Feuersalamander wasserlebende Larven. Sie werden nach einer Tragzeit von acht Monaten im Frühjahr ins klare Wasser kleiner Waldbäche hinein geboren. Etwa vier Monate später werden sie zu Landtieren, die, wenn alles gut geht, noch nach über 20 Jahren durch den regennassen Wald marschieren.

Jeder Salamander hat sein eigenes Muster.

Erdkröte

Bufo bufo

Tiere
Kriechtiere und Lurche

- Froschlurche
- L ♂ 9 – 10 cm, ♀ 11 – 15 cm
- März bis Oktober

Merkmale
Plump, mit kurzen Beinen; Färbung braun mit goldenen Augen; Haut höckerig und warzig; Kopf breit mit auffallenden Drüsenhöckern; Weibchen größer und massiger.

Gefahrvolle Frühjahrswanderung zum eigenen Geburtsort

Dort, wo sie selbst einmal Kaulquappen waren, sollen auch die eigenen Kinder zur Welt kommen. Auch noch aus dem kilometerweit entfernten Wald watscheln die Erdkröten, von einem untrüglichen Instinkt geleitet, zum Heimatgewässer.

Erdkröten scheuen dabei weder Gefahren noch Hindernisse. Fatal wird ihre Geburtsorttreue, wenn Straßen zwischen Wald und Teich verlaufen. Nur das Engagement von Naturschützern, die den Tieren über die Straße helfen, verhindert dann, dass ganze Populationen platt gefahren auf dem Asphalt enden. Schlimmer noch, wenn die angestrebte Wasserstelle inzwischen zugeschüttet wurde …
Erdkröten-Männchen reisen gerne bequem. Sie versuchen schon auf dem Weg eines der sehr viel kräftigeren Weibchen abzupassen, steigen ihm auf den Rücken und umklammern es fest. Im Weiher angekommen, haben sie schon eine „feste Beziehung“ und damit bessere Paarungschancen. Während das Weibchen die beiden 3–5 m langen Laichschnüre ausstößt, werden sie vom Männchen besamt. Wenig später geht's zurück in den Wald.

Fest im Griff: ein Paar auf dem Weg zum Wasser.

Tiere
Kriechtiere und Lurche

- Froschlurche
- L ♂ bis 12 cm, ♀ bis 9 cm
- März bis Oktober

Merkmale
Häufigster heimischer Wasserfrosch; Grundfarbe meist grün, mit gelblichen oder hellgrünen Rückenstreifen und schwarzen Flecken; beim Quaken zwei auffallende Schallblasen.

Teichfrosch

Rana esculenta

Äußerst verwickelte Verwandtschaftsbeziehungen

Auf den ersten Blick scheint es einfach: Ein grüner Frosch, der sein Quaken durch zwei große weiße Schallblasen verstärkt und laute Froschkonzerte veranstaltet, ist ein Wasserfrosch. Der Kenner unterscheidet an Färbung, Maßen und Rufen bei uns aber schon drei „Arten".

Teichfrosch, Kleiner Wasserfrosch und Seefrosch heißen die drei. Erst seit wenigen Jahren ist bekannt, dass sich hinter den drei Namen nur zwei „echte" Arten verbergen. Ausgerechnet der häufigste und ökologisch flexibelste Grünfrosch, der Teichfrosch, erwies sich als eine Mischung aus den beiden anderen. Teichfrösche unter sich können sich nicht fortpflanzen. Sie brauchen immer eine der Elternarten, also Seefrosch oder Kleinen Wasserfrosch, um eine neue Generation zu erzeugen. Kreuzen sich Teichfrösche mit Seefröschen, geben sie nur die „Kleine-Wasserfrosch-Gene" aus ihrem Erbgut weiter; ist der Partner ein Kleiner Wasserfrosch, vererben sie die „Seefrosch-Gene". Alle drei Wasserfrösche aber tragen ihren Namen zu Recht: Sie verbringen einen großen Teil ihres Leben im feuchten Element.

Schallblasen sorgen für Lautstärke beim Quaken.

Grasfrosch

Rana temporaria

Tiere
Kriechtiere und Lurche

Der Wald-und-Wiesen-Frosch steigt zum Laichen schon früh ins Wasser

Früher als andere Lurche bekommt der Grasfrosch Frühlingsgefühle. Schon im Februar – manchmal überzieht morgens noch eine dünne Eisschicht die Teiche – trifft er sich mit seinesgleichen. Kein lautes Quaken ertönt, nur ein leises Knurren verrät die balzenden Männchen.

Grasfrösche verbringen den überwiegenden Teil ihres Lebens allerdings außerhalb des Wassers. In einem Umkreis von etwa 1 km um ihren Geburtsteich leben sie in vielen kühlen und schattigen Lebensräumen, seien es Wälder, Streuobstwiesen, Niedermoore, Talauen oder verwilderte Gärten. Insekten, Spinnen, Asseln und Schnecken landen in ihrem breiten Maul. Umgekehrt gibt es natürlich auch viele Froschliebhaber. Nicht nur der Storch, sondern auch zahlreiche andere Vögel, Ringelnattern, Iltisse und Wildschweine haben Frösche (und nicht nur ihre Schenkel) zum Fressen gern. Gut, dass Grasfrösche für genügend Nachwuchs sorgen: Bis zu 4500 Eier enthält der große Laichballen eines Weibchens. Das genügt, auch wenn natürlich längst nicht alle zu erwachsenen Fröschen werden.

- **Froschlurche**
- **L 7 – 9 cm (max. 11 cm)**
- **Februar bis Oktober**

Merkmale
Großer, überwiegend braun gefärbter „Landfrosch" mit kurzer stumpfer Schnauze; immer mit deutlichem dunklen Fleck um das Trommelfell hinter dem Auge.

Lange Beine machen Sprünge bis zu einem Meter möglich.

Tiere

Fische

„Der fühlt sich wohl wie ein Fisch im Wasser“ – für die Fische selbst gilt der klassische Vergleich nicht mehr. Kein anderer Lebensraum wurde so stark verändert wie der dieser Wasser-Wirbeltiere. In ganz Europa gibt es kaum noch einen Fluss, der nicht zu Stromgewinnung, Schifffahrt oder Hochwasserschutz verbaut wurde, vom Missbrauch vieler Gewässer als Abwasserrinnen ganz zu schweigen. So wundert es nicht, dass zahlreiche Fischarten extrem gefährdet sind. Viele Fische reagieren sehr empfindlich auf eine Änderung von Wassertemperatur, Strömungsgeschwindigkeit, Sauerstoffgehalt, Untergrund oder Wasserpflanzenbestand. Sie sind so typisch für bestimmte Umweltverhältnisse, dass Gewässerabschnitte sogar nach ihren Leitfischen benannt werden. Auf die Forellenregion im sprudelnden Oberlauf folgen flussabwärts die Äschen-, die Barben- und die Brachsenregion. Einen Fisch zu erkennen, ist nicht schwierig; die einzelnen Arten aber sind nicht immer leicht auseinander zu halten. Färbung, Körperform sowie Zahl und Anordnung der Flossen sind wichtige Bestimmungsmerkmale.

Tiere
Fische

- Lachse
- L 25 – 40 cm (max. 80 cm)
- G bis 1,5 kg (max. 9 kg)

Merkmale
Schnittige Stromlinienform; wie alle Lachsverwandte kleine Fettflosse zwischen Rücken- und Schwanzflosse; Oberseite mit dunklen Flecken, seitlich rote Flecke mit hellem Rand.

Bachforelle

Salmo trutta f. fario

Nur in sauberen Bächen so munter wie ein Fisch im Wasser

Als „Forellenregion“ wird der Oberlauf kleiner Bäche und Flüsse bezeichnet. Hier herrscht turbulente Strömung, so dass sich kein Schlamm ablagern kann. Das ganze Jahr ist das Wasser sauber, glasklar, kalt und reich an Sauerstoff.

Die Bachforelle ist die „Leitart“ einer Lebensgemeinschaft, zu der auch andere Fischarten wie Groppe und Bachschmerle gehören. Sie alle ernähren sich überwiegend von Kleinkrebsen und den zahlreichen Insektenlarven, die dort leben. Um vom schnell strömenden Wasser nicht verdriftet zu werden, stehen Bachforellen meist mit dem Kopf gegen die Strömung. Wenn sie nicht gerade auf entgegenkommende Nahrung lauern, stehen sie im „Windschatten“ hinter Steinen oder unter überhängendem Wurzelwerk. Der leckere Speisefisch wurde und wird auch im Mittellauf vieler Flüsse ausgesetzt; dort fühlt er sich aber oft nicht richtig wohl. Fortpflanzen kann sich die Bachforelle jedenfalls nur dort, wo sie ihre Eier (Foto oben) in einem von sauerstoffreichem Wasser durchströmten, unverschlammten Kiesbett ablegen kann.

Forellen leben in schnell fließenden Gewässern.

Rotauge, Plötze

Rutilus rutilus

Tiere
Fische

Anpassungsfähiger Kulturfolger im Einheitsgewässer

Ursprüngliche Lebensräume der Rotaugen sind pflanzenbewachsene Uferzonen nährstoffreicher Gewässer. Überdüngung (Eutrophierung) und Flussausbau durch Wehre und Staustufen, für viele Fischarten eine Katastrophe, haben für das Rotauge ihre positiven Seiten.

Rotaugen gehören vielerorts zu den häufigsten Fischen. Oft kann man große Schwärme im flachen Wasser der Uferregion von Seen, Weihern und größeren (oder angestauten) Fließgewässern schwimmen sehen. Dabei halten sich größere Fische weiter vom Ufer entfernt. Die Nacht verbringen viele Plötzen mitten im See. Angler schätzen die Rotaugen als wichtige „Durchgangsstation". Sie ernähren sich von Kleintieren (Insektenlarven, Schnecken, kleinen Krebsen) und Wasserpflanzen und dienen wiederum wirtschaftlich interessanten größeren Arten wie Hecht oder Zander als hauptsächliche Beute. Im Frühjahr (April bis Juni) treffen sich die Plötzen in turbulenten Laichgemeinschaften. Jedes Weibchen legt bis zu 100 000 millimetergroße Eier an Pflanzen und Steine.

- Karpfenfische
- L bis 25 cm (max. 40)
- G bis 200 g (max. 1 kg)

Merkmale
Silbrig glänzend, mit rotem Augenring und roten Flossen; Jungfische schlank, Alttiere hochrückiger; Männchen im Frühjahr mit grauweißen Pusteln („Laichausschlag").

Selten so allein: Rotaugen sind Schwarmfische.

Karpfen

Cyprinus carpio

Tiere
Fische

Als Fastenspeise seit dem Mittelalter heimisch

Die Heimat des Karpfens scheint Asien zu sein. Wann und wie er nach Europa kam, ist umstritten. Knochenfunde in vorgeschichtlichen Siedlungen lassen vermuten, dass wilde Karpfen Süddeutschland über die Donau aus eigener Kraft erreichten.

Karpfen wurden später in großem Maßstab importiert. Kein Kloster ohne Teiche, in denen die Fastenspeise für die „fleischlosen" Freitage gezüchtet wurde. Bis heute haben solche Teichwirtschaften große ökonomische Bedeutung. Darüber hinaus wurden Karpfen auch in vielen Seen und größeren Flüssen angesiedelt. In stehenden Gewässern mit weichem Bodengrund und reichem Pflanzenbestand fühlen sie sich besonders wohl. Allerdings mögen sie's gerne warm. Um in Laichstimmung zu kommen, sollte das Wasser schon etwa 18–20 Grad haben, was bei uns nur im Hochsommer erreicht wird. In kühleren Gebieten gibt es Karpfen nur, weil Angler regelmäßig Jungfische aussetzen. Tagsüber verstecken sich Karpfen an tieferen Stellen, unter Uferböschungen oder zwischen Pflanzen. Sie gelten als schlau und schwer zu fangen.

- Karpfenfische
- L bis 40 cm (max. 100)
- G bis 1 kg (max. 30 kg)

Merkmale
Hochrückig, mit langer Rückenflosse; großes, vorstülpbares Maul mit zwei längeren und zwei kurzen Barteln; Zuchtformen ganz oder teilweise schuppenlos.

Karpfen in Wild- (links) und Zuchtform (rechts)

Tiere
Fische

- Hechte
- L ♂ bis 90 – 100 cm, ♀ bis 150 cm
- G bis 20 kg

Merkmale
Schnittige Torpedoform; großer Kopf mit breiter Schnauze; Rücken- und Afterflosse weit hinten; Rücken bräunlich grün mit dunklen Querbinden.

Hecht

Esox lucius

Der „Löwe" unter den Fischen – vor seinem großen Maul ist keiner sicher

Reglos steht der große Hecht im Schilf, durch seine Färbung hervorragend getarnt. Erst als ein Rotauge vorbeizieht, explodiert das Kraftpaket. Blitzschnell beschleunigt der Hecht, schnappt von der Seite zu und verschluckt die Beute mit dem Kopf voran.

Hechte sind Überraschungsjäger. Entflieht ein Opfer ihrem schnellen Angriff, jagen sie ihm nicht nach, sondern lauern auf die nächste Chance. Haben sie aber zugeschnappt, entkommt kaum einer den kräftigen, nach hinten geneigten Zähnen. Hechte können erstaunlich große Beute überwältigen, nicht nur Fische, sondern auch Frösche, Wasservögel und kleine Säugetiere. Als „Raubfische" haben die schlanken Jäger keinen guten Ruf. Da Hechte aber als Einzelgänger leben, die auch ihresgleichen fressen, sind sie unter natürlichen Bedingungen zwar weit verbreitet, aber nicht besonders häufig. Mancher „Hecht im Karpfenteich" wird sogar absichtlich eingesetzt, um kranke und schwache Tiere aus Fischzuchten auszulesen. Nebenbei ist auch der Hecht selbst ein vorzüglicher Speisefisch.

Streifen tarnen den lauernden Hecht.

Dreistachliger Stichling

Gasterosteus aculeatus

Tiere
Fische

- Stichlinge
- L 5 – 8 cm
- G ca. 3 g

Merkmale
Klein, mit weit hinten ansitzender Rücken- und Afterflosse; drei bewegliche Stacheln auf dem Rücken; Flanken mit großen Knochenplatten; Männchen mit auffälligem Balzkleid.

Hochzeitsbett und Kinderstube am Gewässergrund

Stichlinge gehören zu den kleinsten heimischen Fischen. Sie leben in Wassergräben, Tümpeln und Teichen ebenso wie in Altarmen großer Flüsse zwischen Wasserpflanzen. Berühmt wurde der Stichling durch sein einzigartiges Balzritual.

Dreistachlige Stichlinge leben im Winter in kleinen Schwärmen. Im Frühjahr ist Schluss mit der Gemeinsamkeit: Die Männchen bekommen jetzt einen leuchtend roten Bauch und gründen Reviere, die sie gegen Rivalen heftig verteidigen. Am Boden beginnen sie wenig später mit dem Nestbau. Zunächst wird eine kleine Mulde im Kies ausgehoben, dann ein röhrenförmiges Nest aus Pflanzenteilen mit Ein- und Ausgang gebaut. Jetzt fehlt nur noch die Frau: Schlanke Weibchen sind nicht gefragt, schwimmt aber ein dickes, laichreifes her, wird es heftig umworben (Foto unten) und schließlich ins Nest bugsiert. Dort laicht es ab. Gleich anschließend besamt das Männchen die Eier und wandelt sich zum Säuglingspfleger. Es fächelt mit den Brustflossen frisches Wasser herbei und bewacht die frisch geschlüpften Jungen noch tagelang.

Hochzeit der Stichlinge

Tiere

Insekten und andere Wirbellose

Reptilien und Amphibien – zu deutsch Kriechtiere und Lurche – werden von vielen „in einen Topf geworfen". Wie unterscheiden sich schon Eidechse und Salamander? Ganz einfach: Die Kriechtiere haben eine trockene, mit Schuppen bedeckte Haut, die Lurche dagegen eine schuppenlose, glatte und mehr oder weniger feuchte Oberfläche. Die Eidechse gehört also, wie auch die Schlangen, zur ersten Gruppe, der Salamander zusammen mit Molchen, Fröschen und Kröten zur zweiten. Grundsätzlich unterscheiden sich beide auch, wenn es ums Kinderkriegen geht. Amphibien legen ihre Eier im Wasser ab. Dort entwickelt sich, anfangs in einer durchsichtigen Hülle verpackt, eine Larve, die mit Kiemen atmet und ganz anders aussieht als ihre Eltern. Erst später wandelt sich das Wassertier zum lungenatmenden Landbewohner. Der Umbau der Kaulquappe zum Frosch ist ein eindrucksvolles Beispiel. Ganz anders bei den Reptilien. Hier schlüpfen aus beschalten, meist in der Erde abgelegten Eiern Jungtiere, die den Erwachsenen in Körperform und Lebensweise schon weitgehend gleichen.

Tiere
Insekten und andere Wirbellose

- Spinnentiere
- L ♂ 3 – 5 mm, ♀ 7 – 11 mm
- Mai bis Juli

Merkmale
Vier Beinpaare, die beiden vorderen sehr lang; Weibchen gelb, weiß oder grünlich, auf dem Hinterleib oft mit roten Längsstreifen; Männchen viel kleiner und dunkler gefärbt.

Veränderliche Krabbenspinne

Misumena vatia

Fast unsichtbar lauert die Gefahr in der Blüte

Alle Spinnen sind „Raubtiere", aber nicht alle bauen ein Netz. Die Krabbenspinne lauert Insekten auf, die Blüten wegen ihres Nektars oder Pollens besuchen. Haben sie Pech, landen sie in den weit ausgebreiteten Armen der Spinne.

Krabbenspinnen heißen so, weil sie, wie Krabben, seitwärts laufen. Die Veränderliche Krabbenspinne verdankt ihren Namen der Fähigkeit, ihre Farbe (in bestimmtem Rahmen) der Blütenfarbe anzupassen. Das dauert zwar jeweils ein paar Tage, aber die Spinne wechselt ihren Standort auch nicht sehr häufig, sondern bleibt lieber auf der einmal gewählten Pflanze. So getarnt ist sie tatsächlich schwer zu entdecken, und die Blütenbesucher nähern sich der Falle völlig arglos. Die Krabbenspinne schafft es sogar, so wehrhafte Insekten wie Bienen zu erlegen. Blitzschnelles Zupacken und ein Giftbiss lassen der Beute keine Zeit, zu flüchten oder sich zu wehren. Anschließend wird das Innere des Opfers durch Verdauungssäfte verflüssigt und ausgesaugt.

Selbst Bienen haben keine Chance.

Gartenkreuzspinne

Araneus diadematus

Tiere
Insekten und andere Wirbellose

Die perfekte Fliegenfalle: ein hauchzartes Netz aus Seide

Unübertroffen stabil und elastisch zugleich ist der aus etwa 600 Einzelfäden bestehende und doch nur drei zehntausendstel Millimeter starke Seidenfaden, den die Kreuzspinne mit Hilfe ihrer Spinndrüsen an der Spitze des Hinterleibs herstellt.

Kreuzspinnen bauen ihr großes Radnetz nach einem streng festgelegten Plan. Zunächst lässt die Spinne einen Faden austreten und vom Winde verwehen. Hat er Halt gefunden, hangelt sie bis zur Fadenmitte und seilt sich ab. So entsteht zunächst ein Y als Grundgerüst. Anschließend werden Rahmenfäden und weitere Speichen eingezogen und schließlich eine vom Mittelpunkt ausgehende provisorische Spirale angebracht. Die eigentliche Fangspirale, mit klebrigen Tröpfchen versehen, verläuft dann von außen nach innen. Bei ihrer Herstellung wird die Hilfsspirale gefressen. Im Zentrum des Rads sitzend wartet die Spinne jetzt auf Beute. Sobald sich ein Insekt in den klebrigen Fäden verheddert, rennt sie herbei, wickelt die Beute blitzschnell ein und tötet sie durch einen giftigen Biss. Dann wird das Netz renoviert.

Annäherungsversuch: Männchen (links) und Weibchen

- **Spinnentiere**
- **L ♂ 5 – 9 mm, ♀ 10 – 18 mm**
- **August bis Oktober**

Merkmale
Vier Beinpaare; Grundfärbung gelb, orange, rot oder schwarzbraun; dicker Hinterleib mit aus weißen Flecken zusammengesetzter Kreuzzeichnung.

- **Spinnentiere**
- **L ♂ 10 – 15 mm, ♀ 12 – 18 mm**
- **ganzjährig**

Merkmale
Vier Beinpaare; eine der größten heimischen Spinnen; sehr langbeinig; stark behaart; dunkel gefärbt, mit hellerer Fleckenzeichnung auf dem Hinterkörper.

Hausspinne

Tegenaria atrica

Verfemt und verfolgt – unser achtbeiniger Hausgenosse

Bis zu 7 cm Bein-Spannweite hat die weibliche Hausspinne. Die Männchen sind, wie bei Spinnen üblich, etwas kleiner. Normalerweise kreuzen sich unsere Wege kaum, selbst wenn wir dasselbe Haus bewohnen. Sie sind nämlich weitgehend nachtaktiv.

Wenn Hausspinnen es allerdings nicht rechtzeitig zurück in ihre Schlupfwinkel schaffen, treffen sie oft auf wenig Verständnis. Das passiert vor allem dann, wenn ein Männchen bei einem nächtlichen Jagdzug oder auf der Suche nach Weibchen versehentlich in die Badewanne gefallen ist, an deren glatter Oberfläche es sich nicht festhalten kann. Groß, dunkel, haarig und mit schnellen Bewegungen gelten Hausspinnen meist als eklig oder sogar Angst erregend. Schenken wir ihnen die Freiheit, statt sie in den Abfluss zu spülen, erhalten wir uns die Arbeitskraft einer tüchtigen Insektenjägerin! Weibliche Hausspinnen können immerhin sieben bis acht Jahre alt werden – und bleiben fast die ganze Zeit in ihrem in Winkel und Ecken gebauten, aus einer Wohnröhre und einer Fangfläche bestehenden Trichternetz.

Hausspinnen sind ebenso harmlos wie nützlich.

Zebra-Springspinne

Salticus scenicus

Tiere
Insekten und andere Wirbellose

Acht Augen und enorme Sprungkraft

Vier ihrer Augen schauen nach vorn, vier nach seitlich und oben. Damit hat die Spinne einen Panoramablick von etwa 300 Grad. Besonders leistungsfähig sind die beiden mittleren Vorderaugen, die, groß wie Scheinwerfer, das Gesicht der Spinne prägen.

Springspinnen sind Augentiere. Im Gegensatz zu vielen anderen Spinnen, die ihre Umwelt vor allem über einen hervorragenden Tastsinn erfassen, ist bei ihnen der Gesichtssinn von besonderer Bedeutung. Durch Dressurversuche konnte belegt werden, dass sie nicht nur Formen sehr gut sehen, sondern sogar Farben unterscheiden können. Scharf gestellt wird durch Muskeln, die die Netzhaut der großen Mittelaugen bewegen. Jagdreviere der Zebra-Springspinnen sind Hauswände, Felsen oder Mauern; auch im Haus trifft man die kleinen Hüpfer gelegentlich. Aus einem Umkreis von etwa 40 cm pirschen sie sich langsam an ihre Beute heran. Den letzten Zentimeter überwinden sie mit einem blitzschnellen Sprung.
Sollten sie ihre Beute mal verfehlen, verhindert ein Sicherheitsfaden den Absturz.

- **Spinnentiere**
- **L ♂ bis 5 mm, ♀ 5 – 7 mm**
- **April bis Oktober**

Merkmale
Vier Beinpaare; ziemlich klein, Körper schwarz-weiß quergestreift; Beine kurz und kräftig, hell und dunkel gestreift; Männchen mit lang vorgestreckten Giftkiefern.

Jäger und Beute – hier wurde eine Fliege erlegt.

Tiere
Insekten und andere Wirbellose

- Spinnentiere
- L ♂ 2,5 mm, ♀ 5–11 mm
- März bis Oktober

Merkmale
Vier Beinpaare; sehr flacher Körper; Weibchen mit hartem Rückenschild auf dem Vorderkörper und rotbraunem Hinterleib; auffällige Mundwerkzeuge; Augen fehlen.

Holzbock, Zecke

Ixodes ricinus

Als Blutsauger und Krankheitsüberträger gefürchtet

Fast ein Jahr hat das Zeckenweibchen gehungert und auf diese Gelegenheit gewartet. Kleine Erschütterungen und leichter Schweißgeruch kündigen das große Ereignis an. Wenig später streift ein Hosenbein den Grashalm, auf dessen Spitze sie lauert. Sofort steigt sie um.

Die Zecke arbeitet sich krabbelnd zur nackten Haut durch. Dort bohrt sie ihren Rüssel ein und beginnt zu saugen. Sie widmet sich ihrer Blutmahlzeit mit Hingabe. Eine gute Woche später erst ist sie voll gesaugt und doppelt so groß. Nun lässt sie sich fallen und legt am Erdboden 1000 bis 3000 Eier. Die sechsbeinigen Larven, die nach vier bis zehn Wochen schlüpfen, brauchen ebenfalls eine Blutmahlzeit; erst dann häuten sie sich zu den achtbeinigen Nymphen, die wieder Blut brauchen, um erwachsen zu werden. Wer im Frühjahr viel in unterholzreichen Wäldern unterwegs ist, tut gut daran, sich nach Spaziergängen gründlich abzusuchen. Der Blutverlust durch Zecken ließe sich ja noch verschmerzen. Gefährlich aber sind die durch die Parasiten übertragenen Krankheiten wie Hirnhautentzündung und Borreliose.

Vollgesaugte Zecke mit blutgefülltem Hinterkörper

Brauner Steinläufer

Lithobius forficatus

Tiere
Insekten und andere Wirbellose

Lichtscheuer und schneller Bodenjäger mit giftigem Biss

Im Lückensystem der obersten Humusschicht des Bodens, unter Blättern, alten Brettern oder Steinen fühlt er sich wohl. Hier lauert er auf Beute: Insektenlarven, Asseln, kleine Würmer und junge Schnecken. Nachts kann man dem Steinläufer auch oberirdisch begegnen.

Steinläufer sind ungemein flink und beweglich. Fühlen sie sich beunruhigt, verschwinden sie mit schnellen Schritten ihrer 28 an der Fortbewegung beteiligten Beine und schlängelndem Körper sofort in den schmalsten Ritzen und Spalten. Das 15. Beinpaar dient zum Greifen, zum Beispiel während des komplizierten Paarungsspiels. Wichtigste Sinnesorgane sind ihre langen Fühler, die dauernd in Bewegung sind. Steinkriecher sind Fleischfresser. Ihre Beutetiere erhalten durch die kräftigen Kieferklauen eine Giftinjektion und sterben einen schnellen Tod. Auch für Menschen ist der Biss des Steinläufers unangenehm, wenn auch nicht so schmerzhaft wie der seiner großen Verwandten, der Skolopender aus dem Mittelmeergebiet oder den Tropen.

- **Hundertfüßer**
- **L 18 – 32 mm**
- **ganzjährig**

Merkmale
Sehr beweglicher, abgeflachter Körper aus zahlreichen Segmenten; Kopf mit langen Fühlern und Giftklauen; 15 Beinpaare, letztes Beinpaar nach hinten gestreckt.

Wo ist vorn? Am Kopf sitzen die dünnen Fühler.

Tiere
Insekten und andere Wirbellose

- Tausendfüßer
- L meist 20 – 40 mm
- ganzjährig

Merkmale
Langer, im Querschnitt drehrunder Körper; Chitinpanzer durch Kalkeinlagerung sehr hart; zahlreiche Segmente mit je zwei Beinpaaren; kurze Fühler.

Schnurfüßer

Julidae

1000 Füße hat kein Tausendfüßer – der Rekord steht bei 700

Um diesen Bein-Rekordler zu beobachten, muss man allerdings nach Kalifornien fahren. Die längsten heimischen Tausendfüßer kommen „nur" auf gut hundert Beinpaare. Anders als die räuberischen Hundertfüßer sind sie Pflanzenfresser.

Schnurfüßer sind wie alle Tausendfüßer vor allem in der Streuschicht von Laubwäldern häufig. Dort spielen sie eine große Rolle beim Recycling, der Zersetzung organischer Reste also. Im Gegensatz zu den wuseligen Hundertfüßern sind die Doppelfüßer (so genannt, weil sie zwei Beinpaare pro Körperring haben) nur langsam zu Fuß. Ihr Körper schlängelt sich nicht, sondern bleibt gerade; von hinten nach vorne verlaufende Bewegungswellen der kurzen Beine schieben ihn vorwärts. Bei Gefahr rollen sich Tausendfüßer zu einer Spirale ein und schützen so ihre Beine. Zusätzlich scheiden Wehrdrüsen giftige Sekrete aus, die abschreckend wirken. Junge Tausendfüßer schlüpfen übrigens meist sechsbeinig aus dem Ei. Bei jeder Häutung kommen neue beintragende Segmente dazu.

Wellenartige Beinbewegungen bringen „Fortschritt".

Kellerassel

Porcellio scaber

Die kleinen Krebse auf Landgang atmen mit den Beinen

Während die Beine der Brustsegmente zum Laufen da sind (wie es sich für Beine eigentlich gehört), sind die des Hinterleibs zweckentfremdet. Zu dachziegelartig übereinander liegenden Platten umgebildet, dienen sie der Atmung.

Bei der Kellerassel übernehmen Hohlräume in den ersten beiden Beinpaaren des Hinterleibs die Aufgabe von Lungen. Weil sie mit Luft gefüllt sind, erscheinen sie weiß und sind (beim lebenden Tier) deutlich zu erkennen. Zusätzlich arbeiten die Hinterleibsbeine aber auch als Kiemen. Ein spezielles Wasserleitungssystem hält ihre Oberfläche feucht und ermöglicht dadurch die Atmung. Kellerasseln sind vorbildliche Mütter: Ihre Eier, die sich im Trockenen nicht entwickeln können, werden in einer stets gut bewässerten Bruttasche am Bauch aufbewahrt. Erst nach vielen Tagen schlüpfen die Jungen und verlassen, als kleine Ebenbilder ihrer Eltern, diese Bruttasche. Kellerasseln haben also zahlreiche höchst raffinierte Anpassungen, die diese kleinen Krebstiere zu echten Landbewohnern werden ließen.

- **Krebstiere**
- **L bis 18 mm**
- **ganzjährig**

Merkmale
Körper abgeflacht, aus Segmenten bestehend, Kopf mit mehrgliedrigen Fühlern; Brust aus sieben Segmenten mit je einem Beinpaar; Hinterleib kurz.

Unter Holz oder Stein: Asseln verschiedenen Alters

Tiere
Insekten und andere Wirbellose

- Insekten, Fischchen
- L bis 11 mm
- ganzjährig

Merkmale
Körper lang, abgeplattet, sehr beweglich, silbrig beschuppt; zwei lange Fühler, drei lange Schwanzanhänge; Augen sehr klein.

Silberfischchen, Zuckergast

Lepisma saccharina

Wo der Zuckergast wohnt, ist die Welt noch in Ordnung

Silberfischchen sind Wärme liebend und deshalb in unseren Breiten fast nur in Häusern unterwegs. An feuchten Stellen können sie sich dort stark vermehren und gelten manchen als Schädlinge. Lästig werden sie allerdings nur bei Massenauftreten an Vorräten.

Wer Silberfischchen im Haus hat, sollte sich eher freuen. Sie sind nämlich sehr empfindlich gegen Umweltgifte, die zum Beispiel aus Balken, Möbeln oder Bodenbelägen ausdünsten können. Als lebende Messgeräte zeigen sie uns: Die Luft ist rein. Überdies begegnet man den lichtscheuen, flügellosen Ur-Insekten nur selten. Meist verschwinden sie sofort hinter Fußleisten, sobald es hell wird. Nachts kommen sie dann aus den Ritzen. Erstaunlich schnell huschen sie über den Boden. Gefressen werden verschiedene organische Substanzen. Ihrer Vorliebe für Kohlenhydrate verdanken sie den Namen „Zuckergast“. Silberfischchen können immerhin einige Jahre alt werden. Bei der Paarung übergibt das Männchen dem Weibchen in einem komplizierten Ritual ein Samenpaket. Die Eier werden dann einzeln in Ritzen abgelegt.

Das „Fischchen“ ist ein Insekt, wenn auch ohne Flügel.

Blaugrüne Mosaikjungfer

Aeshna cyanea

Tiere
Insekten und andere Wirbellose

Vierflügler mit zehn Zentimeter Spannweite

Libellen treiben alle Flügel mit getrennten Muskeln an, so dass die vier Tragflächen völlig unabhängig voneinander bewegt werden können. Das macht viele Libellenarten zu vollendeten Flugkünstlern, die Rückwärts- und Seitwärtsbewegungen ebenso beherrschen wie den Segelflug.

Die Blaugrüne Mosaikjungfer gehört zu den größten heimischen Libellenarten und zu denen, die sich am weitesten vom Wasser entfernen. Einen neu angelegten Gartenteich findet sie deshalb sofort. Oft jagt sie auch über sonnigen Waldwegen. Die großen, aus vielen tausend Einzelaugen zusammengesetzten Facettenaugen, die fast den ganzen Kopf einnehmen, sind ihre wichtigsten Sinnesorgane. Die langen Beine arbeiten als Fangkorb, mit dem fliegende Insekten ergriffen werden. Kräftige Kieferzangen besorgen den Rest ... Giftig sind Libellen, einem landläufigen Vorurteil zum Trotz, nicht. Die Zangen am Hinterleibsende des Männchens dienen dazu, das Weibchen „am Kragen zu packen" – ein Vorspiel, das die eigentliche Paarung einleitet.

- **Insekten, Libellen**
- **L 65 – 80 mm**
- **Juni bis November**

Merkmale
Sehr groß, mit riesigen Augen; Flügel nie gefaltet oder angelegt; langer Hinterleib mit schwarz-grün-blauer (Männchen) oder schwarz-grüner (Weibchen) Zeichnung.

Libellen können auf der Stelle oder sogar rückwärts fliegen.

Hufeisen-Azurjungfer

Coenagrion puella

Tiere
Insekten und andere Wirbellose

- **Insekten, Libellen**
- **L 35 mm**
- **April bis September**

Merkmale
Flügel oft zusammengelegt; Hinterleib schwarz und blau mit Hufeisen-Zeichnung auf dem zweiten Segment (Männchen) oder überwiegend schwarz (Weibchen).

Im Wasser geboren, dem Wasser verbunden

Ähnlich gefärbt wie die Hufeisen-Azurjungfer sind eine ganze Reihe heimischer Kleinlibellenarten, die sich meist nicht weit vom Wasser entfernen. Vor allem Stillgewässer mit reicher Ufervegetation bieten sehr gute Lebensräume für diese Libellen.

Hufeisen-Azurjungfern paaren sich nach Libellenart im Rad: Das Männchen packt sein Weibchen hinter dem Kopf, worauf das Weibchen sich nach vorne krümmt und die an der Hinterleibsbasis des Männchens deponierten Samen aufnimmt. Auch später lockert das Männchen seinen Zangengriff nicht und begleitet, so angedockt, sein Weibchen bei der Eiablage. Die Eier werden mit Hilfe des Legeapparats in Wasserpflanzen eingestochen. Dabei verschwindet das Weibchen gelegentlich ganz im Wasser. Die Larven (Foto unten) sind räuberisch. Sie orientieren sich wie die erwachsenen Tiere überwiegend optisch und fangen ihre Beute mit blitzschnell sehr weit vorschnellenden Mundwerkzeugen. Im nächsten Frühjahr kriechen die Larven an einem Pflanzenstängel hoch und häuten sich ein letztes Mal. Aus dem Wassertier wird ein perfekter Flieger.

Die Larve atmet mit Hilfe dreier Kiemenblätter.

Tiere
Insekten und andere Wirbellose

Grünes Heupferd

Tettigonia viridissima

Wiesen-Musik für zwei Flügel bei Tag und bei Nacht

Weithin hörbar sind die scharf zirpenden Strophen des Heupferds. Sie erklingen aus dem Gras ebenso wie von Bäumen. Je später der Abend, desto höher klettern die Sänger, um der kühlen Luft in Bodennähe zu entkommen.

- Insekten, Heuschrecken
- L 28 – 42 mm
- Juli bis Oktober

Merkmale
Sehr groß; lange Flügel, hinten lange Sprungbeine; grasgrün, meist mit bräunlichem Rücken; Fühler lang und dünn; Weibchen (Foto unten) mit langem Legebohrer.

Das Grüne Heupferd musiziert auf dem Flügel. Auf der Unterseite der Vorderflügel liegt eine kammartige Schrillleiste, die gegen eine Schrillkante am Vorderrand der Flügel gerieben wird. Auch wenn zwei solche Musikinstrumente da sind, benutzt das Heupferd nur eines: Stets liegt der linke Flügel oben. Wo Musik erklingt, braucht es auch Zuhörer. Die „Ohren" der Heupferde sitzen in den Vorderbeinen. Hinter kleinen Schlitzen verborgen liegen dort die Trommelfelle. Der lang anhaltende Gesang der Männchen dient nur einer Aufgabe: dem Anlocken paarungswilliger Weibchen. Diese haben einen langen Legebohrer, mit dem die Eier gleich tief in den Erdboden gebracht werden. Die jungen Heuschrecken gleichen ihren Eltern übrigens sehr. Voll ausgebildete Flügel erscheinen allerdings erst nach der letzten Häutung.

Ein Heupferd-Weibchen, erkennbar am Legebohrer

Feldgrille

Gryllus campestris

Tiere
Insekten und andere Wirbellose

- Insekten, Heuschrecken
- L 20 – 26 mm
- Mai bis Juli

Merkmale
Schwarz, mit gelber Flügelwurzel; Körper kompakt, walzenförmig; Kopf auffallend dick und rund, Fühler lang.

Jeder mit eigenem Konzertsaal vor der Wohnhöhle

Die Grille erscheint am Eingang ihres 30–40 cm tiefen, selbst gegrabenen Ganges. Keine Gefahr in Sicht – also schiebt sie sich Stück für Stück vollends heraus und steht nun mitten auf ihrem Vorplatz, einer kleinen, von Pflanzen befreiten Bühne für den großen Auftritt.

Die Feldgrille gehört zu den berühmtesten Sängern der Tierwelt. 28 Muskeln arbeiten, gesteuert von einem benachbarten Nervenzentrum, in der Brust der Grille, um das berühmte Zirpen zu erzeugen, mit dem der Grillenmann ein Weibchen anzulocken hofft. Nähert sich eines, wird zunächst mit den Fühlern Kontakt aufgenommen. Bei gegenseitiger Sympathie geht das laute Zirpen in zarten Werbegesang über. Rivalen dagegen werden bekämpft und verjagt. Auch in dürre Grashalme, von „bösen Buben“ vorsichtig in die Grillenhöhle gesteckt, verbeißen sich die Insekten oft so heftig, dass man sie herausziehen kann. Grillen findet man nicht überall. Als Wärme liebende Tiere leben sie am liebsten an Trockenhängen und südexponierten Wiesenrainen.

Grillen-Männchen auf seiner „Bühne“

Tiere
Insekten und andere Wirbellose

- Insekten, Ohrwürmer
- L bis 20 mm
- ganzjährig

Merkmale
Flach und langgestreckt; Vorderflügel sehr kurz, Hinterflügel versteckt; am Hinterende zwei kräftige Zangen, beim Männchen stark gebogen, beim Weibchen parallel.

Gemeiner Ohrwurm

Forficula auricularia

Weder Wurm, noch sonderlich an Ohren interessiert

Vielleicht hat sich ja tatsächlich mal ein Ohrwurm in ein Ohr verirrt – schließlich lieben die braunen Krabbler Dunkelheit und enge Gänge. Aber Würmer sind sie ganz bestimmt nicht. Fühler, sechs Beine und ein harter Chitinpanzer kennzeichnen sie eindeutig als Insekten.

Der Ohrwurm muss noch mit weiteren Vorurteilen kämpfen. Die großen Zangen, die der beunruhigte „Ohrenzwicker" drohend erhebt, dienen zwar auch der Verteidigung. Aber sie können mehr. Mit ihrer Hilfe entfalten Ohrwürmer die höchst raffiniert fächerförmig verpackten Hinterflügel (allerdings können lange nicht alle fliegen; oft ist die Flugmuskulatur zurückgebildet). Noch wichtiger: Das Männchen muss sein Weibchen vor und während der Paarung damit in Stellung bringen. Auch beim Ergreifen von Beute sind die Zangen nützlich, und als (vom menschlichen Standpunkt aus) nützlich ist der Ohrwurm selbst zu bezeichnen, frisst er doch auf seinen nächtlichen Streifzügen auch viele Blattläuse. Mit umgedrehten, holzwollegefüllten Blumentöpfen als Tagquartieren können wir uns bedanken.

Gemeine Wespe

Paravespula vulgaris

Tiere
Insekten und andere Wirbellose

Rühr mich nicht an: Gelb und Schwarz sind klassische Warnfarben

Am Mäuseloch herrscht heftiger Flugbetrieb. Laufend kommen Wespen an, zum Teil mit Beute beladen; andere verlassen den unterirdischen Bau. Der Eingang wird bewacht. Nähert sich jetzt Gefahr, alarmieren die Wächter per Duftstoff den ganzen Staat.

Die Gemeine Wespe ist dann für schmerzhafte Erfahrungen gut. Binnen kurzer Zeit sind Störenfriede in die Flucht geschlagen. Allerdings nutzen Wespen ihre Kampfkraft nicht nur, um Staat und Brut zu verteidigen. Besonders an schwülen Spätsommertagen tut man gut daran, die gelb-schwarze Warnfarbe auch andernorts ernst zu nehmen. Dann sind die Wespenstaaten auf dem Höhepunkt ihrer Entwicklung. Jetzt können einige tausend Tiere in den mehrere Stockwerke umfassenden und von einer grauen Papierhülle umschlossenen Nestern leben. Die ersten starken Fröste überleben dann nur die Königinnen, die im nächsten Frühjahr wieder klein anfangen. Die größten heimischen Faltenwespen, die bis 35 mm großen **Hornissen**, sind übrigens trotz übler Nachrede („sieben Stiche töten ein Pferd, drei einen Menschen") recht umgänglich.

- **Insekten, Hautflügler**
- **L 11 – 12 mm (max. 19 mm)**
- **April bis Oktober, Königin ganzjährig**

Merkmale
Körper und Beine schwarz und gelb; Fühler lang, schwarz; Flügel in Ruhe längs zusammengelegt und dadurch sehr schmal („Faltenwespen").

Tiere
Insekten und andere Wirbellose

- Insekten, Hautflügler
- L 8 – 12 mm
- März bis Juni

Merkmale
Mittelgroße Wildbiene; dunkelbraun mit dichter Behaarung; Weibchen mit schwarz behaartem Kopf, Männchen mit überwiegend weiß behaartem Kopf.

Rote Mauerbiene

Osmia rufa

Gut ausgestattete Kinderzimmer im Mauerloch

Jedes Kind kennt die fast allgegenwärtige Honigbiene. Dass aber neben diesem Haustier mehrere hundert Wildbienenarten bei uns leben, wissen (zu) wenige. Manche Wildbienen lassen sich leicht im Garten ansiedeln, indem man massive Holzblöcke mit Bohrungen aufhängt.

Die Rote Mauerbiene gehört zu den ersten Insekten, die im Frühjahr unterwegs sind. Eifrig sammelt sie Pollen. Sie trägt ihn nicht in Höschen an den Hinterbeinen wie die **Honigbiene** (Foto rechts), sondern an der Unterseite des Hinterleibes (Foto unten). Voll beladen steuert sie ein 7-mm-Bohrloch in einem „Bienen-Nistkasten" an und verschwindet darin. Hat sie so viel Blütenstaub eingetragen, dass es gerade genügt, um eine Made bis zur Verpuppung zu ernähren, legt sie ein Ei, verschließt die Brutzelle mit Lehm und beginnt mit der nächsten. Schließlich verschließt ein dicker Erdpfropf die Mehrzimmer-Wohnung, in der vorne die Jungen wohnen (sie gehen aus unbefruchteten Eiern hervor), hinten die später schlüpfenden Mädchen. Gut geschützt wachsen sie heran, verpuppen sich im Sommer und nagen sich im nächsten Frühjahr ins Freie.

Erdhummel

Bombus terrestris

Tiere
Insekten und andere Wirbellose

Viel diskutiert: Stechen Hummeln oder tun sie's nicht?

Hummeln gehören zur Familie der Bienen und hier gilt: Die Weibchen stechen, die Männchen (Drohnen) nicht. Da nur die Frauen arbeiten, sind die eifrig auf Blüten Pollen sammelnden Tiere weiblich, können also stechen. Viele Hummeln sind aber sehr gutmütig.

Die Erdhummel ist eine von etwa 30 heimischen Hummelarten. Schon früh im Jahr sieht man Königinnen (nur sie haben den Winter überlebt), die blühende Weiden und erste Blumen besuchen. Gleichzeitig sind sie auf der Suche nach einem Nistplatz. Erdhummeln wohnen unterirdisch, oft in verlassenen Mäusenestern. Hier entstehen zunächst eine mit Pollen ausgestattete Brutzelle und ein Honigtopf aus Wachs, der mit Nektar für schlechte Zeiten gefüllt wird. In der Brutzelle wächst die erste Arbeiterinnengeneration heran, die der Königin für den Rest der Saison die Arbeit weitgehend abnimmt, so dass diese sich aufs Eierlegen konzentrieren kann. Im Lauf des Sommers kann ein Erdhummelstaat auf 600 Köpfe anwachsen. Zu den Arbeiterinnen kommen erst im Spätsommer Drohnen und neue Königinnen – fürs nächste Jahr.

Gutmütiger Brummer: Nektar leckende Hummel

- **Insekten, Hautflügler**
- **L 12 – 28 mm**
- **April bis Oktober, Königin ganzjährig**

Merkmale
Groß, stark behaart; Brust mit braungelber Binde, Hinterleib schwarz behaart mit goldgelber Binde und weißer Spitze; Hinterbeine oft mit Pollenladung.

Tiere
Insekten und andere Wirbellose

- Insekten, Hautflügler
- L 4 – 11 mm
- ganzjährig

Merkmale
Arbeiterinnen flügellos, Geschlechtstiere mit Flügeln; Körper schlank mit sehr dünner Taille; Oberseite und Beine schwarzbraun, Unterseite rotbraun.

Rote Waldameise
Formica rufa

Erfolgsmodell Ameise: Einigkeit macht stark

Ameisen zählen weltweit zu den häufigsten Tieren. Ihren großen Erfolg verdanken sie ihrem Sozialleben. Viele Arten bilden hoch entwickelte und perfekt organisierte Staaten mit oft hunderttausenden von Bürgern – oder besser: Bürgerinnen, denn Männchen spielen keine große Rolle.

Rote Waldameisen leben in großen Nestkuppeln aus Fichtennadeln und Zweigchen. Im Inneren befindet sich ein verzweigtes System aus Gängen und Nestkammern, das sich auch unterirdisch noch fortsetzt. Gewöhnlich bekommt man nur Arbeiterinnen zu Gesicht. Sie pflegen Brut und Königin, bauen und reparieren die Burg, bewachen die Eingänge und ziehen auf duftmarkierten Straßen zur Nahrungssuche aus. Ihr Jagdgebiet erstreckt sich bis in die Wipfel der Bäume. Besonders andere Insekten und deren Larven werden mit vereinten Kräften überwältigt und eingetragen, darunter viele „Schädlinge", weshalb die Förster Ameisen sehr schätzen. An manchen Sommertagen drängen plötzlich geflügelte Königinnen und Männchen aus dem Nest und starten zum Hochzeitsflug, der mit der Gründung neuer Staaten endet.

Ameisen verständigen sich tastend und per Duft.

Totengräber

Necrophorus-Arten

Tiere
Insekten und andere Wirbellose

Neues Leben aus altem: Totengräber sind perfekte Entsorger

Erst seit kurzem liegt die tote Maus neben dem Weg und schon nähert sich zielstrebig ein schwarz-oranger Käfer. Mit seinen empfindlichen Fühlerspitzen hat er das Aas gerochen. Nun lockt er durch eigene Duftstoffe ein Weibchen. Nach der Paarung kann die Beerdigung beginnen.

Die Totengräber fangen an, Erde unter der toten Maus wegzuschaffen. Im Verlauf vieler Stunden sinkt das Aas langsam in den Boden. Gleichzeitig wird es zusammengefaltet und abgerundet, so dass es schließlich, fast zur Kugel geformt, in einer unterirdischen Grabkammer ruht. Nun hat das Männchen seine Schuldigkeit getan, es kann gehen. Das Weibchen legt anschließend Eier in einen kleinen Seitengang. Nach fünf Tagen schlüpfen die Larven und krabbeln auf die Aaskugel. Hier wartet die Mutter in einem kleinen Trichter, den sie in der Zwischenzeit geformt hat. Dort werden die Jungen von Mund zu Mund gefüttert. Später fressen die Larven selbstständig. Wenn sie sich nach sieben Tagen verpuppen, ist von dem Mäuse-Kadaver nicht mehr viel übrig.

- **Insekten, Käfer**
- **L 12 – 22 mm**
- **ganzjährig**

Merkmale
Schwarz mit zwei orangen Querbändern auf den Flügeldecken; Spitze des Hinterleibs nicht unter den Flügeln verborgen; Beine schwarz; Fühlerspitze mit Endkeule.

Begräbnis-Spezialist bei der Arbeit

Tiere
Insekten und andere Wirbellose

- Insekten, Käfer
- L 5 – 8 mm
- März bis Oktober

Merkmale
Halbkugelig; Kopf und Brust schwarz mit weißen Punkten; Deckflügel rot mit sieben schwarzen Punkten; Larve blaugrau mit orangefarbener Zeichnung.

Siebenpunkt-Marienkäfer

Coccinella septempunctata

Kleiner Glücksbringer mit gesegnetem Appetit

Sonnenkälbchen, Glückskäfer, Herrgottskuh, Jungfrauenvogel, ladybird – der Marienkäfer hat viele volkstümliche Namen. Die meisten davon beziehen sich auf den „Prototyp", den Siebenpunkt. Allein in Deutschland gibt es ungefähr 80 Arten mit unterschiedlichen Farben und Punktmustern.

Marienkäfer sind echte Glücksbringer, jedenfalls für Gärtner, Landwirte und Förster. Sie haben die kleinen Krabbler nicht wegen ihres hübschen Äußeren ins Herz geschlossen, sondern wegen ihrer Vorliebe für Blattläuse (die als Pflanzenschädlinge weniger beliebt sind). Fast noch gefräßiger als der Käfer ist die ganz anders aussehende Larve (Foto rechts). Über 600 Blattläuse landen während der etwa vierwöchigen Entwicklungszeit in ihrem Magen. Die leuchtend gelben Eier werden von der Mutter meist neben Blattlauskolonien gelegt, damit der Nachwuchs gleich etwas zu essen hat. Ärgert man Marienkäfer, stellen sie sich tot. Aus ihren „Knie"-Gelenken tritt gelbes Blut, das widerlich riecht und schmeckt. Die bunten Warnfarben weisen schon von weitem darauf hin, dass es nicht lohnt, ihn zu fressen.

Trotz kleiner Farbnuancen: alles Siebenpunkte

Kartoffelkäfer

Leptinotarsa decemlineata

Tiere
Insekten und andere Wirbellose

Berüchtigter Einwanderer im Streifenkleid

Die Käfer stammen wie die Kartoffeln selbst aus Amerika. Dort wechselten sie schon vor 150 Jahren von einer nah verwandten Futterpflanze auf die immer häufiger angebaute Kartoffel. Mit deren weltweiter Verbreitung eröffneten sich auch dem Käfer ungeahnte Möglichkeiten.

Kartoffelkäfer schafften den Sprung über den großen Teich (wohl als blinde Passagiere) im Jahr 1874. Erst im 20. Jahrhundert konnten sie sich dann aber endgültig etablieren. Mangels natürlicher Feinde waren sie nicht mehr zu stoppen. Der Hilfe des Menschen bedurfte es da nicht, auch wenn politische Propaganda immer wieder unterstellte, dass feindliche Mächte durch das gezielte Aussetzen von Kartoffelkäfern versuchten, die Versorgung mit Nahrungsmitteln zu stören. Bei heftigem Befall braucht man tatsächlich nicht mehr zu ernten. Dabei haben es die Käfer und ihre Larven (Foto oben) gar nicht auf die nahrhaften Knollen abgesehen. Sie fressen „nur" die Blätter. Bis zu 2500 Eier kann ein Weibchen legen, das im April sein Winterversteck in der Erde verlässt.

- **Insekten, Käfer**
- **L 7 – 11 mm**
- **April bis September**

Merkmale
Hochgewölbt; Flügeldecken mit schwarzen Längsstreifen; Larve dick, leuchtend dunkelorange mit zwei seitlichen schwarzen Punktreihen.

Schicke Streifen, aber trotzdem nicht gern gesehen

Tiere
Insekten und andere Wirbellose

- Insekten, Käfer
- L 12 – 19 mm
- September bis Juli

Merkmale
Körper stark gewölbt; schwarz mit blauem oder grünem Metallglanz; Beine schwarz; Fühler kurz mit Endfächer.

Mistkäfer, Rosskäfer

Geotrupes-Arten

Unterirdische Kinderzimmer im Schlaraffenland

Mistkäfer tragen ihren Namen zu Recht. Sie sind darauf spezialisiert, die immer noch gehaltvollen Hinterlassenschaften anderer vollends zu verwerten. Vom Geruch frischer Exkremente werden sie magisch angezogen.

Der Mistkäfer ist besonders häufig auf Reitwegen im Wald zu finden; er schätzt aber auch Menschenkot sehr. Seine Brutbaue gräbt er direkt daneben, einen nahezu senkrecht tief in die Erde führenden Gang, von dem aus Seitenkammern abzweigen. In jeden dieser Nebenstollen wird eine etwa 12 cm lange Dungwurst geschafft, die mit einem Ei belegt wird, bevor das Kinderzimmer verschlossen wird. Wie die Made im Speck wächst hier die engerlingsartige Larve heran. Erst im nächsten Sommer verpuppt sie sich. Schließlich schlüpft der Käfer, der aber erst nach der Überwinterung geschlechtsreif wird. Mistkäfer werden oft von kleinen, orangefarbenen Milben als „Taxi“ benutzt. Auch sie entwickeln sich im Mist, können aber aus eigener Kraft keine frischen Standorte erreichen.

Kräftige Grabbeine helfen bei der Arbeit.

Feld-Maikäfer

Melolontha melolontha

Von Kindern geliebt, von Förstern gefürchtet

Neben dem Siebenpunkt ist er wohl der bekannteste Käfer. Kaum einer, dem der behäbige Brummer nicht sympathisch ist. Mit spitzen Klauen hält er sich fest, „pumpt" heftig, lüftet die harten Deckflügel, entfaltet die durchsichtigen Hinterflügel und macht den Abflug.

Der Feld-Maikäfer hat allerdings nicht nur Freunde. Hartnäckig haftet ihm auch sein Ruf als „Schädling" an. Immer wieder berichten die Zeitungen von Maikäferplagen. Dann erfüllt den Laubwald ein raschelndes Geräusch. Millionen scharfer Käferkiefer nagen Blatt um Blatt ab. Im schlimmsten Fall droht vollständiger Kahlfraß. Zwar kehrt ab Juni Ruhe ein, nach drei bis vier Jahren wiederholt sich die Geschichte aber oft. So lange brauchen die im Boden lebenden Larven („Engerlinge", Foto oben) zu ihrer Entwicklung. Sie bestreiten ihren Lebensunterhalt ebenfalls als Pflanzenfresser und ernähren sich überwiegend von Wurzeln. Vor allem sie gelten bei hoher Dichte als schädlich. Kleiner Trost: Maikäferplagen betreffen oft nur kleine Gebiete; anderswo darf man sich über den Frühlingsboten aufrichtig freuen.

Tiere
Insekten und andere Wirbellose

- **Insekten, Käfer**
- **L 20 – 30 mm**
- **Mai bis Juni**

Merkmale
Körper länglich; Kopf und Brustschild meist schwarz; Flügeldecken braun; Fühler mit Endfächer; Hinterleib spitzig zulaufend.

Sieben Fühlerblättchen? Ein Männchen! Weibchen haben fünf.

Tiere
Insekten und andere Wirbellose

Grüne Stinkwanze

Palomena prasina

- Insekten, Wanzen
- L 12 – 14 mm
- August bis Juni

Merkmale
„Wappenform“ mit „breiten Schultern“; im Sommer leuchtend grün bis auf den häutigen Flügelteil, im Herbst braun werdend, nach der Überwinterung wieder grün.

Flöh' und Wanzen gehören auch zum Ganzen

Diese früh formulierte Einsicht in ökologische Zusammenhänge verdanken wir Johann Wolfgang von Goethe. Zwar bezog sie sich wohl auf die Blut saugenden Bettwanzen; allerdings haben auch die zahlreichen an Pflanzen saugenden Wanzenarten kein gutes Image.

Die Grüne Stinkwanze hat ihren spitzen Stechrüssel in das Teilfrüchtchen einer reifen Himbeere gesteckt und trinkt Saft. Später wird vielleicht ein nichts ahnender Mensch die leckere Frucht in den Mund stecken. Statt des süßen Aromas erwartet ihn widerlicher Wanzengeschmack. Bei vielen Wanzen wird Gestank zur Waffe. Aus ihren Stinkdrüsen können sie Feinde gezielt besprühen – ein sehr wirksamer Abschreckungsmechanismus. Die Grüne Stinkwanze gehört zu den größten einheimischen Arten; sie ist auf Feldern und Wiesen, an Waldrändern und auf Lichtungen häufig. Die Eier werden im Frühjahr in Gelegen an der Unterseite von Blättern befestigt. Häufig saugen die grünen, flügellosen Larven (Foto ganz oben) an Gräsern, auch an Getreide.

Wanzentypisch: die teils harten, teils häutigen Flügel

Florfliege

Chrysopidae

Elegante Erscheinung mit golden schimmernden Augen

„Goldauge" lautet der Zweitname der Florfliege denn auch. Tagsüber ist sie wenig aktiv; erst in der Dämmerung entfaltet sie auch fliegend ihre Schönheit. Vor allem im Winter trifft man Florfliegen, jetzt braun gefärbt, auch in Häusern.

Die Florfliege gehört, zusammen mit vielen Marienkäfern (S. 202) und Schwebfliegen (S. 216), zu den wichtigsten Gegenspielern der Blattläuse. Auch hier sind es vor allem die Larven, die ganze Arbeit leisten. Die „Blattlaus-Löwen" werden sogar zur biologischen Schädlingsbekämpfung gezüchtet und gezielt ausgebracht. Mit zwei langen, nach vorne gestreckten Saugzangen bewaffnet gehen sie auf Jagd. Florfliegen-Larven (Foto unten links) sind hell- und dunkelbraun gestreift. Nicht selten bleiben die ausgesaugten Häute ihrer Opfer an den Haaren des Larvenkörpers hängen und sorgen dadurch für noch bessere Tarnung. Elegant sind übrigens nicht nur die erwachsenen Goldaugen selbst, sondern auch ihre Eier (Foto oben). Sie schweben auf langen, dünnen Stielen, mit denen sie an Pflanzen befestigt sind.

- **Insekten, Netzflügler**
- **L 8 – 12 mm**
- **ganzjährig**

Merkmale
Zarter Körper; vier dachförmig zusammengelegte Flügel mit dichtem Adernetz; Augen golden; Fühler dünn und lang; Überwinterer braun.

Florfliegen gehören zu den Netzflüglern.

Tiere
Insekten und andere Wirbellose

- Insekten, Pflanzenläuse
- L 2 – 3,5 mm
- Mai bis September

Merkmale
Körper tropfenförmig; langer Saugrüssel, zarte Fühler; Färbung dunkelbraun oder schwärzlich; Rücken mit weißlichen Querstreifen; Beine schwarz; mit oder ohne Flügel.

Holunderblattlaus

Aphis sambuci

Ohne Männer geht's auch – jedenfalls für eine gewisse Zeit

Blattläuse verdanken ihre enorme Vermehrungsfähigkeit dem (wenigstens zeitweisen) Verzicht auf Sex. Ohne Befruchtung gebären die flügellosen Weibchen mehrmals am Tag neue Töchter, die ebenfalls bald Nachkommen erzeugen.

Die Holunderblattläuse überziehen im Frühjahr wie schwarze Manschetten die frischen Holunderzweige – lauter pralle Körper, die mit den Saugrüsseln fest in der Pflanze stecken. Um ihren Eiweißbedarf zu decken, müssen sie sehr viel Pflanzensaft aufnehmen. Die zuckerhaltigen Überschüsse werden hinten abgegeben, was zum Beispiel Ameisen sehr schätzen. Diese verteidigen ihre „Milchkühe" auch gegen Übergriffe. Das gelingt nicht immer. Viele Insektenlarven ernähren sich von den fruchtbaren Läusen (S. 202, 207, 216). Im Frühsommer erscheinen vermehrt geflügelte Läuse. Sie sorgen für die Verbreitung. Die Läuse steigen auf Nelken, Steinbrech oder Ampfer um, erst im Herbst wieder auf Holunder. Jetzt werden auch Männchen erzeugt. Zur Produktion der überwinternden Eier kann auf sie nicht verzichtet werden.

Blattläuse bilden oft dichte Kolonien.

Schwalbenschwanz

Papilio machaon

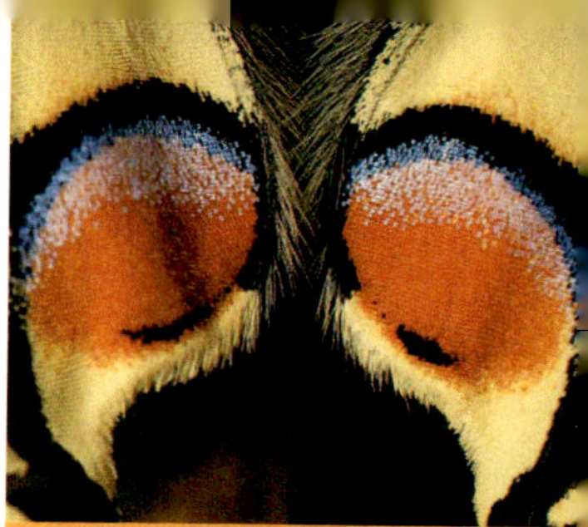

Tiere
Insekten und andere Wirbellose

Exotische Schönheit aus dem Gemüsebeet

Die Größe und Farbenpracht des Schwalbenschwanzes erinnert an die tropischer Schmetterlinge, und tatsächlich ist die Familie der Ritterfalter, zu der er gehört, in den Tropen mit hunderten von Arten verbreitet. Bei uns fliegt der Schwalbenschwanz aber selbst in den Hochgebirgen.

Der Schwalbenschwanz kommt überwiegend auf blütenreichen Wiesen vor, wo der Falter gerne Nektar aus Kleeblüten saugt. Aber auch in Hausgärten kann man die weit umherstreifenden und sehr flugtüchtigen Schmetterlinge gar nicht so selten beobachten. Wer Mohrrüben, Fenchel, Petersilie oder Dill im Gemüsebeet zieht, kann sich sogar über Nachwuchs freuen. Die Eier, einzeln an die Blätter geheftet, fallen kaum auf. Dagegen sind die ausgewachsenen Raupen fast so groß wie ein kleiner Finger. Trotz ihrer auffälligen Färbung können sie aber leicht übersehen werden. Gegen Störenfriede setzen sie sich zur Wehr, indem sie eine stinkende orange Nackengabel ausstülpen. Die Puppe hängt, nur durch einen dünnen Seidengürtel gehalten, am Stängel. In diesem Stadium überwintert der Falter auch.

- **Insekten, Schmetterlinge**
- **SW 50 – 75 mm**
- **April bis September**

Merkmale
Sehr großer Falter; schwarz-gelb gemustert, Hinterflügel mit blauer Binde, rotem Augenfleck und kurzen Zipfeln; Raupe grün-schwarz mit orangen Punkten.

Als Raupe ebenso schön wie als Falter

Tiere
Insekten und andere Wirbellose

- **Insekten, Schmetterlinge**
- **SW 50 – 55 mm**
- **ganzjährig**

Merkmale
Männchen (Foto unten rechts) oberseits leuchtend zitronengelb, unten fahlgelb; Weibchen (Foto oben) oben weißlichgrün, unten grünlich; mit zusammengefalteten Flügeln blattartig.

Zitronenfalter

Gonepteryx rhamni

Ein langes Falterleben – der Frühlingsbote wird fast ein Jahr alt

Viele heimische Schmetterlinge sind länger Raupe als Falter. Beim Zitronenfalter ist es anders. Er schlüpft im Sommer und überwintert dann als Falter, meist dicht über dem Boden frei an Pflanzenstängeln oder unter Blättern immergrüner Pflanzen sitzend.

Der Zitronenfalter wird schon von den ersten wärmenden Sonnenstrahlen zu neuem Leben erweckt. Leuchtend gelb fliegt er jetzt an Waldrändern und -wegen; oft sitzt er auch mit geschlossenen Flügeln am Boden und tankt Sonnenenergie. Wenig später setzt die Balz ein, die mit der Eiablage an Faulbaum und Kreuzdorn endet. Die grünen Raupen, immer mit dem Rücken zum Licht sitzend, sind auf den Blättern perfekt getarnt. Ab Juli schlüpfen die Falter. Sie schonen sich zunächst. Noch vor der langen Winterpause ziehen sie sich zu einer längeren Sommerruhe zurück. Verschiedene Anpassungen helfen dann bei der Überwinterung: Um tödliche Eisbildung im Körper zu verhindern, wird überflüssiges Wasser vorher ausgeschieden. Durch die Produktion eines Frostschutzmittels wird der Gefrierpunkt weiter abgesenkt.

Zitronenfalter sind die ersten Frühlingsboten.

Tagpfauenauge

Inachis io

Tiere
Insekten und andere Wirbellose

- Insekten, Schmetterlinge
- SW 50 – 60 mm
- ganzjährig

Merkmale
Oberseite mit auffälligen blau-schwarz-gelben Augenflecken auf Vorder- und Hinterflügeln; Unterseite der Flügel schwarz; Raupe schwarz mit kleinen weißen Punkten.

Auf Gedeih und Verderb an die Brennnessel gebunden

Die Überdüngung der Landschaft ist mit verantwortlich für das Verschwinden vieler Arten. Es gibt aber auch Nutznießer der Nährstoffschwemme, die Brennnessel zum Beispiel und damit auch das Pfauenauge, dessen Raupen fast nur auf Brennnesseln leben.

Das Tagpfauenauge ist nicht zuletzt deshalb einer unserer häufigsten Falter. Auch die erwachsenen Schmetterlinge sind nicht sehr anspruchsvoll und besuchen alle möglichen Blüten, um dort Nektar zu saugen. Mit zusammengeklappten Flügeln – und deshalb kaum zu sehen – überwintern die Falter in Gebäuden und Höhlen. Oft kann man sie auf Dachböden finden. Im Frühjahr legen sie ihre grünen Eier in dichten Haufen an die Triebspitze junger Nesseln. Eine Pfauenaugenraupe kommt deshalb selten allein; oft weiden hundert oder mehr in einer durch selbst produzierte Spinnfäden zusammengehaltenen „Herde“. Übrigens ist das Pfauenauge nicht der einzige Nessel-Liebhaber. Auch der Kleine Fuchs und der **Admiral** (Foto oben) sind auf dieses „Un“-Kraut angewiesen.

Falsche Augen schrecken Feinde.

Tiere
Insekten und andere Wirbellose

- Insekten, Schmetterlinge
- SW 27 – 34 mm
- Mai bis September

Merkmale
Männchen oben blau mit weißem Saum; Weibchen braun mit orangen Punkten, Hinterflügel mit Augenflecken; Unterseite hell mit vielen schwarzen und orangen Punkten.

Hauhechel-Bläuling
Polyommatus icarus

Schillernder Glanz auf den Flügeln der Männchen

Das irisierende Blau der Flügeloberseite vieler Bläulinge entsteht durch Lichtbrechung an speziell gebauten Schillerschuppen. Die Weibchen sind ganz anders gefärbt und betrachtet man die Falter von der Unterseite, glaubt man, eine dritte Art vor sich zu haben.

Der Hauhechel-Bläuling könnte ebenso gut nach dem Hopfenschneckenklee, dem Hornklee oder der Kronwicke heißen, denn an all diesen (und einigen weiteren) Schmetterlingsblütlern hat man seine grünen Raupen schon gefunden. Als Gemeinen Bläuling, wie er in älteren Büchern noch heißt, kann man ihn dagegen heute beim besten Willen nicht mehr bezeichnen, auch wenn er unter den zahlreichen Bläulingsarten tatsächlich noch der häufigste ist. Viele sind typisch für trocken-warme, lückige Magerwiesen – stark gefährdete Lebensräume also. Der Hauhechel-Bläuling ist nicht ganz so anspruchsvoll. Allerdings verschwindet er dort, wo eine intensive Landwirtschaft nur noch fette Wiesen gedeihen lässt, Feld- und Wiesenraine dauernd gemäht und Feldwege asphaltiert werden.

Bläuling-Paarung: rechts das Weibchen

Taubenschwänzchen

Macroglossum stellatarum

Tiere
Insekten und andere Wirbellose

Wie ein Kolibri im Blumenbeet – der „Zugvogel" unter den Schmetterlingen

Nahezu bewegungslos steht das Tier vor der Blüte in der Luft. So schnell schlagen seine Flügel, dass sie nur als grau-oranger Wisch wahrzunehmen sind. Tief senkt sich der dünne Rüssel, einem langen „Trinkhalm" gleichend, in einen Blütenkelch.

Das Taubenschwänzchen gehört zu den Schwärmern, einer Gruppe kräftig gebauter Nachtfalter mit schwirrendem Flug. Kein Wunder, dass mancher, der das Flattern und Gaukeln vieler Tagfalter kennt, sich verwundert die Augen reibt und spontan an einen Kolibri denkt. Tatsächlich stehen die Flugleistungen des tagaktiven Taubenschwänzchens denen der Vögel kaum nach. Wenn die Falter im Mai bei uns auftauchen, kommen sie aus Südeuropa und haben schon hunderte von Kilometern hinter sich. Wie unsere Zugvögel vermehren sie sich hier erfolgreich. Die nächste Generation macht sich wieder auf die Schwingen gen Süden. Manche allerdings versuchen, hier zu überwintern, und gelegentlich haben sie sogar Erfolg; deshalb kann man den kleinen „Kolibri" selten auch schon ganz früh im Jahr beobachten.

- **Insekten, Schmetterlinge**
- **SW 40 – 50 mm**
- **Mai bis Oktober**

Merkmale
Dicker grauer Körper; Hinterleib seitlich mit kleinen weißen Flecken; breiter „Schwanz" aus dunklen Haarbüscheln; Vorderflügel graubraun, Hinterflügel orange.

Taubenschwänzchen nehmen Nektar im Flug auf.

Stechmücke

Culex-Arten

Tiere
Insekten und andere Wirbellose

- Insekten, Zweiflügler
- L 4 – 6 mm
- ganzjährig

Merkmale
Zarter, behaarter Körper; lange dünne Beine; sehr langer Stechrüssel; Weibchen mit kaum behaarten, Männchen mit büschelartig gefiederten Fühlern; zwei schmale Flügel.

Hör' ich sie sirren in der Nacht, bin ich um meinen Schlaf gebracht

Das nervtötende Fluggeräusch stammt von Mücken-Weibchen, die Blut brauchen, bevor sie Eier legen. Haben sie Erfolg, wiegen sie anschließend dreimal so viel. Uns bleibt als Erinnerung eine juckende Quaddel dort, wo der gerinnungshemmende Speichel eingespritzt wurde.

Die Stechmücke hat ungewöhnlich feine Sinnesorgane. Abgestrahlte Wärme, erhöhter Kohlendioxid-Gehalt der Luft und von der Haut aufsteigende Duftstoffe helfen ihr bei der Ortung warmblütiger Nahrungsquellen. Nach der Landung wird das unglaublich feine Stechborstenbündel aus der schützenden Hülle gepackt und in die Haut gebohrt, bis ein dünnes Blutgefäß getroffen wird. Moskitonetze oder Fliegengitter helfen gegen die nächtlichen Plagegeister, noch mehr aber das Abdecken von Regentonnen. Stechmücken-Larven (Foto rechts) leben nämlich im Wasser. Mit ihrem Atemrohr hängen sie an der Oberfläche und filtrieren Kleinteile und Plankton. Bei Gefahr tauchen sie zappelnd ab. Für Stechmücken-Männchen ist das Sirren der Weibchen übrigens Musik; sie werden dadurch angelockt. Für uns sind die Nektarsauger harmlos.

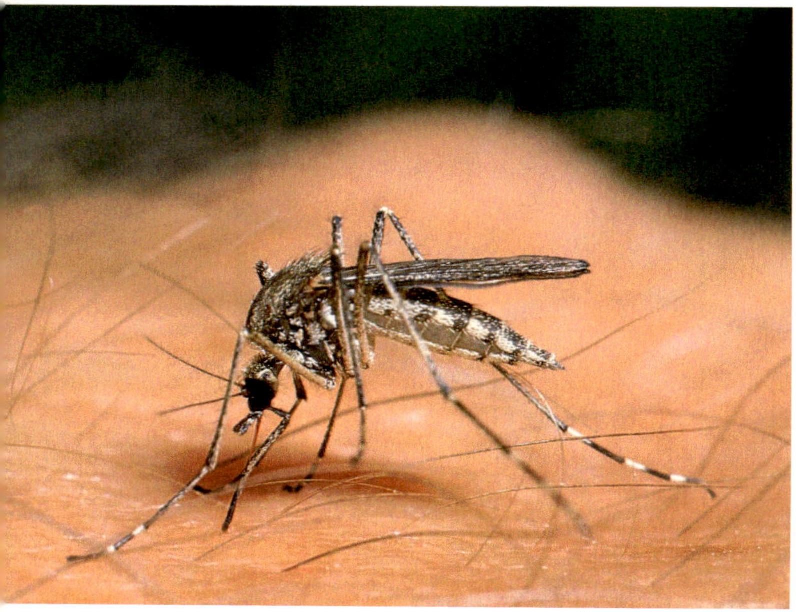

Regenbremse

Haematopoda pluvialis

Schau mir in die Augen, Kleines – Schönheit mit schillerndem Blick

In allen Farben des Regenbogens schimmern ihre Augen. Aber wer nimmt sich schon Zeit, sie zu beobachten? Ein heftiger Schmerz, ein schneller Schlag – das typische Ende der „Blinden Fliege“. Ob sie diesen Namen den trüben Flügeln verdankt oder weil sie die zuschlagende Hand nicht sieht?

Tiere
Insekten und andere Wirbellose

- Insekten, Zweiflügler
- L 8 – 12 mm
- Mai bis Oktober

Merkmale
Plump; Brust gestreift; Hinterleib dunkel; Flügel dunkel gefleckt, in Ruhestellung dachförmig über dem Hinterleib zusammengelegt; Fühler kurz, nach vorne gestreckt.

Regenbremsen landen zwar fast unbemerkt, gehen dann aber mit Messern auf ihre Opfer los. Ihre Kiefer schneiden einen großen Schlitz in die Haut. Das aus der Wunde austretende Blut wird dann abgetupft (wofür allerdings, gerät der Blutsauger an einen Menschen, kaum Zeit bleibt ...). Oft bluten die Verletzungen noch längere Zeit nach, weil der Fliegenspeichel die Gerinnung hemmt. Besonders lästig werden die Bremsen bei hoher Luftfeuchtigkeit oder bei schwülwarmem Wetter („Gewitterfliege“). Auch hier sind es, wie bei der Stechmücke, nur die Weibchen, die Blutdurst entwickeln. Sie investieren den „besonderen Saft“ in die Produktion von Eiern, in ihre Nachkommenschaft also. Die Bremsen-Kinder, lang gestreckte Maden, entwickeln sich in feuchtem Boden.

Bremsen-Weibchen beim Anschneiden der Haut

Tiere
Insekten und andere Wirbellose

- Insekten, Zweiflügler
- L 9 – 12 mm
- ganzjährig

Merkmale
Schlank; Flügel glasklar; Augen sehr groß, Fühler kurz; Hinterleib gelb mit abwechselnd schmalen und breiten schwarzen Bändern; Beine gelb.

Schwebfliege

Episyrphus balteatus

Flugkünstler und Weltenbummler, Blattlausjäger und Wespenimitator

Besonders beeindruckend sind sie in der Luft: vorwärts, rückwärts, seitwärts fliegen, scheinbar reglos in der Luft stehen, mit dreifacher Erdbeschleunigung davonziehen und ebenso abrupt bremsen – die Schwebfliegen machen ihrem Namen Ehre.

Die Schwebfliege *Episyrphus balteatus*, eine der häufigsten von über 400 allein in Deutschland vorkommenden Arten, gehört zu unseren wichtigsten Verbündeten bei der biologischen Schädlingsbekämpfung. Sie findet nahezu jede Blattlauskolonie, legt gezielt ein Ei dazu und ist schon auf der Suche nach der nächsten. So wird die Nachkommenschaft weit gestreut und sichergestellt, dass auch jedes der hungrigen Kinder genug zu essen hat. Bis zu 1000 Läusen frisst die bunte Larve, bevor sie sich verpuppt. Im Herbst wird es dann Zeit zu gehen: Zwar überwintern einige Weibchen auch in Mitteleuropa, viele aber wandern nach Süden. Selbst Alpen und Mittelmeer werden überflogen. Die schwarz-gelbe, wespenähnliche Färbung vieler Schwebfliegen bietet übrigens tatsächlich einen gewissen Schutz gegen Feinde.

Schwebfliegen leben von Pollen und Nektar.

Stubenfliege

Musca domestica

Tiere
Insekten und andere Wirbellose

- Insekten, Zweiflügler
- L 6 – 8 mm
- ganzjährig, vor allem Juni bis September

Merkmale
Fühler kurz; Brust schwärzlich mit grauen Längsstreifen; Hinterleib orangebraun mit schwarzem Mittelstrich und schwarzer Spitze; Beine schwarz.

Landen an der Zimmerdecke – für Fliegen kein Problem

Mit weit nach vorne oben ausgestreckten Vorderbeinen fliegt sie deckenwärts. Sobald die Beine Halt gefunden haben, wird der Flügelschlag eingestellt. Den Rest besorgt der Schwung und schon sitzt sie an der Decke. Spitze Krallen an den Füßen helfen beim Festhalten.

Die Stubenfliege ist ein weltweit verbreiteter Kulturfolger. Fliegen leben fast überall, wo Menschen wohnen (aber nicht nur dort). In Stadtwohnungen verirren sie sich nur vereinzelt. Ihre Maden können sich dort kaum entwickeln. Wo es aber Vieh gibt, werden sie leicht zur Plage. 2000 Eier kann eine Stubenfliege legen (meist in Stallmist oder faulende Pflanzen) und alle zwei bis drei Wochen schwingt sich eine neue Generation in die Luft. Da helfen dann auch die klebrigen Fallen nicht mehr, denen die Fliegen auf den Leim gehen. Fliegen mit der Hand zu fangen, ist angesichts ihrer kurzen Schrecksekunde ein Geschicklichkeitsspiel. Von ihrer lästigen Zudringlichkeit abgesehen sind Stubenfliegen harmlos. Hygienisch gesehen gelten sie aber als bedenklich, wechseln sie doch blitzschnell vom Hundekot aufs Butterbrot.

Fliegen sind immer zur Stelle, wo Nahrung lockt.

Tiere
Insekten und andere Wirbellose

- Ringelwürmer
- L bis 30 cm
- ganzjährig

Merkmale
Langgestreckt aus vielen Segmenten und mit glattem Gürtel, der die Geschlechtsorgane enthält; schleimige Oberfläche.

Regenwurm

Lumbricus terrestris

Fruchtbare Böden dank eifriger Wühlarbeit im Untergrund

Einer muss die Drecksarbeit ja machen – und die Regenwürmer tun das so effektiv, dass ihnen sogar Charles Darwin, der berühmte Begründer der Evolutionstheorie, sein letztes großes Werk gewidmet hat: „Die Bildung der Ackererde durch die Tätigkeit der Würmer“ heißt es.

Regenwürmer sind entscheidend für die Fruchtbarkeit unserer Böden verantwortlich. Durch ihre bis zu 2 m tief reichenden Gänge belüften sie das Erdreich. Nachts erscheinen sie an der Oberfläche und ziehen abgestorbene Pflanzenreste in ihre Röhre. Dadurch und durch ihre unermüdliche Fresstätigkeit wird der Boden mit Humus angereichert. 40–90 Tonnen äußerst fruchtbaren Kots (Foto oben) scheiden die Regenwürmer auf einem Hektar pro Jahr aus! Trockenheit und Sonnenlicht behagt den Würmern überhaupt nicht, feuchte Nächte lieben sie dagegen. Starker Regen treibt sie aber unfreiwillig aus den überfluteten Gängen. Das Gerücht übrigens, Regenwürmer ließen sich durch Teilen mit dem Spaten beliebig vermehren, ist falsch. Die Würmer haben zwar ein großes, aber keineswegs unendliches Vermögen, sich zu erholen.

Wo der Kopf liegt, zeigt der Gürtel nahe dem Vorderende.

Tiere
Insekten und andere Wirbellose

Große Wegschnecke

Arion ater

Der natürliche Feind des Salatsetzlings – und des Gärtners

Nacktschnecken können Gartenbesitzer zur Verzweiflung treiben. Allzu oft verschwindet über Nacht, was erst am Vorabend mit Liebe gepflanzt wurde. Legion ist nicht nur die Zahl der Schnecken, sondern auch die der Patentrezepte zur Ausmerzung dieser unliebsamen Konkurrenten.

Große Wegschnecken fressen alles von der frischen Tomate bis zu Kot, faulendem Aas oder zertretenen Artgenossen. Eine besondere Vorliebe aber haben sie für zarte junge Kulturpflanzen. Nacktschnecken schätzen die Kühle und Feuchte der Nacht, in der sie nicht von Austrocknung bedroht sind. Eine Wegschnecke besteht zu 85 % aus Wasser und stirbt schon, wenn sie ein Fünftel davon verliert. Weil Schnecken sich um so wohler fühlen, je höher die Feuchtigkeit von Luft und Boden ist, können schon der Verzicht auf abendliches Gießen und größere Pflanzabstände ihnen das Leben etwas schwerer machen. Das beste gegen Schneckenplagen aber sind vielfältige Gärten, in denen Igel und Blindschleichen helfen. Noch wirkungsvoller sind aber sehr kalte Winter.

- **Schnecken**
- **L bis 20 cm**
- **ganzjährig**

Merkmale
Färbung sehr variabel von Schwarz bis Ziegelrot; vorderes Drittel („Mantel“) glatt mit seitlichem Atemloch; Körperschleim sehr zäh, farblos oder orange.

Nacktschnecken schätzen Nacht und Nässe.

Tiere
Insekten und andere Wirbellose

- Schnecken
- Gehäuse bis 25 mm hoch
- März bis Oktober

Merkmale
Körper weißlich oder gelblich; Schneckenhaus kugelig, mit etwa fünf Umgängen und bis zu fünf dunkelbraunen Spiralbändern; Mündung meist dunkelbraun gesäumt.

Schwarzmündige Schnirkelschnecke

Cepaea nemoralis

Bei Hitze hoch im Gesträuch: Kletterschnecken im Streifenkleid

Während andere Schnecken bei Trockenheit in die Erde ausweichen, kriechen die Schnirkelschnecken nach oben. Fest an Äste und Blätter geheftet und mit einem Silberhäutchen aus erhärtetem Schleim gegen Verdunstung geschützt, warten sie auf feuchtere Zeiten.

Die Schwarzmündige Schnirkelschnecke schaltet in solchen Lebenslagen auf Sparflamme. Regnet es, gleicht sie ihren Wasserverlust wieder aus und fährt den Stoffwechsel hoch. Mit der für Schnecken so typischen Raspelzunge fressen Schnirkelschnecken vorwiegend frische Pflanzen, ohne aber im Gemüsebeet größeren Schaden anzurichten. Sie vermehren sich auch weit weniger schnell als die Große Wegschnecke, die zehnmal so viele Eier produziert. Bei der Schnirkelschnecke sind es nur 30 bis 50, die in einer selbst gegrabenen Erdkammer abgelegt werden. Den Winter verbringen die Schnecken mit den hübschen Häuschen dann frostfrei im Boden. Jetzt verschließt ein massiver Kalkdeckel das Schneckenhaus bis zum nächsten Frühjahr.

Schnirkelschnecken gibt es in mehreren Arten.

Weinbergschnecke

Helix pomatia

Tiere
Insekten und andere Wirbellose

Für die Weinbergschnecke gilt: Stielauge sei wachsam

Tatsächlich sitzen die Augen der Schnecke auf den beiden oberen Fühlhörnern. Allerdings sind sie sehr klein und wenig leistungsfähig. Aber die übliche Antwort auf nahende Gefahr ist ja auch nicht rechtzeitige Flucht, sondern der Rückzug ins schützende Häuschen.

- Schnecken
- Gehäuse bis 50 mm hoch
- März bis Oktober

Merkmale
Größte europäische Landgehäuseschnecke; Körper gelblich bis hellbraun; Schneckenhaus kugelig, mit etwa fünf Umgängen; oft mit undeutlichem braunen Spiralband.

Die Weinbergschnecke braucht zum Hausbau viel Kalk und kommt deshalb nur dort vor, wo Gesteine und Böden Kalk enthalten. Wenn weder Feind noch Feinschmecker sie aus ihrem Haus vertreiben, ist sie durchaus langlebig. In freier Natur kann sie acht Jahre alt werden, in Schneckengärten, wo die auf großem Fuß lebenden Weichtiere für Schlemmertafeln gezüchtet werden, sogar noch älter. Den Winter verbringt die Schnecke verdeckelt unter der Erde. Im Frühjahr folgt die Paarung (Foto oben). Dabei zeigen sich die langsamen Kriecher von ihrer temperamentvollen Seite. Auf dem Höhepunkt der stundenlangen Balz rammen sich die Partner gegenseitig einen spitzen Liebespfeil aus Kalk in den Körper. Wenig später kommt es zur Samenübertragung – nur in eine Richtung, obwohl Schnecken Zwitter sind.

Unverkennbar: unsere größte Schneckenart

Tiere
Insekten und andere Wirbellose

- Schnecken
- Gehäuse bis 6 cm hoch
- ganzjährig

Merkmale
Gehäuse lang und spitz, mit sehr großer Mündung, dünnwandig, hornfarben; Körper dunkel; Kopf mit zwei dreieckigen Fühlern, an deren Basis die Augen liegen.

Spitzschlammschnecke

Lymnaea stagnalis

Mit dem Fuß nach oben an der Wasseroberfläche gleitend

Auch unter Wasser kriechen sie nach Schneckenart auf einem selbst produzierten Schleimband, selbst wenn sie scheinbar schwerelos unter dem Wasserspiegel hängend dahingleiten. Fühlen sie sich beunruhigt, atmen sie schnell aus und sinken wie ein Stein zu Boden.

Spitzschlammschnecken können aber auch wieder auftauchen. Dazu erweitern sie ihr Lungenvolumen, lösen die Kriechsohle vom Boden, und schon geht's aufwärts. Das „Nasenloch" liegt am unteren Rand des Gehäuses. Unter Wasser bleibt es verschlossen. In sauerstoffreichem Wasser kann die Schnecke lange unter Wasser bleiben – die Hautatmung macht's möglich. Oft leben die großen Wasserschnecken aber in kleinen, pflanzenreichen Teichen, in denen Sauerstoff knapp werden kann. Jetzt taucht die Schnecke öfter auf, um ihre Lunge mit Luft zu füllen. Viele Wasserschnecken sind „Weidegänger", die mit ihrer Raspelzunge Aufwuchs abfräsen und weiche Pflanzenteile fressen, manchmal auch Aas. Kleine Steinchen im Magen helfen beim Zerreiben der Nahrung.

An der Wasseroberfläche: Mund und „Nase" offen

Bildnachweis
Mit 183 Farbfotos von Angermayer/Pfletschinger (S. 164 o., 167 u., 182 o., 183 M., 188 o., 195 o., 204 o., 214 u., 217 u., 219 M.), Angermayer/Reinhard (S. 146 u., 154 o., 172/173, 174 u., 178 o.), Bellmann (S. 185 beide, S. 190 u., 198 o., 207 o.), Danegger (S. 134, 145 o., 148, 149 u., 150 o., 151 o., 152 u., 156 M., S. 164 u., 170 o., 197 u.r., 202 o.) Diedrich (S. 152 M., 183 o.) Fürst (S. 147 o., 205 u.r., 207 u.r., 209 o.), Hecker (S. 137 o., 153 u., 159 u., 171 o., 184 u., 186 u., 187 u., 188 u., 189 o., 193 u., 194 u., 200 o.,205 o., 206 u., 219 o., 219 u., 221 u., 222 o.), Labhardt (S. 161 o., 162/163, 168 o., 169 beide, 182 u., 191 u., 192, 210 u.r.), Layer (S. 144 u., 159 M., 159 o., 177 o., 190 o., 195 u.), Limbrunner (S. 143 u., 145 u., 150 M., 155 o., 187 o., 201 o.), Marktanner (S. 212 o.), Pforr, M. (S. 137 u., 144 o., 153 o., 161 u., 174 o., 179 u., 202 u., 202 M., 204 u., 208 u., 209 u.l., 210 u.l., 212 u., 213 o., 214 M., 218 o.) Pforr, E. (S. 152 o., 180/181), Pott (S. 160 u., 168 u., 171 u., 177 M., 179 M., 220 o., 222 u.) Reinhard (S. 139 u., 141 beide, 147 u.l., 151 u., 156 o., 157 o., 158 beide, 165 u., 173 u., 179 o., 199 u.l., 206 o., 2110., 211 M.), Silvestris/Bühler (S. 181 u., 203 u., 207 u.l.), Silvestris/FLPA (S. 146 o.), Silvestris/Giel (S. 205 u.l.), Silvestris/Gross (S. 175 u., 193 o., 196 u., 215 o.), Silvestris/Günter (S. 198 u., 201 u.), Silvestris/Hecker (S. 218 u.), Silvestris/Heitmann (S. 210 o.), Silvestris/Heppner (S. 208 o.), Silvestris/Janes (S. 155 u., 184 o.), Silvestris/Kalden (S. 197 o.), Silvestris/Lacz (S. 175 o.), Silvestris/Layer (S. 154 u.), Silvestris/Lehmann (S. 139 o.), Silvestris/Martinez (S. 200 u., 200 M., 214 o.), Silvestris/Mossrainer (S. 209 u.r.), Silvestris/Nill (S. 147 u.r., 199 u.r.), Silvestris/Pelka (S. 163 u.,194 o.), Silvestris/Pieschel (S. 151 M.), Silvestris/Sauer (S 196 o.), Silvestris/ Volkmar (S. 142/143), Silvestris/Willner (S. 215 u.), Silvestris/Wothe (S. 150 u., 157 u.), Schmid (S. 216 beide), Synatzschke (S. 166 o.), Willner (S. 165 o., 167 o., 183 u., 191 o., 196 M., 198 M., 199 o., 213 u.), Wothe (S. 149 o., 156 u., 160 o., 164 M., 186 o., 189 u., 197 u.l., 206 M., 217 o., 220 u., 221 o.), Zeininger (S. 149 M., 166 u., 170 u., 177 u., 176, 178 u., 203 o., 211 u.)

Einzelband

ISBN 3-440-08846-4
Lektorat: Bärbel Oftring
Grundlayout: eStudio Calamar
Produktion: Markus Schärtlein / Lilo Pabel

Inhalt

Einleitung Bäume 226

Bäume in
Park und Garten 232

Bäume am Wasser 268

Wälder der Ebene 284

Wälder der Gebirge 308

Hecken und Feldgehölze 328

Orientierung im Kapitel

Die Bestimmung der einzelnen Arten geht ganz einfach. Fünf Leitfarben führen zu den Bäumen der fünf häufigsten Lebensräume:

- Bäume in Park und Garten
- Bäume am Wasser
- Wälder der Ebene
- Wälder der Gebirge
- Hecken und Feldgehölze

Jeder Baum hat eine eigene Seite
Ganz oben in der Randspalte auf dem grünen Feld steht der deutsche Name des Baums sowie der wissenschaftliche Name. Dieser besteht aus zwei lateinischen Begriffen. Vorne steht der groß geschriebene Gattungsname, dahinter der klein geschriebene Artname. Das ist internationaler Brauch und bezeichnet jeden Baum ganz genau. So heißt beispielsweise der Ginkgobaum wissenschaftlich *Ginkgo biloba.*

Am Rand darunter steht jeweils der **Familienname**. Dann folgen Angaben zur **Blütezeit** in Monaten sowie Angaben dazu, wie **hoch** ein Baum werden kann. Zusammen mit den typischen Erkennungsmerkmalen helfen diese Angaben beim Erkennen und Bestimmen.

Jede Seite beginnt mit einem Merksatz. Er soll dem Leser helfen, sich diesen Baum einzuprägen. Darunter finden Sie einen größer gedruckten Text, der Außergewöhnliches dieser Art beschreibt. Der Erzähltext führt mitten ins Baumleben und berichtet von der Biologie und Geschichte dieser Bäume.

Bäume

Eva-Maria Dreyer

Bäume begleiten uns jeden Tag. Sie sind aus unserem Alltag nicht wegzudenken. Aus Eichen und Tannen bauen wir Häuser, die Birke stellen wir als Maibaum auf, Fichte und Ahorn bringen Geigentöne zum Klingen und aus dem weichen Lindenholz schnitzen Künstler Madonnen.

Wohl 30 000 Arten von Bäumen bewohnen unseren Planeten. In Mitteleuropa haben die Eiszeiten kaum mehr als 300 Baumarten überleben lassen. Aber die Menschen mit ihrer Entdeckerfreude brachten viele Bäume aus fremden Ländern mit und ließen sie bei uns heimisch werden. Die Parks in den Städten sind oft ein botanischer Garten für Bäume aller Erdteile.

Dieses Buch wendet sich an alle, die Lust haben, die Bäume ihrer Umgebung zu entdecken. Zum besseren Kennenlernen sind die Baumarten fünf Lebensräumen zugeordnet:

Bäume setzen markante Zeichen in die Landschaft.

- Bäume in Park und Garten
- Bäume am Wasser
- Wälder der Ebene
- Wälder der Gebirge
- Hecken und Feldgehölze

Manchen Leser mag es erstaunen, dass beispielsweise die Echte Mehlbeere in dem Kapitel „Wälder der Gebirge“ aufgeführt ist, kennt man sie doch als Straßen begleitenden Baum. Die Echte Mehlbeere ist tatsächlich ein Baum des Berglandes. Aber wegen der filzigen Behaarung ihrer Blätter und der damit verbundenen Staubbindung wird sie über ihr natürliches Verbreitungsgebiet hinaus häufig als Straßenbaum gepflanzt. Ähnliches gilt für die Sal-Weide. Diesem Baum begegnet man am Wasser ebenso wie an Waldrändern, auf Waldlichtungen und in Feldgehölzen. Sal-Weiden sind die einzigen Weiden, die auch weit weg vom Wasser wachsen.

Kunstvoller Eingang, aus Holz geschnitzt

Bäume im Jahreslauf

Immergrüne Nadelbäume verändern ihr Aussehen im Laufe der Jahreszeiten kaum. Bei Laubbäumen ist das anders. Sie zeigen sich vom Frühling bis zum Winter in immer wieder neuem Kleid.

Der Frühling ist für Laubbäume die Zeit des Wachstums. Schon im Februar und März, wenn auf Wiesen und Feldern noch Schnee liegt, beenden sie ihre Ruhezeit. Sie mobilisieren die im Vorjahr eingelagerten Reservestoffe, nehmen Wasser aus dem Boden auf und transportieren beides durch ein weit verzweigtes Netz von Leitungen bis hinauf in die letzten Triebspitzen. Das neue Wachstum beginnt, zunächst in den Knospen des vergangenen Jahres. In diesen Knospen sind Blätter und Blüten vollständig angelegt, aber noch sehr klein. Nun nehmen sie Wasser und Nährstoffe auf und beginnen sich zu dehnen. Wann sie sich öffnen und Blätter und Blüten freigeben, hängt von verschiedenen Faktoren ab. Eine wesentliche Rolle spielen dabei die Tageslänge und das Wetter. Und: Nicht immer sind es die Blätter, die sich zuerst zeigen. Viele Laubbäume blühen, ehe sie ihr Grün entfalten.

Der Sommer ist die Zeit der Früchte. Im Sommer drosseln viele Laubbäume ihr Wachstum. Die von den Blättern gebildeten Nährstoffe werden nun in erster Linie für die Bildung von Früchten gebraucht. Außerdem sorgen Laubbäume bereits jetzt für den nächsten Frühling vor. Sie bilden neue Knospen und füllen ihre Nährstoffspeicher auf.

Der Herbst ist farbenfroher Abschied und Vorbereitung für den Winter. Gegen Ende der Vegetationsperiode haben die Blätter der sommergrünen Laubbäume ausgedient. Doch vor dem Laubfall bauen Bäume alle verwertbaren Stoffe in den Blättern ab und transportieren sie in ihre Depots. Auch den Laubfall selbst überlassen sie nicht dem Zufall. In besonderen Geweben an der Basis jedes Blattstiels bilden sie eine Trennschicht, eine Sollbruchstelle, an der schon der leiseste Windhauch das Blatt lösen und forttragen kann.

Im Sommer meiden Vögel die Beeren des Schneeballs. Erst nach klirrenden Frostnächten leeren sie die Sträucher ab.

Winter bedeutet für Bäume ein Leben auf Sparflamme. Dabei ist es weniger die Kälte, die ihnen zu schaffen macht, sondern vielmehr der winterliche Wassermangel. Würden Laubbäume im Winter Blätter tragen, so verlören diese an sonnigen Tagen deutlich mehr Wasser, als die Wurzeln aus dem gefrorenen Boden nachliefern könnten. Immergrüne Nadelbäume sind vor winterlicher Trockenheit besser geschützt, weil ihre Nadeln nur sehr wenig Wasser verdunsten. Deshalb können es sich Nadelbäume leisten, immergrün zu sein. Doch auch Nadelbäume werfen ihre Nadeln ab. Die Kiefer wechselt ihr Nadelkleid nach vier, die Fichte nach sieben und die Tanne erst nach zwölf Jahren.

Das Innenleben eines Baumes

An einem Holzlagerplatz lassen sich die einzelnen Schichten in einem Baumstamm gut beobachten. Ein großer Teil im Zentrum besteht aus dunkel gefärbtem Kernholz und bildet die zentrale Stütze jedes Baumes. Der darauf folgende hellere Teil ist das Splintholz. Hier erfolgt der Wassertransport von den Wurzeln in die Blätter. Auch ganz außen am Baum ist eine dunkle Schicht zu erkennen. Das ist die Borke. Sie schützt den Baum vor Hitze, Kälte oder Pilzinfektionen. Borken variieren von Art zu Art. Die helle Zone direkt unter der Borke ist der Bast, ein Fasergewebe, das für den Nährstofftransport zuständig ist. Zwischen Splintholz und Bast liegt eine nur hauchdünne Zellschicht. Dieses als Kambium bezeichnete Gewebe ist verantwortlich dafür, dass Bäume dicker werden. Es bildet nach innen das Holz und nach außen den Bast.

Jeder Baum hat seine Tiere

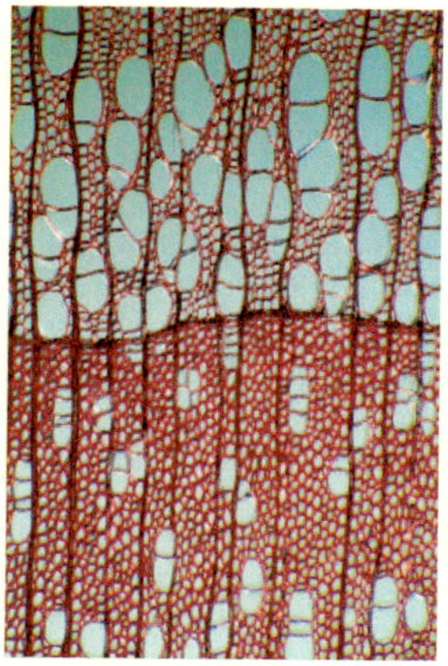

Das Wasserleitungssystem im Splintholz der Hainbuche

In seinem hohlen Stamm wohnen Fledermäuse und Siebenschläfer, unter seinen Wurzeln Waldmäuse und der Dachs. An dicken Ästen trommeln Spechte und Ringeltauben brüten an kleinen Zweigen. Jeder Baum hat seine Tiere. Doch längst nicht alle nutzen Stamm und Äste, ohne ihm zu schaden. Bäume haben auch Feinde. Bäume bieten im Jahreslauf eine große Fülle an wertvoller Nahrung. Ihre Blätter machen aus Licht, Wasser und Kohlendioxid kostbaren Zucker und Aminosäuren. Tiere brauchen das zu ihrer Entwicklung. Es gibt kaum ein Lebewesen, das ohne Baum auskommen kann. Die Raupen des Lindenschwärmers fressen Lindenblätter, der Holzbock bohrt sich durch den Stamm alter Fichten, und in den Bergen lebt ein winziger Schmetterling ausschließlich von den Nadeln der Lärchen. Damit Bäume von den Tieren nicht zu sehr ausgenutzt werden, haben sie Wege entwickelt, sich zu wehren. Zoologen entdecken gerade, wie fantastisch die Abwehrstrategien der Bäume sind. Wird eine Erle beispielsweise von einem Blattkäfer ihrer Blätter beraubt, entwickelt sie im folgenden Jahr eine Fülle von Abwehrstoffen. Wissenschaftler nennen das pflanzliche Appetitzügler. Der Käfer mag fressen, aber Erlenblätter hindern ihn mit raffinierten Inhaltsstoffen am Wachsen. Die Geschichte der Bäume ist eine lange Geschichte. Sie entstand in Millionen von Jahren aus dem Naturgesetz von Freund und Feind.

Der Neuntöter brütet in Dornenhecken.

Der Moschusbock entwickelt sich im Holz alter Kopfweiden.

Ein Baumleben

Wir schreiben das Jahr 1618. In Prag wurde der kaiserliche Stadthalter Jaroslaw von Martiniz aus dem Fenster des Hradschin gestürzt. Zur gleichen Zeit flog ein Eichelhäher durch den Spessart, damals Spechtshard genannt. Seine mühsam aufgesammelte Eichel versteckte er im weichen Moos. Die Eichel keimte bald aus. Erst waren es zwei Blätter, die sich ans Licht der Zeit drängten. Im folgenden Jahr war es schon ein kleines Bäumchen. Es hatte viel Licht über sich und der humusreiche Boden war bestens geeignet, es zur Eiche werden zu lassen. Der Baum wuchs hoch hinauf und sah vielleicht Ritter Prinz Eugen vorüberreiten. Mit 130 Jahren, zur Zeit der Kaiserin Maria Theresia, wuchs die Eiche nicht mehr in den Himmel. Sie legte sich einen dicken Stamm zu und eine mächtige Krone. 1859 erlebte der Baum den 100. Geburtstag Schillers. Zur gleichen Zeit überfielen ihn die Raupen des Eichenwicklers. Die Eiche verlor fast ein Drittel ihrer Blätter. Doch mit ihrer unglaublichen Lebenskraft trieb sie im Juni neu aus. Wie so oft. Mit ihrer Lebenskraft überstand die Eiche auch viele trockene Sommer und kalte Winter. Zur Postkutschenzeit selbst das Kopfsteinpflaster an ihren Füßen. Irgendwann kam der Efeu. Er rankte sich an ihrem dicken Stamm empor und kletterte hinauf bis in die mächtige Krone. Noch heute lebt sie mit ihm.

Stolze Bilanz einer Buche

Eine 50 Jahre alte Buche ist 25 Meter hoch und wiegt fast zwei Tonnen. Sie hat ein drei Kilometer langes Wurzelgeflecht, das sich an seinen Enden in etwa drei Milliarden Wurzelhaare aufspaltet. Mit ihren annähernd 280 000 Blättern produziert sie täglich 100 Liter Sauerstoff für uns Menschen zum Atmen. Ebenso viel Kohlendioxid filtert sie pro Tag aus der Luft. Und sie entgiftet in einem einzigen Sommer 45 Kilogramm Luftstaub. Aus ihren Blättern gewinnen wir wertvollen Humus, aus ihrem Stamm Holz für unser Leben. Ökonomisch gesehen erwirtschaftet sie pro Jahr etwa 200 Euro.

Berühmte Bäume

Ein alter Baum ist ein Stück unserer Lebensgeschichte. Unter seiner Krone wurden Ehen geschlossen und große politische Entscheidungen getroffen. Da wurde Recht gesprochen und fröhlich getanzt. Jede Gegend besitzt liebenswerte Baumveteranen. Und jede Baumpersönlichkeit hat ihre eigene Geschichte.

Die Bräutigamseiche im Wald von Eutin

Im Wald von Eutin steht die weltberühmte Bräutigamseiche. Am Stamm des 280 Jahre alten Baumes lehnt eine hölzerne Leiter. Von der letzten Sprosse aus kann man in ein Astloch greifen und findet dort Briefe aus aller Welt. Jeder darf sie mitnehmen, lesen und beantworten. Fast täglich bringt ein „Postillon d'amour" neue Briefe. Die immer noch gültige Postanschrift ist: Bräutigamseiche, Dodauer Forst, D-23701 Eutin.

Unter der Gerichtseiche von Gahrenberg im hessischen Reinhardswald soll Karl der Große Recht gesprochen haben. Fröhlicher ging es unter den berühmten fränkischen Tanzlinden zu. Vor über 300 Jahren wurden dort die Äste der Dorflinden in die Waagerechte gezwungen und mit Brettern belegt. Noch heute wird hier während der Kirchweih getanzt und im Schatten der mächtigen Bäume gefeiert. Bäume und Freude gehören zusammen. Jeder Mensch hat seinen Baum. Irgendwo in seinem Leben. Am täglichen Weg, im Garten und in der lauten Stadt. „Glaube mir, denn ich habe es erfahren. Du wirst mehr in den Wäldern finden als in Büchern", schrieb Bernhard von Clairvaux um 1130.

Es ist faszinierend, die häufigsten dieser ungewöhnlichen Lebewesen kennen zu lernen.

die brillenmacher
die brillenmacher
Marc O'Polo

Bäume
in Park und Garten

Seit Menschen reisen, bringen sie Schönes aus fernen Ländern mit. Der Riesen-Mammutbaum kam mit den Spaniern aus Nordamerika nach Europa. Die Rosskastanie in unseren Biergärten stammt vermutlich aus Makedonien. Den Kirschbaum brachte Kaiser Lukullus aus Kleinasien mit. Und englische Botaniker führten im 18. Jahrhundert die Magnolie aus den Subtropen nach Europa ein. Magnolien blühten früher auf der ganzen Nordhalbkugel, überlebten aber die Eiszeiten nicht. Dann wurden sie als Frühlingsgruß wieder entdeckt. Selbst ein botanisches Fossil lebt mitten unter uns. Als letzter Vertreter einer ausgestorbenen Familie ist der Ginkgo ein Millionen Jahre altes Relikt reisender Bäume.

In Wäldern, Parks und Gärten steht heute ein bunter Mix von Bäumen aller Länder. Nicht immer halten sich diese langlebigen Gewächse an unsere Spielregeln. Ihre Samen reisen mit Wind, Wasser und Tieren und keimen aus, wo ihnen die Lebensbedingungen günstig erscheinen. So schlich sich der chinesische Götterbaum längst aus Park und Garten und besiedelt mittlerweile auch braches Land in der Stadt.

Bäume in Park und Garten

- Zaubernussgewächse
- Mai
- 20–45 m

Merkmale
Rinde erst grau, glatt, im Alter rau, tief gefurcht; Blätter fünf- bis siebenlappig, erinnern an Ahornblätter, im Herbst karminrot; Blüten gelbgrün, stehen in kugeligen Blütenständen.

Amberbaum

Liquidambar styraciflua

Wo der Kaugummi wächst

Jedes Land hat seinen typischen Baum. Kanada den Ahorn, Deutschland die Eiche und Italien die schlanken Pinien. Der typische Baum Nordamerikas ist der Amberbaum. In seinen Gefäßen fließt Styrax, ein zähflüssiges Balsamharz. Es ist der Grundstoff für Kaugummi.

In einer Rezeptur der Braunschweiger Ratsapotheke erschien 1601 erstmals der Begriff „Balsamum liquidambar". Er bezeichnet das Harz des Amberbaumes, das schon lange als schleimlösendes Mittel bekannt gewesen sein muss. Der Name Liquidambar ist eine Kombination aus Latein und Arabisch und bedeutet flüssige harzartige Masse. Schon im 6. Jahrhundert beschrieb man den heilkräftigen Styrax als das Harz dieses Baumes. Mittlerweile hat das Zaubernussgewächs längst den Weg in unsere Gärten und Parks gefunden. Seine pyramidenförmige Krone ist eindrucksvoll und seine Blätter leuchten im Herbst scharlachrot. Das Holz des Amberbaumes schätzen Kunsttischler als Nuss-Satin-Holz sehr. Es erinnert an Walnussholz und duftet lange würzig. Seine Zweige sind gesuchte Wünschelruten. Daher der Name Zaubernussgewächs.

Der Amberbaum bringt einen Hauch „Indian Summer" nach Europa.

Blauglockenbaum

Paulownia tomentosa

Bäume in Park und Garten

Ein königlicher Blickfang

Überall dort, wo Winterfröste selten sind, steht in Gärten, Parks und an Straßen ein auffällig blühender Baum. Seine unvergleichlich schönen blauvioletten Glockenblüten sind ein echter Blickfang. Sie erscheinen vor dem Laub. Der Blauglockenbaum stammt aus China und Japan.

Großfürstin Anna Paulowna (1795–1865) war die Tochter des Zaren Paul I. und Gattin König Wilhelms II. aus den Niederlanden. Ihr zu Ehren nannten zwei Botaniker 1835 den schönen Baum wissenschaftlich Paulownia. In manchen Gegenden heißt er auch Kaiserbaum. Wegen seiner ausladenden Krone und der üppigen Blüte im Mai wird er häufig schon deshalb zum Gartenbaum, weil man unter seinen duftenden Blüten gerne den Frühling erlebt. Der schnell wachsende Baum verlangt einen sonnigen Platz und wasserdurchlässigen Boden. Lange war seine biologische Verwandtschaft umstritten. Heute stellt man den Baum mit der exotischen Note in die Familie der Bignoniengewächse, zu der auch der tropische Palisanderbaum oder die orangerot blühende Klettertrompete aus Nordamerika gehören.

- Bignoniengewächse
- Mai
- 10–30 m

Merkmale
Breitkroniger Baum; Blätter groß, breit eiförmig, unten dicht behaart; blauviolette Blütenglocken, hängen am Ende vorjähriger Zweige; eiförmige, grüne Kapselfrüchte.

Die Paulownia beginnt oft schon im Herbst zu blühen, ihre Blüten überstehen aber den Winter nicht.

- **Ölbaumgewächse**
- **Mai – Juni**
- **6–8 m**

Merkmale
Krone dicht und kugelig; Blätter zusammengesetzt aus 7–11 Fiederblättchen, oben kahl, unten behaart; weiße, duftende Blüten, in dichten Büscheln am Ende der Zweige; Winterknospen rötlich braun.

Manna-Esche

Fraxinus ornus

Heilende Kraft aus Eschensaft

Dieser Baum liefert eine wirkungsvolle Hustenmedizin und ein nebenwirkungsfreies Abführmittel. Nach dem Stich einer Zikade, aber auch nach dem Anschnitt der Rinde tritt ein süßer klebriger Saft aus, der schon in der Antike auf den Märkten des Libanon gehandelt wurde.

Die kleine Schwester der Gewöhnlichen Esche (*Fraxinus excelsior,* Seite 280) unterscheidet sich deutlich vom Baum unserer Flüsse: Ihre auffallenden Blütenstände sind kleine duftende Pyramiden. Diese Manna-Esche besiedelt trockene, sonnige Hänge und lichte Wälder. In Mittelitalien gehört sie zu den häufigsten Bäumen. Weil sie so schön blüht, wurde sie bei uns zum Parkbaum und bekam so treffende Namen wie Blumen-Esche oder Zwerg-Esche. Doch nicht nur bei uns wird sie gepflanzt. Der Wärme liebende Baum wächst weit verbreitet. Die Manna-Esche hat sogar nordische Namen: „mannaask“ in Schweden, „maninis úosis“ in Litauen und „jesíon mannovy“ in Polen. Der Blutungssaft dieses Baumes, das Manna, wird an der Luft fest, fast wie Harz. Hauptbestandteil des Mannas ist das Mannit, ein süß schmeckender Alkohol. Das Manna der Bibel dagegen stammt von Blattläusen, die auf der Manna-Tamariske leben.

Wegen seiner reichen Blütenfülle auch Blumenesche genannt

Echter Flieder

Syringa vulgaris

Bäume in Park und Garten

- Ölbaumgewächse
- April bis Mai
- 2–6 m

Merkmale
Jüngere Zweige mit glatter, grüner Rinde, ältere mit graubrauner, längsrissiger Borke; Blätter oval, zugespitzt; duftende Blüten in aufrechten Rispen; Frucht eine zweifächrige, braune Kapsel.

Fliederduft und Blütenfülle

Um die Mitte des 19. Jahrhunderts begann man in Frankreich, den Echten Flieder züchterisch zu verändern. Gärtner wünschten sich neue Farben. Heute gibt es von der ursprünglichen Form mehr als 500 Kultursorten mit einfachen oder gefüllten Blüten in vielen Farben.

Bereits im Jahr 902 führten Araber den Echten Flieder in Spanien ein. Nach Mitteleuropa kam die Pflanze damals aber noch nicht. Das geschah erst um die Mitte des 16. Jahrhunderts durch den flämischen Gelehrten Ghislain de Busbecq. Der Fliederbaum bekam von der Bevölkerung zunächst so exotische Namen wie Türkischer Holler, Spanischer, Persischer oder Portugiesischer Flieder. Man wollte den Neuankömmling vom Schwarzen Holunder unterscheiden, der damals als Gewöhnlicher Flieder bekannt war. Erst im Laufe der Zeit festigte sich die heute gültige Namensgebung. Das Holz des Echten Flieders ist von Kunsttischlern sehr gesucht. Es ist hart, aber von feiner Struktur und lässt sich gut polieren.

Die stark duftenden Blüten stehen in langen Rispen und öffnen sich alle zur gleichen Zeit. Selten wird ein Strauch höher als sieben Meter.

Bäume
in Park und Garten

- Hülsenfrüchtler
- Juni bis Juli
- 25–40 m

Merkmale
Stamm graubraun, mit vielen rotbraunen Dornen in Dreiergruppen; Blätter hellgrün, zusammengesetzt aus 20–30 Fiederblättchen; Blüten in langen Trauben; Früchte sehr lang, braun, sichelförmig gedreht.

Dorn-Gleditschie

Gleditsia triacanthos

Markenzeichen: Dornen am Stamm

Die spitzen und langen Dornen an Stamm und Ästen fallen sofort ins Auge. Sie sind offensichtlich als Mittel des Baumes entstanden, Tiere am Hochklettern zu hindern und seine Blätter zu fressen. Seit 1700 wird dieser nordamerikanische Baum in Mitteleuropa als Park- und Straßenbaum gepflanzt.

Friedrich der Große beauftragte 1770 den Forstbotaniker Johann Gottlieb Gleditsch Vorlesungen für Feldjäger und Forstleute zu halten. Daraus entwickelte sich die berühmte Berliner Forstakademie, dessen erster Direktor Gleditsch wurde. Der schwedische Botaniker Carl von Linné benannte ihm zu Ehren 1742 diesen merkwürdigen Hülsenfrüchtler Gleditschie. Der schnell wachsende Baum mit den starren Dornen am Stamm wurde bald zum Honigdorn, da das Mark seiner Hülsen honigartig schmeckt. In der Pfalz nennt man ihn auch wildes Johannisbrot, weil seine Früchte dem verwandten Johannisbrotbaum ähnlich sind. In Polen heißt die Gleditschie „bobodrezew“, was so viel wie stacheliger Bohnenbaum bedeutet. Bei uns heißt er auch Christusdorn, ist aber nicht identisch mit dem Strauch aus Palästina, aus dessen Zweigen die Dornenkrone Christi stammen soll.

In Südeuropa fressen häufig Ziegen die süßlichen Früchte.

Götterbaum

Ailanthus altissima

Ein Baum des Himmels

Südlich der Philippinen liegt die Inselgruppe der Mollukken. Dort nennt man einen Baum wegen seiner Höhe Aylanto, Baum des Himmels. Götterbaum heißt er in Polen, Himmelsbaum in Italien. Weil er schön blüht und seine Früchte weithin rot leuchten, wurde er zum Stadtbaum.

Seefahrer fanden in den Tropen Südostasiens einen Baum mit hübschen eschenähnlichen Blättern. Er hat zwar bei der Blüte einen unangenehmen Geruch, doch später zieren ihn Früchte, die zu Hunderten in Büscheln an den Zweigen hängen. Der Götterbaum treibt reichlich Wurzelstecklinge und ist daher leicht zu vermehren. Weil er als tropische Pflanze mit dem warmen Stadtklima besonders gut zurechtkommt, wurde er zum häufigen Straßenbaum. Vielfach besiedelt er mit seinen flugfähigen Samen auch brachliegende Flächen. Der Götterbaum gehört zur Familie der Simaroubaceae, den Bittereschengewächsen. Diese Pflanzengruppe enthält im Holz Bitterstoffe wie das Quassiin, eine chemische Verbindung, die zur natürlichen Insektenbekämpfung verwendet wird.

- Bittereschengewächse
- Juli bis August
- 20–25 m

Merkmale
Borke mit weißen Längsrissen; Mark der Zweige kräftig orangegelb; Blätter gefiedert, 40–60 cm lang; winzige grünweiße Blüten; Früchte geflügelt, Samen in der Mitte.

Den Götterbaum kennzeichnen große Fiederblätter. Zur Reifezeit hängen seine Früchte in dichten Büscheln.

Ginkgobaum

Ginkgo biloba

Bäume in Park und Garten

- Ginkgogewächse
- März bis April
- 25–30 m

Merkmale
Rinde erst hellbraun, Borke alter Bäume grau und tief gefurcht; Blätter lang gestielt, in zwei gleich große fächerförmige Lappen geteilt; Früchte gelbgrün, pflaumenähnlich.

Der älteste Baum der Welt

Fossilien verraten uns, dass es Ginkgobäume schon vor rund 300 Millionen Jahren auf der Erde gab. Damals existierten weder Vögel noch Säugetiere auf dem Blauen Planeten. Wie ein biologisches Wunder überlebte der Ginkgo die Zeit und sieht heute noch aus wie damals: ein lebendes Fossil.

Der stammesgeschichtlich älteste der heute lebenden Bäume stammt aus China. Dort wird er seit urdenklichen Zeiten in Tempelanlagen und Palästen gezüchtet. „Ya Chio", Entenfuß, wurde er nach der Form seiner Blätter zunächst genannt. In den Jahren zwischen 1727 und 1737 kam er nach Europa, in den Botanischen Garten von Utrecht. Goethe widmete dem Ginkgo in seinem lyrischen Zyklus „West-östlicher Diwan" ein Gedicht und machte so den in Ostasien heimischen Baum bei uns allmählich zum beliebten Parkbaum. Heute säumt der Ginkgo die Straßen vieler großer Städte. Stadtgärtner schätzen ihn wegen seiner großen Widerstandsfähigkeit gegen Insektenfraß, Bakterien-, Viren- und Pilzkrankheiten. Botanisch gehört *Ginkgo biloba* zu den Nacktsamern, seine Samenanlagen sind nicht von einem Fruchtknoten umschlossen. Damit ist er mit den Nadelhölzern enger verwandt als mit den Laubbäumen.

Unvergleichliches Gelb: Gingkoblätter im Herbst

Bäume in Park und Garten

- Magnoliengewächse
- Juni bis Juli
- 45–60 m

Merkmale
Borke tiefrissig; Blätter im Umriss fast viereckig, lang gestielt, sehen aus, als hätte man ihre Spitze abgeschnitten; Blüten tulpenförmig, grün mit orangefarbenen Flecken; zapfenförmiger aufrechter Fruchtstand.

Tulpenbaum

Liriodendron tulipifera

Ein Baum mit Tulpenblüten

Für einen Baum sind seine Blätter und Blüten sehr ungewöhnlich. Die lang gestielten und glänzend grünen Blätter sehen aus, als hätte man ihnen die Spitze abgeschnitten. Und seine sechs gelbgrünen Blütenblätter bilden einen Kelch, der an Tulpenblüten erinnert.

Im baumreichen Osten Nordamerikas gibt es ausgedehnte Mischwälder. Sie bestehen aus Weißeichen, Kastanien, Ahorn, Hickory, Zuckerbirken und vor allem aus dem Tulpenbaum. Dieser forstlich wichtigste und schönste Laubbaum bildet in den USA große Bestände und liefert ein wertvolles olivbraunes Holz. Es wird zu kostbaren Möbeln und Musikinstrumenten verarbeitet. Mit seiner Höhe von 60 Metern und seinem geraden Stamm ist der Tulpenbaum eine Zierde eines jeden Parks. Er braucht allerdings nährstoffreiche feuchte Böden und windgeschützte warme Lagen, wie er sie zum Beispiel in Freiburg im Breisgau vorfindet. Dort heißt dieser Baum in der Kindersprache „Schäufelesbaum“. Sehr treffend wird damit die ungewöhnliche Form seiner Blätter mit einer Kinderschaufel verglichen. Dieser Baum kann 700 Jahre alt werden.

Als würden Tulpen auf einem Baum wachsen. Der Tulpenbaum ist unverwechselbar.

Tulpen-Magnolie

Magnolia × soulangiana

Bäume in Park und Garten

- Magnoliengewächse
- April bis Mai
- 3–5 m

Blütenknospen mit Pelzmantel

Der größte Reiz dieses Baumes liegt in seiner üppigen, sehr früh einsetzenden Blüte. Dann sieht er aus, als sei er von Schnee bedeckt. Doch auch vor der kurzen Frühlingsblüte bieten Magnolien einen besonderen Blickfang. Ihre Blütenknospen sind anmutig behaart.

Im Tertiär waren Magnoliengewächse über die gesamte Nordhalbkugel verbreitet. Die Eiszeiten haben sie aber nicht überlebt. So liegen ihre heutigen natürlichen Verbreitungsgebiete in Nordamerika sowie in Süd- und Ostasien. In Mitteleuropa sind Magnolien wegen ihrer prächtigen Blüten und der breiten ausladenden Wuchsform beliebte Ziersträucher. Eine der häufigsten und dekorativsten Magnolien unserer Gärten ist eine Zuchtform: Die Tulpen-Magnolie ist aus einer Kreuzung der in Ostchina heimischen Arten *Magnolia denudata* und *Magnolia liliiflora* hervorgegangen. Als die Züchtung 1820 in Paris erstmals gelang, war der Strauch eine Gartensensation.

Merkmale
Blätter länglich oval, oben frisch grün, unten etwas behaart; Blüten außen rosa bis rot, innen weiß, einzelnes Blütenblatt bis zu 10 cm lang und 2 cm breit; zapfenförmige Sammelfrucht mit roten Samen.

Prachtvoll und zart: die Magnolienblüte

Bäume
in Park und Garten

- Schmetterlingsblütler
- Mai
- 2–7 m

Merkmale
Sommergrüner Strauch oder mehrstämmiger Baum mit glatter Rinde; Blätter lang gestielt, bestehen aus drei Teilblättchen; gelbe Blüten in langen hängenden Trauben; flache braune Hülsenfrucht, bis 7 cm lang.

Goldregen

Laburnum anagyroides

Gelb, schön und gefährlich

Mit leuchtendem Gelb schüttet der Goldregen seine Blütenpracht in Gärten und Parks. Der schnell wachsende Strauch wurde zur Modepflanze. Doch so schön die Blütenfülle auch anzusehen ist, so gefährlich sind später die Früchte dieses Baumes. Sie enthalten lebensbedrohliche Gifte.

Kiel, 22. Juni 1990. Die Zeitungsmeldung „Schwere Goldregenvergiftung" schreckte die Leser auf. Sechs Kinder hatten beim Spielen auf einem Hinterhof die Schoten dieses Baumes gegessen. Die Symptome der Vergiftung traten schnell ein: Brennen im Mund, Übelkeit, Schweißausbrüche, Lähmungen und anhaltendes Erbrechen. Nur eine schnelle ärztliche Versorgung rettete die Kinder. Der Wirkstoff des Goldregens ist das Alkaloid Cytisin, das in der ganzen Pflanze vorkommt, hauptsächlich jedoch in den bohnenähnlichen Hülsen, von denen schon drei bis vier zur Vergiftung ausreichen. Als erste Hilfe gilt: sofortiges Erbrechen auslösen, viel warmen Tee und Himbeersaft trinken lassen. Aus dem besonders harten Goldregenholz fertigten die Menschen früher Armbrustbögen, heute sind es Musikinstrumente.

Goldgelbe Fülle in langen Trauben

Sommerflieder

Buddleja davidii

Der Strauch, den viele Falter lieben

Wenn dieser Gartengast aus China blüht, ist er heiß umschwärmt. Dutzende von Tagfaltern wie Admiral, Tagpfauenauge, Kohlweißling oder Kleiner Fuchs landen auf seinen Blütenrispen und tanken Nektar. Der energiereiche Blütensaft ist das Flugbenzin der Schmetterlinge.

Für Gartenfreunde ist der Strauch mit den langen, duftenden Blütenrispen der Inbegriff des Sommers. Schmetterlingsstrauch, Sommerflieder oder Purpurstrauch wird er genannt. Die Familie der Sommerfliedergewächse erhielt ihren lateinischen Namen nach dem englischen Botanikliebhaber Adam Buddle (1660–1715). Sie ist mit ungefähr 160 Arten vor allem in den Tropen und Subtropen verbreitet. Einige Arten wie *B. japonica* und *B. davidii* gehören in Mitteleuropa zum festen Zierpflanzenbestand der Gärten. Da sie selbst nach frostreichen Wintern immer wieder neu austreiben, haben sie sich bei uns durchgesetzt und wachsen mittlerweile sogar verwildert an Bahnlinien.

- **Sommerfliedergewächse**
- **Juli bis September**
- **2–5 m**

Merkmale
Breit ausladender Strauch; Blätter bis zu 25 cm lang, laufen in einer Spitze aus, unten weißfilzig behaart; Blüten lila, blau, violett, selten weiß, stehen in dichten Blütenständen am Ende der Zweige.

Der Sommerflieder bringt mit seinem reichen Nektarangebot die Schmetterlinge in die Gärten.

Bäume
in Park und Garten

- Haselgewächse
- März bis April
- 8–20 m

Merkmale
Sommergrüner Baum; schlanker gerader Stamm; weißgraue korkige Rinde; Blätter gestielt, rundlich bis oval, am Rand doppelt gesägt; einsamige Nussfrucht in blättriger, tief geschlitzter Hülle, essbar.

Baum-Hasel, Türkische Hasel

Colyrus colurna

Haselnüsse büschelweise

Erst seit wenigen Jahren steht ein neuer Baum mitten in unseren Städten. Sein Kennzeichen ist der auffallende Reichtum an Haselnüssen. Die Baum-Hasel oder Türkische Hasel stammt aus Südosteuropa und wurde bei uns zum neuen Modebaum. Eichhörnchen, Mäuse und Vögel der Stadt leben von ihren Nüssen.

Die Samen der Haselnuss-Arten hatten im Welthandel schon immer eine Bedeutung. Denn die „Kerne" lassen sich gut lagern und sind für Weihnachtsgebäck unverzichtbar. Deshalb wurden die drei bekanntesten Haselnussarten häufig angepflanzt: Die heimische Haselnuss (s. Seite 335), die Lambertsnuss und auch die Baum-Hasel mit ihrer auffällig zerschlitzten Fruchthülle. Große Plantagen dieser drei Arten liegen in Italien, Spanien und der Türkei. Mittlerweile gibt es schon über 100 gezüchtete Sorten. Haselnüsse gehören zur ältesten Nahrung der Menschen. In den jungsteinzeitlichen Pfahlbauten fanden sich reichlich Schalenreste. Haselnüsse enthalten viele ungesättigte Fettsäuren, Eiweiß, Vitamin B1 und B 6, außerdem Magnesium, Kalzium, Eisen und Kupfer. Damit gehören sie zu den Gesundmachern und in jedes Frühstücksmüsli.

Hopfenbuche

Ostrya carpinifolia

Halb Hopfen – halb Hainbuche

Seine Blätter erinnern an Hainbuchenblätter. Betrachtet man aber seine Fruchtstände, denkt man an Hopfen. Das gab dem dekorativen Baum aus dem östlichen Mittelmeergebiet den Namen Hopfenbuche. In Mitteleuropa wird er häufig als Zierbaum gepflanzt.

Theophrast, der Vater der Botanik, nannte die Hopfenbuche in seinen Werken „Ostrys“, und „Ostrya“ ist auch heute noch ihr wissenschaftlicher Name. Aus dem Griechischen übersetzt bedeutet das „Baum mit sehr hartem Holz“. Im Deutschen hieß das Haselgewächs mit den hopfenähnlichen Früchten und den Blättern einer Hainbuche lange Hopfenhainbuche. Heute wird es einfach Hopfenbuche genannt. Dieser Baum ist im Mittelmeerraum die Charakterart der Steineichenmischwälder. In den Südalpen findet man ihn bis in Höhen von 1300 m. Nördlich der Alpen kommt er wild kaum vor. Aber in die Parks klimagünstiger Städte wird er gerne gepflanzt.

- **Haselgewächse**
- **April bis Juni**
- **10–15 m**

Merkmale
Laubbaum mit eiförmiger Krone; Borke im Alter längsrissig; Blätter wechselständig, eiförmig, spitz, unten behaart; Kätzchenblüten; gelbgrüne, hopfenähnliche Fruchtstände, grüne Nüsschenfrüchte.

Dem Blatt nach Hainbuche, der Frucht nach Hopfen

Silber-Ahorn

Acer saccharinum

Bäume in Park und Garten

- Ahorngewächse
- Februar bis März
- 25–30 m

Merkmale
Wächst oft mehrstämmig; Blätter gestielt, sehr tief in fünf Lappen geteilt, Blattlappen lang zugespitzt, unten silbrig behaart; Früchte mit weitwinklig gespreizten Flügeln, hängen an langen Stielen.

Blätter wie Hände

Wie eine gespreizte Hand hängen die Blätter an langen Stielen. Und wie bei den Fingern einer Hand sind auch die einzelnen Teile des Blattes unterschiedlich groß. Malerisch hängen die Zweige mit den schön geformten Blättern über. Im Herbst leuchten sie in allen Farben.

In Mitteleuropa haben fünf Ahornarten ihre natürliche Verbreitung. Es sind Berg-, Burgen-, Feld- und Spitz-Ahorn sowie der Schneeballblättrige Ahorn. Seit 1725 wird häufig eine weitere Art in Gärten und Parks gepflanzt, die aus Nordamerika stammt. Der Silber-Ahorn steht dort in den Auwäldern, Sümpfen und Mooren. Er ist so etwas wie ein Erstbesiedler feuchter Flächen. Pflanzt man den beliebten Baum als Allee, sollte man daher auf die richtigen Böden achten. Dieser Baum verträgt das Stadtklima gut, ist frosthart und eine Augenweide im Herbst. Doch auch im Frühling macht er auf sich aufmerksam. Seine grünen Blüten entfalten sich lange vor dem Laubaustrieb. Versuche, den Baum forstlich zu nutzen, ergaben kaum sinnvolle Erträge. Sein leichtes und weiches Holz lässt sich nur wenig nutzen.

Der Silber-Ahorn trägt silbrige Blattunterseiten. Seine typische Blattform verrät sofort das Ahorngewächs.

Silber-Linde

Tilia tomentosa

Bäume in Park und Garten

- Lindengewächse
- Juli
- 15–30 m

Merkmale
Laubbaum mit breit kegelförmiger Krone; Äste steif nach oben gerichtet; Blätter herzförmig, oben dunkelgrün, unten silbrig behaart; gelbe Blüten, hängen zu sechst bis neunt in einem Blütenstand.

Die Linde mit dem Silberblatt

Von allen Linden hat diese Art die schönsten Blätter. Sie sind dunkelgrün, spitz gezähnt und ihre Unterseite schimmert wie flüssiges Silber. Im Herbst leuchten sie goldgelb. Wegen ihrer feinen filzigen Behaarung unterseits fühlen sich die Blätter samtig an.

Silber-Linden werden stattliche Bäume und eignen sich gut als Schattenspender.

Vor etwa 8000 Jahren gab es in Mitteleuropa eine Warmzeit. Damals kam die Silber-Linde in diesem Gebiet häufig vor. Das beweisen Fossilfunde. Bei den folgenden kühleren Klimazeiten musste sich der Wärme liebende Baum wieder zurückziehen und bildet nur noch in Südosteuropa ausgedehnte Wälder. Doch als schmückender Stadtbaum stehen Silber-Linden überall in unserer Nähe. Ende Juli duften ihre Blüten so süßlich, dass Hummeln und Bienen herbei fliegen. Der Nektar enthält Mannose, die in hohen Dosen für sie giftig wirkt. Nicht selten sind an heißen Hochsommertagen unter Silber-Linden viele betäubte und tote Insekten zu sehen. Dann hilft nur ein Nektar verdünnender Regenschauer.

Bäume in Park und Garten

Platane

Platanus × hybrida

- Platanengewächse
- Mai
- 10–30 m

Merkmale
Borke graubraun, springt in großen Platten ab; Blätter drei- bis fünflappig, erinnern an Ahornblätter; kugelige Blüten; Fruchtstände kugelig, 3–4 cm dick, an langem Stiel.

Man nennt ihn auch den Kleiderbaum

Die unverwechselbaren Merkmale der Platane liegen am Stamm. Dort wirft der Baum seine Borke in großen Platten ab. Und weil er so gleichsam sein Kleid wechselt, bekam er diesen Namen. Die Bäume Mitteleuropas sind Hybriden aus amerikanischen und europäischen Arten.

Schon im Altertum bewunderten die Menschen die Schönheit der Platanen. Die eindrucksvollen Bäume spielten auch in der Literatur eine Rolle: Xerxes soll als junger persischer König einen ganzen Tag lang im Schatten einer großen, majestätischen Platane gerastet haben, nur um sie zu bewundern. Beim Abbruch seines Lagers ließ er an ihren Zweigen wertvolle Ketten und Armbänder aufhängen und bestellte einen Offizier als Wache. Händel verarbeitete diese Geschichte in seiner Oper „Xerxes“. Heute ist die Platane in allen großen Parkanlagen Mitteleuropas vertreten. Und weil sie Großstadtsmog gut verträgt, ist sie in London einer der häufigsten Straßenbäume. Ihr Name leitet sich vom griechischen „platys“ für breit ab und bezieht sich auf die großen Blätter. Die auffälligen Fruchtstände bleiben weit in die kalte Jahreszeit hinein am Baum hängen. Erst im Spätwinter lösen sie sich auf. Dann trägt der Wind die kleinen Samen fort.

Unverwechselbar sind die knorrigen Bäume durch ihre schuppige Borke.

Weißer Maulbeerbaum

Morus alba

Bäume in Park und Garten

Mit Früchten wie Brombeeren

Bei kaum einem anderen Baum sind die Blattadern unterseits so auffällig. Wie ein zuckender Blitz läuft die Aderung zur Blattspitze. Auch die Früchte des Weißen Maulbeerbaums sind auffällig. Sie sehen wie längliche Brombeeren aus. Unreif leuchten sie rot, reif schwarz.

Die Geschichte der Seidenraupenzucht ist eng mit dem Weißen Maulbeerbaum verknüpft. Bereits vor viereinhalbtausend Jahren hat man in China *Morus alba* angepflanzt und seine Blätter als Futter für die Seidenraupen verwendet. Nach Europa kamen die Raupen des Maulbeerseidenspinners etwa 550 vor Christus. Pilger schmuggelten sie in ausgehöhlten Wanderstäben aus Persien in ihre griechische Heimat. Heute ist mit der Entwicklung synthetischer Fasern in vielen europäischen Ländern die Seidenraupenzucht zum Erliegen gekommen. In Mitteleuropa pflanzt man Maulbeerbäume nur noch als Alleebäume oder als Heckensträucher zur Einfriedung von Gärten. Auf dem asiatischen Kontinent genießt die Naturseide aber immer noch hohes Ansehen. In Japan unterscheidet man mehr als 700 Sorten von Maulbeerbäumen.

- **Maulbeerengewächse**
- **Mai**
- **2–12 m**

Merkmale

Borke rötlich braun, Äste knorrig; Blätter vielgestaltig, in Lappen geteilt oder ungeteilt; Früchte unreif weiß oder hellrosa, reif schwarz, essbar, erinnern in der Form an Brombeeren.

Wie bei den Brombeeren sind die unreifen Früchte rot, die reifen schwarz.

Trompetenbaum

Catalpa bignonioides

Bäume in Park und Garten

Blätter wie Riesenherzen

Seine Blätter sind herzförmig und größer als bei Bäumen gewohnt. So lang wie drei nebeneinander gelegte Hände können sie werden. Dieser Sonderling stammt aus den Subtropen Nordamerikas. In unserem kühleren Klima werden seine Blätter nicht ganz so groß. Aber immer noch groß wie Riesenherzen.

Er gilt als einer der schönsten Zierbäume und steht in vielen unserer Parkanlagen und botanischen Gärten. Der Trompetenbaum aus dem Mississippigebiet braucht mildes Klima und gute Böden. Dann entfaltet er Jahr für Jahr im Juni seine auffälligen weißen Trichterblüten. Seine riesigen Blätter treibt er als eine der letzten Baumarten erst im Spätfrühling aus. Auffällig an diesem Baum sind aber nicht nur die dekorativen Blütenrispen und die Blätter, sondern auch seine bis zu 40 cm langen, braunen, bleistiftdicken Samenkapseln. Ihnen verdankt der Trompetenbaum den lateinischen Gattungsnamen „Catalpa“. Das ist in der Cherokesensprache das Wort für die Indianerbohne. Die wissenschaftliche Artbezeichnung „bignonioides“ erhielt der Baum zu Ehren von J.-P. Bignon (1662–1743). Der französische Bibliothekar nahm regen Anteil am naturwissenschaftlichen Wissen seiner Zeit.

- **Trompetenbaumgewächse**
- **Juni bis Juli**
- **5–15 m**

Merkmale
Borke hellbraun, dünn; Blätter sehr groß, unten behaart, riechen zerrieben unangenehm; Blüten weiß, Blütenstände erinnern an die Kerzen der Rosskastanie; Frucht eine braune Kapsel, bis zu 40 cm lang.

Seine Blütenstände erinnern an Kastanien, aber die Herzblätter machen den Baum einzigartig.

Bäume in Park und Garten

- Rosskastaniengewächse
- Mai bis Juni
- 10–25 m

Merkmale
Blätter gestielt, handförmig, bestehen aus fünf bis sieben Einzelblättchen; Blüten weiß, stehen in aufrechten Blütenständen (Kerzen); Frucht eine stachelige Kapsel, enthält 1–3 Samen, die Kastanien.

Rosskastanie

Aesculus hippocastanum

Anflug bei Gelb, Stopp bei Rot

Wenn Kastanien blühen, dann verändern die Blüten ihre Farbe innerhalb weniger Tage. Das auffällige Saftmal, ein Farbklecks, der Bienen und Hummeln den Weg zum Nektar zeigt, wandelt sich von Gelb zu Rot. Auf diese Weise regeln Kastanien den Flugverkehr der Blütenbesucher.

Am Fuß des Weinberges im lauenburgischen Hitzacker steht eine bizarre Rosskastanie. Bereits 1610 soll sie gepflanzt worden sein. Bis 1890 war sie Tanzkastanie. Auf die unteren Äste legte man Bretter als Tanzfläche, darüber spielten die Musiker. Leider ist der Baum heute altersschwach, aber immer noch ein Denkmal ehrwürdiger Naturwunder. Der Hofapotheker des Königs James I. von England berichtet, dass die Türken mit Kastanien den Husten ihrer Pferde kurierten. Daher der deutsche Name des Baumes. Die Ableitung des lateinischen Gattungsnamens *Aesculus* stammt vom lateinischen „esca" für Speise oder Viehfutter. Rosskastanien wachsen in fast jedem Boden und passen sich schnell den verschiedenen Klimabedingungen an. Wegen ihrer imposanten Größe und der Schönheit ihrer blühenden Kerzen stehen sie heute als Schattenspender an Straßen und Plätzen und besonders häufig in Biergärten.

Ein schöner Anblick: der Baum der Blütenkerzen

Essigbaum

Rhus typhina

Bäume in Park und Garten

- Sumachgewächse
- Juni bis Juli
- 3–5 m

Merkmale
Strauch oder kleiner Baum mit weit ausladenden Zweigen; Blätter gefiedert, Teilblättchen lang und spitz; Blüten in aufrechten, kolbenartigen, rostroten Blütenständen.

Der Sumach aus Amerika

Mit dem Saft seiner Blätter gerbte man hellfarbenes Leder. Mit dem Fruchtstand verstärkte man duftende Essigessenzen. Wegen seiner Pyramidenfrüchte und dem bunten Herbstlaub pflanzte man ihn in unsere Gärten. Der Sumach, wie man ihn auch nennt, ist bei uns angekommen.

„Die Haut der Beeren hat einen sehr sauren Geschmack". So beschrieb Carl von Linné die kleinen kugeligen Früchte des Essigbaumes. Die Indianer Nordamerikas stellten daraus ein erfrischendes Getränk her. Und in der Umgebung von Baden legte man früher ganze Fruchtbüschel in Essig, um die Säurewirkung zu verstärken. Essigzapfen nannte man die rostroten Fruchtstände dort. Doch nicht nur in der Küche leistete der Essigbaum gute Dienste, er war auch Gerber- und Färberbaum. Seine Blätter nutzte man über viele Jahre als Gerbemittel, aus den anderen Pflanzenteilen gewann man Farbstoffe: aus der Stammrinde einen gelben, aus der Wurzelrinde einen braunen, aus den Zweigen einen schwarzen und aus den Früchten einen roten. Den Volksnamen Fuchsschwanzbaum bekam er wegen der Form seiner Blütenstände.

Wegen seiner rostroten Fruchtstände und dem bunten Herbstlaub ist er ein „Modebaum" geworden.

Bäume in Park und Garten

- Rosengewächse
- Mai bis Juni
- 1–3 m

Merkmale
Wintergrüner, reich verzweigter, dorniger Strauch; Blätter kurz gestielt, ledrig, oval, enden stumpf oder in einer stacheligen Spitze; cremeweiße Blüten; beerenartige, erbsengroße, rote Frucht, essbar.

Feuerdorn

Pyracantha coccinea

Feuer im Schnee

Es ist Ende November. Fast alle Sträucher in der Gartenhecke haben ihr Blätterkleid abgelegt. Nur der Feuerdorn trägt noch grüne Blätter und seine feuerroten Früchte. Diesen Wintersteher lieben die Vögel. Er macht unsere Gärten auch in kalter Zeit zum Früchtemarkt für Tiere.

Wild wächst der Strauch mit den langen Dornen auf Kalkgestein in süditalienischen Gebüschen. In Mitteleuropa wird er seit dem 17. Jahrhundert angepflanzt. Die Fülle seiner scharlachroten Früchte hat den Feuerdorn hier schnell zu einer beliebten Zierpflanze werden lassen. Weil er anspruchslos ist, rasch in die Höhe wächst und auch Rückschnitt gut verträgt, empfahl sich der dicht verzweigte Busch als geeignete Pflanze für die Gartenhecke. Sein großer Nachteil: Er ist anfällig gegenüber Feuerbrand, einer Bakterieninfektion, die bevorzugt auf Obstbäume übergreift. Ab September reifen die dicken, roten, beerenartigen Früchte des Feuerdorns. Sie bleiben auch in der kalten Jahreszeit am Strauch und helfen vielen Vögeln, diese nahrungsarmen Monate zu überstehen. In der Zeit nach den Weltkriegen wurden sie gelegentlich zu Marmelade verarbeitet. Die Samen nahm man als Kaffeebohnenersatz.

Ein reich gedeckter Früchtemarkt für Vögel

Kultur-Apfel

Malus domestica

- Rosengewächse
- Mai bis Juni
- 3–5 (10) m

Merkmale
Obstbaum, früher bis zu 10 m hoch, heute oft nur als kleiner Stamm gezogen; Blätter breit eiförmig, unten behaart; Blüten in Büscheln, weiß oder rosa, fünf Blütenblätter.

Ein paradiesischer Baum

Äpfel sind die besten Vitaminspender. Deswegen pflanzen wir Apfelbäume. Weltweit. Mit einer Jahresproduktion von 23 Millionen Tonnen sind Äpfel die wichtigste Obstsorte in den gemäßigten Zonen Europas, Amerikas, Asiens und Australiens/Neuseelands.

Bei den Römern galt der Apfel als Zeichen der Vollkommenheit. Jedes Gelage begann mit einem Ei, dem Symbol der Schöpfung, und endete mit einem Apfel, dem Symbol der Vollendung. Das Sprichwort „vom Ei bis zum Apfel" kommt aus dieser Zeit und ist gleichbedeutend mit „vom Anfang bis zum Ende". Im Mittelalter war der Apfel wegen seiner Kugelform Sinnbild für die Vollkommenheit der Erde. Martin Behaim schuf 1492 in Nürnberg den ersten Globus und nannte ihn „Erdapfel". Der Apfel war als Reichsapfel das Zeichen der Macht, er hatte sprichwörtliche Bedeutung als Zankapfel und er galt als Symbol der Zuneigung. Heute schätzen wir Äpfel wegen ihrer Heilkraft. Ihr Fruchtfleisch enthält viele Vitamine und Mineralien. Im traditionellen Obstbau pflanzt man Apfelbäume mitten ins Grünland. Solche Streuobstwiesen säumten früher jedes Dorf. Heute sind sie eher eine Seltenheit. Auf Streuobstwiesen wachsen alte bewährte Apfelsorten, die zu Klima und Landschaft passen.

Wertvoller Lebensraum: die Streuobstwiese

Bäume in Park und Garten

- Rosengewächse
- April bis Mai
- 1–20 m

Merkmale
Obstbaum; Borke dunkelbraun, rissig; Blätter eiförmig, am Rand gesägt; Blüten in Büscheln zu drei bis neun, bestehen aus fünf reinweißen Blütenblättern.

Kultur-Birne

Pyrus communis

Womit man böse Hexen tötet

Nach einem englischen Sprichwort braucht man Hexen nur rohe Birnen zum Nachtisch zu reichen, um sie los zu werden. Zu unverdaulich sind diese Früchte. Gedünstet gelten sie als Heilkost. Der wilde Birnbaum ist selten geworden. Doch auch viele Zuchtsorten schmecken einfach nur gut.

Den zauberhaften Klang von Birnenholz schätzte man schon im Barock. Seit dieser Zeit werden Blockflöten aus Birnbaum oder Ahorn gefertigt. Noch eindrucksvoller ist der warme Klang des dichten Holzes in der Basilika Vierzehnheiligen am fränkischen Staffelstein zu hören. Dort sind die beiden Orgelmanuale „Gedackt" und „Jubal Flöte" aus altem Birnenholz gefertigt. Auf dem Nürnberger Christkindlesmarkt kann man auch heute noch jedes Jahr das althergebrachte „Kletzenbrot" kaufen, das aus getrockneten Kletzen, einer besonderen Birnensorte, hergestellt wird. Und das schlesische Himmelreich besteht aus Birnen, Bohnen und Speck. Die Birnenkultur ist sehr alt. Zuchtformen gelangten aus dem Iran über Kleinasien zu den Griechen und Römern. Und mit diesen zog das Edelobst nach Mitteleuropa. Heute wird es weltweit angebaut.

Nur in manchen Jahren trägt die Birne reichlich.

Kultur-Kirsche

Prunus avium

Bäume in Park und Garten

- Rosengewächse
- April bis Mai
- 15–25 m

Merkmale
Obstbaum; glänzende rotbraune Borke; Blätter hellgrün, oval und lang zugespitzt; Blüten weiß, in Büscheln zu zwei bis sechs, lang gestielt; rote kugelige Steinfrüchte.

Der Baum der heiligen Barbara

Nach altem Brauch werden am Barbaratag, dem 4. Dezember, Kirschzweige geschnitten. Im warmen Zimmer blühen sie an Weihnachten und zaubern mitten im Winter den Frühling ins Haus. Aber ohne eine Kälteperiode im Spätherbst gelingt dieses Blühwunder nicht.

Als der römische Feldherr Lucullus 74 v. Chr. siegreich aus dem pontischen Kerasos zurückkehrte, brachte er auf seinem Triumphwagen als kostbarste Kriegsbeute ein Kirschbäumchen mit. Saftig und süß waren seine roten Kirschen. Heute sind die militärischen Erfolge Lukulls längst vergessen, aber seine erlesene Kriegsbeute ließ ihn als Feinschmecker in die Geschichte eingehen. Mit den Römern kam die Kultur-Kirsche nach Mitteleuropa. Auch die römische Bezeichnung „cerasus", benannt nach der eroberten Stadt Kerasos, wurde von den Germanen übernommen. Im Althochdeutschen wurde daraus „kirsa", später „Kersbeere", dann „Kersche" und ab 1469 ist der Name Kirsche nachgewiesen. Carl von Linné nannte den Baum *Prunus avium*, Vogelkirsche. Heute noch sind Vögel bei der Ernte oft schneller als wir Menschen.

Kirschblüten blühen langsam nacheinander auf. Damit wird die Bestäubung durch Bienen verbessert.

Bäume
in Park und Garten

- Rosengewächse
- April bis Mai
- 5–10 m

Merkmale
Blätter eiförmig, am Rand gesägt, unten samtig behaart; Blüten weiß, kurz gestielt, stehen meist einzeln oder paarweise, fünf Blütenblätter; je nach Sorte blaue, rote oder gelbe Steinfrüchte.

Kultur-Pflaume, Zwetschge

Prunus domestica

Lange verkannt

Hildegard von Bingen beschrieb Pflaumen als „schädlich für Gesunde und Kranke“. Sie machen den Menschen melancholisch und vermehren die „schlechten Säfte“, beschied die heilkundige Äbtissin. Doch auch sie sollte sich irren. Ob gedörrt, gekocht, roh oder gebrannt sind Pflaumen einfach unersetzlich.

Die Heimat der Kultur-Pflaume muss in Asien gesucht werden. Für diese Theorie spricht der italienische Name der Frucht, „susina“, benannt nach Susa, der alten persischen Hauptstadt am unteren Tigris. Die Römer waren es auch, die bei ihren Eroberungszügen nach Norden für die Verbreitung der Pflaume in Mitteleuropa sorgten. Heute sind unter der Bezeichnung Pflaume etwa 2000 Kultursorten im Handel, die sich in Reifezeit, Farbe, Größe und Form der Früchte unterscheiden. Rohe Pflaumen schmecken süß und saftig. Beim Kochen und Backen verlieren sie oft ihre natürliche Süße und Würze. Die Bandbreite der Verwendung ist groß. Aber vielleicht haben böhmische Köchinnen den Pflaumengeschmack am besten zur Geltung gebracht. Ihre Powidltatschkerln sind Kult. Eine etwas kleinere Pflaumensorte stammt aus Damaskus. Man nennt sie Zwetschge.

Immer etwas spirrig: der Zwetschgenbaum

Atlas-Zeder

Cedrus atlantica

Bäume in Park und Garten

- Kieferngewächse
- September bis Oktober
- 25–50 m

Merkmale
Immergrüner Baum, Krone locker und durchsichtig; Äste horizontal abstehend; Nadeln dunkelgrün, stehen zu 30–40 in Büscheln; reife Zapfen hellbraun, bis zu 7 cm lang.

Duftendes Holz

Als „kedron“ bezeichneten die Griechen in der Antike wertvolles und duftendes Holz. Und weil die Zeder beides bietet, bekam sie den wissenschaftlichen Namen Cedrus. Einst bildeten die Zedern dichte Bergwälder im Atlasgebirge oder überzogen mit ihrem Grün die Hänge Algeriens und des Libanon.

Ohne die gerade gewachsenen dicken Stämme der Atlas-Zedern wären die Phönizier nie zur Weltmacht der Antike aufgestiegen. Sie bauten daraus ihre Schiffe. Die Ägypter schufen aus dem Holz Sarkophage für ihre Könige, die Syrer schnitzten daraus Säulen und König Salomon täfelte den Tempel in Jerusalem vollständig mit Zedernholz. Eine berühmte 100-jährige Zeder steht in Trier neben der Porta Nigra, im Klosterhof des Sankt-Josefs-Stifts. Während es sich dort um eine Libanon-Zeder, *Cedrus libani*, handelt, wachsen in Parks und Gärten vornehmlich Atlas-Zedern. Oft wurden sie in Baumschulen züchterisch verändert, es gibt sogar kleinwüchsige blaue Atlaszedern. Allen gemeinsam sind jedoch die schönen stehenden, manchmal handtellergroßen Zapfen. Sie reifen erst im dritten Jahr.

Die jungen Zapfen leuchten olivgrün, bei Reife bekommen sie eine rotbraune Holzfarbe.

Bäume in Park und Garten

Pazifische Edel-Tanne

Abies procera

- Kieferngewächse
- Mai
- 20–80 m

Merkmale
Stamm von unten an beastet; Nadeln nicht gerade, sondern im Bogen nach oben gekrümmt; reife Zapfen 7–8 cm dick und bis zu 25 cm lang, unreif grün, reif rotbraun.

Die Edel-Tanne mit den Riesenzapfen

In den Staaten Washington und Oregon Nordamerikas wachsen eindrucksvolle Riesentannen. Ihr Holz ist sehr geschätzt, der Baum wächst rasch und gerade. Voraussetzungen, diese Tanne auch hier forstlich zu nutzen. Doch sie ist nicht sehr winterhart. Aber eine Zierde jeden Parks.

Mit Wuchshöhen bis zu 87 Metern und einem Stammdurchmesser von fast drei Metern ist die Pazifische Edel-Tanne eine der höchsten und mächtigsten Tannenarten der Welt. In ihrer amerikanischen Heimat erreicht sie ein Alter von mehr als 700 Jahren. Zusammen mit Purpur-Tanne, Alaska-Zeder und Berg-Hemlockstanne bildet sie die dichten Nadelwälder des pazifischen Westens der USA. Diese Tanne braucht frische und feuchte Standorte, Gebiete mit kühlen Sommern und vielen Niederschlägen. An den Nährstoffgehalt des Bodens hat sie kaum Ansprüche. Nur der Tannenkrebs, verursacht durch einen Rostpilz der Gattung *Melampsora*, schädigt sie. Schwellungen an Stamm und Ästen sind die typischen Krankheitszeichen. Als Gartenbaum ist sie wegen ihrer Riesenzapfen ein echter Hingucker.

Kennzeichen jeder Tanne auf den ersten Blick: Die Zapfen stehen aufrecht und zerfallen bei der Reife.

Nordmanns-Tanne

Abies nordmanniana

Bäume in Park und Garten

- Kieferngewächse
- April bis Mai
- 30–60 m

Merkmale
Nadeln stumpf, oben dunkelgrün, an der Unterseite mit zwei weißen Längsstreifen; männliche Blüten rot, weibliche Blüten hellgrün; reife Zapfen aufrecht.

Weihnachtsbaum aus dem Kaukasus

Kräftige, dichte Zweige und schöne Nadeln, die lange nicht abfallen, sind das Markenzeichen der Nordmanns-Tanne. Das machte sie schnell zum beliebten Weihnachtsbaum. Die Tanne aus dem Hochland Armeniens wird heute in vielen Regionen Europas als Weihnachtsbaum angepflanzt.

Tannenholz ist harzfrei, trocknet schnell und verzieht sich kaum. Deshalb macht man daraus Orgelpfeifen und Resonanzböden von Geigen. Sind die Stämme gerade gewachsen, ergeben sie vor allem Bauholz für Dielen und Balken.
Die Nordmanns-Tanne aus dem Kaukasus ist ein gesuchter Baum. Sie bleibt in ihrer Heimat bis zu einem Alter von 400 Jahren kerngesund und liefert hochwertiges Holz.
In unseren Forsten allerdings leidet sie unter Blattläusen, die an den Trieben saugen, und oft auch unter Wildverbiss. Deshalb bleibt sie meist nur Zierbaum in den Gärten. Ihre dichten Nadeln glänzen auf der Oberseite dunkelgrün, unterseits tragen sie zwei weiße Bänder. Zerreibt man sie zwischen den Fingern, bemerkt man ihren intensiv fruchtigen Duft. Die zylindrischen, aufrecht stehenden Zapfen finden sich nur in der Gipfelregion älterer Bäume. Sie reifen von olivgrün zu schokoladenbraun und sind 12–20 cm lang und 4–5 cm breit.

Typische Weihnachtsbaum-Kultur

Bäume in Park und Garten

- Kieferngewächse
- Mai bis Juni
- 20–30 m

Merkmale
Äste starr, stehen waagrecht ab; Nadeln 2–3 cm lang, sehr steif und spitz (Name), deutlich kantig, aufwärts gekrümmt; reife Zapfen hellbraun, bis zu 10 cm lang, Zapfenschuppen dünn und biegsam.

Stech-Fichte

Picea pungens

Der Stolz der Rocky Mountains

Die Hochgebirge des amerikanischen Westens sind reich an Nadelholz. Viele der dort heimischen Baumarten sind mittlerweile Blickfang europäischer Gärten. So auch die dekorative Stech-Fichte. Man erkennt sie sofort an ihren langen, steifen und schmerzhaft stechenden Nadeln.

Ein forstlich genutzter Wald ist ein Garten für Bäume. Sorgfältig suchen Förster geeignete Arten aus, die gute Erträge bringen, das Klima vertragen und wenig anfällig gegen Schädlinge und Krankheiten sind. Von den weltweit etwa 40 Fichtenarten stehen in mitteleuropäischen Forsten nur vier auserwählte: die Europäische Fichte ist der Brotbaum der Waldwirtschaft. Ihr Holz lässt sich gut bearbeiten, wird vor allem als Bauholz und in der Möbelindustrie genutzt. Die Sitka-Fichte stammt aus Alaska. Sie braucht zum Gedeihen luftfeuchte Klimalagen und ist deshalb in Norddeutschland der Baum der Wahl. Die Serbische Fichte gilt als ausgesprochen widerstandsfähig gegen Luftschadstoffe und sauren Regen und ist damit das ideale Stadtgehölz. Die Stech-Fichte hat wenig Ansprüche an ihren Standort, verträgt kalte Winter und trockenheiße Sommer, wächst aber nur langsam. Schon 1862 brachte sie der Botaniker Ch. Parry nach Europa.

Anspruchsloser Gartenbaum: die Stechfichte

Riesen-Mammutbaum

Sequoiadendron giganteum

Bäume
in Park und
Garten

Riesig und unglaublich alt

Die berühmtesten Bäume unserer Erde stehen in Kalifornien. Sie waren Baumkinder zur Zeit, als Rom gegründet wurde. Heute stehen die imposanten Riesen immer noch. Auch in Europa wurden Mammutbäume gepflanzt. Ein 110-jähriger steht in Sachsen-Anhalt.

Der größte aller Mammutbäume stand im amerikanischen Sequoia-Nationalpark in der Sierra Nevada. „Vater des Waldes" nannte man ihn. Bevor ein Sturm ihn fällte, streckte sich dieser höchste Baum der Welt eindrucksvolle 135 Meter in die Höhe. Seinen gewaltigen Stamm konnten acht Menschen gerade umfassen. Der größte, noch lebende Riesen-Mammutbaum heißt General Sherman und ragt 83 Meter in den kalifornischen Himmel. 1769 wurden die Mammutbäume an der Pazifikküste Kaliforniens von spanischen Eroberern staunend entdeckt. Mitte des 19. Jahrhunderts begann der Raubbau. Binnen nur 100 Jahren wurden fast alle Mammutbaumwälder gefällt. Die noch verbliebenen stehen heute unter strengem Schutz.

- **Sumpfzypressengewächse**
- **Mai**
- **50–100 m**

Merkmale
Borke rotbraun, 30–60 cm dick, schwammig-rissig, lässt sich mit der Hand eindrücken; Nadeln spiralig in drei Längsreihen angeordnet, liegen schuppenförmig an den Zweigen; reife Zapfen länglich-kugelig.

Der eindrucksvollste Riesenbaum mit dem rotbraunen Stamm

Bäume in Park und Garten

- Zypressengewächse
- März bis April
- 5–20 m

Merkmale
Immergrüner Baum mit unangenehmem Duft; Krone schmal und kegelförmig; Rinde graubraun, löst sich in Streifen ab; Schuppenblätter, liegen eng an den Zweigen; reife Zapfen hellbraun, länglich.

Abendländischer Lebensbaum

Thuja occidentalis

Der Baum des Lebens

Als man diesen immergrünen Baum um die Mitte des 16. Jahrhunderts von Nordamerika nach Europa brachte, wurde er mit seiner würdigen Säulenform zum Lebensbaum der Gottesäcker. Der schwedische Botaniker Carl von Linné nannte ihn 1753 Thuja.

Wunderbar aromatisch riecht eine Thujahecke nach dem Schnitt. Weil er leicht zu pflegen ist, wurde der Abendländische Lebensbaum längst zur Lebenshecke in unseren Gärten. Dieser Baum ist winterhart und befestigt sandige Böden, weil er flach und ausgreifend wurzelt. Amseln und Grünfinken lieben ihn, weil sie in seinem blickdichten Immergrün schon im März ihre Nester bauen können. Die Bezeichnung Lebensbaum zieht sich durch alle Sprachen, vom holländischen „Levensboom“ über das französische „Arbre de vie“ bis hin zum italienischen „Albero de la vita“. Nur im Ursprungsland Amerika nennt man ihn wegen seiner imposanten Wuchsform „Northern white cedar“. Der Begründer der Homöopathie, C. F. S. Hahnemann (1755–1843), erkannte die medizinische Bedeutung des Lebensbaumes bei Entzündungen an Augen, Ohren und Nase. Aber Thuja ist sehr giftig und für eine Selbstmedikation ungeeignet.

Thujabäume bilden blickdichte Hecken.

Riesen-Lebensbaum

Thuja plicata

Bäume in Park und Garten

- Zypressengewächse
- März – April
- 30 – 60 m

Nadeln mit Glanz und Duft

Die schuppenförmigen Nadeln des Riesen-Lebensbaumes liegen eng an den Zweigen. Von oben erscheinen sie glänzend dunkelgrün, von unten matt graugrün. Zerreibt man sie, verströmen sie einen intensiv aromatisch-fruchtigen Duft.

Der Riesen-Lebensbaum wächst als gleichmäßige hohe Pyramide.

Die weißen Siedler Nordamerikas bauten aus seinen dicken Stämmen ihre ersten Blockhäuser. Und heute wird der Riesen-Lebensbaum im Außenbau immer noch verarbeitet, auch in Europa. Fensterrahmen, Türen, Schindeln und Wandverkleidungen, ja selbst Bootsmasten macht man aus seinem leichten und lange haltbaren Holz. Die regen- und nebelreichen Küstenregionen des westlichen Nordamerika sind sein ursprüngliches Verbreitungsgebiet. Dort erreicht er stolze Höhen von 60 Metern und ein Alter von 1000 Jahren. Im Jahr 1853 wurde der Riesen-Lebensbaum nach Mitteleuropa eingeführt. Er wird vor allem als eindrucksvoller Solitärbaum in Parks gepflanzt.

Merkmale
Nadelbaum mit kegelförmiger Krone; Schuppenblätter kreuzgegenständig, in vier Längsreihen, duften aromatisch; Blüten klein, unauffällig; reife Zapfen länglich, eiförmig, braun, bestehen aus 10–12 Schuppen.

Bäume
am Wasser

Das Auf und Ab des Wassers hat entlang unserer Flüsse eine Auenlandschaft geformt, die zu jeder Jahreszeit ihren Reiz hat. Besonders schön aber ist sie im Frühling, wenn sich helle Wolken im dunklen Wasser spiegeln und der Morgentau glitzernd in den Weiden hängt.
Die Silber-Weiden schieben schon sehr früh im Jahr ihre grünen Blattspitzen aus den Knospen. Sie stehen in den tiefer gelegenen Augebieten, direkt an den Ufern der Flüsse, denn sie vertragen auch eine längere Überflutung gut. Gemeinsam mit Erlen, Pappeln, anderen Weidenarten und einer reichen Kraut- und Strauchschicht bilden sie die „weiche Au“. An höher gelegenen Stellen dagegen gedeihen Harthölzer, die nur kurze Überschwemmungen aushalten. Charakterbaum dieser „harten Au“ ist die langsam wachsende Esche. Ihre Blütenbüschel und der Reichtum an Frühlingsblumen lassen die Hartholzaue im April in allen Farben leuchten. Auwälder sind unsere artenreichsten heimischen Lebensräume. Sie ermöglichen hunderten von Pflanzen- und tausenden von Tierarten das Überleben. Der Dschungel Mitteleuropas werden sie auch genannt.

Bäume am Wasser

- Weidengewächse
- März bis April
- 3–10 m

Merkmale
Rutenförmige, grünbraune Zweige; Blätter wechselständig, 10–15 cm lang und schmal, oben trübgrün, unten silbrig glänzend und seidig behaart, Rand oft umgerollt; aufrechte Kätzchenblüten, 2–4 cm lang.

Korb-Weide

Salix viminalis

Der Baum der Korbflechter

Schneidet man regelmäßig die Äste des Baumes direkt am Stamm ab, dann wird aus einer Korb-Weide eine Kopfweide. Aus den Schnittstellen wachsen viele lange, gerade Ruten, die geschält oder ungeschält zu Möbeln, Körben, Fischreusen und anderem geflochten werden.

Märchenhaft und sagenumwoben sehen sie aus, die Kopfweiden am Niederrhein. Die Bäume mit den langen, starr nach oben wachsenden Ruten prägen das Bild vieler Flusstäler und erinnern uns an längst vergangene Zeiten. Bis in die 50er Jahre des 20. Jahrhunderts wurden Korb-Weiden zurückgeschnitten. Ein Haushalt ohne Flechtwaren aus Weidenruten war einfach nicht vorstellbar. Und nicht nur das. Abbildungen früherer Jahrhunderte zeigen, dass man damals große Fässer nicht mit Eisenreifen zusammenhielt, sondern mit Weidenruten und Haselgerten. Metalle waren teuer und kostbar und selten erschwinglich. Heute übernehmen Naturschützer an vielen Flüssen den mühsamen Schnitt, denn Kopf-Weiden sind begehrte Nistorte für Steinkäuze, Eiderenten und Gänsesäger. Zur Gattung der Weiden gehören etwa 30–40 mitteleuropäische Arten.

Die biegsamen Ruten treiben jährlich neu aus.

Sal-Weide

Salix caprea

Bäume am Wasser

- Weidengewächse
- März bis April
- 2–10 m

Die geweihte Weide

Um die Osterzeit blühen überall die Sal-Weiden. In der katholischen Glaubenswelt ist es seit dem 8. Jahrhundert Brauch, am Palmsonntag blühende Weidenzweige, die Palmkätzchen, zu weihen. In der Ukraine wird der Palmsonntag deshalb Weidensonntag genannt.

Nach dem Kirchgang wird der geweihte Palmbusch zu Hause in den Herrgottswinkel, die Ecke über den Esstisch, gesteckt. Ein kleiner Zweig des geweihten Grüns kommt auf den Acker und einer in den Stall. In der heidnischen Vorstellung wird die Weide oft mit dem Tod in Verbindung gebracht. Dem germanischen Mythos zufolge bewohnt der Todesgott Viddharr ein Weidengebüsch. Auch in der Literatur sind Weiden düstere Todesbäume: Als Orpheus den Gang in die Unterwelt wagte, war es ein Weidenzweig, der ihm den Weg zeigte. Die Sal-Weide wächst als einzige Weide auch weit weg vom Wasser. Man trifft sie häufig auf Waldlichtungen und an Waldrändern.

Merkmale

Blätter gestielt, etwa doppelt so lang wie breit, oben olivgrün, unten graugrün, dicht behaart; Kätzchenblüten, erscheinen lange vor dem Laubaustrieb; junge Zweige behaart, alte Zweige stets kahl.

Das Blatt:
doppelt so lang wie breit

Bäume
am Wasser

- Weidengewächse
- April bis Mai
- 5–25 m

Merkmale
Laubbaum mit tiefrissiger Borke; Blätter lang, zugespitzt, oben dunkelgrün, unten silbrig und behaart; männliche und weibliche Kätzchenblüten auf getrennten Pflanzen.

Silber-Weide

Salix alba

Wolle für den Nesterbau

Im Juni treibt schon der kleinste Windhauch Myriaden weißer, wolliger Flocken vor sich her. Was jetzt durch die Luft wirbelt, sind Weidensamen auf der Suche nach neuen Ufern. Viele Vögel sammeln die weichen Flocken und verwenden sie als Polstermaterial für ihre Nester.

Die Silber-Weide gehört zu den heilenden Bäumen. Bis ins Altertum geht ihre arzneiliche Verwendung als fiebersenkendes, schmerzstillendes und entzündungshemmendes Mittel zurück. Ein Tee aus der Rinde junger Zweige galt bis in unsere Zeit als unübertroffenes fiebersenkendes Mittel. Es konkurrierte lange Zeit mit der Chinarinde aus dem tropischen Amerika. Hauptwirkstoff ist das in der Rinde enthaltene Glykosid Salicin. Seit der synthetischen Herstellung von Aspirin hat Weidenrinde ihre alte medizinische Bedeutung verloren. Aber als nervenstärkendes Mittel wird der Tee aus Weidenrinde und getrockneten Blättern immer noch getrunken. Diese größte einheimische Weide wächst schnell. Ihr Stamm bietet mit einer Höhe von 25 Metern und einem Durchmesser von mehr als einem Meter reichlich Holz. Damit ist sie unsere forstlich wichtigste Weidenart. Und sie gehört mit einem Lebensalter von etwa 120 Jahren zu den langlebigsten.

Silber-Weiden sind typische Flussbegleiter.

Bruch-Weide

Salix fragilis

Bäume am Wasser

- Weidengewächse
- März bis April
- 6–15 m

Merkmale
Laubbaum, dessen Zweige sich an der Ansatzstelle leicht und deutlich hörbar abbrechen lassen; Blätter lang, schmal und spitz, Blattrand gesägt; Kätzchenblüten.

Zerbrechlich wie Glas

Ihre Zweige brechen auffallend leicht und immer mit einem deutlich hörbaren Knacken. Dieser Eigenschaft verdankt die Bruch-Weide ihren Namen. Glasweide, Zerbrechliche Weide oder auch Prasselweide nennt sie der Volksmund.

„Zauberbäume“ waren die Weiden während der dunklen Zeit der Hexenverfolgungen. Man glaubte, junge Frauen würden sich darunter versammeln, um dem Teufel ihre Seele zu schenken. Im Gegenzug wollten sie von ihm die Hohe Kunst der Hexerei lernen. Im englischen Sprachraum ist die Verknüpfung zwischen Weiden und Hexen heute noch deutlich zu sehen. Der Begriff „willow“ für Weide hat den gleichen Wortstamm wie „witch“ für Hexe oder „wicked“ für böse. „Nahe am Wasser“ ist die Übersetzung des lateinischen Gattungsnamens der Weiden. Salix leitet sich von den keltischen Begriffen „sal“ für nahe und „lis“ für Wasser ab. Die deutsche Bezeichnung für diese Pflanzengattung geht auf das althochdeutsche „wida“ oder das mittelhochdeutsche „wide“ zurück. In vielen Gegenden Bayerns ist die mundartliche Bezeichnung der Weide heute noch Wiede.

Nur auf feuchten Moorböden können sich solche stattlichen Bruch-Weiden entwickeln.

Bäume
am Wasser

- Weidengewächse
- März bis April
- 15–30 m

Merkmale
Sommergrüner Laubbaum mit breiter Krone; Borke schwarz und tief längsrissig; Blätter herzförmig, lang gestielt; Blüten in hängenden Kätzchen, weibliche Kätzchen grüngelb, männliche Kätzchen rot.

Schwarz-Pappel

Populus nigra

Der Salbenbaum

In der Naturheilkunde hat die Schwarz-Pappel schon lange einen festen Platz. Bereits vor 4000 Jahren empfahl der griechische Arzt Galen eine Salbe aus Pappelknospen, um Entzündungen zu heilen. Diese Pappelsalbe wird als schmerzstillender Balsam immer noch eingesetzt.

Ursprünglich wuchsen Schwarz-Pappeln fast überall in Europa. Heute ist die reine Wildart selten geworden und steht auf der Roten Liste. Die heutigen Bäume sind forstliche Neuzüchtungen. Pappeln wachsen sehr schnell. Zuwächse von einem Meter pro Jahr sind keine Seltenheit. An geeigneten Standorten können Schwarz-Pappeln bis zu 300 Jahre alt werden. Aber schon mit 80 Jahren sind sie eindrucksvolle Baumveteranen. Und ihre forstliche Umtriebszeit ist mit 30–50 Jahren sehr kurz. Das glatte Holz der Schwarz-Pappel gilt als das wertvollste der heimischen Pappeln. Madonnenschnitzer lieben es. Auf der Schwarz-Pappel entwickeln sich acht heimische Nachtschmetterlinge, auch der Pappelschwärmer. Von Juni bis September fressen seine Raupen so manchen Zweig kahl.

Häufig wurden diese schmalen, großen und schnell wachsenden Bäume an Ufer oder Straßenränder gepflanzt.

Silber-Pappel

Populus alba

Bäume
am Wasser

Silbrig hell und samtig weich

Weithin leuchten die silberweißen Unterseiten, wenn der Wind die Blätter hin und her wirbelt. Dabei ist sanftes Rauschen zu hören. Silber-Pappeln rascheln nicht, sie raunen, weil ihre behaarten Blätter Geräusche dämpfen.

Die griechische Mythologie erzählt eine zauberhafte Geschichte, wie die Silber-Pappel entstand. Als die schöne Nymphe Leuke die Nachstellungen des verliebten Hades, des Gottes der Unterwelt, nicht mehr ertragen konnte, verwandelte sie sich kurzerhand in eine Silber-Pappel. Seitdem grünt sie an der Schwelle zur Unterwelt, am „Fluss der Erinnerung“. Für die amerikanischen Indianer war die Silber-Pappel über viele Jahrhunderte der Medizinbaum schlechthin. Moderne Kräuterkundige nutzen die Inhaltsstoffe bei chronischem Gelenkrheuma. Bis zum Ende des Mittelalters hießen sie im deutschen Sprachraum „Bellen“, was sich aus dem altfranzösischen „albel“ für weiß herleitet. Der Name Pappel war der Malve vorbehalten. Und die Wilde Malve heißt heute noch umgangssprachlich Käsepappel.

- **Weidengewächse**
- **März bis April**
- **15–35 m**

Merkmale
Laubbaum mit zunächst weißgrauer, glatter Rinde, die im Alter dunkelgrau und rissig wird; Blätter oval oder drei- bis fünflappig, oben tiefgrün, unten weißfilzig; etwa fingerlange hängende Kätzchenblüten.

Jeder Windstoß verändert das Aussehen: mal dunkelgrün, mal silberhell

Schwarz-Erle

Alnus glutinosa

Bäume
am Wasser

- Birkengewächse
- März bis April
- 10–25 m

Merkmale
Fast schwarze Rinde; Blätter lang gestielt, unten mit gelben Haarbüscheln; Blüten vor den Blättern, männliche Blüten als hängende Kätzchen, weibliche Blüten zapfenartig.

Der Baum der Verbannung

Nach altfränkischen Recht zerbrach man über dem Kopf eines Verurteilten vier Erlenzweige und warf die Bruchstücke in verschiedene Richtungen. Damit symbolisierte man den Ausschluss aus der Familie. Die Redewendung „über jemanden den Stab brechen" geht auf diesen Brauch zurück.

Früher bestimmten ausgedehnte Erlenwälder das Bild des norddeutschen Tieflandes. Heute sind davon nur noch Restbestände erhalten. Aber das Interesse der Holzwirtschaft an der Schwarz-Erle nimmt wieder zu, denn der Baum wächst schnell und verbessert den Boden. Wegen ihrer hohen Widerstandsfähigkeit gegen Nässe ist die Schwarz-Erle bei der Befestigung von Ufern und der Drainage von eingedeichten Flächen die wichtigste Baumart. Erlenholz war bei Wasserbauten schon immer das Holz der Wahl. Alt-Amsterdam steht zum großen Teil auf Erlenstämmen. Seit Beginn der 1990er Jahre tritt in vielen europäischen Ländern ein Erlensterben auf. Typische Krankheitssymptome sind Teerflecken am Stamm und kleine hellgelbe Blätter. Hilfe für befallene Bäume gibt es nicht. Heutige Bekämpfungsmaßnahmen beschränken sich darauf, eine Ausbreitung der Krankheit zu verhindern. Dies soll durch die Pflanzung absolut gesunder, widerstandsfähiger Erlen erreicht werden.

Typisch: Die Blätter glänzen.

Bäume
am Wasser

- Birkengewächse
- April bis Mai
- 10–25 m

Merkmale
Laubbaum, oft mehrstämmig; Rinde schmutzig-weiß, wird erst spät zu rissiger schwarzer Borke; Blätter wechselständig, lang gestielt, duften aromatisch; Kätzchenblüten; Früchte geflügelte Nüsschen.

Moor-Birke

Betula pubescens

Der Baum, der nach der Kälte kam

Es ist etwa 10 000 Jahre her. Überall in Nordeuropa schmolzen Schneemassen und Eisberge, überall entstanden Rinnsale und Gewässer. Bald besiedelte ein Baum die aufgetauten Böden und bildete europaweit einen Birkenwaldgürtel. Heute ist der Baum nur noch im Moor zu Hause.

Die Moor-Birke ist von ihrer nahe verwandten Hänge-Birke ganz leicht zu unterscheiden. Ihre Triebe und Blattstiele sind fein behaart. Solche aufwändigen Erfindungen des Pflanzenreichs wie Behaarung deuten auf besondere Kälteanpassung hin. Tatsächlich ist die Moor-Birke gegen raues Klima sehr widerstandsfähig, aber auch sehr lichtbedürftig. Den Anspruch an helle Standorte teilt sie sich mit Zitter-Pappel, Ohr-Weide und Erlen. Frei stehende Exemplare werden stattliche 25 Meter hoch, in den Hochlagen der Gebirge gibt es aber auch nur kleine Moor-Birkensträucher. Schon oft hat die Moor-Birke dazu beigetragen, menschliches Wissen zu überliefern. Weil sich ihre weiße Rinde pergamentartig ablöst, war sie schon immer Briefpapier. Für die Römer ebenso wie für Mönche im Mittelalter.

So etwa sah die Landschaft in Mitteleuropa vor 10 000 Jahren aus: Überall standen dichte Birkenwäldchen.

Flatter-Ulme

Ulmus laevis

Bäume
am Wasser

- Ulmengewächse
- März bis April
- 10–35 m

Der Baum der großen Ströme

Sie wächst nur vereinzelt, ist nirgends häufig oder gar waldbildend. Aber immer begleitet die Flatter-Ulme große Ströme wie Rhein, Donau oder Wolga. Die kleinste der drei Ulmenarten besiedelt feuchte Auen und steht oft mitten im Sumpf.

Die Flatter-Ulme gehört zu einer Baumgemeinschaft, die man als Hartholzaue bezeichnet. Sie besiedelt nährstoffreiche und oft überschwemmte Böden, wie sie in Wassernähe häufig vorkommen. Den Namen Flatter-Ulme erhielt der Baum wegen seiner lang gestielten Früchte, die bei jedem Lufthauch in Bewegung sind. Erstaunlicherweise widersteht die Flatter-Ulme als einzige Ulme weitestgehend dem Ulmensterben, einer Pilzkrankheit, die den Wassertransport der Bäume unterbricht.

Diese Lichtbaumart mag es wärmer als die übrigen Ulmen. Nur in sommerwarmen Klimalagen entwickelt sie sich zu stattlichen Bäumen von bis zu 35 m Höhe.

Merkmale

Laubbaum mit längsrissiger, grauer Borke; Blätter mit deutlich asymmetrischem Blattansatz, oben dunkelgrün, unten graugrün, fein und dicht behaart; Blüten gestielt, hängen in Büscheln von den Zweigen, erscheinen vor dem Laub; Frucht gestielt, Samen in der Mitte.

Den dicht belaubten, sattgrünen Baum sollte man begreifen: Seine gezähnten Blätter sind unterseits weich behaart.

Bäume
am Wasser

- **Ölbaumgewächse**
- **April bis Mai**
- **25–40 m**

Merkmale
Kerzengerader Stamm bis hinauf in die Spitze; Rinde grau und feinrissig; Blätter aus 11–15 Teilblättchen zusammengesetzt; Blüten in dichten Büscheln, Staubbeutel dunkelrot; Früchte mit langen Flügeln.

Esche

Fraxinus excelsior

Der Apothekenbaum unserer Vorfahren

Der wertvolle Begleitbaum vieler Flüsse und Ströme lieferte mit seiner Rinde bereits das Verbandsmaterial der Antike. Auch Blätter, Früchte und Holz der Esche setzte die Volksmedizin durch alle Jahrhunderte bis in unsere Zeit erfolgreich ein. Sie halfen und helfen bei Gicht, Rheuma, Steinerkrankungen und vielem mehr.

Wer gerne rudert oder paddelt, hat das Holz der Esche buchstäblich in der Hand. Dieser in ganz Europa verbreitete Baum liefert seit Menschengedenken bestes faserfreies Holz. Als das deutsche Segelschulschiff Gorch Fock in einem heftigen Sturm seine Galionsfigur aus Kunststoff verlor, suchte man dauerhaften Ersatz. Claus Hartmann, einer der letzten Galionsfigurenschnitzer, entschied sich, den mächtigen Albatros aus Eschenholz zu fertigen. „Dat hölt ewig", meinte der schnitzende Arzt zu dem neuen Begleiter des Schiffes über die Weltmeere.
Eschen gehören zu den anspruchsvollsten Baumarten Europas. Sie brauchen nährstoffreiche Böden, viel Licht und für ein gleichmäßiges Wachstum ständige Kronenfreiheit. Man erkennt die hoch wachsenden Bäume schon von weitem an den büscheligen Früchten, die oft noch im Winter an den Zweigen hängen.

Einer der höchsten einheimischen Laubbäume mit einem besonderen Gelbton im Herbst

Sanddorn

Hippophae rhamnoides

Bäume
am Wasser

- Ölweidengewächse
- April bis Mai
- 3–6 m

Merkmale
Strauch oder kleiner Baum mit dornigen Zweigen; Rinde erst glatt, später längsrissig; Blätter oben graugrün, unten silbrig weiß; beerenartige orangerote Steinfrüchte, essbar.

Gesund mit Sanddorn

Im Mittelalter verwendeten Mönche den Sanddorn als vielseitige Heilpflanze. Heute kennt man seine Inhaltstoffe. Die goldgelben Beeren enthalten fünfmal mehr Vitamin C als Zitronen. Und mit seinem reichen Cocktail aus weiteren Vitaminen liefert der Sanddorn Gesundheit pur.

Stachelige Weide oder Weidendorn wird der Sanddorn wegen seiner bedornten Äste und den weidenähnlich schmalen Blättern auch genannt. In Deutschland tritt er in zwei nahe verwandten Unterarten auf. Die typische Unterart „fluviatilis" hat lange überhängende Äste und wenig Dornen. Sie wächst in den Flusstälern des Alpenvorlandes. Der Unterart „rhamnoides" mit kurzen, steifen, aufrecht stehenden Ästen und vielen Dornen begegnet man hauptsächlich an den sandigen Küsten von Nord- und Ostsee. Darüber hinaus wird das Ölweidengewächs als Nutzstrauch in vielen Gärten kultiviert. Sanddornbeeren würzen Fischsuppe unvergleichlich. Und Sanddornsaft stärkt das Immunsystem. Sanddorn verbessert die Sehkraft und unterstützt die Wundheilung. Zur Zeit wird getestet, ob seine Inhaltsstoffe nicht sogar gegen Krebs helfen.

Wegen der spitzen Dornen an den Ästen lassen sich die wertvollen Beeren am besten mit einer kleinen Schere ernten.

Bäume
am Wasser

- Kreuzdorngewächse
- Mai bis Juni
- 1,5–7 m

Merkmale
Rinde zunächst rostrot, später graubraun; Blätter deutlich gestielt; kleine weiße Blüten, stehen in Gruppen in den Blattachseln; kugelige Steinfrüchte, unreif rot, später glänzend schwarz, giftig.

Faulbaum

Frangula alnus

Der Lieblingsbaum des Zitronenfalters

Flattert der erste Schmetterling durch den Frühling, dann ist es meistens ein Zitronenfalter. Er ist auf der Suche nach einem ganz bestimmten Baum, dem Faulbaum. An feuchten Waldrändern findet er ihn. Dort legt er seine Eier an die jungen zarten Blätter.

Waldimker schätzen die kleinen unscheinbaren Blüten des Faulbaumes wegen ihres reichen Nektarangebotes. Den ganzen Sommer locken sie in feuchten Wäldern Bienen an. Diese scheinen den Geruch des Faulbaumes besonders zu mögen. In Schleswig-Holstein stellen Imker aus seinem Holz sogar Bienenkästen her. Und in der Bretagne reibt man noch heute Bienenkörbe mit seinen Blättern ein. Seinen Namen verdankt der Faulbaum dem eigenartigen Geruch seiner Rinde. Früher trocknete man sie und stellte daraus ein wirkungsvolles, aber gefährliches Abführmittel her. Die fein pulverisierte Holzkohle aus den Ästen vermischte man mit Schwarzpulver. Daher der volkstümliche Name Pulverholz. In der Volksmedizin kochte man früher die Wurzeln in Milch und gab sie Schafen gegen Hautschädlinge.

Der Faulbaum wächst auch buschartig in Hecken eingebunden. Im Herbst sind seine roten Früchte weit zu sehen.

Echte Traubenkirsche

Prunus padus

Bäume am Wasser

- Rosengewächse
- Mai bis Juni
- 8–18 m

Merkmale
Rinde riecht beim Zerreiben unangenehm; Blätter wechselständig; duftende weiße Blüten in hängenden Trauben; erbsengroße schwarze Steinfrucht.

Das üppige Weiß des Frühlings

Verschwenderisch blüht die Traubenkirsche im Mai an Waldrändern und in Auwäldern. Der Baum gilt als Überwinterungsort der Traubenkirschenlaus, einer Blattlaus, die im Frühling auf das junge Getreide wechselt. Trotzdem ist er nicht schädlich. Seine Blüten locken auch die natürlichen Feinde der Blattläuse, winzige Erzwespen, an.

Im Mai wird die Traubenkirsche von Fliegen regelrecht umschwärmt. Ein eigenartig aufdringlicher Blütenduft lockt diese Insekten in Scharen an. Faulbaum nennt sie deshalb der Volksmund. Ein anderer gebräuchlicher Volksname ist Hexenbaum. Abergläubische Bauern steckten am Walpurgistag Traubenkirschenzweige an die Stalltüren und hofften, damit Hexen und ihren Zauber von den Tieren fern zu halten. Die jungen Blätter und die Rinde der Traubenkirsche riechen beim Zerreiben nach bitteren Mandeln. Sie enthalten das Glykosid Isoamygdalin, das in der Homöopathie als schmerzstillendes und stärkendes Mittel angewendet wird. Der häufige Baum wächst als Erlen- und Eschenbegleiter am Rande feuchter Laubmisch- und Auenwälder. An seinen natürlichen Standorten ist er ein Grundwasserzeiger.

In dichten Trauben stehen die Blüten schon ab Ende April. Sie duften aufdringlich.

Bäume
Wälder der Ebene

„Planst du für ein Jahr, so säe Korn. Planst du für ein Jahrtausend, so pflanze Bäume“, rät ein chinesisches Sprichwort. Bäume leben in anderen Zeiträumen als wir Menschen. Linden werden weit über 1000 Jahre alt, Eichen stecken nach einem halben Jahrtausend noch voller Leben, und Buchen strahlen auch nach dreihundert Jahren eine unvorstellbare Vitalität aus.

Eine der ältesten Buchen Deutschlands ist die Bavariabuche von Pondorf. Glaubt man einer Sage, wurde sie zur Zeit der Kreuzzüge, also im 11. Jahrhundert, gepflanzt. Der wunderschöne Baum herrscht einsam, aber kraftvoll über die Felder und Wiesen im Fränkischen Jura. Seine mächtige Krone ragt weit in den Himmel, seinen zerfurchten Stamm können vier Menschen gerade umfassen. Dabei fing auch er klein an. Er keimte aus einer kaum ein viertel Gramm schweren Frucht und wuchs im Laufe der Jahrhunderte zu diesem eindrucksvollen Riesen heran. Heute stehen wir bewundernd vor ihm, lauschen dem Lied des Windes in seinen Blättern und stellen uns vor, was er alles erlebt hat. Wie viele Menschen sah er wohl kommen und gehen?

Bäume
Wälder der Ebene

- Buchengewächse
- April bis Mai
- 10–45 m

Merkmale
Laubbaum mit hochgewölbter Krone; Borke glatt, bleigrau; Blätter wechselständig, oval, frischgrün, am Rand glatt, gewellt; Früchte (Bucheckern) sind dreikantige, glänzende Nüsse in einer stacheligen Hülle.

Rot-Buche

Fagus sylvatica

Sie liebt den Schatten und den Wind

Kein anderer heimischer Laubbaum ist so schattenfest wie sie. Die Rot-Buche gedeiht selbst bei einem Bruchteil des normalen Tageslichts. Weil auch Stürme ihr wenig anhaben können, stehen die ältesten Buchenwälder im norddeutschen Windland und im Spessart.

In den Nachkriegsjahren 1946 und 1947 zogen die Menschen in die Wälder, um Bucheckern zu sammeln. Sie pressten daraus ein mildes und haltbares Speiseöl. Doch nicht nur dieses Buchenöl diente dem Überleben in einer kargen Zeit. Frisch ausgetriebene Buchenblätter auf Butterbrot galten damals als Frühlingsdelikatesse. Für uns heute sind solche Genüsse kaum vorstellbar. Dass die Rot-Buche aber schon immer ein Überlebensbaum für die Menschen war, zeigt die Herleitung ihres Namens. In vorgermanischer Zeit hieß sie „bhagos“, im Griechischen „phagein“ und das bedeutet „essen“. Heute gilt die Rot-Buche als Mutter des Waldes. Sie ist die wichtigste heimische Laubbaumart und eines der bedeutendsten Nutzhölzer. Furniere, Treppen, Werkzeugtische und Eisenbahnschwellen werden aus Buchenholz hergestellt. Die in Gärten gepflanzten Blut-Buchen mit dunkelroten Blättern sind Zuchtformen der Rot-Buche.

Buchenblätter: jung zartgrün, später nachdunkelnd

Stiel-Eiche

Quercus robur

Bäume
Wälder der Ebene

Der Brotbaum der Handwerker

Die europäische Kulturgeschichte bis zum 19. Jahrhundert wird oft als das „hölzerne Zeitalter" beschrieben. Vor allem Eichenholz war wegen seiner Haltbarkeit und Widerstandskraft gefragt. Kaum ein Handwerksberuf kam damals ohne die Eiche aus.

Erst die belastbaren und gut ausgerüsteten Schiffe aus Eichenholz ermöglichten dem britischen Empire die Eroberung der Kolonien und den Handel mit Übersee. Im englischen Eichenwald des 18. Jahrhunderts sollen allein für den Schiffbau etwa 500 000 Eichenstämme gefällt worden sein. Die Stiel-Eiche hieß im damaligen England „father of ships". In Deutschland war der Schiffbau zu dieser Zeit unbedeutend. Trotzdem wurden im 17. und 18. Jahrhundert entlang der schiffbaren Flüsse Donau, Elbe, Rhein und Weser ganze Waldhänge kahl geschlagen. Das Holz ging an Werften im Ausland, vor allem nach Holland. So gibt es in Deutschland heute nur noch wenige alte Eichenwälder.

- **Buchengewächse**
- **April bis Mai**
- **20–50 m**

Merkmale
Stamm verzweigt sich bereits im unteren Bereich; Blätter kurz gestielt, mit drei bis sechs runden Lappen auf jeder Seite; Eicheln in kleinen, schuppigen Bechern, hängen an langen Stielen (Name).

Unverwechselbar sind die gelappten Eichenblätter. Sie bilden ein geschlossenes Laubdach.
Die lang gestielte Frucht gibt dem Baum den Namen.

Bäume
Wälder der Ebene

- Buchengewächse
- Mai
- 20–30 m

Merkmale
Gerader Stamm; Rinde dunkelgrau, bis zum 40. Jahr glatt, danach dünnschuppige Borke; Blätter gestielt, in spitz zulaufende Lappen eingebuchtet; glänzend rotbraune Früchte (Eicheln) in kurzen Bechern.

Rot-Eiche

Quercus rubra

Ein Hauch von Indian Summer

Die Rot-Eiche aus Nordamerika trägt ihren Namen zu Recht. Ihre leuchtend rote Herbstfärbung ist einmalig schön. Weil ihre Blattzipfel nicht rund, sondern in einer Spitze enden, wird sie auch Amerikanische Spitz-Eiche genannt. Sie brachte uns die Herbstfarben der Indianer.

„Der Wald, der Wald! Dass Gott ihn grün erhalt!", schrieb Joseph von Eichendorff. Nachdem man den Wald über Jahrhunderte rücksichtslos ausgebeutet hatte, wurde Holz zur Zeit Eichendorffs Mangelware. Und die Erkenntnis, dass der Wald Hilfe braucht, machte den Weg frei für eine sinnvolle Forstwirtschaft. Damals versuchte man, vor allem amerikanische Bäume bei uns heimisch zu machen. Die Rot-Eiche aus dem Osten der USA gehörte dazu. Im 18. Jahrhundert wurden überall in Mitteleuropas Laub-, Misch- und Nadelwäldern Rot-Eichen forstlich angebaut. Sie gedeihen auf kargen Böden deutlich besser als unsere heimischen Eichenarten, sind sturmsicher, resistent gegen Mehltau und Luftschadstoffe und wachsen deutlich schneller. Rot-Eichen gehören zu den ertragreichen Eichen. Einziger Nachteil des Baumes: Er ist hoch anfällig gegen die Eichenwelke, eine Gefäßkrankheit, verursacht durch einen Pilz aus seiner Heimat.

Rot-Eichen bilden mächtige Bäume.

Flaum-Eiche

Quercus pubescens

Bäume
Wälder der Ebene

- Buchengewächse
- Mai
- 5–20 m

Merkmale
Blätter mit beidseits 5–7 auffallend regelmäßigen Lappen, unten behaart; männliche grüne hängende Kätzchen, weibliche Blüten klein, in den Blattachseln der Jungtriebe; Eicheln.

Die Trüffeleiche

Im französischen Perigord nennt man die Flaum-Eiche „chene truffier", Trüffeleiche. In ihrer Umgebung wachsen die von Feinschmeckern sehr begehrten Trüffelknollen besonders häufig. Perigord-Trüffel bevorzugen wie die Flaum-Eiche kalkhaltige Böden.

Ihr botanischer Name ist gut gewählt. Das lateinische „pubescens" leitet sich von „puber" für „behaart" ab und beschreibt treffend eine unverwechselbare Eigenschaft der Flaum-Eiche: die dichte Behaarung an Jungtrieben, Blattstielen, Blattunterseiten und Fruchtbechern. Haareiche heißt der Baum deshalb im Volksmund. Die Flaum-Eiche ist die Charakterart der Wärme liebenden Eichenmischwälder Süd- und Südosteuropas. Dort wächst sie zusammen mit Hopfen-Buche und Blumen-Esche auf trockenen, nährstoffreichen und kalkhaltigen Böden sonniger Hänge. Ihre Vorkommen in Mitteleuropa sind Relikte aus der Wärmezeit (ungefähr 5000–2500 v. Chr.). Heute erreichen Flaum-Eichen nördlich der Alpen ihre Verbreitungsgrenze. In Deutschland finden wir sie noch in Regionen, wo auch Wein angebaut wird, so zum Beispiel im Rhein-, Mosel- und Nahetal sowie am Kaiserstuhl. Das Holz der Flaum-Eiche ist besonders hart und schwer und eignet sich damit als Bauholz.

Die männlichen Blütenstände hängen als lange Kätzchen an den Zweigen.

Bäume
Wälder der Ebene

- Buchengewächse
- Mai bis Juni
- 10–30 m

Merkmale
Sommergrüner Baum mit breit ausladender Krone, Stammborke graubraun, längsrissig; Blätter ledrig derb, 15–20 cm lang, mit sägeblattähnlichen Zähnen; männliche Blüten aufrechte gelbe Kätzchen, weibliche Blüten an deren Basis; dunkelbraune Frucht (Marone) in stacheligem Fruchtbecher.

Edelkastanie, Keste

Castanea sativa

Der Brotbaum

Bis ins 17. Jahrhundert waren die Früchte der Edelkastanie ein wichtiges Volksnahrungsmittel. Mit ihrem hohen Stärkeanteil sicherten sie das Überleben bei Getreidemissernten. Heute hat der Baum seine einstige Wertschätzung als Brotfrucht eingebüßt. Nur auf Weihnachtsmärkten sind Maronibrater immer noch gefragt.

Die Edelkastanie ist ein Baum des Südens. Ihre natürliche Verbreitung hat sie im Mittelmeerraum, aber seit der Römerzeit gilt sie in den wärmeren Gebieten West- und Mitteleuropas als eingebürgert. Am häufigsten trifft man sie in sommertrockenen Laubmischwäldern auf nährstoffreichen Böden. Dort übertreffen Edelkastanien mit einem Alter von über 1000 Jahren und einem Stammdurchmesser von 4–6 Metern oft sogar alte heimische Baumarten. Edelkastanien gehören zu den dicksten Bäumen der Alten Welt. Das berühmteste Exemplar wuchs am Fuß des Ätna und soll einen Stammumfang von unglaublichen 61 Metern besessen haben. Kastanienblüten werden von Bienen und Käfern bestäubt. Die Früchte verbreiten Häher und Krähen, Eichhörnchen und Siebenschläfer. Sie reifen wie der Wein nur in warmen Regionen. „Wann's Keschde gibt, gibt´s auch Woi" heisst es im Volksmund.

Lange Blätter, stachelige Früchte

Hainbuche, Weißbuche

Carpinus betulus

Bäume
Wälder der Ebene

▸ **Haselgewächse**

▸ **April bis Mai**

▸ **7–25 m**

Das Doppel im Wald: Eiche und Hainbuche

Wo eine Eiche steht, ist die Hainbuche meistens nicht weit. Dieser Baum gedeiht am besten unter dem Blätterdach der sonnenliebenden Eiche. Schon immer hat er seine größte Verbreitung in den charakteristischen Eichen-Hainbuchen-Wäldern.

Eiche und Hainbuche ergänzen sich hervorragend, auch im Wurzelsystem: Die tiefwurzelnde Eiche nutzt tief im Boden liegende Nährstoffe, die flachwurzelnde Hainbuche dagegen die oberen Nährstoffdepots. Obwohl die Hainbuche in die Verwandtschaft der Haselgewächse gehört, ähnelt sie ein wenig den Buchen. Aber ein Blick auf das Blatt schließt jeden Irrtum aus: Hainbuchenblätter sind am Rand gesägt, die der Rotbuchen glatt. Ein weiteres Erkennungsmerkmal der Hainbuche ist ihr Stamm. Manchmal erscheint er gewunden wie ein Seil. Ihr Name „Eisenbaum" weist auf das harte und schwere Holz hin.

Merkmale
Rinde glatt, dunkelgrau; Blätter oval, faltig, enden in einer Spitze, sind am Rand gesägt; männliche und weibliche Blüten als grüne hängende Kätzchen; Frucht ist eine kleine Nuss mit dreilappigem Deckblatt.

Hainbuchen bilden oft das schattige Unterholz von Eichenwäldern.

Bäume
Wälder der Ebene

- Lindengewächse
- Juni bis Juli
- 25–40 m

Merkmale
Blätter schief herzförmig, unten mit weißen Haarbüscheln in den Nervenachseln; gelbweiße duftende Blüten, hängen meist zu drei bis fünf in einem Blütenstand; filzige Kapselfrucht mit fünf Rippen.

Sommer-Linde

Tilia platyphyllos

Der Baum, der uns die Kleider gab

Die reichlichen Bastfasern der Rinde machten die Sommer-Linde schon vor langer Zeit zu einem geschätzten Baum. Bereits in der Steinzeit klopften die Menschen Lindenfasern weich und flochten daraus ihre Kleider. Auch die Germanen sollen noch Mäntel aus Baumbast getragen haben.

Bei Seesen im Harz steht vor der Burgruine Stauffenburg eine knorrige Sommer-Linde, die „Eva-Linde", benannt nach Eva von Trott, einer Geliebten des Herzogs Heinrich von Braunschweig. Einst waren Linden Mittelpunkt des Dorfes, Orte für Gerichtsverhandlungen oder Treffpunkt der Liebenden. Als heilige Bäume oder „lignum sanctum" wurden sie neben Feldkapellen und Bildstöcke gepflanzt. Heute schätzen wir diese ehrwürdigen Riesen immer noch. Lindenblüten werden in Apotheken als „Flores Tiliae" gehandelt. Sie enthalten Zucker, Gerbstoffe, Pflanzenschleime und ein ätherisches Öl. Ein Aufguss der getrockneten Blüten ist seit dem 17. Jahrhundert ein beliebtes Hausmittel bei Grippe, Erkältung und Magenverstimmungen. Auch die Malkunst beflügelte dieser Baum. Zeichenkohle aus Lindenholz ließ große Bilder entstehen. Nur als Möbelholz eignet es sich nicht.

Die Krone bildet eine Eiform.

Winter-Linde

Tilia cordata

Mit tausend Jahren immer noch lebendig

Überall in Mitteleuropa zeugen Baumriesen von alten Zeiten. Die Linden gehören zu den langlebigsten. Der Volksmund sagt, eine Linde komme 300 Jahre, stehe 300 Jahre und vergehe 300 Jahre. Aber nicht selten erneuert sie sich von innen heraus und grünt noch als tausendjähriger Baum.

1510 schuf Tilman Riemenschneider einen Marienaltar aus Lindenholz. Seine filigranen Figuren haben die Jahrhunderte fast ohne Spuren überlebt. Sie sind ein Zeugnis vergangener Kunst, in der Herrgottskirche von Creglingen an der Tauber zu sehen. Linden gehörten während einer Wärmezeit vor 8000 Jahren zu den Hauptbaumarten der damaligen Wälder. Später wurden sie oft von der Buche verdrängt. Förster schätzen die einheimischen Linden als waldbauliche Perlen, weil sie mit ihrem leicht abbaubaren Laub den Boden pflegen. Trotzdem erreichte die Linde als Waldbaum nie die Bedeutung von Eiche oder Fichte.

Bäume
Wälder der Ebene

- **Lindengewächse**
- **Juni bis Juli**
- **15–25 m**

Merkmale
Blätter unten mit braunen Haarbüscheln in den Nervenachseln; gelbweiße, duftende Blüten, hängen zu fünf bis neun in einem Blütenstand, der mit einem schmalen Blatt verwachsen ist; kugelige Kapselfrucht.

Blütenstand mit Flügelblatt

Bäume
Wälder der Ebene

- Ahorngewächse
- April bis Mai
- 20–30 m

Merkmale
Kugelige Krone; Blätter in fünf bis sieben spitz auslaufende Lappen geteilt, Blattstiele mit Milchsaft; gelbgrüne Blüten, erscheinen vor den Blättern; Früchte mit fast waagrecht abstehenden Flügeln.

Spitz-Ahorn

Acer platanoides

Keiner hat so spitze Blätter

Der wissenschaftliche Gattungsname der Ahorne, „Acer", bezeichnet einen Baum mit spitz zulaufenden Blättern. Besonders deutlich wird diese Namensherleitung an den Blättern des Spitz-Ahorns: Seine Blattlappen sind in mehrere Spitzen ausgezogen. Gänsefußbaum wird dieser Ahorn deshalb auch genannt.

Wild wächst der Spitz-Ahorn nur in den Laubmischwäldern der tieferen Lagen. Aber man begegnet diesem Ahorn auch in vielen, sogar rotblättrigen Zierformen in Gärten und Parks. Selbst als robuster Straßenbaum wird er oft gepflanzt. Zur Blütezeit im Mai wird der Spitz-Ahorn von vielen Bienen umschwärmt, seine Blüten sind sehr nektarreich. Im Herbst entwickeln seine Blätter eine ungeahnte Leuchtkraft. Von Goldgelb bis Tiefrot reicht das Spektrum an Farben. Seine Propellerfrüchte verbreitet der Wind. Doch nicht allein. Wer hat sie nicht als Kind auseinander geklappt und wie eine Klammer auf der Nase ein Stück weit fortgetragen? „Platanenähnlich" bedeutet der botanische Artname „platanoides". An Platanen erinnern aber nur die Blätter des Spitz-Ahorn, seine Borke dagegen ist längsrissig und blättert nicht, wie bei Platanen üblich, in Schuppen ab.

Oft handtellergroß und lang gestielt: das Ahornblatt

Hänge-Birke

Betula pendula

Der Baum des Hohen Nordens

Als eurosibirische Art bezeichnet man diesen Baum, weil er in den nördlichen Kältegebieten Europas und Asiens natürlich vorkommt. Für die schnelle Besiedlung im Windland besitzt die Birke besondere Samen. Die winzigen geflügelten Nüsse segeln kilometerweit mit dem Wind.

Der Name Birke ist einer der ältesten Baumnamen und leitet sich vom indogermanischen Wort „bhereg" ab. Es bedeutet „Hellschimmerer" und beschreibt das Kennzeichen der Birke, die weiß schimmernde Rinde. Nach einem russischen Sprichwort hat die Birke vier gute Eigenschaften. Sie gibt Licht, weil selbst nasses Holz ruhig und fast ohne Rauch brennt. Sie macht still, weil Birkenteer quietschende Räder schmiert. Birkensaft und Birkenblättertee heilen Kranke. Und Birkenruten in der Sauna reinigen den Körper. Schon immer war die Birke für uns ein Symbol des Neubeginns. So schmückt man den 1. Mai mit Birkengrün. Auch viele Wiegen waren nach alter Überlieferung aus Birkenholz.

Bäume
Wälder der Ebene

- **Birkengewächse**
- **März bis Mai**
- **10–25 m**

Merkmale
Laubbaum mit überhängenden Zweigen und ovaler Krone; Rinde zunächst glänzend weiß, wird im Alter zu schwarzer Borke; Blätter dreieckig; männliche und weibliche Kätzchenblüten; winzige Nussfrucht.

Rinde und Borke – ein weißschwarzer Kontrast

Bäume
Wälder der Ebene

- Weidengewächse
- März bis April
- 10–25 m

Merkmale
Blätter fast kreisrund, mit langen dünnen Stielen; Blüten in roten hängenden Kätzchen; Kapselfrucht, Samen mit weißen, wolligen Anhängen.

Zitter-Pappel, Espe

Populus tremula

Zittern wie Espenlaub

Ihre langen Blattstiele sind seitlich zusammengedrückt und bieten dem Wind deutlich mehr Angriffsfläche als ein runder Stiel. So kann schon der leiseste Lufthauch die Blätter der Zitter-Pappel in Bewegung setzen. Das ging auch in ihren wissenschaftlichen Namen ein: „tremula" heißt „zitternd".

„Eine Pappel steht am Karlsplatz, mitten in der Trümmerstadt Berlin. Und wenn die Leute gehn übern Karlsplatz, sehn sie ihr freundliches Grün", schrieb Bertolt Brecht in seinem Pappelgedicht über das Nachkriegs-Berlin. Als typische Lichtbaumart besiedelte die Zitter-Pappel die Ruinen der Stadt als Erste. Zitter-Pappeln können dank ihrer mit langen Flughaaren ausgestatteten Samen jede freie Fläche in kürzester Zeit erreichen. Und als Rohbodenkeimer fassen sie auch auf schlechten Böden schnell Fuß. Mit einem Höchstalter von gerade 100 Jahren bleibt die Espe, so wird der Baum auch genannt, deutlich hinter der Lebenserwartung von Schwarz- und Silber-Pappel zurück. Ihr leichtes Holz wird zu Zündhölzern und Trögen verarbeitet. In früheren Zeiten versorgte sie einen ganzen Berufszweig mit Arbeit: Die bekannten „Holländerschuhe" oder „Klompen" wurden in mühevoller Handarbeit aus einem Pappelklotz oder Pappelklompen geschnitzt.

Zitterblätter an dünnen Stielen

Kornelkirsche

Cornus mas

So sauer wie Kornelkirschen

„Rohe Kornelkirschen sind mit ihren vielen Fruchtsäuren und Gerbstoffen ein Geschmackserlebnis, das einem fast die Schuhe auszieht", so das Urteil eines englischen Wildfrüchtekenners. Aber zu Marmeladen verarbeitet und kandiert sind sie ein Leckerbissen.

Bäume
Wälder der Ebene

- Hartriegelgewächse
- Februar bis April
- 2–8 m

Merkmale
Blätter oval, Ober- und Unterseite fein behaart; Blüten gelb, erscheinen vor dem Laub, stehen in kleinen Dolden direkt an den Zweigen; weintraubengroße, rote Steinfrüchte.

Wenn Kornelkirschen ihre goldgelben Blütentrauben zur Schau stellen, ist der Winter gerade vorbei. Dieser Strauch blüht im zeitigen Frühjahr, lange bevor die Zweige Blätter tragen. „Fürwitzel" wird er deshalb auch genannt. Sein Verbreitungsschwerpunkt liegt im Mittelmeerraum und an den Küsten des Schwarzen Meeres. Aber auch in den wärmeren Hügellandschaften Mitteleuropas kommt er wild vor. Und seit Beginn des Mittelalters ist er hier in Kultur. Weil das Laub der Kornelkirsche im Herbst in allen Rottönen leuchtet, ist sie ein beliebter Zierstrauch. Und weil sie Rückschnitt gut verträgt, wird sie gerne in die Hecke gepflanzt. Im Herbst lockt sie viele Tiere an. Kornelkirschen sind bei Vögeln und Haselmäusen sehr beliebt. In Südosteuropa wird aus Kornelkirschensaft eine Limonade zubereitet.

Früchte weintraubengroß, immer oval und kräftig rot

Bäume
Wälder der Ebene

- Schmetterlingsblütler
- Mai bis Juni
- 10–20 m

Merkmale
Dicke, graubraune, tief gefurchte Borke; Dornen an der Basis der Blattstiele; Blätter zusammengesetzt; weiße duftende Blüten, hängen in dichten Trauben; Früchte lange, dunkelbraune, glatte Hülsen.

Weiße Robinie

Robinia pseudoacacia

Robin war ein Gärtner, die Robinie sein Baum

Bereits Anfang des 17. Jahrhunderts wurde die Weiße Robinie von Jean Robin, einem Hofgärtner Ludwigs XIII. von Virginia nach Paris gebracht. Ihm zu Ehren schuf Carl von Linné den Gattungsnamen Robinia. Der Artname „pseudoacacia" weist auf die Ähnlichkeit mit Akazien hin.

Im Juni schmückt sich die Weiße Robinie mit einer Fülle von duftenden Blütentrauben. Das war für den Neubürger aus Nordamerika der erste Schritt zur erfolgreichen Einwanderung. Bald wurde er auch zur Aufforstung von Ödland herangezogen. Heute ist die Weiße Robinie eine weit verbreitete Baumart, vor allem, weil sie anspruchslos ist. Sie gedeiht auf nährstoffarmen Böden, wächst schnell und verträgt sogar Hitze und Dürre. Ihr Holz ist zäh wie Eschenholz, hart wie Hainbuchenholz und hält wenigstens 50 Jahre. Rebpfähle in den Weinbaulandschaften Süddeutschlands sind oft aus diesem Holz. Die Parfümindustrie nutzt den unvergleichlichen Duft der Robinienblüten, viele Imkereien ihren Nektarreichtum. „Akazienhonig" süßt Kuchen und Tee unvergleichlich. Die Robinie ist ein schwach giftiger Baum. Ihre Samen, vor allem aber die Rinde enthalten Giftstoffe, die zu Störungen im Stoffwechsel von Leber- und Muskelzellen führen können. Gefährdet sind Menschen und Tiere.

Blütenfülle mit süßem, schwerem Duft

Besenginster

Cytisus scoparius

Der gelbe Strauch an jeder neuen Straße

Wild wächst der Besenginster auf sandigen Heiden und in heißen Föhrenwäldern. Ähnliche Bedingungen wie heißer Sand und glühende Sonne bieten auch Böschungen an neu gebauten Straßen. Nicht selten sind es Besenginster, die sich hier ansiedeln.

Schon der Lehrer Karls des Großen pflanzte einen Besenginster vor sein Haus. Er hoffte, damit eine Nachtigall bei sich heimisch zu machen. Aber auch praktisch nutzte man den Strauch im Mittelalter: Man band seine rutenförmigen Zweige zu Besen zusammen oder verarbeitete sie zu Körben und Matten. Und aus seinen Fasern stellte man ein juteähnliches Gewebe her. Leider blüht der tiefgelbe Strauch nicht jedes Jahr. In strengen Wintern erfriert er oft, ein Hinweis auf seine Herkunft aus einem wintermilden, vom Meeresklima beeinflussten Gebiet. Der Besenginster ist ein Angehöriger einer kleinen, vor allem im westlichen Mittelmeergebiet verbreiteten Pflanzengattung. Sein Vorkommen in Mitteleuropa wurde durch häufiges Anpflanzen und anschließendes Verwildern gefördert. Besenginster verbessern nährstoffarme, vor allem stickstoffarme Böden. Sie beherbergen in ihren Wurzeln Bakterien, die den Stickstoff der Luft binden können.

- **Schmetterlingsblütler**
- **Mai bis Juni**
- **1–2 m**

Merkmale
Zweige grün, kantig, biegsam; Blätter im unteren Stängelbereich kleeartig dreizählig, oben oft nur einfach; gelbe Blüten; Früchte flache schwarze Hülsen, bohnenförmige Samen.

Die gelben Blüten fallen leicht ab.

Bäume
Wälder der Ebene

- Rosengewächse
- Mai bis Juni
- 10–20 m

Merkmale
Blätter lang gestielt, oben glänzend dunkelgrün, unten graugrün; Blüten weiß, stehen in aufrechten schirmartigen Blütenständen, Blütenstiele filzig behaart; braune, hell punktierte Frucht, essbar.

Elsbeere

Sorbus torminalis

Das Rosengewächs mit Ahornblättern

Betrachtet man nur die Form ihrer Blätter, könnte man die Elsbeere mit einem Ahorn verwechseln. Elsbeerblätter sind in mehrere, ungleich große Lappen geteilt. Der wesentliche Unterschied: Ahorne haben gegenständige Blätter, bei ihnen stehen sich die Blätter am Zweig also genau gegenüber. Bei Elsbeerbäumen dagegen sind sie abwechselnd am Zweig angeordnet, was man als wechselständig bezeichnet.

Im Würzburger Steinbachtal ragt eine Elsbeere völlig astfrei und kerzengerade 16 Meter in die Höhe. Die „schöne Elze" wird diese angeblich schönste Elsbeere der Welt genannt. Die Wärme liebenden Elsbeerbäume wachsen wild in klimatisch begünstigten Lagen. Ihr natürliches Verbreitungsgebiet in Deutschland deckt sich etwa mit der Grenze des Weinbaus. An geeigneten Standorten werden sie zehn bis maximal 20 Meter hoch und 100 Jahre alt. Elsbeeren oder Adlasbeeren, wie die Früchte in Österreich genannt werden, sind erst nach einigen Frostnächten genießbar. Früher nutzte man sie als „Darmbeeren", als Heilmittel gegen Durchfall und Ruhr. Auch der wissenschaftliche Artname des Baumes verweist auf diese Nutzung: Das lateinische „tormina" heißt übersetzt „Ruhr".

Kennzeichen der Elsbeere: die bräunlichen Früchte tragen stets viele weiße Punkte.

Speierling

Sorbus domestica

Bäume
Wälder der Ebene

- Rosengewächse
- Mai
- 15–20 m

Merkmale
Borke rau; Blätter aus 13–21 Teilblättchen zusammengesetzt; weiße Blüten in kegelförmigen Blütenständen; gelbe, auf der Sonnenseite rotwangige Früchte.

Ein fast vergessener Obstbaum

Sein lateinischer Artname „domestica" für „heimisch" oder „zum Haus gehörend" zeugt von seiner Wertschätzung in der Vergangenheit. Im Mittelalter war der Baum mit den kirschgroßen, braungelben Apfelfrüchten eine bedeutende Kulturpflanze.

Als Kulturpflanze erlebt der „Baum des Jahres 1993" gerade eine Renaissance. In den Obstgärten an der Mosel gibt es wieder größere Bestände des Speierlings. Seine Früchte verleihen dem Apfelmost die besondere Säure, werden aber auch zu Obstbränden und Marmeladen verarbeitet. Einzige Schwierigkeit bei der Kultur: Die Samen enthalten keimhemmende Stoffe und machen eine Nachzucht problematisch. Als Wildpflanze ist der Spierapfel in den trockenen Laubwäldern Südeuropas weit verbreitet. Nördlich der Alpen wächst er wild in den Eichenmischwäldern der Weinbaugebiete. Speierlingholz ist feinfaserig, dicht, hart und schwer – noch härter und schwerer als Hainbuchenholz. Dieses härteste europäische Laubholz wird zu Weinpressen, dem Joch von Zugtieren und Dudelsackpfeifen verarbeitet. In Baden-Württemberg, im Kraschgau bei Ölbronn steht ein quicklebendiger, etwa 300 Jahre alter Speierling.

Typisch sind die kegelförmigen Blütenstände.

Bäume
Wälder der Ebene

- Buchsbaumgewächse
- März bis April
- 2–10 m

Merkmale
Immergrüner Baum oder Strauch; Blätter klein, ledrig, stehen an kurzen Stielen dicht an den Zweigen; gelbweiße Blüten in den Achseln der Blätter; harte schwarze Kapselfrucht.

Buchsbaum

Buxus sempervirens

Der Lieblingsbaum barocker Gärtner

Pyramiden, Kugeln, Tierfiguren – der Buchsbaum setzt der Fantasie der Gärtner keine Grenzen. Weil man den immergrünen Strauch in jede beliebige Form schneiden kann, war er die traditionelle Pflanze der Barockgärten. Heute sieht man ihn auch als Beeteinfassung in Bauerngärten.

Buchsbäume vertragen Sommerhitze und lange Trockenheit gut. Ihr natürliches Verbreitungsgebiet reicht vom Mittelmeerraum bis in den Süden Deutschlands. Im Moseltal und in Südbaden wachsen dicht verzweigte Buchsbäume als lockerer Unterwuchs in den Buchsbaum-Flaum-Eichenwäldern. Darüber hinaus gibt es vom Buchs eine große Zahl an Gartenformen mit verschiedenfarbigen, weißbunten oder gelbgrün gefleckten Blättern. Buchsbaumhecken kommen wieder in Mode. Aber ganz ungefährlich ist der immergrüne Baum nicht. Seine Blätter und Früchte enthalten eine Reihe von Alkaloiden, die für Mensch und Tier giftig sind. Das Holz des Buchsbaums ist blassgelb und hat sehr feine, schmale Jahresringe. Wegen seiner Feinheit und Dichte wird es gerne für Holzschnitte verwendet. Aber auch Blasinstrumente wie Flöten und Klarinetten stellt man daraus her. Unbehandeltes Birnbaumholz scheint eine gewisse Ähnlichkeit mit dem kostbaren Buchsbaumholz zu haben.

Immergrün und knorrig: der Buchsbaum

Stechpalme, Hülse

Ilex aquifolium

Bäume
Wälder der Ebene

- Stechpalmengewächse
- Mai bis Juni
- 3–10 m

Merkmale
Blätter unverwechselbar, ledrig derb, oben glänzend dunkelgrün, Blattrand grob dornig gezähnt; kleine weiße Blüten in Büscheln; Früchte erbsengroße rote Beeren.

Wenn Bäume wie mit Nadeln stechen

Das Markenzeichen der Stechpalme sind schmerzhaft stechende Blätter. Damit schützt sich der Baum gegen Wildverbiss. Besonders hohe Stechpalmenbäume entwickeln allerdings zwei Arten von Blättern: an den unteren Zweigen sind sie stachelig gezähnt, im Kronenbereich ganzrandig.

„Die Stechpalme hat Beeren, so rot wie Rosen“, heißt es in einem englischen Kirchenlied des 15. Jahrhunderts. In England hat die Pflanze mit den roten Früchten auch heute noch ihren festen Platz im weihnachtlichen Volksbrauchtum und Stechpalmenwälder gehören zu den botanischen Kostbarkeiten der Insel. Die bekanntesten Stechpalmen Deutschlands stehen im Teutoburger Wald. Als frostempfindliche Bäume wachsen sie nur in Regionen mit milden Wintern. Dort bilden sie vor allem in Buchenwäldern eine dichte Strauchschicht. „Wald unter dem Wald“ nannte sie ein Forstmann des 19. Jahrhunderts. Intarsienkünstler früherer Zeiten schätzten das dichte, feinfaserige Holz sehr. Ebenso die Hersteller wertvoller Spazierstöcke – der bekannteste steht im Goethehaus in Weimar. Er war ein Geschenk Marianne von Willemers zum 70. Geburtstag des Dichters. Auf Korsika bereitet man aus den Früchten ein kaffeeähnliches Getränk.

Beliebter Weihnachtsschmuck: Stechpalmen-Früchte

Bäume
Wälder der Ebene

- Efeugewächse
- September bis Oktober
- 1–20 m

Merkmale
Immergrüner Kletterstrauch; Blätter entweder drei- bis fünflappig oder herzförmig ungeteilt; gelbgrüne Blüten in halbkugeligen Blütenständen, duften faulig; Früchte schwarze erbsengroße Beeren, giftig.

Efeu

Hedera helix

Das kletternde Grün

Von Efeu überwachsene Häuser strahlen Ruhe und Geborgenheit aus. Oft sind die Pflanzen so alt wie die historischen Bauwerke, an denen sie emporklimmen. Doch der eigentliche Lebensraum des Efeu sind dunkle Laubwälder. Dort klettert er an alten Eichen mühelos 20 Meter hoch.

Efeu und alte Eichen sieht man oft zusammen. Dieser Strauch besiedelt vor allem Eichenmischwälder der küstennahen Waldgebiete, denn er braucht wie die Eiche mildes, luftfeuchtes Klima. An geeigneten Standorten können Efeustämme sehr dick werden und ein Alter von 100 Jahren und mehr erreichen. Weil Efeu nur dann seine volle Schönheit entfaltet, wenn er sich an einer anderen Pflanze festhalten kann, wurde er zum Sinnbild für Liebe und Treue. In Griechenland überreichte man früher Brautpaaren einen Efeuzweig verbunden mit guten Wünschen für eine lange Ehe. Im alten Ägypten war der Efeu die Pflanze des Vegetationsgottes Osiris, in Rom war er Bacchus, dem Gott des Weines, geweiht. Dieser Strauch ist der einzige mitteleuropäische Vertreter einer tropischen Pflanzenfamilie. Das zeigt auch seine ungewöhnliche Blütezeit im Oktober. Efeufrüchte reifen im Februar. Für Vögel sind sie ein willkommenes Winterfutter.

Imposanter Efeu an der Kirche von Creglingen.

Waldrebe

Clematis vitalba

Bäume
Wälder der Ebene

Das Teufelshaar vom Waldesrand

Im Herbst fällt die dekorative Pflanze mit den fedrigen, grauweißen Fruchtständen jedem Spaziergänger sofort auf. Die Waldrebe ist eine der wenigen einheimischen Lianen. Sie überwuchert Sträucher und klettert manchmal bis hinauf in den Kronenbereich hoher Bäume.

Die Waldrebe rankt sich an großen Bäumen in die Höhe und nimmt ihnen oft das Licht.

Wollten Bettler im Mittelalter besonders Mitleid erregend aussehen, rieben sie sich mit dem Saft der Waldrebe ein. Seine ätzenden Inhaltsstoffe röteten die Haut und ließen manchmal sogar Blasen entstehen. Heute wird in der Homöopathie eine Tinktur bei Lymphknotenentzündungen eingesetzt. Der wissenschaftliche Name hat griechische und lateinische Ursprünge: „Clematis" bedeutet „weinstockähnlich" und „vitalba" heißt übersetzt „weißer Weinstock". Wegen ihrer Fruchtstände wird sie „Greisenbart" genannt. Und ein weiterer Name ist „Studentenpfeife", weil sich die hohlen Stängel so gut mit Tabak füllen lassen.

- **Hahnenfußgewächse**
- **Juni bis September**
- **1–10 m**

Merkmale
Kletterstrauch; Borke graubraun, löst sich in langen Streifen ab; Blätter bis zu 25 cm lang, aus fünf bis sieben Teilblättchen zusammengesetzt; rahmweiße Blüten; Früchte mit langen, weißen Anhängen.

Bäume
Wälder der Ebene

- Kieferngewächse
- Mai bis Juni
- 20–60 (100) m

Merkmale
Sehr hoher Nadelbaum; Rinde junger Bäume grau, glatt, mit Harzblasen, wird im Alter zu dunkler, tiefrissiger Borke; schmale weiche Nadeln, duften zerrieben nach Orange; hängende zimtbraune Zapfen, fallen im Ganzen ab.

Douglasie

Pseudotsuga menziesii

Der Siegeszug eines fremden Baumes

Wo Böden für Kiefern zu nass und für Fichten zu schlecht sind, für solche Standorte suchte man einen geeigneten Baum. Der schottische Arzt und Botaniker Archibald Menzies entdeckte ihn 1739 in Kanada. Heute deckt diese Douglasie fast ein Viertel unserer Holzproduktion.

Überall, wo es auf Widerstandsfähigkeit ankommt, ist das Holz der Douglasie unschlagbar. Es ergibt Hopfenstangen, Eisenbahnschwellen, Fensterrahmen, Fassholz, Fußbodentäfelungen oder Rebpfähle. „Oregon Pine" oder „Red Fire" ist die Handelsbezeichnung dieses dauerhaften Holzes. Auch in der Wuchsleistung bricht die Douglasie alle Rekorde. Dieser Baum wächst um ein Drittel schneller als die heimische Fichte. Die höchste Douglasie Kanadas war 133 Meter hoch und somit weitaus höher als jeder heute noch stehende Baum. Die höchsten Bäume Deutschlands sind ebenfalls Douglasien. Eine hundertjährige steht im Stadtwald von Ebersbach und misst 59,9 Meter. Die Douglasie tritt hauptsächlich in zwei Formen auf, einer grünen und einer blauen. Die Grüne oder Küsten-Douglasie hat frischgrüne Nadeln und wächst deutlich schneller als die Blaue oder Gebirgs-Douglasie mit blaugrünen Nadeln.

Markenzeichen: schuppige Zapfen

Weymouth-Kiefer

Pinus strobus

Bäume
Wälder der Ebene

- Kieferngewächse
- Mai bis Juni
- 20–40 m

Merkmale
Nadeln blaugrün, auffallend dünn und weich, etwas überhängend, stehen zu fünft in Büscheln; reife Zapfen braun, schmal, hängen meist in Gruppen zu zwei bis drei.

Bei Staub wenig Holz

Weymouthkiefern reagieren sehr empfindlich auf Luftschadstoffe. Vor allem Schwefeldioxid und Stickoxyde setzen ihnen zu. Untersuchungen haben ergeben, dass Kiefern in sauberer Luft in 70 Jahren 20 Meter in die Höhe wachsen, in verschmutzter Luft nur 7 Meter.

Um die Mitte des 18. Jahrhunderts begann man, in Deutschland vermehrt fremde Baumarten anzupflanzen. Man wollte den Wald mit Bäumen bereichern, die entweder besonders wertvolles Holz lieferten oder durch ihren schnellen Wuchs, durch ihre Genügsamkeit und Widerstandsfähigkeit gegen Wildverbiss auffielen. 1763 ließ der Kurfürst von der Pfalz Robinien einsetzen. Auch die Weymouth-Kiefer wurde ein weit verbreitetes Forstgehölz. Es folgten die Douglasie, die Sitka-Fichte, die Japanische Lärche und viele andere. Die Weymouth-Kiefer ist ein eindrucksvolles Beispiel für oft verhängnisvolle Folgen des Einführens fremder Pflanzen. Dieser Baum erfährt hohe Verluste durch den Rindenblasenrost, einen Pilz auf heimischen Johannis- und Stachelbeeren. Wo immer Weymouth-Kiefern in der Nähe dieser Sträucher wachsen, wechselt der Pilz auf die Kiefern über und verursacht nach Nadelvergilbung und -fall ihr Absterben.

Typisch: samtweiche Nadelbüschel und harzige Zapfen

Bäume
Wälder der Gebirge

Eine Wanderung vom Tal bis hinauf in die Gipfelregion der Berge ist wie eine Wanderung durch das Reich der Bäume. Auf sommergrüne Laubwälder aus Eichen und Bergahornen folgen mit zunehmender Höhe dichte Nadelwälder aus Fichten, Lärchen und Tannen. Wie immergrüne Symbole für die Kraft des Lebens stehen diese Bäume kerzengerade am Hang. Zwischen den Stämmen dehnt sich weites wogendes Grasmeer aus, wachsen hohe Farnwedel oder weiche Polster aus saftig grünem Moos. Etwa in 2000 Meter Höhe löst sich der geschlossene Nadelwald in einzelne Flecken auf. Und noch ein wenig höher stehen nur noch einzelne, von Wind und Wetter gezeichnete Bäume. Meist sind es Zirbelkiefern, die hier ihren unvergesslich würzigen Harzduft verströmen. Am oberen Saum der Bergwaldstufe erzählen kniehohe Sträucher von ihrem Kampf mit der rauen Witterung. An trockenen Hängen sind es Legföhren oder Latschen, an feuchten Grün-Erlengebüsche. Und darüber bestimmen genügsame Polsterpflanzen das Bild. Nur der kleinste Baum, die Kraut-Weide, kann hier oben noch überleben.

Bäume
Wälder der Gebirge

- Ahorngewächse
- April bis Mai
- 30–40 m

Merkmale
Kerzengerader Laubbaum; Borke blättert in kleinen Schuppen ab; Blätter lang gestielt, in fünf Lappen geteilt; Blüten gelbgrün, hängen in langen Trauben; fast rechtwinklig angeordnete Flügelfrüchte.

Berg-Ahorn

Acer pseudoplatanus

Der Schwyzer Schwurbaum

Der bekannteste Berg-Ahorn steht in der Ostschweiz bei Truns. 1424 versammelten sich ein Dutzend eidgenössische Dorfschaften unter seiner Krone und schworen, einander die Treue zu halten. Der Kanton Graubünden entstand. Noch heute erinnert hier ein Nachfahre des berühmten Baumes an diesen Schwur.

Knapp 200 Jahre später stoppte Kaiser Napoleon die Rohrzuckerlieferungen aus England. Man war gezwungen, sich nach einheimischen Zuckerquellen umzusehen und erinnerte sich an den süßen Baumsaft des Berg-Ahorns. Wenn man im Frühling, zur Zeit des Saftanstieges, die Stämme dieser Ahornart anbohrt, gewinnt man eine zähe und süße Flüssigkeit. Immerhin täglich fast einen Liter pro Baum. Und aus 100 Tagesrationen gewann man etwa ein Kilo Zucker. Noch viele Jahrzehnte war dieser Ahornzucker sehr begehrt, heute verwendet man allerdings Sirup aus Kanada. Der 40 Meter hoch wachsende Berg-Ahorn ist unser größter heimischer Ahorn. Er kann 400–600 Jahre alt werden. Als anpassungsfähiger Baum lässt er sich forstlich fast überall anbauen. Besonders wertvoll ist sein fast weißes Maserholz. Als Vogelaugenahorn fehlt es in kaum einem Möbelladen.

Die Baumblüten bleiben zartgrün.

Berg-Ulme

Ulmus glabra

Die Bergulme brachte alles ins Rollen

Ohne die Bergulme wären wir kaum in Bewegung gekommen. Denn früher waren Wagengestelle, Felgen, Räder und Speichen aus Ulmenholz. Heute liegt es uns als Parkett zu Füßen oder bildet als Täfelung die Zimmerdecke. Ulmenholz ist immer in unserer Nähe.

Ulmen blühen bereits im März. Im Mai, wenn andere Bäume erst ihre Blätter entfalten, trägt der Wind schon die reifen Früchte davon. Die Berg-Ulme braucht ein wenig Schatten und nährstoffreiche frische Böden. Sind diese Bedingungen erfüllt, kann sie eine stolze Höhe von bis zu 40 Meter und ein Alter von 400 Jahren erreichen. Wohl deshalb zählte man sie früher zu den „Bäumen erster Größe, welche in der Architektur den Eichen am nächsten kommen". Der deutsche Volksmund nennt die Ulme „Iffe", „Elme" oder „Ilme" und Ortsbezeichnungen wie Iffendorf, Elmau oder Ilmendorf weisen auf alte Ulmenstandorte hin. Die eigentliche Bezeichnung für den Baum und sein Holz ist „Rüster".

- **Ulmengewächse**
- **März bis April**
- **10–40 m**

Merkmale
Sommergrüner Laubbaum mit runder Krone; Blätter oval, zugespitzt, oben sehr rau; rotviolette Blüten, in Büscheln, erscheinen lange vor dem Laub; Nussfrucht, Same sitzt genau in der Mitte der Frucht.

Die büscheligen Früchte bleiben fast ganzjährig am Baum.

Trauben-Eiche

Quercus petraea

Bäume
Wälder der Gebirge

- Buchengewächse
- Mai
- 15–40 m

Merkmale
Laubbaum mit gewölbter, breiter Krone; Blätter 8–12 cm lang, mit gelbem Stiel, regelmäßig gebuchtet; Früchte sitzen zu mehreren traubig gehäuft direkt am Zweig (Name), Fruchtbecher mit vielen Schuppen.

Ein Grenzstein aus Holz

Seit über 600 Jahren steht eine mächtige Trauben-Eiche genau auf der Gemarkungsgrenze der Stadt Nassau und der Gemeinde Singhofen in Rheinland-Pfalz. Wie ein gewaltiger Hirschkopf steht sie im Wald, mit zwei starken Ästen als Geweihstangen. Man kennt sie als Maleiche.

Das kostbarste und teuerste Eichenholz hat nur millimeterbreite Jahresringe, wie es für die langsam wachsenden Trauben-Eichen charakteristisch ist. Vor etwa 30 Jahren wurde ein 500-jähriger Baum für stolze 48 000 Mark versteigert. Diese Eiche liefert aber nicht nur hoch gewachsene und gerade Stämme von bester Qualität, sondern auch Eicheln, die ein ausgezeichnetes Tierfutter sind. Namen wie Eichelhäher oder Eichhörnchen sind dafür der beste Beweis. Eicheln enthalten viel Stärke, fettes Öl, Zucker, Eiweiß und Gerbstoffe. Entbittert sind sie auch für Menschen genießbar. Noch während des Ersten Weltkrieges wurde in Russland ein „Hungerbrot" aus Roggenmehl, Roggenkleie und Eichelmehl gebacken. Und ein Indianerstamm Kaliforniens hat Eicheln sogar als Grundnahrungsmittel verwendet. In Mitteleuropa liegen ihre natürlichen Verbreitungsgebiete im Spessart, im Odenwald und im Rheinischen Gebirge.

Aus dem wertvollen Holz werden Kognakfässer gemacht.

Echte Mehlbeere

Sorbus aria

Bäume
Wälder der Gebirge

- Rosengewächse
- Mai bis Juni
- 6–12 m

Merkmale
Blätter gestielt, oval, Oberseite glänzend dunkelgrün, Unterseite und Blattstiel dicht behaart; weiße Blüten in aufrechten schirmartigen Blütenständen an den Zweigenden; Früchte rot, kugelig, klein.

Vom Mehl, das auf Bäumen wächst

Melbeerboom heißt er in der Schweiz, Mehlbeere in Tirol und Mählbaum im Nahegebiet. Alle ähnlichen Bezeichnungen drücken aus, dass dieser Baum Mehl zum Backen liefert. Wenn auch eher für Notzeiten. Denn die Früchte sind erst nach Frostnächten genießbar.

Mehlbeerfrüchte sind eine altbekannte Notnahrung. Noch im Ersten Weltkrieg bekamen viele Säuglinge einen Brei aus gemahlenen, in Wasser oder Milch aufgekochten Mehlbeeren. Und in kalten Gebirgswintern schätzte man ein süßliches Brot aus Mehl vermischt mit zerstoßenen Mehlbeeren lange als Leckerbissen. Der sonnenliebende Baum des Berg- und Hügellandes braucht Standorte mit hoher Luftfeuchtigkeit. Natürlich wächst er in den Alpen an Felshängen. Im Tiefland fehlt er. Aber er wird häufig in Städten und an viel befahrenen Landstraßen gepflanzt. Seine auf der Unterseite weißfilzigen Blätter binden große Mengen an Staub.

Baum des Berglandes mit bemehlt aussehenden Früchten

Bäume
Wälder der Gebirge

- Rosengewächse
- April bis Juni
- 1–3 m

Merkmale
Sommergrüner, meist reich verzweigter Strauch; Blätter oben dunkelgrün und kahl, unten gelblich behaart; reinweiße Blüten; erbsengroße schwarze Frucht, essbar.

Echte Felsenbirne

Amelanchier ovalis

Blüten so weiß wie Schnee

Fast könnte man an einen Wintereinbruch mitten im Frühling glauben, wenn im Mai die Felsenbirnen ihre ganze Blütenpracht zeigen. Dann entfalten unzählige leuchtend weiße Blüten ihre langen schmalen Kronblätter und lassen die Sträucher wie mit Schnee bedeckt aussehen.

Weil ihre Blätter beim Austrieb weißfilzig wie Edelweißblätter aussehen, nennt man die Felsenbirne in Tirol Wildes Edelweiß. In Oberbayern ist sie als Edelweißbaum bekannt. Der Schweizer Naturforscher Konrad Gesner nannte sie wegen ihrer weißen Blüten „Unser Frawen Birle", was so viel wie „Marienbirne" bedeutet. Und im Salzburgischen heißt der Strauch nach seinen im reifen Zustand dunklen Früchten „Blauer Frauenapfel". Zur Gattung Amelanchier gehören 25 Arten in Nordamerika, Eurasien und Nordafrika. In Mitteleuropa ist nur eine Art heimisch. Die Felsenbirne liebt kalkhaltigen Untergrund. In mitteleuropäischen Gebirgen wächst sie bis in Höhenlagen von 2000 Metern auf Geröllhalden, an felsigen Abhängen und in Felsspalten. Seit dem 16. Jahrhundert sieht man sie auch als Zierstrauch in Vorgärten. Was viele nicht wissen: Die Früchte der Felsenbirnen sind essbar und schmecken auch. Sie lassen sich wie Heidelbeeren zu Saft, Kompotten, Marmeladen und sogar Torten verarbeiten.

Grün-Erle

Alnus viridis

Bäume
Wälder der Gebirge

- Birkengewächse
- April bis Mai
- 0,5–3 m

Die Laub-Latsche

Grün-Erlengebüsche festigen den Boden und bremsen Lawinen. Ihre Zweige können große Schneelasten tragen ohne abzubrechen. In den Alpen werden sie wie die Legföhren oder Latschen als Schutzholz an steile Hänge gepflanzt. Laub-Latschen heißen sie dort.

Vergesellschaftet mit Alpenrose, Eisenhut und Weißem Germer wächst die Grün-Erle im Gebirge bis in Höhen von 2800 Metern. Sie besiedelt vor allem Nordhänge in kühlen feuchten Lagen und ist bis in den Bereich der Waldgrenze und manchmal auch darüber hinaus anzutreffen. Daneben werden Grün-Erlengebüsche gerne als Vorwald auf wenig fruchtbare Rohböden gepflanzt. Sie besitzen in Wurzelknöllchen Strahlenpilze, die den Stickstoff der Luft binden und in Pflanzennährstoffe umwandeln. So reichern sie in armen Böden Nährstoffe an, damit anschließend auch anspruchsvollere Baumarten wie Berg-Ahorn oder Lärche Fuß fassen können. Die lateinische Bezeichnung „Alnus" war der Name der Erle bei den Römern. Er leitet sich ab von alusa = rotbraun und bezieht sich auf die Farbe des Holzes. Im Plattdeutschen kennt man den Baum als „Eller" oder „Aller".

Schnell fließende Bäche werden stets von Grün-Erlen begleitet.

Merkmale
Reich verzweigter, vielstämmiger Strauch; Blätter eiförmig, vorne zugespitzt, oben dunkelgrün, unten heller; männliche Blüten hängende Kätzchen, weibliche Blüten zapfenartig; dunkelbraune Fruchtzapfen.

Bäume
Wälder der Gebirge

- Weidengewächse
- Juni bis August
- 10 cm

Merkmale
Dicht am Boden kriechender Zwergstrauch; Rinde meist matt bleigrau; Blätter kurz gestielt, am Rand fein gezähnt; sehr kleine Kätzchen, erscheinen mit oder nach den Blättern.

Kraut-Weide

Salix herbacea

Der kleinste Baum der Welt

„Minima inter omnes arbores", der kleinste unter allen Bäumen. So nennt der Naturforscher Carl von Linné diese Weide. Sie wächst in ausgedehnten Matten bis in Höhen von 3300 Meter und hat sich vollkommen an ihren hochalpinen Lebensraum angepasst.

Hoch oben in den Schneetälern der Alpen, wo es kaum acht schneefreie Wochen im Jahr gibt, lebt die Kraut-Weide. Gletscherweide wird sie in Anlehnung an ihren Standort auch genannt. Ihre Triebspitzen schmiegen sich mit oft nur zwei glänzend grünen Blättchen dicht an den Boden. Diese Weide hat sich mit Stamm, Ästen und Zweigen ganz in die Erde verkrochen. Nur die etwa fingerlangen Triebspitzen ragen heraus und bilden einen grünen Teppich. So mancher Wanderer, der über diesen ausgedehnten Rasen läuft, ahnt nicht, dass er eigentlich durch einen Weidenwald geht. Dass sie in die große Familie der Weidengewächse gehört, verrät diese Pflanze am deutlichsten, wenn sie blüht. Ihre Kätzchen sind zwar klein und unscheinbar, aber doch eindeutig Weidenkätzchen. Weil sie sehr nektarreich sind, werden sie gerne von Insekten besucht.

Dicht über den steinigen Boden kriecht die Kraut-Weide als der kleinste Baum der Welt.

Seidelbast

Daphne mezereum

Bäume
Wälder der Gebirge

- Seidelbastgewächse
- Februar bis April
- 0,5–1,2 m

Merkmale
Blätter büschelig angeordnet, lang und schmal, erscheinen erst nach der Blüte; duftende violette Blüten, wachsen direkt an den holzigen Zweigen; erbsengroße, kugelige, hellrote Steinfrüchte, giftig.

Der Frühling kommt mit Seidelbast

Noch ist es kalt und stürmisch in den Bergen. Die Sonne schmilzt mit Mühe den letzten Schnee. Aber in Laubwäldern, an Waldbächen und in Schluchten entfaltet bereits ein kleiner Strauch seine leuchtend roten Blüten. Der Seidelbast blüht schon im März.

Giftbäumli, Giftbeeri, Brennwurz oder Kellerhals: Der Seidelbast hat viele Volksnamen. Und alle beziehen sich auf seine starke Giftwirkung. Alle Teile des geschützten Strauches sind giftig, vor allem aber die Samen und die Rinde. Sie enthalten hohe Konzentrationen an Mezerein und Daphnetoxin. Beide Stoffe wirken schon bei Berührung stark hautreizend. Eingenommen sind sie für viele Tiere und auch den Menschen tödlich. Sechs Früchte töten einen Wolf, heißt es bei Carl von Linné und zwölf bis 15 sind für den Menschen tödlich. Aber: Der scharf brennende Geschmack wird auch Leichtsinnige nach dem Genuss der ersten Frucht vor einer tödlichen Dosis bewahren. Der Seidelbast ist ein typischer Buchenbegleiter und wächst gerne auf kalkhaltigen Böden. Zur Gattung Daphne gehören etwa 70 Arten. Die vier in Mitteleuropa vorkommenden sind alle geschützt.

Die rotvioletten Blüten erscheinen oft schon im Februar.

Trauben-Holunder

Sambucus racemosa

Bäume
Wälder der Gebirge

- Holundergewächse
- März bis Mai
- 1–4 m

Merkmale
Äste mit rostrotem Mark; Blätter aus meist fünf Fiederblättchen zusammengesetzt; grüngelbe, angenehm riechende Blüten am Ende der Äste; rote Steinfrüchte.

Der Holunder mit den roten Beeren

Von Juni bis August reifen die Früchte des Trauben-Holunder. Dann hängen die Sträucher übervoll mit dichten Trauben aus leuchtend roten Beeren. Diese Beeren sind roh giftig. Aber nach Erhitzen und Entfernen der Samenkerne werden sie in manchen Gegenden zu Saft verarbeitet. Auch ein wertvolles Öl liefern sie.

Hirschholunder, Wilder Holunder oder auch Bergholler wird dieser Strauch genannt, weil er im Unterschied zum Schwarzen Holunder nicht in Menschennähe wächst. Der bevorzugte Standort des Trauben-Holunder sind Wegränder, Kahlschläge und Lichtungen der Mittelgebirgswälder und der Buchenwälder in den Alpen. „Mit diesen Gewächsen hat der Hirsch sein Kurtzweil", schreibt Hieronymus Bock 1551 in seinem Kräuterbuch. Neben Schwarzem Holunder und Trauben-Holunder gibt es noch eine dritte heimische Holunderart: Das ist der Attich oder Zwerg-Holunder *Sambucus ebulus*. Er wächst als niedrige Staude in Wäldern und Gebüschen, ist aber bei weitem nicht so häufig wie die beiden anderen. Aber: Die ganze Pflanze ist giftig, besonders die Samen der schwarzen Früchte enthalten Giftstoffe in tödlicher Konzentration.

Die roten Früchte hängen in Trauben. Typisch Traubenholunder

Eibe

Taxus baccata

Bäume
Wälder der Gebirge

- Eibengewächse
- März bis April
- 6–20 m

Ein Nadelbaum ohne Zapfen

Als einziger heimischer Nadelbaum trägt die Eibe keine Zapfen. Ihre reifen Samen sind von einem roten Samenmantel umgeben und sehen aus wie Beeren. Carl von Linné gab ihr deshalb den Artnamen „baccata“, beerentragend.

In einem Kräuterbuch des 16. Jahrhunderts wird die Eibe als „verbotener Baum“ beschrieben. Damals waren die Menschen fest davon überzeugt, dass man bei längerem Aufenthalt im Schatten einer Eibe sterben könne. Das ist Aberglaube. Wahr ist aber, dass die Eibe ein hochgiftiger Baum ist. Alle Teile der Pflanze mit Ausnahme des roten Samenmantels enthalten das Alkaloid Taxin und das besitzt eine stärkere Giftwirkung als die Digitalisglykoside des Roten Fingerhutes. Eiben werden sehr alt. Der älteste Baum Bayerns, ein Naturdenkmal, ist eine fast 2000-jährige Eibe. Sie trotzt oberhalb Balderschwangs im Allgäu immer noch Wind und Wetter und strahlt dabei eine bewundernswerte Lebenskraft aus. Das Holz der Eiben unterscheidet sich von dem aller anderen Nadelhölzer durch das Fehlen von Harzkanälen. Es ist hart, im Kern tiefrot und vielseitig verwendbar.

Nadelbaum mit Zapfen, die ein roter Mantel umhüllt

Merkmale
Nadelbaum; Stamm mit rotbrauner abblätternder Rinde; Nadeln glänzend dunkelgrün; Samen nussartig, sind von einem glockenförmigen roten Mantel umgeben, der als einziger Pflanzenteil nicht giftig ist.

Berg-Kiefer

Pinus mugo

- Kieferngewächse
- Mai bis Juni
- 1–10 m

Merkmale
Strauch oder Baum mit graubrauner Rinde; Nadeln dunkelgrün, stehen zu zweit in einer Scheide; männliche Blüten gelb, weibliche Blüten purpurrot; reife Zapfen glänzend hellbraun, unreife Zapfen violett.

Der Baum mit zwei Gesichtern

Die Berg-Kiefer ist wohl der anspruchsloseste und wandlungsfähigste Baum, den es gibt. An der unwirtlichen Waldgrenze kriecht er als niederliegender Strauch und wird Legföhre oder Latsche genannt. Bei besseren Lebensbedingungen wächst er als aufrechter Baum oder Spirke.

Bemerkenswerte Berg-Kiefern sind vor allem die Legföhren oder Latschen. Sie kriechen mit ihren krummen Stämmen durch das Geröll von Kalksteinen, tragen große Schneelasten und halten sogar Lawinen auf. Das alles tun sie mit einer so unglaublichen Zähigkeit und Lebenskraft, dass sie selbst unter dem Geröll der Lawinen weiter wachsen. Im kurzen Bergsommer begleiten zahlreiche Blumenfarben die Legföhren. Alpenrosen, Wintergrün und Sonnenröschen sind die bekanntesten. Nicht nur als Lawinenschutz in der Gipfelregion spielt die Latsche eine Rolle. Legföhren werden auch zur Aufforstung magerer Heiden herangezogen, in Norddeutschland und Dänemark sogar zur Befestigung von Dünen gepflanzt. Und ihr Harz liefert als Latschenkiefernöl wirkungsvolle Heilmittel, die antibakteriell und durchblutungsfördernd wirken, und wohlriechende Zusätze fürs Bad.

Berg-Kiefern wachsen ganz oben.

Wald-Kiefer, Föhre

Pinus sylvestris

Bäume
Wälder der Gebirge

- Kieferngewächse
- Mai
- 30–40 m

Merkmale
Nadelbaum mit zunächst fuchsroter, später rostbrauner, rissiger Borke; Nadeln stehen paarweise zusammen; männliche Blüten gelb, weibliche Blüten rot; Zapfen 3–6 cm lang.

Sie blüht erst, wenn sie vierzig ist

Die Wald-Kiefer ist ein Baum des Hügel- und Berglandes. Sie ist anspruchslos und wächst selbst auf blankem Sand. Der immergrüne Nadelbaum wird 600 Jahre alt und blüht nach 40–50 Jahren zum ersten Mal. Dann entlässt er riesige Wolken aus gelbem Pollenstaub.

Den würzigen Geruch von Kienspan werde ich nie vergessen. Jeden Morgen zündete Großmutter damit den alten Küchenherd an. Das Holz brannte sofort. Die harzreichen Äste der Wald-Kiefer brachten aber nicht nur Wärme. Fackeln aus Föhrenholz erhellten schon im Mittelalter so manche Wohnstube. Und daher stammt auch der Name Kiefer oder Föhre, denn „kienfohren“ bedeutete ursprünglich harztragender Nadelbaum. Aus dem Holz der Wald-Kiefer wurde außerdem Pech, Teer und Schmieröl hergestellt. Wenn früher Kutschengespanne fast lautlos durch die Lüneburger Heide fuhren, verdankten sie das der Wagenschmiere aus Kiefernöl. Die Wald-Kiefer ist eine Baumart mit nur geringen Ansprüchen an Böden, Nährstoff- und Wasserhaushalt. Darum und wegen der vielseitigen Verwendbarkeit ihres Holzes trat sie vor etwa 200 Jahren ihren Siegeszug in die mitteleuropäischen Wirtschaftswälder an. Aber seit 1982 zeigt sie vermehrt Schadenssymptome.

Schütterer Wuchs und harziger Geruch: Kennzeichen der Wald-Kiefer

Bäume
Wälder der Gebirge

- Kieferngewächse
- Juni bis Juli
- 15–20 m

Merkmale
Nadelbaum; Rinde zunächst graugrün und glatt, wird im Alter braun und schuppig; Nadeln dunkelgrün, steif und gerade, stehen zu fünft in einem Büschel; reife Zapfen zimtbraun, eiförmig, Samen essbar.

Zirbel-Kiefer

Pinus cembra

Die Königin der Alpen

Zirbenholz ist eines der begehrtesten alpinen Hölzer. Es ist weich, harzreich und verströmt lange einen süß aromatischen Duft. Zirbenmöbel atmen diesen Duft über Jahre aus. Wohl deshalb fühlt man sich in einem Südtiroler Bauernhaus sofort heimisch.

Wer vor einer Zirbel-Kiefer stehen will, muss in den Bergen weit hinauf steigen. Die Zirbe ist der charakteristische Baum der Hochalpen. Allein oder zusammen mit der Lärche bildet sie die Waldgrenze. Das Klima in diesen Höhen ist feucht und kalt. Mehr als drei frostfreie Monate gibt es nicht im Jahr. Unter diesen schwierigen Lebensbedingungen ist es nicht verwunderlich, dass ein Baum sehr langsam wächst. Obwohl die Zirbel-Kiefer bis zu 1000 Jahre alt werden kann, erreicht sie nur eine Höhe von maximal 20 Metern. Für ihre Verbreitung sorgen Spechte, Bergfinken und vor allem Tannenhäher. Diese Vögel sammeln Zirbelnüsse als Wintervorrat. Bis zu 100 solcher Früchte trägt ein Tannenhäher in seinem Kehlsack in die entlegensten Verstecke. Oft vergisst er sie dort und dann wachsen Jahre später neue Zirben.

Der letzte Baum vor dem ewigen Schnee. Nur Zirben können hier noch leben.

Fichte

Picea abies

Das Holz der Geigen

Noch immer steigen die Geigenbauer der Alpenländer hinauf in die Berge, um Stamm für Stamm alte Fichten abzuklopfen. Schon am Klang hören sie, welcher Baum das Zeug zum Klingen hat. Mit rund 100 Jahren sind Fichten, die Bäume der Berge, ausgewachsen.

Mit ihrer Pyramidenform ist die europäische Fichte gut an das Leben in schneereichen Höhen angepasst. Auf diesen spitzen Kegeln kann sich keine große Schneemenge halten und den Baum so erdrücken. Wegen seiner vielseitigen Verwendbarkeit holten die Förster diesen Nadelbaum in die Ebene und pflanzten überall Fichtenforste. Vom Weihnachtsbaum bis zum Dachbalken reichte die Einsatzbreite und machte die Fichte zum Brotbaum der Holzwirtschaft. Doch die dichten Fichtenkulturen an den unpassendsten Standorten zogen zahlreiche Schädlinge an. „Willst du einen Wald vernichten, pflanze weiter nichts als Fichten", hieß es eine Zeitlang. Heute gestaltet man Wälder wieder vielseitig und macht sie damit widerstandsfähiger.

Die klassische Dreiecksform der Fichte ist bei Schnee besonders gut zu erkennen.

- **Kieferngewächse**
- **Mai bis Juni**
- **30–50 m**

Merkmale
Nadelbaum mit säulenförmigem Stamm; Borke rotbraun bis grau, blättert in dünnen Schuppen ab; Nadeln dunkelgrün, stehen einzeln, sind spitz, steif und vierkantig; reife Zapfen hellbraun, hängend.

Europäische Lärche

Larix decidua

Bäume
Wälder der Gebirge

- Kieferngewächse
- März bis Mai
- 25–40 m

Merkmale
Winterkahler Nadelbaum; Rinde zunächst graubraun, glatt, später tief gefurcht; Nadeln weich, stehen in Büscheln zu 30–40, im Frühling hellgrün, im Herbst goldgelb; reife Zapfen hellbraun, eiförmig.

Macht den Oktober golden

Die Lärche ändert die Farbe ihres Nadelkleides mit den Jahreszeiten. Der hellgrüne Austrieb im Frühling dunkelt im Sommer nach und verwandelt sich im Oktober in ein leuchtendes Goldgelb. Als einziger heimischer Nadelbaum wirft sie ihre Nadeln im Spätherbst ab.

Wo immer es darauf ankommt, große Belastungen auszuhalten, ist das Holz der Lärche gefragt. Die dauerhaften Stämme fahren als Schiffsmasten über die Weltmeere. Sie halten als Wasserräder Sägen und Mühlen in Bewegung. Und sie tragen als Eisenbahnschwellen heute noch die Züge durch das weite Skandinavien. Die Europäische Lärche war ursprünglich nur in den Alpen, den Sudeten, den Karpaten und der polnischen Weichselniederung verbreitet. Heute wird sie überall in Europa angepflanzt. Vor 200 Jahren war Südtiroler Lärchenharz eine hoch bezahlte Rarität, mit der viele Veneziáner handelten. Die honigdicke Substanz verwendete man bei Hautkrankheiten. In der Sagenwelt Tirols gilt die Lärche als Wohnsitz der guten Waldfrauen, unter deren Schutz vor allem Mütter und Kinder stehen.

Der Nadelbaum der Berge treibt jedes Frühjahr zartgrün aus.

Bäume
Wälder der Gebirge

- Kieferngewächse
- Mai bis Juni
- 30–50 m

Merkmale
Nadelbaum mit kerzengeradem Stamm; Rinde grauweiß, glatt bis feinschuppig; Nadeln oben dunkelgrün und glänzend, unten mit zwei weißen Bändern; reife Zapfen braun, aufrecht, junge Zapfen grün.

Weiß-Tanne

Abies alba

Zapfen wie Kerzenleuchter

Rotbraun und aufrecht wie Leuchter stehen die Zapfen der Tannen auf den Zweigen. Sie fallen auch nicht ab wie die Zapfen vieler anderer Nadelbäume. Ihre Schuppen blättern einzeln ab, bis nur noch die nackte Spindel übrig bleibt. Sie steht noch lange, oft über Jahre, am Baum.

Die Weiß-Tanne ist unser Weihnachtsbaum schlechthin. Der Brauch, sich an Weihnachten eine Tanne ins Wohnzimmer zu holen, ist noch gar nicht so alt. Angeblich wurde der erste Weihnachtsbaum 1539 im Elsass aufgestellt. Eine Straßburger Chronik berichtet, dass er mit Kerzen und Früchten geschmückt wurde. Aus den Nadeln und Zapfen der Weiß-Tanne wird ein Öl gewonnen, das in der Naturheilkunde bei Asthma und Husten verwendet wird, aber auch bei Gicht, Hexenschuss und Ischiasbeschwerden gute Dienste leistet. Die Weiß-Tanne wird außerhalb ihres natürlichen Verbreitungsgebietes häufig forstlich angebaut. Ihr Anteil an den Wäldern geht aber immer mehr zurück. Dieser Baum gehört zu unseren anspruchsvollsten Waldbäumen. Er reagiert sehr empfindlich auf Trockenheit, Frost und vor allem sauren Regen.

Dreiecksform und stehende Zapfen: die Weiß-Tanne

Sadebaum

Juniperus sabina

Bäume
Wälder der Gebirge

Der Baum mit den schuppigen Blättern

Noch immer steht in süddeutschen Bauerngärten oder Klosteranlagen ein Strauch, manchmal kleiner Baum, mit dunkelgrünen Blättchen, die sich gegenseitig wie Dachziegel bedecken. Dieser Baum riecht unangenehm. Warum pflanzt man ihn seit Jahrhunderten in unsere Nähe?

Der häufige Baum vieler Friedhöfe teilt mit den Menschen eine traurige Geschichte. Der Sadebaum war das Abtreibungsmittel des Mittelalters. Und Volksnamen wie „Jungfernrosmarin" sind ein Zeichen dafür, dass Frauen, die zu diesem Mittel griffen, oft nicht mit dem Leben davonkamen. Der Hauptwirkstoff des Sadebaumes ist ein ätherisches Öl, das aus den frischen oder getrockneten Zweigen gewonnen wird. Schon wenige Tropfen auf der Haut rufen Vergiftungserscheinungen hervor, eingenommen wirken sie tödlich. Eine weitere, vielleicht ungefährlichere Nutzungsmöglichkeit dieses Gewächses beschreibt Plinius: Sadebaumzweige in den Schuhen getragen sollen bei nachlassender Manneskraft helfen. Vorsicht vor dem Strauch als Gartenzierde! Er ist nicht nur sehr giftig, sondern überträgt auch den Gitterrost auf den Birnbaum.

- Zypressengewächse
- April bis Mai
- 0,4–4 m

Merkmale
Strauch oder kleiner Baum; Rinde im Alter rötlich, blättert ab; Jungtriebe riechen beim Zerreiben unangenehm; erbsengroße, schwarze Beerenzapfen, hellblau bereift. Sehr giftig!

Im Vordergrund der niedrige Sadebaum, ein Strauch, der selten höher als zwei Meter wird

Bäume

Hecken und Feldgehölze

Hecken ziehen sich wie bunte Bänder durch Wiesen und Ackerland. Sie prägen das Bild vieler europäischer Landschaften. Für die Menschen, die dort wohnen, bedeuten sie Geborgenheit und Harmonie.

Im Mittelalter war die Hecke Garten und Medizinschrank zugleich. Viele Krankheiten wurden mit Heckenpflanzen behandelt und geheilt. Da gab es Tees aus Wacholderbeeren und Weißdornblättern, Salate aus Haselnussblättern und schmackhafte Säfte oder anregende Weine aus Hagebutten, Schlehen und Holunderbeeren.

Heute ist die Hecke als Naturapotheke in Vergessenheit geraten. Kaum jemand kennt noch die Geheimnisse ihres Heilkräuterschatzes. Heute gehört die Hecke mehr denn je zuvor den Tieren.

Die Hälfte aller einheimischen Säugetiere, alle Reptilien und ein Fünftel unserer heimischen Vogelwelt lebt in Hecken. Insgesamt bevölkern 7000 bis 10 000 Tierarten diesen Lebensraum. Für sie sind Hecken Lebensadern der Landschaft.

Bäume
Hecken und Feldgehölze

- Rosengewächse
- Mai bis Juni
- 5–15 m

Merkmale
Rinde hellgrau, glatt, Borke im Alter schwarz, längsrissig; Blätter wechselständig, zusammengesetzt aus 9–15 Teilblättchen; kleine weiße Blüten in hängenden Blütenständen; erbsengroße rote Früchte.

Eberesche

Sorbus aucuparia

Der Baum der Kaiserin

„Obstbäume sollen gepflanzt werden, in kalten Gegenden die rothe Vogelbeere", ordnete Maria Theresia 1779 an. Die kluge Kaiserin wusste, dass die Eberesche unempfindlich gegen Kälte, Wind und Schnee ist und bis in Gebirgslagen auf fast allen Böden gedeiht.

Vogelbeeren als wertvolles Obst anzusehen, ist sicher nicht falsch. Diese Früchte enthalten mehr Vitamin C als viele Südfrüchte. Die Zitronen der Kälte werden sie auch genannt. Mehr als 150 Volksnamen gibt es für die Eberesche. Vogelesche, Moosesche, Dohnenbeerbaum, Zippenbeerbaum oder Quickenbeere sind die bekanntesten. Sie zeigen, dass dieser Baum schon immer ins Leben der Menschen eingebunden war. Heute steht er an Wald- und Wegrändern und ist auch als Straßenbaum sehr beliebt. Woher der Name „Eberesche" kommt, kann nur vermutet werden. Wahrscheinlich leitet sich die Vorsilbe „Eber" von „aber" ab und bedeutet „falsch". Somit wäre die Eberesche die falsche Esche – im Gegensatz zur Echten Esche (*Fraxinus excelsior*), die ähnlich gefiederte Blätter besitzt.

Fiedrige Blätter und weithin leuchtende, dicke Früchtetrauben. Daran ist die Eberesche schon von weitem zu erkennen.

Eingriffliger Weißdorn

Crataegus monogyna

Bäume
Hecken und Feldgehölze

- Rosengewächse
- Mai bis Juni
- 2–10 m

Merkmale
Reich verzweigter dorniger Strauch oder Baum; Blätter tief geteilt in drei bis fünf spitze Lappen, oben glänzend dunkelgrün; reinweiße Blüten; kugelige rote Früchte.

Der Star unter den Heckensträuchern

Der Weißdorn ist ein begehrter Strauch in der Tierwelt. Allein 32 Vogelarten und 17 Säugetierarten profitieren von ihm. Auch 163 Insektenarten haben sich auf den dornigen Strauch spezialisiert, darunter 10 Bockkäfer, 48 Rüsselkäfer und 56 Kleinschmetterlinge.

Blühende Weißdornsträucher gehören zum Mai wie die ersten warmen Nächte. Die Menschen früherer Jahrhunderte begrüßten den einziehenden Sommer zur Zeit der Weißdornhochblüte. Sie zogen in Scharen hinaus, schnitten Weißdornzweige und schmückten damit Häuser und Kirchen. Man glaubte damals, eine Girlande aus blühenden Weißdornzweigen an der Eingangstür schützt Haus und Hof vor Blitzen. Die Griechen sahen in dieser Pflanze ein Symbol der Hoffnung, der Fruchtbarkeit und des Eheglücks. Weißdornblüten schmückten Traualtäre und Hochzeitstafeln und fehlten in keinem Brautstrauß. Ein Waldexperte des vorigen Jahrhunderts bezeichnete den Weißdorn als beste deutsche Heckenpflanze. Und für die Franzosen ist er der König aller Dornenbüsche. Sie nennen ihn „l'épine noble". Seine Heilkraft bei Herz- und Kreislauferkrankungen ist seit dem ersten Jahrhundert n. Chr. bekannt. Seine Inhaltsstoffe werden auch heute noch mit großem Erfolg eingesetzt.

Der Heckenstrauch mit den meisten Blüten

Bäume
Hecken und Feldgehölze

- Rosengewächse
- Mai bis Juni
- 4–6 m

Merkmale
Blätter wechselständig, kurz gestielt, lang und schmal, unten behaart; weiße Blüten, stehen einzeln oder paarweise am Ende der Zweige; reife Frucht braun, mit fünf blattartigen Kelchzipfeln, essbar.

Echte Mispel

Mespilus germanica

Der Apfel aus dem Orient

Ihr Artname „germanica“ beruht auf einem Irrtum Carl von Linnés. Die Mispel kommt aus dem Vorderen Orient. Schon im Altertum hat sie sich bis nach Mitteleuropa ausgebreitet. Und heute wächst und gedeiht der Wärme liebende Baum immer noch wild in den Laubwäldern und Gebüschen Südwestdeutschlands.

In der mittelalterlichen Küche spielten Echte Mispeln eine große Rolle. Man aß sie roh, verarbeitete sie zu Kompott, Marmeladen und Gelees. Auch in der Naturheilkunde wurden die teigigen Früchte mit Erfolg eingesetzt. „Sie werden gebrauchet, den flüssigen Bauch zu stopffen“ heißt es in einem Naturbuch von 1551. Lange Zeit haben Edelobstsorten die Mispel von den Speisezetteln verdrängt. Heute erleben die apfelähnlichen Früchte eine Renaissance. Zuchtsorten wie die Oktober-Mispel aus Italien oder die Welsche Mispel aus Frankreich werden in vielen europäischen Ländern angebaut. Reife Mispeln sollten bis nach den ersten Frösten am Baum bleiben und nach der Ernte eine Zeitlang lagern. So werden sie weich, verlieren einen Großteil ihrer Gerbsäure und schmecken auch. Das rötliche Holz ist gleichmäßig dicht und sehr zäh. Es gehört zu den schönsten Drechslerhölzern.

Typisch sind die spitzen Kelchzipfel

Heckenrose, Hunds-Rose

Rosa canina

Bäume
Hecken und Feldgehölze

- Rosengewächse
- Mai bis Juli
- 1–3 m

Merkmale
Winterkahler Strauch mit kräftigen Stacheln; Blätter wechselständig, aus fünf bis sieben Teilblättchen zusammengesetzt; Blüten rosa; Früchte rot (Hagebutten).

„A rots Jackl, a schwarz Kappl ...

... a Bauch voll Stein, was mag das sein?", heißt es in einem alten Kinderrätsel über die Hagebutte. Der Name der Rosenfrucht, Hagebutte, ist ein Hinweis auf den Standort der mit Stacheln bewehrten Pflanze in Hecken: Der althochdeutsche Begriff für Hecke ist Hag.

Früher ging man am Neujahrstag in die nahe gelegene Feldmark und holte ein paar Hagebuttenzweige ins Haus. Damit hielt man – nach altem Volksglauben – ein Jahr lang Krankheiten von Mensch und Tier fern. Heute werden diese Bräuche nicht mehr gepflegt. Aber Hagebutten gelten immer noch als Gesundmacher. Sie enthalten viele Vitamine, Pektin und Fruchtsäuren. Wildrosen spielten schon im antiken Griechenland eine bedeutende Rolle. In Homers Ilias sind Rosen die Blumen der Aphrodite. Später wurde die Rosenblüte zum Symbol der Liebe und als heilige „Rosa mystica" zum Wahrzeichen der Jungfrau Maria. 1208 erhielt die Gebetsschnur des heiligen Dominikus die Bezeichnung Rosenkranz. Heute sind Rosen mit ihrem Zusammenspiel von zartem Blütenduft und spitzen Stacheln für viele das Symbol von Liebe und Leben. Die Hunds-Rose ist eine unserer häufigsten heimischen Rosenarten. Ihre Blüten produzieren keinen Nektar, dafür reichlich Pollen.

Der Strauch der rosazarten Blüten

Bäume
Hecken und Feldgehölze

- Rosengewächse
- März bis April
- 1–3 m

Merkmale
Buschiger, dorniger Strauch; Blätter wechselständig, eiförmig, am Rand gezähnt; kleine weiße fünfzählige Blüten, kurz gestielt, stehen einzeln; kugelige blauschwarze Steinfrucht, Fruchtfleisch grün, essbar.

Schlehe, Schwarzdorn

Prunus spinosa

Der erste Blütenstrauch des Jahres

Die Schlehe eröffnet den Blütenreigen unter den Heckensträuchern. Ihre Blüten öffnen sich, noch bevor die Blätter entfaltet sind. Die Bauern verbinden die Zeit der Schlehenblüte mit feuchtem Wetter. Sie sagen: „Ist die Schlehe weiß wie Schnee, ist's Zeit, dass man die Gerste säh".

Schlehen sind Pionierpflanzen mit großer Durchsetzungskraft. Unbewirtschaftete Wiesen, aufgelassene Weinberge oder anderes brach liegendes Land besiedeln sie innerhalb kurzer Zeit. Viele Tiere leben von und mit den Schlehensträuchern. In ihrem undurchdringlichen Dornengestrüpp finden Vögel wie der Neuntöter einen sicheren Brutplatz. An ihren Blättern entwickeln sich Schmetterlinge wie der Schlehenspinner. Und ihren herbstlichen Früchtemarkt nutzen viele Säugetiere. Auch wir Menschen sammeln die vitaminreichen Schlehen gerne. Wer sich mit Leckereien für lange, dunkle Winterabende versorgen will, geht im Spätherbst hinaus und erntet. Nach den ersten Frostnächten schmecken Schlehensaft, Wein oder Likör am besten. Nach altem Volksglauben besitzt der Schlehenstrauch große Zauberkraft. In seinen dornigen Zweigen hausen angeblich gute Mächte, die vor Krankheiten schützen.

Blüten, als hätte es geschneit

Haselnuss

Corylus avellana

Bäume
Hecken und Feldgehölze

- Haselgewächse
- Februar bis April
- 2–6 m

Merkmale
Blätter fast rund, weich, auf beiden Seiten behaart; männliche Blüten hängende Kätzchen, weibliche Blüten klein, knospenförmig; hartschalige Nuss in zerschlitztem Becher.

Warum man harte Nüsse knackt

Bevor die Menschen sich auf den Anbau von Getreide verstanden, waren Haselnüsse ihr wichtigstes Lebensmittel. Es war überall draußen zu finden und ließ sich auch leicht anpflanzen. Um 1700 war die Gegend um Würzburg und Bamberg das Land der Haselnüsse.

Nach der Eiszeit war die Haselnuss in Mitteleuropa einer der häufigsten Sträucher. Pollenfunde aus Bodenschichten zeugen davon. Wissenschaftler gaben sogar einer ganzen Klimaperiode den Namen „Haselzeit". Diese folgte auf die Besiedlung der baumlosen Tundra mit Birke und Kiefer. Noch heute erstreckt sich das Verbreitungsgebiet der Haselnuss von Norwegen bis zu den Mittelmeerländern. Vor allem in Hecken und Eichenmischwäldern findet man sie häufig. In manchen Eichenwäldern bilden Haselsträucher ein sehr dichtes Unterholz, das perfekte Versteck für Rehe und anderes Wild. Im Volksglauben spielten Haselnusssträucher schon immer eine große Rolle. Eine y-förmige Haselgerte war und ist das Handwerkszeug der Wünschelrutengänger zum Aufspüren von Wasseradern. In den Boden gesteckte Haselruten zeigten Gerichts- und Forsthoheit an. Und weil Haselnüsse oft paarweise wachsen, galten sie als Symbol für glückliche Ehen.

Die gelben Kätzchen sind die männlichen Blüten.

Schneeball

Viburnum opulus

Bäume
Hecken und Feldgehölze

- Holundergewächse
- Mai bis Juli
- 2–4 m

Merkmale
Stark verzweigter Strauch; Blätter lang gestielt, meist dreilappig, unten schwach behaart; weiße Blüten in schirmartig ausgebreiteten Blütenständen am Ende der Zweige; rotglänzende, kugelige Steinfrüchte.

Blütensterne und Blütenglocken

Von Mai bis Juli blühen in feuchten Gebüschen die Schneeballsträucher. In den Blütenständen des Gewöhnlichen Schneeballs fallen zwei Arten von Blüten auf: große sternförmige, weiß leuchtende, unfruchtbare Randblüten und deutlich kleinere, glockenförmige, leicht gelbliche, zwittrige Innenblüten.

In den Hecken erkennt man Schneeballsträucher an ihren schirmartig ausgebreiteten Blütendolden. In unseren Gärten pflanzen wir häufig Sorten mit kugeligen Blütenständen. Doch deren Einzelblüten bieten Insekten weder Nektar noch Pollen. Sie sind alle steril, wie die Randblüten des Heckenstrauches. In Europa wurde der Schneeball zuerst von den Holländern kultiviert. Von Holland, dem einstigen Guelderland, hat er auch seinen englischen Namen „Guelderland Rose“. Schneeballfrüchte sind roh giftig. Sie enthalten den Bitterstoff Viburnin, der Magen- und Darmentzündungen verursacht. Selbst Todesfälle sind bekannt. Gekocht dagegen sollen Schneeballbeeren unbedenklich sein. In osteuropäischen Ländern werden sie als Kompott gegessen. In Kanada isst man sie wie Preiselbeeren und nennt sie „high bush cranberry“. In Sibirien macht man daraus einen schmackhaften Likör.

Dichter Busch mit zweierlei Blüten

Schwarzer Holunder

Sambucus nigra

Bäume
Hecken und Feldgehölze

- Holundergewächse
- Juni bis Juli
- 2–7 m

Merkmale
Zweige mit weißem Mark gefüllt; Blätter aus fünf bis sieben Teilblättchen zusammengesetzt; duftende, weiße Blüten in flachen Blütenständen; schwarze Beerenfrüchte.

Hollersekt und Fliederbeeren

Omis Küche hatte immer ein paar Überraschungen bereit: süße Limonade, duftende Küchlein und selbst bei Fieber gab es ein Zaubermittel aus der Natur. Der Lieferant dieser Kostbarkeiten war der Schwarze Holunder. Er wuchs direkt unter dem Küchenfenster.

Früher gehörte der Schwarze Holunder zu jedem Bauernhof. Der Strauch lieferte in allen seinen Teilen wertvolle Heilmittel. „Rinde, Beere, Blatt und Blüte, jeder Teil ist Kraft und Güte", reimte man in alter Zeit. Auch mit dem Jenseits wurde der Holunder in Verbindung gebracht. Nach griechischer Überlieferung brauchte man Holunderholz zur Totenbestattung. Aus dem germanischen Raum sind ähnliche Sitten bekannt: In Norddeutschland war es üblich, mit einem frisch geschnittenen Holunderzweig das Maß des Toten für den Sarg zu nehmen. Und der Kutscher des Leichenwagens trieb die Pferde mit einem Holunderstock an. Nach einer Legende von Abraham a Santa Clara war es ein Holunderstrauch, der Markgraf Leopold den richtigen Platz zum Bau des Stiftes Klosterneuburg bei Wien gezeigt hat. Der Schwarze Holunder braucht viel Platz und fruchtbaren Untergrund zum Gedeihen. Er steht bevorzugt dort, wo der Boden von Tieren aufgewühlt und gedüngt wurde.

Blütenstände wie weiße Teller

Pfaffenhütchen

Euonymus europaea

Bäume
Hecken und Feldgehölze

- Spindelbaumgewächse
- Mai bis Juli
- 1–6 m

Merkmale
Blätter lang gestreckt und spitz, im Herbst kupferrot; gestielte, grünweiße Blüten, die vier Blütenblätter bilden ein Kreuz; Früchte karminrote vierkantige Kapseln, giftig.

Spindelstrauch und Pfaffenhut

Die Familie der Spindelbaumgewächse ist eigentlich in Südostasien zu Hause. Doch einer dieser merkwürdigen Sträucher ist eine häufige Heckenpflanze bei uns. Wegen der ungewöhnlichen roten Früchte heißt er Pfaffenhütchen. Aus seinem harten Holz machte man Spindeln.

Der wissenschaftliche Name *Euonymus* stammt aus dem Griechischen und bedeutet „der Strauch mit dem guten Namen". Tatsächlich stand dieser Heckenstrauch in hohem Ansehen bei der Landbevölkerung. Sein hartes Holz taugte zu Nägeln, für die Bauersfrau fertigten Handwerker haltbare Stricknadeln, für die Schüler der damaligen Zeit brannten Köhler wertvolle Zeichenkohle. Und die getrockneten, pulverisierten Früchte waren das beste Insektenvertilgungsmittel. Sie verjagten Zecken, Läuse und andere Plagegeister. Alle Teile des Pfaffenhütchens sind giftig, besonders aber die Früchte. Weil sich Ziegen auf der Weide oft mit dem Strauch vergifteten, heißt er in manchen Gegenden Ziegenbaum.

Nach dem ersten Frost verlieren die Früchte offensichtlich ihr Gift. Im Winter ernten Rotkehlchen, Stare und Seidenschwänze den Strauch ab. Pfaffenhütchen werden häufig von den Raupen der Gespinstmotte *Yponomeuta plumbellus* befallen. Diese überziehen den gesamten Strauch mit einem hellen Gespinst.

Berberitze, Sauerdorn

Berberis vulgaris

Muschel heißt arabisch Berberi

Sehr dornig ist dieser Strauch und seine Früchte sind sauer schmeckende Beeren. Sogar seine Blätter haben einen essigähnlichen Geschmack. Schon war der Name Sauerdorn geboren. Wegen der muschelförmigen Blüten heißt die Pflanze heute Berberitze, abgeleitet vom arabischen „Berberi" für Muschel.

Berberitzen lieben sonnige Standorte. Sie wachsen wild auf trockenen Schotterflächen, in Gebüschen und an Waldrändern. Als Zierpflanzen stehen die Sträucher in den verschiedensten Sorten und Farben in unseren Gärten. Berberitzenbeeren erntet man nach den ersten Frösten. Sie enthalten viele Vitamine, besonders Vitamin C. In der Naturheilkunde werden sie zur Stärkung des Immunsystems eingesetzt. Berberitzenbeerensirup und seine heilende Wirkung wird schon 1573 in einem englischen Gesundheitsbüchlein gelobt. In der indischen Küche röstet man die getrockneten Früchte in Öl und nimmt sie als Würze für Fleischsaucen. Die Gattung Berberis hat ihre Hauptverbreitung in Eurasien, Nordafrika, Nord- und Südamerika. *Berberis vulgaris* ist die einzige heimische Berberitzenart. Ihr Holz ist regelmäßig und fein strukturiert und wird von den Meistern der Intarsienkunst sehr geschätzt.

Bäume
Hecken und Feldgehölze

- **Berberitzengewächse**
- **April bis Juni**
- **1–3 m**

Merkmale
Reich verzweigter Strauch; an den Zweigen dreiteilige Dornen; Blätter klein, oval, sitzen büschelig in den Achseln von Dornen; gelbe, duftende Blüten, hängen in Trauben; Früchte rote längliche Beeren, essbar.

Der ganze Strauch ist mit spitzen Dornen besetzt. Dazwischen hängen die gelben Blütenglöckchen.

Bäume
Hecken und Feldgehölze

- Ölbaumgewächse
- Juni bis Juli
- 3–5 m

Merkmale
Strauch mit rutenförmigen Zweigen; Blätter kurz gestielt, oval, ledrig, fallen oft erst nach dem Winter ab; weiße, duftende Blüten in aufrechten Rispen; glänzend schwarze, kugelige Steinfrüchte, giftig.

Liguster

Ligustrum vulgare

Wo wächst der Tintenstrauch?

Baron Münchhausen berichtete 1770, dass sich Schulkinder aus den schwarzen Beeren des Liguster ihre Tinte zum Schreiben machten. Münchhausen hat nicht gelogen. War die rote Lehrertinte aus Berberitzensaft gemacht, presste man Ligusterbeeren zu Schülertinte.

Der Liguster gehört zu den Ölbaumgewächsen. Damit ist er ein Wärme liebender Strauch, der vor allem im südlichen Europa beheimatet ist. Wegen seines dichten Wuchses wird er heute überall als Hecke angepflanzt. Und viele in Süddeutschland vorkommende Liguster dürften verwilderte Heckensträucher sein. Seine Wurzelschösslinge bilden häufig Stecklinge und bewurzeln sich leicht in der Erde. Das macht es einfach, sich selbst eine Ligusterhecke zu pflanzen. Heute benötigen wir die giftigen Beeren nicht mehr zur Tintenherstellung und so sind sie nur noch Winterweide für Vögel. Besonders Drosseln fressen sie gern. Die Beliebtheit des Ligusters in der Stadt fördert auch einen der größten heimischen Schmetterlinge. Nicht selten schwärmt der Ligusterschwärmer im Hochsommer. Seine riesigen, hübsch gezeichneten Raupen (siehe Foto links) entwickeln sich dann bis zum September mitten in der Stadt.

Der Liguster bildet blickdichte Hecken.

Roter Hartriegel

Cornus sanguinea

Bäume
Hecken und Feldgehölze

Ein Riegel für alte Tore

Der Name Hartriegel verrät es schon. Aus seinem äußerst harten Holz machte man die Sicherheitsschlösser des Mittelalters. Solch einen harten Riegel brachen Ritter nicht so leicht auf. Noch heute lassen sich in Burgfestungen diese Holzkunstwerke bewundern.

Sein rotes Herbstlaub und die im Winter auffällig blutrot leuchtenden Zweige flossen ebenfalls in die Namensgebung ein. So entstand die Bezeichnung Roter Hartriegel. Diese Pflanze hat weitere ungewöhnliche Eigenschaften. Ihr Wurzelwerk bildet sich binnen kurzer Zeit so weitläufig aus, dass es selbst steile Hänge befestigt. Darüber hinaus ist der Strauch völlig anspruchslos. Selbst blanke Lehmböden durchdringt er nachhaltig. Der auch Roter Hornstrauch genannte Hartriegel ist über ganz Europa verbreitet. Er wächst meist als Unterwuchs in Laubmischwäldern, aber auch an Waldrändern und in Hecken. Vögel, Eichhörnchen und Mäuse fressen die schwarzen Beeren gerne.

- **Hartriegelgewächse**
- **Mai bis Juni**
- **1–4 m**

Merkmale
Zweigrinde auf der Sonnenseite vor allem im Winter deutlich rot gefärbt (Name); Blätter gestielt, oval, laufen in einer Spitze aus; weiße vierzählige Blüten, riechen nach Fisch; schwarze Steinfrüchte.

Schnell wachsender Strauch, der den Halbschatten anderer Bäume sucht

Bäume
Hecken und Feldgehölze

- Ahorngewächse
- April bis Mai
- 10–15 m

Merkmale
Blätter gegenständig, drei- bis fünflappig, unten behaart, Blattstiele mit Milchsaft; Blüten gelbgrün, in zunächst aufrechten, später überhängenden Blütenständen; Früchte mit waagrecht abstehenden Flügeln.

Feld-Ahorn

Acer campestre

Ein Bauerntisch vom Ahornzwerg

Ausgerechnet der kleinste der heimischen Ahornarten liefert ein besonders hartes Holz, das nach dem Hobeln seidig glänzt. Viele Tischplatten in Bauernküchen sind deshalb aus diesem Holz. Einfach blank gescheuert behalten sie ihren Glanz jahrzehntelang.

„Mäpel", „Mapeldorn" oder „Maßholder" waren früher gebräuchliche Namen für diesen Ahorn. Vor allem die Bezeichnung „Maßholder" erinnert an eine längst vergessene Nutzungsform des Feldahorn als Nahrungsbaum. „Maß" leitet sich vom altsächsischen „mat" für „Speise" ab. Noch im 16. Jahrhundert verstand man darunter gute Kost für Menschen. Man stampfte die jungen Laubblätter des Feld-Ahorn und vergor sie wie Sauerkraut. Erst viel später änderte sich die Wertschätzung dieser Nahrung: „Maß" wurde zum Tierfutter. „Gib den Schwien das Maß" oder „Füttere die Schweine" hieß es dann. Neben dem Feld-Ahorn waren die Esche, die Ulme und die Linde beliebte Laubfutterbäume. Doch nicht nur das. In verarmten Haushalten füllte man mit dem Laub auch Matratzen und Bettdecken. Der schnell wachsende Feld-Ahorn ist eine wärmeliebende Halbschattenpflanze. Im Nordwesten fehlt er in weiten Gebieten.

Kein Ackerrand ohne Feld-Ahorn

Feld-Ulme

Ulmus minor

Die glattblättrige Ulme

Feld-Ulme oder Berg-Ulme? Ein Blick auf das Blatt schließt jede Verwechslung aus. Berg-Ulmenblätter haben eine mattdunkelgrüne, borstig behaarte Oberseite und fühlen sich rau an. Die Blätter der Feld-Ulmen dagegen sind oben glänzend dunkelgrün und glatt.

„Von Krankheiten und Feinden leiden die Rüstern wenig". Dieser Satz aus einem Waldbuch des Jahres 1871 trifft für unsere Zeit nicht mehr zu. Heute ist die Feld-Ulme auf der Roten Liste, dem Register bedrohter Arten, bereits als stark gefährdet eingestuft. Verantwortlich dafür ist eine Krankheit, der in den letzten Jahrzehnten viele alte Bäume zum Opfer gefallen sind. Verursacht wird das Ulmensterben durch einen Schlauchpilz, der die Wasserleitungsgefäße verstopft und den Baum vertrocknen lässt. Überträger der Pilzsporen ist der winzige Ulmensplintkäfer. In Holland wurde diese Krankheit 1919 zum ersten Mal festgestellt. Deshalb wird sie auch Holländische Krankheit genannt.

Bäume
Hecken und Feldgehölze

- **Ulmengewächse**
- **März bis April**
- **15–40 m**

Merkmale
Blätter oval, am Grund asymmetrisch, enden in einer Spitze; Blüten kurz gestielt, in dichten Büscheln, erscheinen vor dem Laub; Früchte rundum von einem Flügel umgeben, Samen nahe am oberen Flügelrand.

Die Flugsamen sind wie Diskusscheiben aufgebaut.

Echte Walnuss

Juglans regia

Bäume
Hecken und
Feldgehölze

- Walnussgewächse
- April bis Mai
- 15–30 m

Merkmale
Blätter aus 5–9 Teilblättchen, duften zerrieben aromatisch; männliche Blütenkätzchen hängend, weibliche Blüten in aufrechten Ähren; Walnüsse in grüner Schale.

Das Holz der Büchsenmacher

Wegen seiner satten Farbe und der schönen Maserung ist Walnussholz eines der teuersten Möbelhölzer. Schon lange wird es aber auch zur Herstellung von Gewehrschäften verwendet, denn es hält den Rückstoß beim Schießen aus, ohne zu splittern.

Nach Mitteleuropa kamen Walnussbäume bereits während der Römerzeit. Richtig bekannt wurden sie bei uns aber erst um 800 n. Chr. durch eine Empfehlung Karls des Großen in seinen Landgüterverordnungen. Der kluge Herrscher dachte an die Nahrungsversorgung seiner Untertanen und riet zum Anbau von Walnussbäumen, Kastanienbäumen und anderen südlichen Gehölzen in seinen königlichen Provinzen. Walnussbäume werden bis zu 30 Meter hoch und über 300 Jahre alt. Sie brauchen nährstoffreichen Boden, sonniges mildes Klima und einen hellen Standort. Als Waldbäume eignen sie sich nicht. Nur unter passenden Lebensbedingungen setzen sie ab dem 15. Lebensjahr Früchte an. Während der Hauptertragszeit kann man von einem einzigen Baum pro Jahr etwa 50 Kilogramm Nüsse ernten. Wichtige Anbauländer für Walnüsse sind heute Italien, Ungarn und vor allem Frankreich. Walnüsse aus der Gegend von Grenoble sind für ihr erlesenes Aroma bekannt.

Walnüsse wachsen in einer grünen Fruchtschale.

Bäume
Hecken und
Feldgehölze

- Zypressengewächse
- April bis Mai
- 4–12 m

Merkmale
Nadeln stehen in Quirlen zu drei bis vier, sind steif und spitz, oben mit breitem, weißem Mittelband; kugelige, erbsengroße, schwarzblaue Früchte (Wacholderbeeren).

Heide-Wacholder

Juniperus communis

Säulen auf alten Schafweiden

Überall an steilen Hängen und sandigen Heiden, wo Schafe und Ziegen den Bewuchs kurz halten, stehen die säulenförmigen Sträucher des Wacholder. Mit ihren spitzen Nadeln bleiben sie von den Tieren verschont.

Dem langsam wachsenden Heide-Wacholder sieht man oft sein Alter nicht an. Eine zehn Meter hohe Säule kann 2000 Jahre alt sein. Als Heil- und Gewürzpflanze war der Baum des Jahres 2002 schon den Ägyptern bekannt. Im Mittelalter rettete so mancher Wacholder Menschenleben, als man versuchte, mit Wacholderrauch die Pest einzudämmen und Krankenzimmer zu desinfizieren. Als Wacholderöl lindert die Pflanze Rheuma und Muskelkater. Als Wacholderschnaps, der aus den Beeren destilliert wird, ist das Zypressengewächs eine Wohltat für die Verdauung. Queen Mum schätzte bis ins hohe Alter ein Gläschen Gin. Auch beim Räuchern ist der harzige Geschmack der Beeren und Nadeln durch nichts zu ersetzen. Er macht jeden Schinken unvergesslich. Wacholderharz wurde früher als unechter Weihrauch gehandelt. Daher auch der Name „Weihrauchbaum". Der Heide-Wacholder hat das größte natürliche Verbreitungsgebiet aller Nadelhölzer. Er ist in Europa, Asien, Nordafrika und Nordamerika zu Hause.

Stachelige Säulen: typisch für Heidelandschaften

Bildnachweis
Mit 252 Farbfotos von Wolfgang Dreyer (S. 226, 229 u., 230/231, 246 o., 268/269, 284/285, 286 u. r., 304 u., 328/329), Frank Hecker (S. 251 u., 285 u., 289 u., 290 alle, 291 l., 295 Mitte, 296 u.), Bruno P. Kremer (S. 229 o.), alle übrigen von Roland Spohn.

Einzelband

ISBN 3-440-09671-8
Projektleitung: Dr. Stefan Raps
Lektorat: Bärbel Oftring
Grundlayout: eStudio Calamar
Produktion: Siegfried Fischer / Johannes Geyer

Inhalt

Einleitung Blumen	**350**
Blütenfarbe weiß	**356**
Blütenfarbe gelb	**382**
Blütenfarbe rot	**406**
Blütenfarbe blau	**434**
Blütenfarbe grün	**456**

Orientierung im Kapitel

Die Bestimmung der einzelnen Arten ist ganz einfach: Die fünf Leitfarben der Symbole entsprechen den fünf **Blütenfarben**, die vier Blütensymbole selbst der jeweiligen **Form**:

- Blütenfarbe weiß
- Blütenfarbe gelb
- Blütenfarbe rot
- Blütenfarbe blau
- Blütenfarbe grün

✤ = höchstens vier Blütenblätter
✿ = fünf Blütenblätter
❁ = mehr als fünf Blütenblätter
✾ = zweiseitig symmetrische Blüten

Jede Pflanze hat eine eigene Seite. Am Rand steht jeweils der **Familienname**. Dann folgen Angaben zur **Blütezeit**, **Wuchshöhe** und zu typischen Merkmalen. Zusammen mit den Bildern helfen sie beim Erkennen und Bestimmen.

Ganz oben steht der deutsche Name. Darunter ist der wissenschaftliche Name gedruckt. Er besteht aus zwei lateinischen Begriffen. Vorne steht der groß geschriebene Gattungsname, dahinter der klein geschriebene Artzusatz. Das ist internationaler Brauch und bezeichnet jede Pflanze ganz genau.

Jede Seite beginnt mit einem Merksatz. Er soll dem Leser helfen, sich diese Pflanze einzuprägen. Darunter finden Sie einen Text, der das Außergewöhnliche der Pflanze beschreibt. Die Erzähltexte führen mitten hinein in die Geschichte der Pflanzen.

Blumen

Dorothea Laske

Jedes Jahr, wenn der Frühling erwacht und die ersten Blumen mit ihren zarten Blättern und Blüten durch braunes Laub und verwelktes Gras zum Licht streben, stellt sich für viele Menschen die Frage: „Welche Blume blüht denn da?“ Im Lauf des Jahrs wiederholt sich diese Überlegung, nicht nur angesichts einer Blume in der Natur, sondern auch bei einem neugierigen Blick über den Gartenzaun.

Dieses Kapitel wendet sich an alle, die Freude an Blumen haben, sie kennen und benennen wollen. Es ist ganz einfach aufgebaut. Botanische Vorkenntnisse sind nicht erforderlich. Die Pflanzen sind nach ihren Blütenfarben und Blütenformen geordnet. Jede Blume wird in einem ganzseitigen Porträt vorgestellt. Hier finden sich Angaben zur Familie, Blütezeit und Wuchshöhe. Unter dem Stichwort „Merkmale“ sind einige sichere Kennzeichen angegeben. Nicht immer konnten Fachausdrücke vermieden werden. Deshalb sind im nebenstehenden Schema die wichtigsten Teile einer Blütenpflanze dargestellt.

FACHAUSDRÜCKE IM BILD

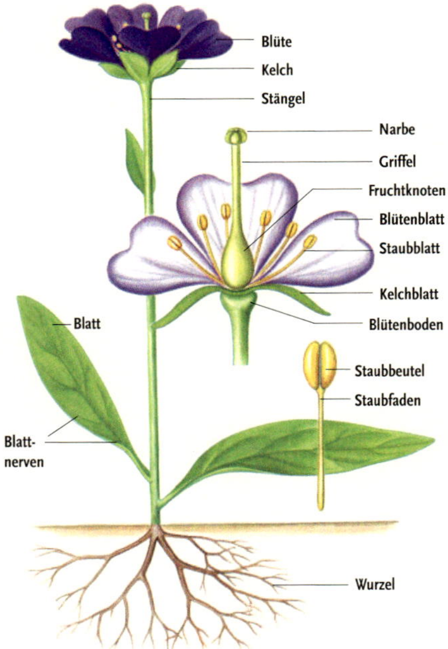

Die ausführlichen Texte gehen auf einzelne Geschichten, Märchen, Aberglauben, Heilkräfte oder auf andere Besonderheiten der Blumen im Leben der Menschen ein. Die jeweilige, oft etwas ungewöhnliche Überschrift soll dazu beitragen, die entdeckte Blume nie mehr zu vergessen. So ist das „Modell für die Kirchenglocken“ die Glockenblume, und hinter „Dem Feuer folgt das Feuer“ verbirgt sich das Schmalblättrige Weidenröschen. Von einigen Ausnahmen abgesehen wurden für dieses Kapitel die 100 häufigsten Blumen zwischen Meeresstrand und Alpen ausgewählt. Wo möglich, wird auf ihre Verwendung im Garten oder auf verwandte attraktive Gartenblumen hingewiesen.

Von Zauberblumen und ihren geheimnisvollen Kräften

Blumen sind eng mit dem Leben der Menschen verbunden. Viele von ihnen hatten und haben noch heute in Brauchtum und Aberglauben ihre Bedeutung. Sie gaben Auskunft über die Chancen in der Liebe, verkündeten den Hochzeitstermin oder die Geburt eines Kindes. Den Alchimisten galten einige als magische Blumen, die sie bei ihren geheimnisvollen Experimenten, aus unedlen Metallen Gold herzustellen, einsetzten. Andere Blumen dienten, unter das Dach gehängt, als Blitzableiter oder schützten, am Feldrand aufgestellt, die Ernte vor Gewitter, Sturm und Hagel.

Feldränder sind oft die einzigen Rückzugsflächen für viele Blumen.

Die Menschen trugen Kräuter gegen den bösen Blick oder Verwünschung durch Hexen und Zauberer bei sich. Sie schützten Haus und Hof vor Unglück und Krankheiten mit geweihten Blumensträußen. Noch heute werden in einigen Regionen zu Mariä Himmelfahrt Blumen- und Kräutersträuße in Kirchen geweiht und nach Hause getragen.

Was Nonnen, Mönche und Kräuterfrauen wussten

Bevor Apotheken und Pharmaindustrie ihre Pillen, Pulver und Salben mixten, lieferte die Natur die Arzneien. Lange Zeit waren es nur die Heilkundigen, die sich unter den heimischen Pflanzen auskannten.

Viele Heil-, Gewürz- und Nahrungspflanzen gelangten durch Handel und Verkehr nach Mitteleuropa und bereicherten die vorhandene Pflanzenwelt. Mit ihnen kam auch das arzneiliche Wissen der Antike über die Alpen. Einige der Pflanzen wurden für die Herstellung von Arzneien wild gesammelt, andere in Gärten kultiviert. Die Mönche und Nonnen legten in ihren Klöstern die ersten Arznei- und Kräutergärten nördlich der Alpen an. Darin wuchsen Malve, Salbei und Thymian stets in reichlicher Menge. Rosen, Veilchen, Nelken und weitere Duftpflanzen blühten in der Nähe der Krankenstation, denn den Mönchen und Nonnen war die heilende Wirkung der Blumendüfte bekannt.

Wildsammlungen von Heilpflanzen sind teilweise noch heute üblich.

Das Wissen der Pflanzenmedizin ging teilweise in die Volksmedizin über. Die Heilkräuter gelangten allmählich in die Bauerngärten, aus denen einige ausbüxten und verwilderten. Andere Blumen wurden, wie die Wilde Möhre, zu Gemüse oder, wie der Färberwaid, zu zeitweilig lukrativen Färberpflanzen weitergezüchtet.

Die großblütigen Verwandten der Wiesen-Margeriten sind häufig in den Gärten zu bewundern.

Schönheit wird erkannt

Erst seit dem 16. Jahrhundert hegt und pflegt man Blumen ihrer Schönheit, außergewöhnlichen Form oder Seltenheit wegen. Universitäten ließen botanische Gärten anlegen. Bischöfe, Kaiserinnen, Könige und Fürsten demonstrierten mit ihren Pflanzensammlungen ihr naturwissenschaftliches Interesse und ihre Weltoffenheit. Einige Sammlungen wurden in wertvollen, wunderbar kolorierten Blumenbüchern verewigt. Heimische Wildblumen, aber auch Blumen aus fernen Ländern, wurden gepflanzt, ausgewählt und der jeweiligen Mode entsprechend weiter gezüchtet. Es entstanden die verschiedensten Farbtöne, dazu geflammte, gefranste, kleine und große Blüten. Daher sind nicht selten Wildblumen und Gartenblumen mal mehr, mal weniger miteinander verwandt. In Mitteleuropa, vor allem in den damals so genannten Vereinigten Niederlanden, entstand in jener Zeit ein neuer Wirtschaftszweig, die Blumenzucht und der Blumenhandel.

Für jede Blume den richtigen Standort

Jede Blume benötigt ihren speziellen Standort. Eine Sumpf-Dotterblume wächst dauerhaft nur auf nassen Wiesen, das Edelweiß auf sonnigen Steinrasen in luftigen Berghöhen. Der Breit-Wegerich braucht den durch Tritt verdichteten Boden. Die einen benötigen die wärmende Sonne, die anderen lieben den kühlen Schatten. Kalkhaltiger oder saurer Boden, ein reiches Nährstoffangebot oder -mangel, Feuchtigkeit, Trockenheit und noch verschiedene andere Faktoren wirken sich auf die Pflanzengesellschaften und ihre Arten aus.

„In lichten Wäldern und Gebüschen ..."
Im zeitigen Frühjahr entdecken wir im Wald und unter Gebüschen die ersten Blumen. Durch die unbelaubten Zweige hat die Sonne den Waldboden erwärmt. Busch-Windröschen, Scharbockskraut, Lerchensporn und Märzenbecher schieben sich empor und entfalten ihren Blütenteppich.

Diesen Frühstart ermöglichen ihre Zwiebeln, Wurzelknollen oder verdickten Endsprossen. Sobald der Laubvorhang das Sonnenlicht aussperrt, ziehen sie sich in den Waldboden zurück. Dann erscheinen Fingerhut, Wald-Ziest, Tollkirsche und andere Waldblumen. Sie besitzen

Blumenreiche Streuobstwiesen sind Lebensraum für viele Tiere und bereichern das Landschaftsbild.

viel mehr Blattgrün und können daher Schatten besser vertragen. Doch auch sie benötigen etwas Licht. Daher sind sie auf Lichtungen und Schneisen, an Waldwegen und Waldrändern anzutreffen.

Natürlich sind die Waldstandorte sehr unterschiedlich. Wie überall spielen die einzelnen Standortbedingungen eine wesentliche Rolle. Sie bestimmen das Auftreten der verschiedenen, im Alter hallenartigen Buchenwälder. Sie prägen das Gesicht der Eichenwälder, deren knorrige Baumgestalten die Geschichte von Jahrhunderten erzählen. Und sie wirken sich auf die Pflanzengemeinschaften der verschiedenen Auen-, Schlucht- und Nadelwälder aus.

Wussten Sie das?

Dass die größte Blumenvielfalt in den Alpen bestaunt werden kann? Dort kommen fast so viel Blütenpflanzenarten vor wie im gesamten Mitteleuropa. Von diesen ca. 5000 Arten sind ungefähr 450 Arten endemisch, d.h. sie wachsen nur in mehr oder weniger begrenzten Gebieten der Alpen und sonst nirgendwo auf der Erde. Während der Eiszeiten überdauerten einige Arten vor allem in den eisfrei gebliebenen Gebieten der südlichen, südöstlichen und südwestlichen Alpenränder. Nach den Eiszeiten wanderten andere Pflanzenarten über einen großen Zeitraum hinweg aus allen Himmelsrichtungen ein und besiedelten den strukturreichen Alpenraum. Heute sind leider zahlreiche Arten bereits wieder ausgestorben oder in ihrem Bestand gefährdet. Daher ist Naturschutz für die Alpen besonders wichtig.

„Ein Wiesenblumenstrauß aus Kinderhänden ...“
Wer kennt sie noch, die bunten Blumenwiesen, die für zu Hause oder für die erste Liebe den kostenlosen Blumenstrauß lieferten? Kuckucks-Lichtnelken, Mädesüß und Scharfen Hahnenfuß pflückte man auf feuchten Wiesen, ertrug dabei nasse Schuhe und aufgeschreckte Frösche. Sonnendurchwärmte, trockene Wiesen spendeten, unter dem lautstarken Gezirpe der Grillen, die Sträuße mit Skabiose, Klappertopf, Schafgarbe und Glockenblumen. Die bunten Wiesenblumen locken die Kinder noch heute. Auf einen farbenfrohen Blumenstrauß müssen sie jedoch häufig verzichten. Denn inzwischen stehen viele der schönen

Blumen und nicht selten die ganze Wiese unter Naturschutz.

Blühende Feuchtwiesen sind selten geworden. Sie müssen deshalb geschützt werden.

Wiesen und Weiden sind vom Menschen geschaffene Standorte. Denn einst bestimmte der Wald das Landschaftsbild Mitteleuropas. Waldrodung und anschließende stetige Nutzung veränderten das Landschaftsbild. Durch den Verbiss des Viehs entstanden zuerst die Weiden. Wiesen entwickelten sich erst, als der Mensch die Geräte für die Heuernte geschaffen hatte. Seit etwa 1000 Jahren existieren Mähwiesen.

Eine Standardwiese gibt es nicht. Denn die Zusammensetzung und der Reichtum an Arten ist von den vielfältigen Standortbedingungen und der Häufigkeit des Schnittes abhängig. Deshalb entstand ein breites Spektrum an Nass- und Fettwiesen, Trockenwiesen, Salz- und Bergwiesen. Heute überwiegen die saftig grünen, gut gedüngten Futterwiesen und Fettweiden. Sie sind ertragreicher und die Freude des Landwirtes. Ihnen fehlen jedoch die bunten Wiesenblumen, deren Anblick heiter stimmt und Freude schenkt.

Viele der besonders blumenreichen Standorte mussten langweiligen, grünen Flächen mit Monokulturen weichen. Daher sind Schutzgebiete für die bunten Wiesenblumen-Gesellschaften oder einzelnen Arten notwendig. Im Kleinformat lassen sich schattige Strauchzonen, kleine Blumenwiesen, felsige Beete, trockene Hänge, Sumpfbeete oder Teiche im Garten anlegen. Ihre Entwicklung zu beobachten ist spannend und regt die Phantasie zu weiteren Aktivitäten an.

Blumen

Blütenfarbe weiß

Die ersten Blumen, die sachte den Frühling ankündigen, sind die Schneeglöckchen mit ihren weißen, grün berandeten Blüten. Sie schieben sich lichthungrig aus der dunklen Erde durch den weißen Schnee. Weiß war früher die Farbe der Trauer. Doch gleichzeitig symbolisiert Weiß den Anfang. Zaghaft erwacht mit dem Schneeglöckchen die Natur. Märzenbecher und Busch-Windröschen folgen. Weiß ist im physikalischen Sinn keine eigenständige Farbe. Vielmehr ist Weiß mehr als nur eine Farbe. Es ist die Summe aller Farben des Lichts. In einem Regenbogen oder Prisma wird das weiße, das farblose Licht in seine Bestandteile, in Rot, Orange, Gelb, Grün, Blau und Violett zerlegt.

Als Material ist Weiß sehr wohl eine Farbe. Es ist die vierte Primärfarbe, denn Weiß ist aus anderen Farben nicht mischbar. Das strahlende Weiß des Frühlings-Krokus und der Margeriten entsteht nun dadurch, dass im Blütenblattgewebe unzählige, feine Lufteinschlüsse enthalten sind, die das auftreffende Sonnenlicht wie einen Spiegel reflektieren. Selbst in der Nacht werfen diese kleinen Spiegel das schwache Licht des Monds und der Sterne zurück, so dass noch im Dunkeln die weißen Blüten sichtbar sind. Danach orientieren sich nachtaktive Falter.

Blumen
Blütenfarbe weiß

- Rötegewächse
- April bis Juni
- 10 – 30 cm

Merkmale
Vierkantige Stängel; sechs bis acht lanzettliche Blätter in Quirlen; Blüten trichterförmig, in Trugdolden; im Verwelken angenehm süßlicher, fruchtiger Duft.

Waldmeister

Galium odoratum

Sein Duft weckt Erinnerungen

Schon von weitem ist der angenehme Cumarinduft des Waldmeisters zu riechen. Er weckt Erinnerungen an fröhliche Gartenfeste unter blühenden Obstbäumen mit einer kühlen, erfrischenden Maibowle. Diese wird durch den Waldmeister erst so richtig aromatisch.

Bereits im Jahr 1500 stellte die Bevölkerung im Elsass und den Weinbaugebieten Deutschlands aus gezuckertem Weißwein und Waldmeister den anregenden Maientrank her. Ein reichlicher Genuss kann den nächsten Tag jedoch mit heftigen Kopfschmerzen verderben. Auch Fruchtsäfte und Apfelgelee erhalten durch Waldmeister eine besondere Geschmacksnote. Erst angewelkt entfaltet das blühende Kraut sein volles Aroma. Woldmeester, Waldermann, Meserich und andere Namen trägt der als Heilpflanze schon früh genutzte Waldmeister. „Sanikel, Ehrenpreis und Waldermann, heilen Lung und Leber z'samm", wurde im Volksmund gedichtet. Unseren Vorfahren war dabei jedoch unbekannt, dass zu viel Waldmeister die Leber schädigen kann. Den Waldmeister trifft man oft teppichartig in Laubwäldern an. Im Garten leuchten seine weißen Blüten besonders schön zwischen Schlüsselblumen und blauem Gedenkemein.

Waldmeister duftet angenehm fruchtig-süß.

Gewöhnliches Leimkraut

Silene vulgaris

Blumen
Blütenfarbe weiß

Dicker Bauch ohne Festgelage

Der aufgeblasene, dickbauchige Blütenkelch verpasste der Blume ihren wissenschaftlichen Namen *Silene*. Denn der sabbernde, glatzköpfige Silenos begleitete dickbauchig und behäbig Dionysos, den griechischen Gott des Weins. Er war ein treuer, stets trunkener Gefährte und nahm gerne an jedem Fest teil.

Für das Gewöhnliche Leimkraut bedeutet der dicke Bauch das Überleben der Art. In ihm, am Grund der Blüte, lagert die Pflanze reichlich Nektar ein, der für ihre Bestäuber bestimmt ist. Es sind besonders die Abend- und Nachtschmetterlinge, die angelockt vom schweren, süßen, honigartigen Duft die Bestäubung verrichten. Zum Lohn erhalten sie den für ihren langen Rüssel bereitgestellten Nektar. Der dicke Bauch hindert andere Insekten daran, an die ergiebige Nektarquelle zu gelangen. Das Gewöhnliche Leimkraut ist ein zartes Wildgemüse. Die jungen Blätter und Triebe lassen sich zu Spinat, Salat oder als Suppe verarbeiten. In neu angelegten Gärten bieten sich diese Blumen Blüten besuchenden Insekten als erste Nahrungspflanze an. Ihre Verwandten, das Klippen-Leimkraut *S. uniflorum* 'Weißkehlchen' und die rosa blühende *S. schafta* 'Splendens', wachsen am besten auf Mauern, in Fugen und auf Kiesflächen.

- Nelkengewächse
- Juni bis August
- 10 – 50 cm

Merkmale
Stängel aufrecht, nicht klebrig; Blätter lanzettlich, graugrün; Blüten in Trugdolde, Blütenblätter zweiteilig, Kelch aufgeblasen mit rosa Adern; auf trockenen Wiesen und an Wegrändern.

Schmetterlinge besuchen gern die bauchigen Blüten.

Blumen
Blütenfarbe weiß

- Nelkengewächse
- März bis Oktober
- 5 – 50 cm

Merkmale
Stängel einreihig behaart, rund, niederliegend; Blätter eiförmig spitz, gegenständig; Blüten weiß, gabel- und endständig, Blütenblätter kürzer als Kelch, tief geteilt, drei Griffel; Ackerwildkraut.

Vogelmiere

Stellaria media

Ein anhänglicher Gast im Garten

Vogelmiere ist ein anspruchsvolles Gewächs. Sie verlangt vor allem in den oberen Bodenschichten gute Luftversorgung, ausreichend Wasser und reichlich Nährstoffe. Dann wächst sie prächtig und ist sehr anhänglich. Solch wunderbare Bedingungen liefern Gärten, aber auch Mais- und Rübenäcker.

Nur ein kleiner Teil der Ackerwildkräuter gehört zu den heimischen Arten. Zu ihnen zählt die Vogelmiere. Sie kam bereits in der Jungsteinzeit in Mitteleuropa vor. Der größte Teil der heutigen Ackerwildkräuter ist erst später mit Handel und Verkehr eingewandert. Vogelmiere ist eine typische Zeigerpflanze für stickstoffreiche Böden. Sie macht besonders den jungen Kulturpflanzen mit ihrem üppigen Wachstum das Leben schwer. Im Wein- und Obstbau ist sie dagegen als Bodendecker erwünscht, denn sie schützt vor Trockenheit und Erosion. Vögel, besonders Hühner, fressen mit Vorliebe die grüne Pflanze und ihre Samen. Daher wird sie im Volksmund auch Hühner- oder Hennendarm genannt. In die Wildkräuterküche hat die an Vitamin C und Mineralien reiche Vogelmiere schon lange Einzug gehalten. Sie schmeckt mild und kann sehr gut als Salat zubereitet werden.

Typische Zeigerpflanze für stickstoffreichen Boden

Wald-Erdbeere

Fragaria vesca

Blumen
Blütenfarbe weiß

- Rosengewächse
- Mai bis Juni
- 8 – 15 cm

Merkmale
Blätter dreiteilig; drei bis zehn reinweiße Blüten an aufrechten, mit Haaren besetzten Blütenstielen; rote wohlschmeckende Früchte.

Süße, verführerische Früchte

„Walderdbeeren müsst ihr ohne / Zucker, ohne Zimt genießen, / Nicht den Essig der Zitrone, / Nicht Burgunder daran gießen", dichtete Hermann von Gilm. Schon früh war im Volksglauben diese erste Frucht des Jahrs ein Symbol für Wollust und Überfluss. Wie viel von den Früchten auch gegessen wurde, man wurde nie satt.

„Fraga vesca = die zart Duftende" nannten die Römer die Wald-Erdbeere. Sie wurde bereits von ihnen sehr geschätzt. In der Dichtung Ovids wurde sie als köstliche Frucht der paradiesischen Gärten aus dem Goldenen Zeitalter beschrieben. Sie ist allerdings nicht identisch mit unserer Garten-Erdbeere. Diese stammt vielmehr von der amerikanischen Wald-Erdbeere ab. Die Wald-Erdbeere trägt im Mai die typischen reinweißen Blüten. Im Juni reifen dann die erbsengroßen, aromatischen Früchte heran. Blüte und Frucht sind in dieser Zeit häufig gleichzeitig anzutreffen. Die weiße Blüte galt früher als Symbol der Reinheit und die roten, in der Sonne gereiften Früchte standen für geistiges Wachstum. Wilde Wald-Erdbeeren sollten wegen des Fuchsbandwurms nicht roh gegessen werden. Im Garten gezogen lassen sich die leckeren Früchte meist bedenkenlos genießen.

Wald-Erdbeere, die erste Frucht des Jahres

Blumen
Blütenfarbe weiß

- Sauerkleegewächse
- April bis Mai
- 5 – 15 cm

Merkmale
Blätter lang gestielt, kleeblattartig; Blüten einzeln an langen Stielen, weiß mit purpurnen Adern, am Grund gelber Fleck.

Wald-Sauerklee

Oxalis acetosella

Sieht aus wie Klee und ist doch kein Klee

Noch bevor die Buchen zartgrüne Spitzen zeigen, entfaltet der Sauerklee seine kleeähnlichen Blätter. In Wahrheit ist der Sauer- oder Hasenklee kein Klee, sondern wird wegen seiner dreiteiligen Blätter so genannt. Hasen und Kaninchen lassen ihn nicht ungeschoren. Sie fressen ihn mit Stumpf und Stiel.

Auch wenn der Wald-Sauerklee der Frühlingssonne seine Blüten entgegenstreckt, ist er doch eher eine Schattenpflanze. Seine zarten, dünnen Laubblätter gedeihen schon bei geringer Helligkeit. In vollem Tageslicht hingegen senken sich die Teilblättchen, bei starker Besonnung sterben sie ab. Wie eine Mimose lässt der Wald-Sauerklee nach mehrmaliger Berührung seine Blättchen hängen. Schöne Sauerkleepolster findet man in schattigen Laubwäldern und Schluchten. Sie wirken besonders hübsch zwischen Laub und Moos am Rand der Hohlwege. In den Blättern lagern Oxalsäure und Alkalioxalate, die ihnen einen dem Sauerampfer ähnlichen sauren Geschmack geben. Einige Blätter im Salat geben diesem eine besondere Note. Unter Sträuchern kann die zarte Pflanze ebenso wie ihre rosa blühende Verwandte *O. oregana* im Garten gezogen werden. Die aus Mexiko stammende Art *O. tetraphylla* wird als Glücksklee verkauft.

Bei direkter Sonne senken sich die Teilblättchen.

Gewöhnlicher Giersch

Aegopodium podagraria

Blumen
Blütenfarbe weiß

Fast unverwüstlich, nur aufessen hilft

Wer Giersch im Garten hat, wird ihn so leicht nicht los. Da hilft nur, ihn als Dauergemüse zu betrachten und zu verspeisen. Giersch lässt sich vom Frühjahr bis Herbst ernten. Besonders gut schmeckt er jedoch vor der Blüte. Er kann als Salat mit Orangen und Walnüssen zubereitet werden.

Der Gewöhnliche Giersch ist ein wuchsfreudiges Gewächs, das nährstoffreichen Boden liebt. Er ist vor allem in feuchten Laub- und Mischwäldern, Gebüschen und in Gärten anzutreffen. Dort breitet er sich zum Leid der Gärtner mit seinen langen unterirdischen Ausläufern unaufhaltsam aus. Seine Wurzeln brechen sehr leicht, wobei aus jedem Bruchstück eine neue Pflanze entsteht. Giersch kann nur durch regelmäßiges Mähen oder Ernten eingedämmt werden. Eigentlich müsste er aus dem Griechischen übersetzt Ziegenfüßchen heißen. Der Name bezieht sich auf die gespaltenen unteren Blättchen des Blatts. Er wird auch Gichtkraut („Fußgicht = podagra") genannt. Heilwirkungen gegen Gicht wurden ihm bereits in Kräuterbüchern des 15. Jahrhunderts zugeschrieben. Die zerstoßenen Blätter legte man damals zur Kühlung auf die gichtschmerzenden Körperteile.

Nur in der Wildgemüseküche beliebt.

- **Doldenblütler**
- **Juni bis August**
- **50 – 100 cm**

Merkmale
Stängel aufrecht, hohl; Blätter wechselständig, doppelt dreizählig gefiedert; Blüten in 15 bis 20 strahligen, zusammengesetzten Dolden ohne Hüllblätter.

Blumen
Blütenfarbe weiß

- Doldenblütler
- Juli bis Oktober
- 30 – 100 cm

Merkmale
Wurzel dick, weiß, typischer Möhrengeruch; Stängel behaart, hohl; Blätter zwei- bis dreifach gefiedert, behaart; Blüten in flachen Dolden.

Wilde Möhre

Daucus carota

Ein Nest ohne Vogel

Nicht alle Doldenblütler können ohne Gefahr als Wildgemüse den Speiseplan bereichern. Die Wilde Möhre hat jedoch ein sicheres Merkmal. Ihre flachen, weißen Dolden ziehen sich bei der Samenreife vogelnestartig zusammen. Deshalb taufte man sie auch Storchennest.

Bereits im antiken Griechenland und Rom wurde die Wilde Möhre zu Speisezwecken kultiviert. Als „carota" taucht sie im berühmten Kochbuch des römischen Feinschmeckers Apicius auf. Auch der griechische Arzt Dioskorides bevorzugte zum Verzehr die im Garten gezogene Möhre. Die Wildform setzte er dagegen, vielleicht aufgrund ihrer stärkeren ätherischen Öle, als die wirkungsvollere Arzneipflanze ein. Dioskorides beschrieb die Möhre in seinem medizinischen Werk sehr genau. Dabei erwähnte er ein weiteres typisches Merkmal, die kleine, strahlig symmetrisch blühende, schwarzpurpurne Blüte in der Mitte der Dolde. Er erkannte sie jedoch nicht als Blüte. Vielmehr beschrieb er sie als kleines purpurnes Ding in der Mitte einer weißen Blüte. Lange, spitze, runde, weiße, gelbe, orange, orangerote Möhren wachsen inzwischen auf den Feldern. Welche am besten schmecken, muss jeder für sich herausfinden.

Noch im Winter sind die „Nester" erkennbar.

Wiesen-Bärenklau

Heracleum sphondylium

Blumen
Blütenfarbe weiß

Kinderspielzeug aus der Natur

Mit etwas Phantasie bietet die Natur Spielzeuge in großer Zahl. Die älteren Stiele des Wiesen-Bärenklaus sind hohl. Abgeschnitten und mit Löchern versehen ergeben sie eine Flöte. Etwas einfacher ist die Verwendung als Blasrohr. Mit harten Beeren kann man prima Urwaldindianer spielen.

Jedoch ist Vorsicht geboten. Denn nicht jeder verträgt die im Wiesen-Bärenklau enthaltenen Furocumarine auf der Haut. Es sind photosensibilisierende Stoffe. Gelangt der Pflanzensaft auf die Haut, können unter Sonneneinstrahlung Hautrötungen und Entzündungen entstehen, die einem Sonnenbrand sehr ähnlich sind. Herakles, der griechische Götterheld und listiges Kraftpaket, heilte mit *Heracleum* jedoch so manches Leiden. Auch die Menschen erkannten den Wiesen-Bärenklau schon früh als Heilpflanze. In der Volksmedizin findet er noch heute bei Husten und Heiserkeit seine Verwendung. Der Wiesen-Bärenklau, sein Name spielt auf die Form der Blätter an, liebt feuchte, stickstoffreiche Wiesen und Auwälder. Unerwünscht ist sein Verwandter, der aus den Gärten entflohene Riesen-Bärenklau (*H. mantegazzianum*, kleines Bild oben). Er stammt aus dem Kaukasus und erdrückt alle Wiesenpflanzen. Nur Ausgraben hilft.

- **Doldenblütler**
- **Juni bis Oktober**
- **30 – 150 cm**

Merkmale
Stängel 5 – 20 mm dick, röhrig, kantig, gefurcht; Blätter drei- bis vierfach fiederteilig, untere bis 50 cm lang; Blüten weiß-rosa, in Dolden; strenger Geruch.

In der Volksmedizin als Heilpflanze genutzt

Blumen
Blütenfarbe weiß

- Windengewächse
- Juni bis Oktober
- 100 – 300 cm

Merkmale
Pflanze windend; Blätter herzförmig, wechselständig am Stängel; einzelne weiße Blüte, trichterförmig, 3 – 5 cm lang, geruchlos.

Gewöhnliche Zaunwinde

Calystegia sepium

Wettervorhersage ohne Gewähr

Früher sahen die Menschen in den Blüten der Zaunwinde einen Wetteranzeiger. Denn die weißen Trichterblüten schließen sich bei trübem Himmel und Regen. Einer Sage zufolge ließ sich mit der Zaunwinde auch Regen herbeizaubern. Man musste nur die Blütenknospen knicken und damit ihr Erblühen verhindern.

Die Blüte der Zaunwinde ist jedoch eine unzuverlässige Wetterbotin. Sie schließt sich auch in dunkler Nacht und öffnet sich in hellen Vollmondnächten. Weit leuchten dann ihre weißen Blüten in die Dunkelheit hinaus und können wie am Tag von Insekten angeflogen werden. Die tief im Trichter liegenden Nektarkammern sind nur von sehr langrüsseligen Insekten erreichbar. Auf deren Plünderung hat sich der 12 cm große Windenschwärmer, der jährlich aus Afrika über das Mittelmeer nach Europa fliegt, spezialisiert. Er steht im Schwebeflug vor der Blüte und saugt mit seinem 9 cm langen Rüssel den Nektar aus der Tiefe empor. Die ausdauernde Zaunwinde ist im Garten unerwünscht. Das zarte Pflänzchen entwickelt sich schnell zu einer kräftigen, alles erdrückenden Schlange. Die einjährigen Prunkwinden *Ipomoea purpurea* und *I. tricolor* (kleines Bild oben) aus Süd- und Mittelamerika sind dagegen als Kletterpflanzen sehr beliebt.

Große Eberwurz

Carlina acaulis

Kraftspender für Mensch und Pferd

Die Eberwurz war immer eine magische Pflanze. Die Menschen glaubten mit Hilfe der gekauten Wurzel die Stärke anderer auf sich übertragen zu können. In Pferderennen versuchte man, den Rennverlauf mit Eberwurz am Mundstück der Trense zu beeinflussen.

Die Silberdistel, wie die Große Eberwurz auch genannt wird, ist eine seit alters genutzte, nahrhafte Wildpflanze. Ihr Blütenboden wurde ähnlich wie bei der Artischocke roh oder gekocht von der Landbevölkerung verzehrt. In der Medizin fand sie ebenfalls Verwendung. Die Erkenntnis ihrer Heilwirkung geht auf eine Legende zurück. Karl der Große war mit seinem Heer von einer schlimmen Seuche befallen. Im Traum erschien dem Kaiser ein Engel und befahl ihm, einen Pfeil in die Luft zu schießen. Die Pflanze, die der auf die Erde fallende Pfeil treffen würde, sei das heilende Kraut. Karl tat, wie ihm geheißen, und kurierte sich und seine Soldaten mit der Eberwurz. Der lateinische Name *Carlina* geht auf die Legende zurück. Heute steht die Silberdistel, die in der Ebene wie in den Alpen vorkommt, unter Schutz. Die in der Volksmedizin und in den Gärten verwendeten Pflanzen stammen aus Kulturbeständen.

Die Silberdistel steht unter Naturschutz.

- Korbblütler
- Juni bis September
- 5 – 30 cm

Merkmale
Stängel kurz; Blätter fiederspaltig mit Stachelspitzen, in Rosette angeordnet; Blütenköpfchen groß, im Innern weiße oder rötliche Röhrenblüten, außen ein Kranz von glänzenden silberweißen inneren Hüllblättern.

Weiße Seerose

Nymphaea alba

Blumen
Blütenfarbe weiß

- Seerosengewächse
- Mai bis August
- 50 – 300 cm Wassertiefe

Merkmale
Blatt rundlich, herzförmig eingeschnitten, schwimmend mit seilartigem Blattstiel; Blüte groß, weit geöffnet, duftend.

In der Nacht tanzen die Nixen

Am Morgen öffnen die Seerosen ihre Blüten, die sie bereits um 16 Uhr wieder schließen. Des Nachts verwandeln sich die weißen Blüten in zarte Nixen. Sie tanzen im Mondschein auf dem silber glänzenden Wasser ihren Reigen. Unter den Blättern versteckt, bewacht der launige Nix die muntere Schar.

Viele Märchen, Sagen und Legenden sind nicht nur in Europa mit der Weißen Seerose verbunden. Oft entstanden Seerosen aus verzauberten Nymphen und Nixen. In den Erzählungen nordamerikanischer Indianer haben die Seerosen am Himmelszelt ihren Ursprung. Als ein alter, weiser Häuptling spürte, dass sich seine Zeit auf der Erde dem Ende näherte, schoss er seinen letzten Pfeil zum Abschied hoch in das Firmament, direkt zwischen Abend- und Polarstern. Beide Sterne wollten den letzten Pfeil besitzen. Heftig stritten sie miteinander. Die Funken flogen nur so und regneten auf die Erde nieder. Einige von ihnen fielen in Seen und Teiche und verwandelten sich in die heilige Weiße Seerose. Seitdem schmücken sie die Wasserflächen still ruhender Gewässer. Im Gartenteich bereiten die Sorten der Wohlriechenden Seerose (*N. odorata*, großes Bild unten) ein eindrucksvolles Fest der Sinne.

Die geöffneten Blüten duften angenehm süß.

Blumen
Blütenfarbe weiß

- **Hahnenfußgewächse**
- **März bis April**
- **15 – 25 cm**

Merkmale
Blätter gestielt, tief eingeschnitten, grob gezähnt; Blüte entspringt einzeln aus Hochblattquirl, Blütenblätter oft leicht rötlich überhaucht, in der Mitte ein Büschel gelber Staubblätter.

Busch-Windröschen

Anemone nemorosa

Blume des Winds

Der Wind gab ihr den Namen. Denn „ane-mos“, das griechische Wort für Wind, wiegt das zarte Busch-Windröschen, wenn er mild durch die noch kahlen Wälder streicht. Stürmisch entführt er bald darauf die welken Blütenblätter. Daher ist das Busch-Windröschen ein Symbol für den Neubeginn und die Vergänglichkeit.

Das Busch-Windröschen ist eine unserer schönsten Frühlingsboten. Ihre Namensschwester Anemone war eine schöne Hofdame der griechischen Blumengöttin Chloris, die mit Zephir, dem Westwind, vermählt war. Zephir verliebte sich in Anemone, worauf Chloris sie von ihrem Hof verbannte. Voll Liebesleid flehte Zephir zur Liebesgöttin Aphrodite, ihm die Angebetete wenigstens als Blume zu erhalten. Aphrodite gewährte ihm diesen Wunsch. Seitdem entfaltet die Anemone ihre weißen Blüten, sobald der laue Westwind durch den Wald streift. Früher glaubten schwedische Bauern, dass in den Blütenblättern der Anemone eine schützende Macht verborgen sei. Daher war das Busch-Windröschen den Elfen geweiht. Es bewahrte den Menschen vor Krankheit, wenn er die erste Blüte, die er sah, verzehrte. Im Garten beliebt ist das Pracht-Windröschen (*A. blanda*, kleines Bild links).

Weit öffnen sich die Blüten bei Sonnenschein.

Kleines Mädesüß

Filipendula vulgaris

Blumen
Blütenfarbe weiß

Weinaroma ganz anderer Art

Die cremeweißen Blüten des Kleinen Mädesüß verströmen an warmen, sonnigen Tagen einen an Bittermandeln mit einem Hauch von Orangen erinnernden Duft. Die Blüten – Bier, Wein, Met oder Milchspeisen zugefügt – gaben diesen ein angenehmes Aroma.

Das Kleine Mädesüß ist eine alte Heilpflanze. Ihre Wurzel ist von besonderer Gestalt. Sie gab der Pflanze ihren lateinischen Namen („filium = Faden“, „pendulus = hängend“). An den dünnen Wurzeln hängen Knollen, die Stärke und Gerbstoffe enthalten. Sie gelangten früher als Gemüse auf die Teller der Landbevölkerung. Der Geschmack der gekochten Knolle soll süßlich sein. Mädesüß lässt sich gut in den durchlässigen Böden der Gärten kultivieren. Es wächst in sonniger wie in halbschattiger Lage. Gefüllte (*F. vulgaris* 'Plena') wie rosa blühende (*F. rubra* 'Venustra', kleines Bild oben) Verwandte haben ebenfalls ihren Weg in die Gärten gefunden.

- **Rosengewächse**
- **Mai bis Juli**
- **30 – 80 cm**

Merkmale
Stängel oben fast blattlos, aufrecht; Blätter gefiedert, Fiederblättchen grob gesägt oder auch fiederspaltig; Blüten weiß bis blassrosa, in ästigen Trugdolden.

Die Blüten geben Getränken ein feines Aroma.

Blumen
Blütenfarbe weiß

- Korbblütler
- Juni bis Oktober
- 15 – 60 cm

Merkmale
Stängel aufrecht, selten verzweigt; Blätter dunkelgrün, doppelt gefiedert, würzig riechend; Blütenkörbchen schirmförmig in Trugdolden angeordnet.

Gewöhnliche Schafgarbe

Achillea millefolium

Bierwürze und Kraut gegen allerlei Krankheiten

Schon die alten Griechen kannten die Schafgarbe als Arzneipflanze. Achilles heilte mit diesem Kraut die Wunden des König Telephus und verlieh somit der Pflanze *Achillea* seinen Namen.

Zahlreich sind die Namen der Schafgarbe und alt bekannt ihre heilende Kraft. Die Volksmedizin setzte sie gegen Kopfschmerzen, Erkrankungen der Atemwege, Blutarmut und andere Leiden ein. In der Landküche war sie ebenfalls anzutreffen. Salate und Suppen wurden mit den jungen, zarten Blättern gewürzt. In der Maisuppe des Alexander von Humboldt war neben Sauerampfer, Bibernelle, Gänseblümchen und Tripmadam die Gewöhnliche Schafgarbe ein wichtiger Bestandteil. Bevor sich Hopfen als Bieraroma durchsetzte, wurde das Bier mit Schafgarbe gewürzt. Diese nützliche Blume gedeiht an Wegen, Rainen, Gräben, auf Wiesen und Halbtrockenrasen, Böschungen und Straßenrändern. Im Garten kann die Gewöhnliche Schafgarbe durch ihr Wuchern allerdings ziemlich lästig werden. Beliebter sind daher die gelbe Goldgarbe (*A. filipendulina* 'Parker', kleines Bild unten) und die dunkelkarminfarbene *A. millefolium* 'Kelway'.

Kranke Schafe fressen Schafgarbe, daher der Name.

Gänseblümchen

Bellis perennis

Blumen
Blütenfarbe weiß

- Korbblütler
- Februar bis November
- 3 – 15 cm

Merkmale
Blütenstängel leicht behaart, blattlos; Blätter spatelförmig, in Rosette flach am Boden liegend; Blüte aus weißen oder rötlich überlaufenen Zungen- und gelben Röhrenblüten.

Ratgeberin in Liebesfragen

Wie keine andere Blume wurde das Gänseblümchen als Orakel in Liebesangelegenheiten befragt. Das Zupfspiel mit den Blüten „Sie liebt mich, sie liebt mich nicht, von Herzen, mit Schmerzen, über alle Maßen, kann gar nicht von mir lassen, ein klein wenig oder gar nicht“ gab über das Ausmaß der Liebe Auskunft.

Gänseblümchen, Maßliebchen oder Tausendschön wird die Blume genannt. Der strahlende Blütenkranz öffnet sich weit am Tag und umschließt schützend den gelben Blütenkorb bei Regen und am Abend. Obwohl der Name Maßliebchen weder von Maß halten kommt, noch auf das Messen der Liebe im Zupfspiel zurückgeht, sondern vom keltischen Wort „Mas = das Feld“ abstammen soll, ist diese bescheidene Blume stets mit der Liebe in Verbindung gebracht worden. Das Gänseblümchen war der germanischen Liebesgöttin Freyja geweiht. Zur Zeit des Minnegesangs durfte der Ritter, wenn die Dame seines Herzens ihn erhört hatte, diese Blume auf sein Wappenschild zeichnen. Im Garten sind die einfachen Gänseblümchen meist in der Rasenfläche anzutreffen. Hübsch sehen in Beeten die Wuschelköpfe der gefüllten Formen, wie *B. perennis* 'Pomponette' (kleines Bild oben), aus.

Die Blüten schließen sich bei Regen und am Abend.

Kleinblütiges Knopfkraut

Galinsoga parviflora

Blumen
Blütenfarbe weiß

- Korbblütler
- Juni bis Oktober
- 10 – 90 cm

Merkmale
Stängel ästig; Blätter gezähnt, gegenständig; Blüten in kleinen Körbchen, außen weiße Zungenblüten, innen gelbe Röhrenblüten.

Kleiner Knopf aus fernem Land

Das Kleine Knopfkraut ist in Peru zu Hause. Forscher brachten es 1790 nach Europa. In den botanischen Gärten von Madrid und Paris kultivierten sie die Pflänzchen und verschickten Samen an verschiedene Gelehrte. Dem Neuling gefiel seine neue Heimat. Er verließ die Gärten und breitete sich aus.

Das Kleine Knopfkraut keimt erst nach den letzten Nachtfrösten im Mai. Ist der Boden nährstoffreich und feucht genug, blüht es bereits nach vier Wochen. Bis zu 300 000 Samen kann eine Pflanze produzieren. Außerdem wachsen gejätete Pflanzen und Pflanzenteile bei ausreichender Feuchtigkeit wieder an. Kein Wunder, dass sich das Kleine Knopfkraut innerhalb eines Jahrhunderts in Mitteleuropa zu einem lästigen Kraut entwickelt hat. Seit Ende des 19. Jahrhunderts gilt es als eingebürgert. Viele Namen haften dieser Pflanze an, doch am bekanntesten ist die Bezeichnung Franzosenkraut. Sie hat nichts mit Paris, dem Ursprungsort der europäischen Anzucht zu tun, sondern mit zwei zeitgleichen Ereignissen. Unter Napoleon versetzte die französische Armee Europa in Angst und Schrecken. Zur selben Zeit trat das Kleine Knopfkraut erstmals massenhaft in ganz Deutschland auf. Der Name Franzosenkraut blieb an ihm haften.

Edelweiß

Leontopodium alpinum

Blumen
Blütenfarbe weiß

Blüten wie samtweiche Pfoten

Samtweich fühlen sich die Scheinblüten an. Ihre Blütenform und Behaarung erinnern manche an die Pfote des Löwen. Eigentlich müsste das Edelweiß, aus dem Griechischen übersetzt, Löwenfüßchen heißen, denn „leon" bedeutet „Löwe" und „podion" „Füßchen".

Im Hochgebirge der Alpen blüht dieses Kleinod der Bergflora auf schmalen Graten und unerreichbaren Felsvorsprüngen. Durch Ausgraben wurde das Edelweiß jedoch an vielen Stellen ausgerottet. Es fesselte nicht nur die Aufmerksamkeit der Bergbewohner, sondern und vor allem die der Bergsteiger und Hochgebirgstouristen. Das Edelweiß war ein beliebtes Souvenir und manch einer verlor beim Versuch, die Blume zu erlangen, sein Leben. In den Dolomiten wird das Edelweiß „Stella alpina", der Alpenstern, genannt und soll einer alten Sage zufolge vom Mond abstammen. Es ist eine schöne bildhafte Bezeichnung, denn die weiße „Blüte" leuchtet wie ein Stern. Der wollig weiße Überzug schützt die Pflanze vor zu großer Erwärmung, Wasserverlust und den Schwankungen der Tages- und Nachttemperaturen. Im Gewirr der wolligen Haare befinden sich kleine Bläschen. Sie reflektieren das Licht und geben der „Blüte" ihren schönen weißen Glanz.

- **Korbblütler**
- **Juli bis September**
- **5 – 10 cm**

Merkmale
Pflanze wollig filzig; Stängel aufrecht, unverzweigt; Blätter zungenförmig, lanzettlich; fünf bis zehn vielblütige, gelbliche Köpfchen, diese von fünf bis fünfzehn weißfilzigen Hochblättern sternförmig umgeben (Scheinblüte).

In den Alpen inzwischen eine Seltenheit.

Blumen
Blütenfarbe weiß

- Korbblütler
- Mai bis Oktober
- 30 – 60 cm

Merkmale
Stängel aufrecht; Blätter länglich lanzettlich, grob gezähnt, die unteren gestielt, die oberen sitzend; Blüten einzelne endständige Köpfchen, außen weiße Zungenblüten, innen gelbe Röhrenblüten.

Wiesen-Margerite

Leucanthemum vulgare

Die Perle unter den Perlen

Das griechische Wort „margarites = Perle“ gab der Blume ihren wohlklingenden Namen. Die aufblühende Knospe mit ihrem reinen Weiß wurde als Abbild einer Perle empfunden. Daher fühlte sich Margarete von Anjou, die Gemahlin Heinrich VI. von England, als Perle der Perlen.

Obwohl sie nicht die erste Frühlingsbotin ist, war die Wiesen-Margerite der nordischen Frühlingsgöttin Ostara geweiht. Das Erscheinen ihrer reinweißen Blüten verkündete das endgültige Erwachen der Natur, das mit einem Fest zu Ehren Ostaras – nach ihr ist das Osterfest benannt – gefeiert wurde. Kinder brachten Margeritensträuße von den Wiesen und trugen Margeritenkränze im Haar. Beliebt war die Margerite auch als Orakel in allen Lebenslagen. Kinder befragten sie nach ihrem zukünftigen Beruf, einige Jahre später nach ihrem Glück in der Liebe. Im Alter sollte sie Auskunft über das Seelenheil „… Himmel, Hölle, Fegefeuer …“ geben. Die Wiesen-Margerite ist eine genügsame Pflanze. Sie kann in jedem nährstoffarmen Rasen im Garten angesiedelt werden. Etwas anspruchsvoller sind die gezüchteten Verwandten, die Sommer-Margerite (*Leucanthemum × superbum*) und die Bunte Margerite (*Tanacetum coccineum*, kleines Bild oben).

Die Wiesen-Margerite wächst in ungedüngten Wiesen.

Maiglöckchen

Convallaria majalis

Blumen
Blütenfarbe weiß

In schattigen Tälern Bote des Lichts

„Lilium convallium = Lilie des Tals", so bezeichneten die pflanzenkundigen Mönche des Mittelalters diese schöne Blume, und noch heute wird das Maiglöckchen im Englischen „Lily-of-the-valley" genannt. Oft leuchteten früher die anmutigen weißen Glöckchen aus dem Dunkel des Tals empor.

- Maiglöckchengewächse
- Mai bis Juni
- 15 – 25 cm

Merkmale
Stängel von zwei großen, länglich eiförmigen Blättern umschlossen; Blüten überhängend, in Trauben, stark duftend; Früchte scharlachrot.

Maiglöckchen brachten den Frühling, die Liebe und das Glück. Sie waren Ostara, der germanischen Frühlingsgöttin, geweiht. Die Blütezeit gab dieser betörend duftenden Blume ihren Namen. In manchen Gegenden sagte man, dass die Nachtigall zu singen beginnt, wenn das erste Maiglöckchen blüht. Liebesglück sollte diese Blume den Menschen bringen. Daher zogen früher Mädchen und Jungen hinaus, um die giftigen Maiblumen zu pflücken. Natürlich war das ein willkommener Anlass, sich kennen zu lernen, zu feiern und zu tanzen. Seit alters her werden Maiglöckchen in der Medizin verwendet. Hildegard von Bingen empfahl die Blume gegen Hautkrankheiten und Epilepsie. Heute kommt das Maiglöckchen in Präparaten mit herzstärkender Wirkung zum Einsatz. Maiglöckchen wachsen in Laubwäldern und Gebüschen. Sie lieben warme, lockere Böden. Im Garten wird gern die großblütige Sorte 'Grandiflora' gepflanzt.

Das Maiglöckchen ist giftig!

Blumen
Blütenfarbe weiß

- Maiglöckchengewächse
- Mai bis Juni
- 30 – 50 cm

Merkmale
Stängel scharfkantig, bogig überhängend; Blätter elliptisch, zweireihig; Blüten etwas glockenförmig, weiß mit grünem Saum, duftend; Früchte blau, bereift.

Echtes Salomonssiegel

Polygonatum odoratum

Das Dynamit des Königs Salomon

Die am Rhizom des Salomonssiegels erkennbaren runden Narben gaben viele Rätsel auf. Man deutete sie als Siegel des Königs Salomon. Denn mit dieser Wurzel soll Salomon die Felsen für den Bau des Tempels gesprengt haben. In Wirklichkeit stammen die Narben von den abgestorbenen Blütenstängeln vergangener Jahre.

Das Echte Salomonssiegel entdeckt man gelegentlich auf einer Wanderung durch lichte, trockene Laubwälder. Es ist ein Kalkliebhaber. Seine Anwesenheit gibt uns daher Auskunft über einige Eigenschaften des Bodens. In kleinen Beständen stehen die gebogenen Gestalten mit ihren hängenden Blütenglöckchen da. Verborgen in den angenehm nach Bittermandelöl duftenden Glöckchen lagert der Nektar am Grund der Blüte. Nur langrüsselige Hummeln können ihn erreichen und davon saugen. Die Pflanze und besonders die schwarzblauen Beeren sind giftig. Sie enthalten Saponine, die unangenehmen Brechdurchfall hervorrufen. In der Volksheilkunde wurden die Rhizome, richtig dosiert, als harntreibendes Mittel angewandt. Das Salomonssiegel ist eine hübsche Frühsommerpflanze. Es kommt ebenso wie die etwas höheren Kultursorten im Garten im Halbschatten vor Gehölzen gut zur Geltung.

Das Salomonssiegel wächst in lichten Laubwäldern.

Frühlings-Krokus

Crocus vernus

Blumen
Blütenfarbe weiß

„Safran macht den Kuchen gel(b) ...“

heißt es in einem alten Kinderlied. Der eigentliche Safran-Krokus (*C. sativus*) blüht im Herbst im Mittelmeerraum. Er liefert den wertvollen gelben Farb-, Würz- und Parfümstoff Safran. Dagegen beschert der Weiße Safran, wie der Frühlings-Krokus auch genannt wird, nur die Vorfreude auf den Frühling.

Sobald der Schnee zu tauen beginnt, schiebt der Frühlings-Krokus seine Blüten durch die Schneedecke der Sonne entgegen. Daher wird er in einigen Gegenden auch Schneegugger genannt. Dichter rühmen den Frühlings-Krokus sogar als Lichtgeschenk des Himmels. Er hat ein weites Verbreitungsgebiet, das sich von den Pyrenäen über die Alpen bis zum Balkan erstreckt. Üppig blüht er auf lockeren Almwiesen, sobald die Schneeschmelze den Boden durchnässt. Seine Blätter entfalten sich jedoch erst nach der Blüte. In dicht verfilzten Rasenflächen ist er recht kurzlebig und muss immer wieder neu gesteckt werden. Im lockeren Geflecht von Polsterstauden oder lückenhaftigen Grasflächen gedeiht der Frühlings-Krokus dagegen sehr gut. Robuste Sorten (kleines Bild oben) wie *C. vernus* 'Queen of the Blues' oder *C. flavus* 'Großer Gelber' lassen sich an solchen Standorten dauerhaft im Garten ansiedeln.

- **Schwertliliengewächse**
- **März bis April**
- **8 – 15 cm**

Merkmale
Knollengewächs ohne oberirdische Stängel; Blätter grundständig, schmal mit weißen Mittelstreifen; Blüte weiß, selten violett oder gestreift.

Nur auf ungedüngten Bergwiesen anzutreffen

Blumen
Blütenfarbe weiß

- Schmetterlingsblütler
- Mai bis September
- 15 – 45 cm

Merkmale
Pflanze kriechend, an den Knoten wurzelnd; Blatt dreizählig, eiförmig, fein gezähnt, kahl; Einzelblüte reinweiß, gestielt, Blütenköpfchen kugelig, einzeln, duftend.

Weiß-Klee
Trifolium repens

Über den grünen Klee loben

Wird jemand „über den grünen Klee gelobt", so ist das meist nicht ganz ehrlich gemeint. Die alte Redewendung stammt aus einer Zeit, da die Gräber nicht wie heute mit Blumen bepflanzt waren, sondern von einem Kleeteppich bedeckt wurden. Außerdem war es ungehörig, über Tote schlecht zu reden.

Glück in der Liebe, Glück im Spiel und die Erfüllung geheimer Wünsche verspricht seit Jahrhunderten der Besitz eines vierblättrigen Kleeblatts. Daher wird es gepflückt, gepresst, aufbewahrt oder verschenkt. Wer ein vierblättriges Kleeblatt im Schuh trägt, durchschaut den Märchen zufolge die trügerischen Taten der Hexen und Zauberer. Doch auch die zarten Feen werden damit sichtbar. Von seinen Geheimnissen entzaubert ist der Klee heute nur noch eine, wenn auch recht junge Nutzpflanze. Erst Mitte des 18. Jahrhunderts erkannte man, dass verschiedene Klee-Arten gute Futterpflanzen sind. Den Weiß-Klee fressen bevorzugt die Schafe, was ihm den Namen Schapeblome einbrachte, den Rot-Klee hingegen rupfen mit Vorliebe die Rindviecher. Honigbienen, Hummeln und viele Schmetterlinge suchen emsig die süßlich duftenden, nektarreichen Blüten auf. Als feiner Brotaufstrich landet der Kleeblütenhonig dann später in der Küche.

Bienen suchen die Blüten besonders gern auf.

Weiße Taubnessel

Lamium album

Blumen
Blütenfarbe weiß

- Lippenblütler
- April bis Oktober
- 30 – 60 cm

Merkmale
Brennnesselartige Erscheinung ohne Brennhaare; Stängel vierkantig; Blätter kreuzgegenständig, scharf gesägt; fünf bis acht Blüten in Scheinquirlen, riechen unangenehm.

Pflanze aus Kindertagen

Wie bei allen Taubnessel-Arten sammelt sich der Nektar am Blütengrund. Der Vorrat ist nur für langrüsselige Insekten gedacht. Kurzrüsselige Hummeln beißen die Röhre an und plündern so die Nektarbar. Auch Kinder mögen den süßen Saft und saugen ihn aus der Blüte.

Die Weiße Taubnessel hat eine weitere Sinneserfahrung anzubieten. Über den Tastsinn erlebt jeder, der Name verrät es schon, dass die Taubnessel nicht brennt. Die Pflanze hat zwar im Lauf ihrer Entwicklung das wehrhafte Aussehen der Brennnessel kopiert, die brennenden Nesseln jedoch vergessen. Ohne Brennen lässt sich ein Sträußchen pflücken. Die Weiße Taubnessel ist ein häufiges Gewächs. Sie gedeiht auf Schuttplätzen, an Hecken, auf Wiesen und am Wegesrand. In der Volksheilkunde wird sie noch heute in verschiedenen Bereichen eingesetzt. Ihre jungen Sprossen und Blätter bereichern, als Salat zubereitet oder mit Brennnesseln und Spinat zu einem Mischgemüse verarbeitet, die Küche. Einige Taubnessel-Arten, die duftende Goldnessel (*L. galeobdolon* 'Florentinum', kleines Bild unten) oder die tiefrosa blühende Gefleckte Taubnessel (*L. maculatum* 'Chequeres') sind als Bodendecker in Gärten und Parkanlagen recht beliebt.

Blumen
Blütenfarbe gelb

Vielschichtig ist die Farbe Gelb. Sie reicht vom blassen Gelb des Acker-Stiefmütterchens über das warme Goldgelb der Goldrute bis hin zum grünlichen Schwefelgelb der Zypressen-Wolfsmilch. Sumpf-Dotterblume und Scharbockskraut steigern die Farbintensität ihrer Blüten zusätzlich durch den Glanz der Blütenblätter. Die Nachtkerzen dagegen besitzen einen höheren Weißanteil, so dass ihre Blüten bis tief in die Dämmerung hinein leuchten und für nachtaktive Insekten lange sichtbar sind. Gelb ist in der Symbolik die Farbe der Sonne und des Goldes. Doch wegen ihrer großen Variabilität wird sie als unbeständig empfunden und von vielen Menschen abgelehnt. Andererseits ist Gelb die Farbe der Freundlichkeit, des Optimismus, aber auch des Ärgers. Im Frühling, wenn der gelbe Huflattich erscheint, weiß jeder, dass die dunkle Jahreszeit vorüber ist. Erblüht auf den Wiesen der Löwenzahn, hat der Frühling endgültig Einzug gehalten. Der gelbe Blütenteppich des Löwenzahns, der den Landwirt ärgert, zeigt uns allerdings auch, dass die Wiesen und Weiden stark gedüngt sind. Diese Fettwiesen und -weiden werden den Rest des Jahres grün bleiben. Ein buntes, vielfältiges Artenspektrum kann sich auf ihnen nicht entfalten.

Blumen
Blütenfarbe gelb

- Mohngewächse
- April bis Oktober
- 30 – 70 cm

Merkmale
Stängel ästig, weich behaart; Blätter fiederspaltig, am Rand gekerbt, dünn behaart, Unterseite blaugrün; Blüten in Dolden, goldgelb; orangegelber Milchsaft; an Mauern und auf Schuttflächen.

Typisch – der orangegelbe Saft

Schöllkraut

Chelidonium majus

Das Goldkraut der Alchimisten

Der orangerote Saft des Schöllkrauts weckte die Neugier der Alchimisten. Sie vermuteten in ihm die vier Elemente und glaubten, darin den Stein der Weisen zu finden. Er sollte ihnen zeigen, wie man Gold herstellt. Also wurde gepresst, gekocht, experimentiert. Es rauchte, zischte, stank, doch kein Gold entstand.

Näher an der Nützlichkeit des giftigen Schöllkrauts lagen da die Ärzte und Heilkundigen der Antike. Schwalbenkraut nannte der griechische Arzt Dioskorides das Schöllkraut, dessen wissenschaftlicher Name sich vom griechischen Wort „chelidon = Schwalbe" ableitet. Er beobachtete das zeitgleiche Erscheinen der Schwalben mit dem Erblühen des Schöllkrauts und den Wegzug des Vogels mit dem Verblühen der Pflanze. Wie viele Menschen seiner Zeit glaubte auch er, die Schwalben würden die Blindheit ihrer Jungen mit dem Saft des Schöllkrauts heilen. Es war damals nicht bekannt, dass einige Vogelarten blind aus dem Ei schlüpfen und sich die Augen erst später öffnen. Daher verwandte man noch bis ins Mittelalter den Saft mit Honig vermischt als Augenheilmittel. Auch Leber, Galle und verschiedene äußerliche Wunden wurden früher mit Arzneien aus Schöllkraut behandelt.

Gewöhnliche Nachtkerze

Oenothera biennis

Blumen
Blütenfarbe gelb

Dompteur wilder Tiere

Als „Oenothera“ bezeichneten Ärzte des Altertums eine Pflanze, mit der sie jedes wilde Tiere zähmen konnten. Dazu musste das Tier mit der in Wein gekochten Pflanze besprengt werden. Auf dieses Dressurmittel weisen die im Namen enthaltenen Worte „oinos = der Wein“ und „ther = das Tier“ hin.

Warum der Botaniker Carl von Linné der Nachtkerze diesen Namen gab, ist schwer verständlich. Gelangte diese schöne Blume doch als Gemüsepflanze erst Anfang des 17. Jahrhunderts aus Nordamerika nach Europa. Vielleicht hat sich Linné vom Geruch der Nachtkerze berauschen lassen, den die Blüten in den Abendstunden verströmen. Faszinierend ist, wie sich die Blüten innerhalb weniger Stunden mit Einbruch der Dämmerung öffnen. Das wunderbare Schauspiel lässt sich bei ihr und anderen Nachtkerzen wie der Missouri-Nachtkerze (*O. macrocarpa*, kleines Bild oben) jeden Abend wochenlang beobachten.

- Nachtkerzengewächse
- Juni bis September
- 60 – 120 cm

Merkmale
Stängel aufrecht, gelegentlich verzweigt, behaart; Blätter lanzettlich; Blüten in Ähren, gelb, tellerförmig, 3 – 6 cm Durchmesser.

Die Blüten öffnen sich erst in der Dämmerung.

Blumen
Blütenfarbe gelb

- **Kreuzblütler**
- **Mai bis Juli**
- **50 – 120 cm**

Merkmale
Blätter bläulich grün, bereift, herz- bis pfeilförmig stängelumfassend; Blüten gelb in doldigen Rispen, Blütenblätter doppelt so lang wie der Kelch; Früchte nach vorne verbreitert, hängend, zur Reife schwarz.

Färberwaid

Isatis tinctoria

Am Montag wird Blau gemacht

Der Färberwaid ist eine Pflanze, deren Blätter für die Herstellung des Farbstoffes Indigo geeignet sind. Dies wussten bereits die Einwohner Britanniens. Schaudernd berichtet Caesar in seinem Bericht über den Gallischen Krieg, dass sich die Britannier mit Waid blau färbten und gar schrecklich anzusehen waren.

Die Blaufärberei war ein gut gehütetes Geheimnis der Färber und erfolgte nur bei schönem Wetter. In einen großen flachen Bottich füllte man die getrockneten Blätter des Färberwaids und bedeckte sie mit Urin. Unter der wärmenden Sonne begann die Brühe zu gären und es entstand Alkohol, der den Farbstoff Indigo aus den Blättern löste. Der chemische Prozess war im Mittelalter nicht bekannt. Doch man wusste, dass sich die Gärung verstärkte und die Farbausbeute höher war, wenn mehr Alkohol hinzukam. Den Alkohol direkt in die Brühe zu kippen, war jedoch zu schade. Daher nahm er einen Umweg. Er lief durch die Kehle der Färber und gelangte schließlich in Form von Urin in die Brühe. Viel und über mehrere Tage mussten die Männer trinken. Wenn die Färber betrunken in der Sonne lagen, wusste jeder, die machen Blau. Und wer Blau gemacht hatte, der war blau!

Mit der gelben Blume lassen sich Stoffe blau färben.

Färber-Resede

Reseda luteola

Blumen
Blütenfarbe gelb

- Resedengewächse
- Juli bis August
- 60 – 120 cm

Merkmale
Stängel aufrecht, verzweigt; Blätter lineal-lanzettlich, ganzrandig, sitzend; gelbe Blüten in rutenförmig verlängerten, vielblütigen Trauben; auf warmen Dämmen, Schutt, in Steinbrüchen, an Wegen.

Gelb und Grün aus dem Farblabor der Natur

Braune oder graue Kleidung fanden unsere Vorfahren langweilig. Auf ihren Streifzügen durch die Natur entdeckten sie die gelb färbende, als Färber-Wau bekannte Resede und bauten sie feldmäßig an. Bis Ende des 19. Jahrhunderts färbte man mit ihr Seide gelb.

Lieferte früher den gelben Farbstoff

Der gelbe Farbstoff Luteolin aus der Färber-Resede ist in Wolle und Baumwolle nicht beständig. Er eignete sich jedoch bestens für die Seidenfärberei. Er bleicht weder an der Sonne noch durch das Waschen aus. Man begnügte sich allerdings nicht mit dem Gelbfärben, sondern mischte das Gelb der Resede mit dem Indigo des Färberwaids. So entstanden vielfältige Grüntöne. Im Garten ist die Färber-Resede nicht anzutreffen, dafür eine nahe Verwandte, die ihres Dufts wegen sehr beliebt ist. Es ist die Garten-Resede (*R. odorata*, kleines Bild oben), deren unscheinbare, gelbliche Blüten einen süßen Duft verströmen.

Blumen
Blütenfarbe gelb

- Rötegewächse
- Juni bis Oktober
- 20 – 70 cm

Merkmale
Stängel aufrecht, rundlich mit vier erhabenen Linien; Blätter nadelförmig, zu sechst bis zwölft quirlig; Blütenstände dicht, rispenartig; häufig an Wegrändern, auf Trocken- und Halbtrockenrasen.

Echtes Labkraut

Galium verum

Bietet süßen Honig, liefert geronnene Milch

An warmen Tagen, wenn die Luft samtweich Natur und Menschen einhüllt, verbreitet das Echte Labkraut seinen süßen, honigschweren Duft. Die kleinen Blüten sind sehr großzügig mit ihrem Nektar. Frei zugänglich liegt er auf der Blüte und bietet sich kurzrüsseligen Nektarliebhabern an.

Griechische Hirten nutzten das Echte Labkraut zur Käseherstellung. Sie nahmen vor allem die Stängel und flochten daraus ein Sieb, durch welches sie die frisch gemolkene, warme Milch gossen. Das Labkrautsieb gab an die Milch einen Stoff ab, der sie rascher zur Gerinnung brachte und auf diese Weise die Herstellung von Quark und Käse ermöglichte. Aus dem Kälbermagen gewonnenes Labferment war damals noch nicht bekannt. Genaue Anweisungen für diese alte Technik der Käseherstellung sind leider verloren gegangen. So muss jeder, der das alte Rezept wieder entdecken will, geduldig experimentieren. Der Name *Galium* erinnert noch an den einstigen Gebrauch, leitet er sich doch von dem griechischen Wort „gala = Milch“ ab. Im Garten ist das Echte Labkraut eine schöne Wildstaude und Bienenweide, die in trockenen Rasen und Gebüschsäumen besonders apart aussieht.

Mit Labkraut lässt sich Quark und Käse herstellen.

Gelbe Teichrose

Nuphar lutea

Blume der Keuschheit

Trotz guten Willens fiel es Mönchen und Nonnen im Mittelalter nicht leicht, ihr Keuschheitsgelübde einzuhalten. In der Teichrose fanden sie ein Mittel, die „teuflischen Gelüste“ zu unterdrücken. Aus dem Wurzelstock stellten sie ein Getränk her, das die sexuelle Erregbarkeit herabsetzt.

Butterfässchen wird die Gelbe Teichrose in einigen Gegenden genannt. Und wie ein offenes Fässchen sehen die gelben, fettig glänzenden Blüten aus. Die Blüte ist markant gebaut. Die breite, leicht vertiefte Narbe umkränzt ein Ring aus Staubblättern. Nach der Befruchtung nimmt die Frucht eine dickbauchige, flaschenförmige Gestalt an. Da im Fruchtgewebe Luftblasen eingeschlossen sind, schwimmen die Früchte auf der Wasseroberfläche. Erst mit der Zeit entweicht die Luft. Dann sinken die Früchte auf den schlammigen Grund. Die Gelbe Teichrose verleiht dem Gartenteich mit ihren metallisch glänzenden Blättern eine besondere Note.

- Seerosengewächse
- Juni bis September
- bis 250 cm Wassertiefe

Merkmale
Blätter eiförmig, herzförmig eingeschnitten, schwimmend, Blattstiele seilartig; glänzend gelbe Blüte mit 4 – 5 cm Durchmesser, einzeln, stark duftend.

Wächst in kühlen, nährstoffreichen Gewässern

Blumen
Blütenfarbe gelb

- **Hahnenfußgewächse**
- **März bis Juni**
- **15 – 50 cm**

Merkmale
Stängel liegend bis aufsteigend, hohl; Blätter herz- bis nierenförmig, gekerbt, Blattstiel rinnig; fünf große Blütenblätter, leuchtend gelb, fettig glänzend.

Sumpf-Dotterblume

Caltha palustris

Sonnengelb, die Farbe des Monats Mai

Viele Volksnamen weisen auf die leuchtend gelbe Blütenfarbe und die wie Fett glänzenden Blätter der einst häufigen Frühlingspflanze feuchter Wiesen, Teich- und Bachränder hin. Schmalzblume, Butterblume, Dotterblume und zahlreiche weitere Namen sind landauf, landab zu hören.

In manchen Gegenden nennt man sie Kuckucksblume, erscheint sie doch in der Zeit, wenn der Ruf des Vogels erschallt. Die Sumpf-Dotterblume öffnet lange vor den übrigen Sumpfpflanzen ihre glänzenden Blüten und hält sie weit geöffnet der Sonne entgegen. Am Blütenboden befinden sich zwei flache, reich mit Nektar gefüllte Vertiefungen. Sie bieten sich früh fliegenden Bienen großzügig an. Die Samen sind recht leicht und schwimmfähig, so dass sie sich auf dem Wasserweg verbreiten können. Da die Sumpf-Dotterblume giftig ist, mochten Landwirte sie nie. In der Volksheilkunde wurde sie jedoch äußerlich eingesetzt. Gelegentlich legte man die Blütenknospen in Essig ein, um sie als Deutsche Kapern in Speisen zu verarbeiten. Die Sumpf-Dotterblume benötigt einen feuchten Standort. Wegen ihrer Blüten und des kompakten Wuchses sind sie und auch die gefüllte Sorte *C. palustris* 'Multiplex' (kleines Bild oben) an Gartenteichen sehr beliebt.

Die Sumpf-Dotterblume ist ein echter Frühlingsbote.

Scharfer Hahnenfuß

Ranunculus acris

Ein ideales Versteck für Frösche

Er ist es, der den feuchten Wiesen im Frühsommer seine gelbe Farbe gibt. Hoch halten die Stängel die Blüten empor. Unter den üppigen Blättern bildet sich auch an warmen Tagen ein angenehmes, feuchtes Klima. Dort sind sie zu Hause, die Frösche. „Rana = der Frosch" gab dem Hahnenfuß seinen lateinischen Namen.

Ganz logisch erklären Naturfreunde den Namen Scharfer Hahnenfuß mit der vogelfußartigen Blattform und dem scharfen Geschmack der grünen Pflanze. Er ist bei den Landwirten eine unbeliebte Wiesenpflanze. Das Vieh verschmäht das Kraut aufgrund seines scharfen Geschmacks. Zu Recht, denn der Scharfe Hahnenfuß ist giftig. Auf Heuwiesen ist er weniger problematisch, da sich beim Trocknen die Wirkung des Gifts Protoanemonin verliert. Doch die Blume hat auch ihre guten Seiten. In ärmeren Zeiten sammelten die Menschen ihre Blütenknospen, kochten diese und legten sie in Salz- und Essigwasser ein. Im Garten, in der Nähe von Teichen, leuchtet das warme Gelb der Goldranunkel (*R. acris* 'Multiplex', kleines Bild rechts), eine eng mit dem Scharfen Hahnenfuß verwandte Staude, aus dem frühsommerlichen Grün.

Der Hahnenfuß wächst auf feuchten Wiesen.

Blumen
Blütenfarbe gelb

- **Hahnenfußgewächse**
- **Mai bis Juli**
- **30 – 100 cm**

Merkmale
Stängel rund, schwach behaart; untere Blätter langstielig, handförmig, tief eingeschnitten, obere Blätter sitzend; Blüten goldgelb, in lockeren Rispen; auf etwas feuchten, nährstoffhaltigen Wiesen.

Tüpfel-Johanniskraut

Hypericum perforatum

Blumen
Blütenfarbe gelb

- **Johanniskrautgewächse**
- **Juni bis Oktober**
- **20 – 80 cm**

Merkmale
Stängel aufrecht, kahl, mit zwei Längskanten; Blätter gegenständig, oval-länglich, durchscheinend punktiert; Blüten in Trugdolden.

Heitere Stimmung durch goldgelbe Blüten

Das Johanniskraut wurde früher in vielen Lebenslagen eingesetzt. Heute dient es vorwiegend als pflanzlicher Tranquilizer gegen leichte Depressionen. Es enthält Hypericin, das die Stimmung aufhellt, allerdings auch die Lichtempfindlichkeit der Haut erhöht, also Sonnenanbeter: Vorsicht!

Zur Mittsommerzeit steht das Tüpfel-Johanniskraut in voller Blüte. Ihm wurden in dieser Zeit stark wirksame Kräfte zugeschrieben. In Schweden pflückten Frauen zur Sonnenwendfeier voll erblühtes Johanniskraut und flochten daraus Kränze. Diese legten sie dann unter das Dach, in die Stube oder den Stall, um Krankheiten, Gewitter, böse Geister und anderes Ungemach abzuwehren. In anderen Gegenden band man zum selben Zweck kleine Sträuße und warf sie in das erlöschende Sonnenwendfeuer. Das Tüpfel-Johanniskraut ist eine schöne, reich blühende Wildstaude, die an warmen Böschungen und Wegrändern, auf Magerrasen und Brachflächen anzutreffen ist. Im Naturgarten kommt es in größeren Beständen gut zur Geltung. Bienen und Hummeln sammeln emsig den Pollen ein. Ihre trockenen, mit Raureif überzogenen Blütenstände sehen im Winter apart aus.

Eine alte Heilpflanze gegen leichte Depressionen

Echte Schlüsselblume

Primula veris

Blumen
Blütenfarbe gelb

- Primelgewächse
- März bis Mai
- 10 – 30 cm

Merkmale
Stängel aufrecht, behaart; Blätter in Rosette stehend, eiförmig, runzelig, behaart; Blüten goldgelb, orangegelb gefleckt, einseitswendige Dolde, Blütenkrone glockig.

Erster unter den Ersten

Keck reckt sich die Schlüsselblume im Frühjahr aus dem noch gelben, zaghaft sprießenden Gras empor. „Ich bin die Erste", scheint sie zu rufen und wiegt ihre glockigen Blüten im Frühlingswind. „Primula = der kleine Erstling" ist auch der ihr liebevoll gegebene Name.

Viele Sagen ranken sich um die Echte Schlüsselblume. Einst drang ein neugieriger junger Mann in das Reich der Wasser- und Erdgeister vor und zwang den Berggeist, ihm einen goldenen Schlüssel für den Himmel anzufertigen. Damit stieg er vom höchsten Berggipfel aus in die Wolken und weiter auf den Strahlen der Sterne immer höher hinauf. Die Sterne raunten ihm zu: „Nicht zittern, nicht zurückblicken!" Der Bursche hielt sich an die Anweisungen, bis er zur Himmelspforte kam. Dort mahnte ihn der letzte Stern: „Vergiss alles, die Erde, die Heimat, Kindheit, Jugend, Vater und Mutter – vergiss alles!" Da erzitterte der junge Mann, der den Schlüssel bereits in das Schlüsselloch stecken wollte. Er blickte sich um und stürzte auf die Erde nieder. Bewusstlos lag er am Boden. Schließlich erwachte er und sah, dass er auf einer Frühlingswiese lag, den goldenen Schlüssel fest umklammert. Dieser war zur Schlüsselblume geworden. Sie lässt sich im Garten sehr gut vermehren.

Die Schlüsselblume ist eine wichtige Heilpflanze.

Blumen
Blütenfarbe gelb

- **Braunwurzgewächse**
- **Juli bis September**
- **80 – 200 cm**

Merkmale
Hohe Stängel mit eiförmigen Blättern, Stängel und Blätter filzig behaart; Blüten in dichten Trauben, gelb, 3,5–4 cm Durchmesser.

Großblütige Königskerze

Verbascum densiflorum

Königin der Schuttplätze

Stolz ragt die Königskerze empor und schmückt mit ihrer Anwesenheit Brachflächen, Dämme und Wegränder. Weit leuchten die großen, gelben Blüten. Die Königskerze ist mit ihren zwei Metern eine unserer größten heimischen Blumen. Himmelbrand nannte man sie früher, weil sie dem Himmel entgegenstrebt.

Die Großblütige Königskerze ist, ihrer heilenden Kräfte wegen, eine Blume der Bauerngärten. Hilft sie doch bei Erkrankungen der Atemwege. Oft wächst sie in den Randbeeten zwischen Pfingstrosen, Rittersporn und Margeriten. Neugierig ragen die gelben Blütenkerzen über den Staketenzaun. Vielerorts verehrten die Menschen die Königskerze als Marienblume. Sie banden sie zu Mariä Himmelfahrt, am 15. August, in die Kräutersträuße und ließen sie in den Kirchen weihen. Meist enthielten diese Weihsträuße neunerlei Blumen. Denn die Neun galt als magische Zahl, die Schutz bringen und Unglück abwehren sollte. Neben der Großblütigen Königskerze wachsen in den Gärten inzwischen einige hübsche Verwandte. Zwischen verschiedenen gelben Arten und Sorten leuchten rosa *V. × hybridum* 'Pink Domino' und die violette Purpur-Königskerze (*V. phoeniceum*) hervor.

Auf Schutt- und Brachflächen häufig anzutreffen

Gewöhnliches Scharbockskraut

Ranunculus ficaria

Blumen
Blütenfarbe gelb

- Hahnenfußgewächse
- März bis Mai
- 5 – 15 cm

Merkmale
Stängel meist aufsteigend, gelegentlich verzweigt; Blätter herzförmig, fettig glänzend; Blüte mit acht bis zwölf glänzenden Blütenblättern.

Als die Orangen noch königlicher Luxus waren,

litten die Menschen zum Winterausgang unter Vitamin-C-Mangel. Deshalb sahen sie sich in der erwachenden Natur um und entdeckten, dass eine junge Pflanze den Mangel ausgleichen konnte und gegen Scharbock, wie Skorbut früher genannt wurde, half. Sie nannten die Blume Scharbockskraut.

Das Gewöhnliche Scharbockskraut ließ sich jedoch nur im Frühjahr als Vitamin-C-Quelle verwenden. Denn die älteren Pflanzen sind wegen ihres Gehalts an Protoanemonin, Saponin, Fikarin und Gerbsäuren giftig. Dann besitzt das Scharbockskraut einen scharfen bis brennenden Geschmack und wird vom Weidevieh gemieden. Die Urbewohner der Alpen und Pyrenäen nutzten das Gift des Scharbockskrauts. Vor der Jagd tränkten sie ihre Pfeile mit dem giftigen Saft. Trotz der Giftigkeit verzehrten die Menschen einige Teile des Scharbockskrauts. Sie sammelten die in den Blattachseln sitzenden Brutknöllchen und die Wurzelknollen. Diese weichten sie in Salzwasser ein. Anschließend wurden die Knöllchen in Essig eingelegt. Im Winter ergab die Knollenkonserve eine gute Fleischbeilage. Auch richteten sie die in Salzwasser weich gekochten Knollen als Gemüse an.

Blumen
Blütenfarbe gelb

Arnika

Arnica montana

- Korbblütler
- Juni bis August
- 20 – 60 cm

Merkmale
Stängel aufrecht, behaart; Grundblätter rosettig, daneben ein bis drei Stängelblattpaare; Blüten im Körbchen, außen Zungenblüten, innen Röhrenblüten, orangegelb.

Blitzableiter und Ernteschutz

Arnika entfaltet ihre wundersame Wirkung, wenn sie an Johanni gesammelt wird. Die getrocknete Blume muss, braut sich ein Gewitter zusammen, ins Feuer geworfen und „Steck Arnika an, steck Arnika an, dass sich das Wetter scheiden kann" gerufen werden. Dann sind Haus und Hof vor dem gefürchteten Gewitter geschützt.

Im Juni blühen, dem Volksglauben nach, verschiedene Schutz versprechende Pflanzen. Eine davon ist die Arnika. Zu Johanni um die Getreidefelder gesteckt, beschützt sie diese vor Bilwis, einem schädlichen Korndämon, der besonders um die Zeit der Sommersonnenwende durch die Felder reitet und das Getreide knickt und niederdrückt. Auch Schädlinge, Mutterkorn und andere Pflanzenkrankheiten sollte Arnika fern halten. Wie wirkungsvoll diese Maßnahmen waren, wird nicht berichtet. Nachweislich besitzt Arnika als Arzneipflanze eine lindernde und heilende Wirkung. Ihr Volksname Wohlverleih weist auf diese Eigenschaft hin. Wann sie als Heilpflanze entdeckt wurde, ist nicht bekannt, denn in antiken Schriften ist sie nicht erwähnt. In verschiedenen Regionen Europas dienten die getrockneten Blätter und Wurzeln als Tabak.

Auch heute eine begehrte Heilpflanze

Rainfarn

Tanacetum vulgare

Blumen
Blütenfarbe gelb

- Korbblütler
- Juli bis September
- 60 – 130 cm

Merkmale
Stängel aufrecht, kantig; Blätter doppelt fiederteilig, Teilblättchen gesägt; gelbe Blütenkörbchen trugdoldig angeordnet, Körbchen halbkugelig, Blüten alle röhrenförmig; liebt nährstoffhaltige Brachflächen.

Gärtnern ohne Gift

Die biologisch arbeitenden Gartenfreunde rücken unwillkommenen Insekten erfolgreich mit Rainfarnbrühe zu Leibe. Außerdem verwirrt der würzige bis strenge Geruch, er geht auf die im ätherischen Öl enthaltenen Substanzen Thujon und Kampfer zurück, Kohlweißlinge und Apfelwickler. So finden sie nicht ihr Ziel.

Obwohl Rainfarn giftig ist, pflanzte ihn der Abt Walahfrid Strabo in den Klostergarten der Insel Reichenau. Auch Hildegard von Bingen wusste ihn als Heilpflanze einzusetzen. Später gehörte er in jede Hausgartenapotheke. In der Volksmedizin wird Rainfarn noch heute als Wurmmittel verwendet. Trotz der Giftigkeit gab es früher zu Ostern mit Rainfarn gebackene Kuchen und Rainfarnpudding. Diese Speisen dienten dazu, den Folgen des in der Fastenzeit reichlichen Fischverzehrs entgegenzuwirken. Denn die Speisefische jener Zeit ließen in ihrer Qualität zu wünschen übrig und verursachten nicht selten Wurminfektionen. Unabhängig von seinem „kulinarischen Wert" ist Rainfarn eine hübsche Sommerpflanze. Im Garten sollte er jedoch in einer Wildecke stehen, denn er verträgt sich schlecht mit anderen Pflanzen.

Hat einen würzigen bis strengen Geruch

Blumen
Blütenfarbe gelb

- **Korbblütler**
- **April bis Juni**
- **5 – 40 cm**

Merkmale
Stängel blattlos, hohl; Blätter tief eingeschnitten, in grundständiger Rosette; Blüten in einem großen einzelnen Körbchen; weißer Milchsaft; auf nährstoffreichen Wiesen und Wegrainen weit verbreitet.

Gewöhnlicher Löwenzahn

Taraxacum officinale agg.

Schmuck und Spielzeug

Bei Kindern ist Löwenzahn sehr beliebt. Lassen sich doch allerlei Dinge aus ihm fertigen und Experimente durchführen. Die Stängel biegen sie zu Ketten und Ohrringen. Diese erhalten hübsche Locken, wenn sie am unteren Ende eingeritzt und ins Wasser gelegt werden. Die Blüten gelangen in die Sandkastenküche.

Mit Hilfe des Löwenzahns und eines Tricks lassen Kinder Wasser bergauf fließen. Dazu schneiden sie mehrere Blütenstängel ab, entfernen die Blüten und stecken das obere, sich verjüngende Ende in das breitere, untere Ende des nächsten Stängels. So entsteht ein Löwenzahnschlauch. Diesen tauchen sie in Wasser und saugen am oberen Ende, bis der Wasserstrahl erscheint. Dann senken sie den Löwenzahnschlauch schnell ein wenig und das Wasser kann bergauf in ein höher gelegenes Gefäß oder in ein Blumenbeet fließen. Doch nicht nur als Spielzeug ist der Gewöhnliche Löwenzahn geeignet. Seine Blätter sind als Wildgemüse sehr populär. Obwohl nur in Hungerzeiten und nach den Weltkriegen häufig als Ergänzung für die knappen Lebensmittelrationen empfohlen, hat Löwenzahn heute in vielfältigsten Variationen Einzug in die Restaurants gehalten.

Die Blätter sind als Wildgemüse populär.

Huflattich

Tussilago farfara

Blumen
Blütenfarbe gelb

Tabakersatz in schlechten Zeiten

„Rauchen schadet der Gesundheit", so steht es auf der Zigarettenschachtel. Etwas gesünder rauchte man in Notzeiten. Dazu wurden die Blätter des Huflattichs angedörrt und anschließend fest aufeinander geschichtet. Ein Fermentierungsprozess setzte ein. Nach dem Trocknen war der Tabak dann fertig.

Den heilenden Rauch des Huflattichs kannten schon die Ärzte der Antike. Sie setzten ihn gegen Husten und Bronchitis ein. Dazu empfahl Plinius d. Ä., Huflattichwurzeln auf glühende Zypressenholzkohle zu legen und den Rauch durch einen Trichter einzuatmen. Die so inhalierten Stoffe lösten die Verschleimung. Nicht umsonst erhielt Huflattich die Bezeichnung *Tussilago*, was aus dem Lateinischen übersetzt „ich vertreibe Husten" bedeutet. Fein zerkleinerte Huflattichblüten mit Zucker bestreut und in Wein eingelegt, ergeben mit heißem Wasser, Grieß und Zitronensaft eine Soße. Diese wird kalt zu süßen Aufläufen und Pudding gereicht.

- **Korbblütler**
- **März bis April**
- **10 – 30 cm**

Merkmale
Stängel mit rötlichen Blattschuppen, spinnwebig behaart; Blätter langstielig, rundlich herzförmig, Unterseite graufilzig; Blüten erscheinen vor den Blättern, Körbchen einzeln; auf unbewachsenem Boden, an Wegen, Dämmen und Schuttplätzen.

Vielseitig verwendbar

- Amaryllisgewächse
- März bis April
- 15 – 40 cm

Merkmale
Stängel zusammengedrückt-zweikantig; Blätter lineal, ca. 2 cm breit, bläulich grün; Blüte gelb, Blütenblätter abstehend, eiförmig lanzettlich, mit ebenso langer, becherförmiger Nebenkrone.

Gelbe Narzisse

Narcissus pseudonarcissus

Eitle Schönheit ohne Verstand

Narkissos war ein schöner Jüngling, in den sich die Nymphe Echo vergeblich verliebte. Das ärgerte Aphrodite. Als Strafe ließ sie Narkissos zum ersten Mal sein Spiegelbild in einer Quelle sehen. Er fand es so schön, dass er sich darin verliebte. Immer tiefer neigte er sich hinab und ertrank. Da erblühte am Ufer eine Narzisse.

Narzissen erfreuten bereits in der Antike die Menschen und schmückten ihre Gärten. Es war jedoch eher die wohlriechende Weiße Narzisse (*N. poeticus*), deren narkotisierender Duft ihr den Namen Narkissos gab. Nur im Südwesten Deutschlands ist die Gelbe Narzisse heimisch. In den übrigen Regionen entfloh sie den Gärten und verwilderte. Zur Freude der Landwirte kommt sie inzwischen auf den Wiesen nur noch selten vor. Denn das in ihr enthaltene Narcissin schadet dem Vieh. Umso beliebter sind die Frühlingsboten in den Gärten. Besonders beliebt sind sie auf der Britischen Insel. Dort pflegten die Bewohner schon im Jahr 1629 94 Narzissenformen. Man züchtete emsig weiter, so dass die britische Royal Horticultural Society 1910 bereits 2150 Narzissen-Sorten auflisten konnte. Heute sind 150 bis 200 Narzissen-Sorten im Handel erhältlich (kleines Bild oben).

Die Gelbe Narzisse ist in der Natur sehr selten.

Wilde Tulpe

Tulipa sylvestris

Blumen
Blütenfarbe gelb

- Liliengewächse
- April bis Mai
- 20 – 45 cm

Merkmale
Pflanze aufrecht; zwei bis drei Blätter, schmal lanzettlich; Knospen leicht hängend, richten sich zu goldgelben Blüten auf, sechs bis acht Blütenblätter, äußere Blütenblätter grün geädert, Spitzen etwas kastanienbraun.

Heilige Blume und Spekulationsobjekt

Wann die Kultivierung der Tulpe begann, ist unbekannt. Im Osmanischen Reich verehrte man sie bereits um 1050 als heilige Blume und Sinnbild der Ewigkeit. Mächtige Sultane bestellten riesige Mengen an Tulpenzwiebeln. Sie züchteten die Tulpen in den geheimsten Gärten ihrer Paläste.

Die erste in Europa gefertigte Abbildung der Wilden Tulpe entstand 1557. Als eine der wenigen duftenden Tulpen-Sorten gelangte sie in die Gärten, aus denen sie verwilderte. Etwa um dieselbe Zeit erreichten Tulpenzwiebeln aus Konstantinopel die Niederlande und legten den Grundstein für die niederländische Tulpenzucht (kleines Bild unten). Die Niederländer erfasste die Tulpenleidenschaft. Riesige Summen wurden für eine einzige, seltene Tulpenzwiebel bezahlt. Im Jahr 1637 kam der große Crash; die Preise gingen in den Keller. Viele Leute standen vor dem Ruin, einige gewannen aber ein Vermögen.

Sumpf-Schwertlilie

Iris pseudacorus

Blumen
Blütenfarbe gelb

Wegweiser durch den Fluss

Nach einem missglückten Feldzug gegen die Alemannen saß Chlodwig I., König von Franken, am Rhein in der Klemme. Das Wasser vor ihm, die Alemannen hinter ihm. Die gelbe Schwertlilie blühte. Chlodwig entdeckte, dass an den Stellen, an denen die Blume wuchs, der Rhein seicht war. Entlang dieser Markierung fand er eine Furt.

Die beschützende Sumpf-Schwertlilie wurde später zu Chlodwigs Staatssymbol. Noch heute ziert die Blüte der Schwertlilie das Wappen von Frankreich. Schwertlilien wachsen auf überschwemmten Wiesen oder am flachen Ufer. Ihre Blüten öffnen sich ähnlich einer Spirale in der Nacht und verblühen schnell. Sie sind die Nixen, von denen das Märchen „Die Geister vom Mummelsee" erzählt. Um Mitternacht erwachen sie, legen ihr Liliengewand ab und tanzen die ganze Nacht. Erst am Morgen kehren sie auf Befehl des Wassermanns in ihre Blütengestalt zurück. Die gelbe Sumpf-Schwertlilie enthält Giftstoffe und wird daher nicht als Heilpflanze eingesetzt.
Die nahe Verwandte, die blau blühende Deutsche Schwertlilie (*I. germanica*), findet dagegen als Duft- und Heilpflanze ihre Verwendung. Beide wachsen im Garten recht gut. Die Iris-Sorten sind sehr vielfältig.

- **Schwertliliengewächse**
- **Mai bis Juli**
- **50 – 100 cm**

Merkmale
Blätter 1 – 3 cm breit, schwertförmig; äußere Blütenblätter ohne Haarkamm und innen dunkel gefleckt, innere Blütenblätter kleiner, aufrecht, mehrere Blüten an einem Stiel.

Bevorzugt flache Gewässer und nasse Wiesen. Die Blüte wurde zum Staatssymbol Frankreichs.

Blumen
Blütenfarbe gelb

- Veilchengewächse
- März bis Oktober
- 8 – 40 cm

Merkmale
Stängel aufstrebend, meist ästig; untere Blätter herzförmig gekerbt, Nebenblätter fiederspaltig; Blüte einzeln, gelblich weiß, gelegentlich bläulich überlaufen, langstielig.

Acker-Stiefmütterchen

Viola arvensis

Sorgt für Verwirrung

Stiefmütterchen besitzen magische Kräfte. Daher träufelte Oberon im Sommernachtstraum der schlafenden Titania den Saft auf die Lider. Nach dem Erwachen sollte sie sich in das erste Wesen, das ihr begegnete, verlieben. Dieses Wesen wollte Oberon sein. Dummerweise kam ihm ein Esel zuvor und sorgte für Verwirrung.

Das gelblich weiße Acker-Stiefmütterchen ist eine einjährige Pflanze der Felder und Gärten, deren Blüte hübsch anzusehen ist. Die Bezeichnung Stiefmütterchen für diese zierliche Blume geht auf die Betrachtung und Interpretation der bläulich überhauchten Blüten oder der Blüten des Wilden Stiefmütterchens (*V. tricolor*, kleines Bild oben) zurück. Das untere breite Blütenblatt, welches am schönsten gefärbt und gezeichnet ist, stellt die Stiefmutter dar. Sie hat selbstverständlich das schönste Kleid angezogen und sich selbstsüchtig auf die zwei grünen Kelchblätter wie auf zwei Stühle gesetzt. Rechts und links von ihr sitzen ihre eigenen Töchter, meist in bunten Kleidern und jede auf einem eigenen Stuhl. Die beiden Stiefkinder dürfen nur dunkle Kleider tragen und müssen sich zu zweit mit dem kleinsten Stuhl zufrieden geben. Den Garten schmücken heute farbenprächtige, klein- und großblütige sowie einige sehr angenehm duftende Sorten.

Ist auf Äcker, in Gärten und Weinbergen anzutreffen

Gewöhnliches Leinkraut

Linaria vulgaris

Blumen
Blütenfarbe gelb

- Braunwurzgewächse
- Juni bis Oktober
- 30 – 60 cm

Merkmale
Stängel aufrecht; Blätter linealisch bis lanzettlich, dicht stehend; Blüten in Trauben, schwefelgelbe Blüte mit langem Sporn und orangegelbem Schlund; kommt an Wegen, Bahndämmen und in Steinbrüchen vor.

Nicht strahlend weiße Wäsche

Im Mittelalter besaßen die Hausfrauen weder Hoffmanns Stärke noch Persil. Doch schon sie legten Wert auf saubere, gestärkte Wäsche. Zu diesem Zweck kochten sie Leinkraut mit Alaun und setzten diese Brühe der Wäsche zu. Die gebügelte Wäsche wurde schön steif und erhielt zudem einen gelbliche Ton, was damals modern war.

Das Gewöhnliche Leinkraut besitzt die eigentümlich geformte Blüte eines Löwenmäulchens. Kinder lieben die Blüten, denn sie können damit spielen. Sie nehmen eine Blüte am hinteren Teil zwischen Daumen und Zeigefinger und pressen diese leicht zusammen. Schon öffnet sich das Mäulchen und gibt den Blick in den tiefen Schlund frei, in dem sich der Nektar befindet. Das Leinkraut ist eine ausgesprochene Hummelblume. Nur die schwergewichtigen Hummeln können mit ihrem Gewicht den Gaumen herunterdrücken, um an die tief liegende Nektarbar zu gelangen. Kleinen Kindern sollte das Leinkraut als Beschreikraut Schutz gewähren. Es wurde ins Bettchen gelegt, damit sie vor Verwünschungen und Beschwörungen sicher waren. Leinkraut ist in neu angelegten Gärten eine hübsche Blume, die farbliche Akzente setzt.

Die Blüte ähnelt dem eines Löwenmaules.

Blumen

Blütenfarbe rot

Wenn an den Feldrändern der Mohn erblüht, leuchten seine roten Blüten weit ins Land hinaus. Wir Menschen sehen dieses reine Rot, doch nicht die Blüten besuchenden Insekten. Sie erkennen die Mohnblüten nur an ihren dunklen Flecken in der Mitte. Rot ist eine Farbe, die nur sehr selten in ihrer reinen Form unter den heimischen Blumen anzutreffen ist. Damit die roten Blüten bestäubt werden, hat die Natur das Rot auf ihrer Farbpalette nuancenreich mit Weiß, Blau und dem uns Menschen unsichtbaren Ultraviolett vermischt, so dass die Blüten mal zartrosa, mal rosaviolett, purpurn, karminrot erscheinen oder andere Rotschattierungen aufweisen.

Am Anfang war das Rot. Es stand für Feuer und Blut. Daher bedeutet in manchen Sprachen Rot wörtlich übersetzt Blut. Der Mensch gab der Farbe Rot als Erstes ihren Namen. Damit ist Rot die älteste Farbbezeichnung der Welt. Die Symbolik dieser Farbe reicht von der Kraft des Lebens über die Liebe bis hin zum Hass. Sie steht aber auch für Mut und Attraktivität. In der Blumensprache stehen rote Rosen für Freundschaft, Zuneigung, Liebe und Lebensfreude.

Blumen
Blütenfarbe rot

- Mohngewächse
- Mai bis Juli
- 20 – 80 cm

Merkmale
Stängel borstig behaart; Blätter behaart, tief fiederspaltig; Blüte einzeln, Blütenblätter scharlachrot, am Grund schwarz gefleckt; auf Feldern und frischen Brachflächen, an Wegrändern.

Klatsch-Mohn

Papaver rhoeas

Unerwünscht und doch beliebt

Wenn im Sommer der Klatsch-Mohn in den Getreidefeldern feurig leuchtet, verfinstert sich die Miene des Bauern. Die Blume ist ihm nur als Seidenblume in den Erntekronen willkommen. Konkurriert sie doch mit dem Getreide um Nährstoffe, Licht und Wasser.

Außerhalb der Landwirtschaft war Klatsch-Mohn stets beliebt. Dienten die Blütenblätter doch als herrliches Spielzeug, um klatschende Geräusche zu erzeugen oder je nach Lautstärke zukünftige Liebeserlebnisse vorauszusagen. Ein sanftes Klatschen verhieß einen Kuss, ein kräftiges versprach dagegen weiterreichende Liebesabenteuer. Klatsch-Mohn war wie Schlaf-Mohn (*P. somniferum*, kleines Bild unten) den Göttinnen der Liebe und Fruchtbarkeit geweiht. Sie wuchsen zusammen mit anderen Gift- und Heilpflanzen in Gärten, die von Mauern umgeben und streng bewacht waren. Oder sie befanden sich für kultische Handlungen in priesterlicher Obhut. Dadurch wurden die Menschen vor den Pflanzen geschützt, die den ewigen Schlaf, den Tod, brachten. Im Garten lassen sich Klatsch-Mohn, Türkischer Mohn (*P. orientale*, kleines Bild oben) oder der weiß, rot oder gelb blühende Island-Mohn (*P. nudicaule*) einfach ziehen.

Oft nur noch auf Brachflächen und an Rainen anzutreffen

Großer Wiesenknopf

Sanguisorba officinalis

Blumen
Blütenfarbe rot

- Rosengewächse
- Juni bis August
- 30 – 100 cm

Merkmale
Stängel aufrecht; Blätter gefiedert, Teilblättchen eiförmig, gezähnt; Blüten in dichten, ovalen Köpfchen, dunkel- bis schwarzrot; auf feuchten Wiesen und Flachmooren.

Die Farbe bestimmt die Wirkung

Auch als es noch keine chemischen Analysen und exakten Naturbeobachtungen gab, wurden Pflanzen als Heilmittel gebraucht. Die Menschen leiteten die Heilkraft anfangs von den Formen und Farben einzelner Pflanzenteile ab. Gelbe Pflanzenteile halfen bei Leberleiden, rote dagegen bei blutenden Krankheiten.

Daher schrieb man den roten „Blütenknöpfen" des Großen Wiesenknopfs blutreinigende Wirkung zu. Kluge Heilkundige bauten allerdings auch auf ihre Erfahrung und setzten die in den Wurzeln enthaltenen Gerbstoffe bei inneren Blutungen und Venenproblemen sinnvoll ein. Der wissenschaftliche Name *Sanguisorba*, der sich aus dem lateinischen „sanguis = Blut" und „sorbeo = ich sauge" ableitet, weist auf diese Verwendung hin. Die kleinen Blüten sind auf Insektenbestäubung eingerichtet. Schmetterlinge, darunter einige Bläulingsarten, gehören zu den Gästen, die den Nektar am Blütengrund ernten und dabei gleichzeitig auch für die Bestäubung sorgen. Einige der Bläulingsarten sind jedoch nicht nur als Schmetterling, sondern auch als Raupe vom Großen Wiesenknopf abhängig. Deshalb werden diese Schmetterlinge, nur so lange es die Blume gibt, über die Wiesen gaukeln.

Liebt feuchte Wiesen und Flachmoore

Blumen
Blütenfarbe rot

- **Nachtkerzengewächse**
- **Juli bis August**
- **60 – 140 cm**

Merkmale
Stängel aufrecht, meist kahl; Blätter lanzettlich, Unterseite mit deutlichen Adern; Blüten in lockeren Trauben, dunkelrosa.

Schmalblättriges Weidenröschen

Epilobium angustifolium

Dem Feuer folgt das Feuer

Die Flammen fegten über Gras, Moos und Heidekraut, züngelten an Kiefern empor und wüteten tagelang. Zurück blieb verbrannte Erde. Wenige Jahre später entflammte die Heide erneut. Nun hatte sich das Schmalblättrige Weidenröschen angesiedelt und entfaltete, einem Flammenmeer gleich, seine rosa Blüten.

Die leuchtenden, weithin sichtbaren Blüten trugen dem Schmalblättrigen Weidenröschen auch den Namen Feuerkraut ein. Ihre in dichten Trauben stehenden Blüten entfalten sich bis in die Spitze, wenn im unteren Teil bereits der Samenstand sichtbar wird. An Waldwegen und auf Kahlschlägen erscheinen sie häufig neben der gelben Nachtkerze und bilden zum dunklen Wald einen farbenfrohen Kontrast. Wenn die Schoten ihre lang behaarten Samen freigeben, verwandelt sich das Flammenmeer in eine weiße Nebelwand. In Skandinavien gelangt das Schmalblättrige Weidenröschen auf den Teller. Bereits der Botaniker Carl von Linné empfahl die Blätter als Gemüse. Im Garten fasst das Weidenröschen leicht Fuß. Es ist nicht nur ausdauernd, sondern auch sehr robust. Regelmäßige Ernte schadet ihm nicht. Unermüdlich wächst es nach.

Wiesen-Schaumkraut

Cardamine pratensis

Blumen
Blütenfarbe rot

▸ **Kreuzblütler**
▸ **April bis Mai**
▸ **30 – 60 cm**

Merkmale
Stängel hohl, fast rund; Grundblätter rosettig, gefiedert, Teilblättchen rundlich, Endblättchen oft stark vergrößert; rosa bis violette Blüten in Trauben.

Frühlingsbote feuchter Wiesen

Im launigen April, zwischen Sonnenschein und Schneetreiben, lauen Winden und Donnergrollen, schiebt sich das Wiesen-Schaumkraut aus seiner fiederblättrigen Rosette in die Höhe. Die rosavioletten, mitunter weißlichen Blüten wiegen sich, einer Schaumkrone gleich, über maigrünem Gras.

Das Wiesen-Schaumkraut war der germanischen Frühlingsgöttin Ostara geweiht. Zu ihrer Ehre trugen Knaben Kränze aus Wiesen-Schaumkraut auf ihrem Haar. Dem Landmann gab es mit seinem Erscheinen Auskunft über die Heuernte. Üppige, rosa gefärbte Wiesen versprachen eine schlechte, wenig Wiesen-Schaumkraut dagegen eine gute Heuernte. Der Name *Cardamine* weist auf die Ähnlichkeit mit der Kresse hin. Beide enthalten ein scharf schmeckendes, ätherisches Öl, dessen Geschmack in der ländlichen Küche beliebt war. Besonders in Salat und Soßen, die man zu Fleisch oder Fisch reichte, wurde die Pflanze verarbeitet. Zudem war das Wiesen-Schaumkraut auf dem Land als Mittel gegen Skorbut bekannt. Das in ihm enthaltene Vitamin C wurde jedoch erst viel später nachgewiesen. Vielerorts verschwinden durch Entwässerung die feuchten Wiesen und mit ihnen der Frühlingsbote, das Wiesen-Schaumkraut.

Wurde früher als Mittel gegen Skorbut genutzt

Blumen
Blütenfarbe rot

- **Nelkengewächse**
- **Juni bis Oktober**
- **15 – 50 cm**

Merkmale
Stängel aufrecht, kahl; Blätter schmal, spitz, Ränder rau; Blüten zu mehreren, dicht gedrängt, endständig, rosa bis dunkelpurpurrot.

Karthäuser-Nelke

Dianthus carthusianorum

Ein Hauch von Orient

Manche Nelken-Arten duften nach den getrockneten Knospen des Gewürznelkenbaums. Ihr Ruf, aphrodisische Wirkung zu besitzen, ging auf die *Dianthus*-Arten genauso über wie der Name. Nägelin oder Nägelein nannte man die Blütenknospen des exotischen Gewürzes. Denn ihre Form erinnerte an Nägel. Daraus wurde Nelke.

Auf seinem Kreuzzug entdeckte Ludwig IX. von Frankreich der Sage nach in Afrika die Stammart der Nelken. In seinem Heer wütete die Pest. Er war fest davon überzeugt, diese Krankheit mit einem Mittel aus der Natur heilen zu können. Deshalb erforschte er die Pflanzenschätze der Region und wurde durch den gewürzhaften Duft auf eine zarte Blume aufmerksam, die er Nelke nannte. Mit Hilfe der Blume heilte er einige Kranke. Ihm selber half sie allerdings nicht. Er starb während des Kreuzzugs an der Pest. Die Kreuzritter brachten die Nelke nach Frankreich. In den Gärten des Karthäuser-Ordens zogen die Klosterbrüder die verschiedensten Nelken-Arten als Heilpflanzen. Eine dieser Arten, die Karthäuser-Nelke, erhielt den Namen des Ordens. Im Garten wachsen sie ebenso wie die stark duftende Feder-Nelke (*D. plumarius*, kleines Bild oben) in Steingärten und Mauerfugen.

Erhielt seinen Namen von den Karthäusermönchen

Kuckucks-Lichtnelke

Silene flos-cuculi

Blumen
Blütenfarbe rot

- Nelkengewächse
- April bis Juli
- 30 – 70 cm

Merkmale
Stängel aufrecht, nicht klebrig; Grundblätter spatelförmig, obere Blätter lanzettlich; Blüten in lockeren Trugdolden, Blütenblätter tief in vier Zipfel geteilt.

Wenn der Kuckuck vom Waldrand ruft

und seine Rückkehr aus Afrika unermüdlich verkündet, entfaltet die Kuckucks-Lichtnelke ihre ausgefransten Blüten. Das zeitgleiche Auftreten des Rufs und der Nelkenblüte führte zum gängigen Namen Kuckucksblume und zur botanischen Bezeichnung *flos-cuculi.*

Wächst auf Feucht- und Moorwiesen

In feuchten Flussniederungen und grundwassernahen Wiesen schieben sich im späten Frühjahr die schlanken Blütenstängel der Kuckucks-Lichtnelke mit ihren apart geformten, rosaroten Blütendolden über das langsam wachsende Gras empor. In großen Beständen wirken die Blüten wie ein rosaroter Schleier, der sich über das maigrüne Gras legt. Streicht der Wind darüber, dann laufen sanfte Wellen durch das Blütenmeer. Die Blume wird auch *Lychnis flos-cuculi* genannt. Das griechische Wort „lychnos = Lampe“ bezieht sich auf die leuchtende Blüte, deren Blütenblätter wie kleine Flammen züngeln.
An den Stängeln der Kuckucks-Lichtnelke kleben häufig speichelähnliche Schaumtropfen. Sie schützen die Larven der Schaumzikade vor Feinden.

Blumen
Blütenfarbe rot

- Knöterichgewächse
- Mai bis August
- 30 – 120 cm

Merkmale
Wurzeln dick, schlangenförmig gekrümmt; Stängel aufrecht; Blätter länglich eiförmig, Unterseite graugrün; rosa bis weiße Blüten in dickwalzigen Blütenähren.

Wiesenknöterich

Bistorta officinalis

Typisch britisch: Knöterich-Pudding-Weltmeisterschaft

In der Zeitung „The Times" erschien 1971 die Anzeige: *„Polygonum bistorta* – Wie gut ist Ihr Knöterich-Pudding?" Sie lud zur Knöterich-Pudding-Weltmeisterschaft ein. Tatsächlich fand diese in einem kleinen Ort in Yorkshire statt. Der Pudding ist eine herzhafte Speise, die vor allem in der Fasten- und Osterzeit gegessen wird.

Der Wiesenknöterich ist ein typischer Nässezeiger, der gleichzeitig nährstoffhaltige Böden liebt. In feuchten Wiesentälern, Flussniederungen und auf nassen Alpenmatten breitet er sich mit seinem schlangenförmigen Wurzelstock kräftig aus. Dort überwuchert er, sagen ihm die Bedingungen zu, alle übrigen Gräser und Kräuter. Dann stehen die bürstenähnlichen Blütenähren wie ausgesät da. Aus der Ferne betrachtet, deckt der rosa Blütenteppich die Feuchtwiese zu.
In der Wildkräuterküche ist Wiesenknöterich eine geschätzte Pflanze. Doch in manchen Regionen sind die rosa Blütenähren selten geworden oder ganz verloren gegangen. Meist verschwand er, nachdem die Wiesen trockengelegt oder tiefer gelegene Flächen verfüllt wurden. Im Garten wird die Sorte 'Superbum' gern an Teichränder und in bodenfrische Rabatten gepflanzt.

Zeigt nasse Standorte an

Bach-Nelkenwurz

Geum rivale

Blumen
Blütenfarbe rot

- Rosengewächse
- April bis Juni
- 30 – 50 cm

Merkmale
Stängel aufrecht, mehrblütig; Blätter unterbrochen gefiedert, Endblatt sehr groß; Blüten nickend, Blütenblätter rötlich gelb, Kelchblätter rotbraun.

Glocken über dem Bach

Ab dem launigen April nicken die Blütenglocken der Bach-Nelkenwurz an Bachufern, Gräben und auf feuchten Wiesen. Sie verkünden bereits den Sommer, der die gefürchteten Gewitter bringt. Bach-Nelkenwurz galt als Wetter- und Donnerblume und durfte nicht gepflückt werden.

„Geum = ich schmecke gut" nannten die Botaniker die Bach-Nelkenwurz. Der Duft der Wurzeln ist angenehm gewürzhaft und ähnelt dem Nelkenöl. Allerdings verflüchtigt er sich beim Trocknen. Der nelkenartige Geschmack bleibt jedoch erhalten. Die getrockneten Wurzeln und Wurzelstöcke enthalten das schwach giftige Eugenol, den Urheber des nelkenartigen Dufts. Heilkundige setzten sie bei Magenerkrankungen und Appetitlosigkeit ein. Es besitzt keimtötende Eigenschaften. Die Blüten liefern reichlich Nektar, der sich am Kelchgrund befindet. Meistens hängen sich langrüsselige Hummeln an die Blüten und naschen in dieser etwas unbequemen Lage. Etwas bequemer sind die kurzrüsseligen Erdhummeln. Sie beißen von oben ein Loch, um an den süßen Saft zu gelangen. In Gärten entdeckt man häufig die orange blühende Rote Nelkenwurz (*G. coccineum* 'Borisii').

Die Wurzel duftet nach Nelkenöl.

Hunds-Rose

Rosa canina

Blumen
Blütenfarbe rot

- Rosengewächse
- Juni
- 200 – 300 cm

Merkmale
Kräftiger Wuchs, Triebe überhängend, hakenförmige Stacheln; Knospen kegelförmig, rosa, Blüten 3,5 – 4,5 cm groß, zartrosa bis weiß, duftend; Früchte länglich, orangerot.

Der Duft von Jahrtausenden

Fragt jemand eine Rose, wie lange sie schon auf Erden duftet, dann haucht sie ihm als Antwort das Geheimnis von Jahrtausenden zu! Diese Weisheit aus Kleinasien gilt für viele Rosen. Bereits in der Antike waren Rosendüfte ein begehrtes Handelsgut. Sie wurden aus den stark duftenden Schwestern der Hunds-Rose gewonnen.

Rosenkränze schickten sich in der Antike die Liebenden, und Rosenkränze warf man siegreichen Soldaten zu. Rauschende Feste wurden mit Rosenblüten und Rosenwasser gefeiert. Die Rose war und ist ein Symbol der Liebe und der Sinnesfreuden. Sie galt aber auch als Zeichen der Trauer. Die Germanen erblickten in der Hunds-Rose die Unterwelt, Kampf und Tod. Ein gutes Schwert nannten sie Rose. Wer einen Hieb durch ein Schwert erhalten hatte, der hatte eine Rose bekommen. Schlachtfelder bezeichnete man als Rosengarten. Die Menschen mieden diesen Ort. Daher konnte die Rose ungestört wuchern. Indirekt lebt das Schwertsymbol noch heute fort. Zahnärzte bezeichnen einen groben Bohrer mit scharfer Kante als Rose. Seit der Antike wurden Rosen gezüchtet und in den Gärten gepflegt. Die Sortenvielfalt ist unüberschaubar (großes Bild unten).

Rosenduft ist bis heute sehr beliebt.

Blumen
Blütenfarbe rot

- Storchschnabelgewächse
- Juni bis Oktober
- 25 – 50 cm

Merkmale
Stängel kriechend bis aufsteigend, rot überlaufen, behaart; Blatt dreiteilig, Teilblättchen völlig getrennt, fiederspaltig; Blüten meist zu zweit, rosa.

Ruprechtskraut

Geranium robertianum

Knecht Ruprecht im Sommer

In feuchten Wäldern und Schluchten, an Mauern und zwischen Ruinen wächst im Sommer bei hoher Luftfeuchtigkeit das Ruprechtskraut kräftig heran. Der rotbärtige Knecht Ruprecht stand mit seinem Namen Pate. Denn häufig nimmt die gesamte Pflanze die braunrote Färbung des Barts an.

Das Ruprechtskraut ist mit drüsigen Haaren besetzt, die ein flüchtiges, ätherisches Öl enthalten. Dieses riecht recht unangenehm und erinnert an den Geruch eines Schaf- oder Ziegenbocks. Daher nennen ihn viele Stink-Storchschnabel. Die Frucht im Kelch nimmt in der Reife das Aussehen eines Storchen- oder Kranichkopfs mit Schnabel an, was sich im Namen Storchschnabel niederschlug. Den Schnabel nutzte die Landbevölkerung früher als Hygrometer. Denn die Griffel bestehen aus zwei verschiedenen Geweben, die sich bei hoher Luftfeuchtigkeit unterschiedlich ausdehnen. Dadurch kommt es zu einer spiraligen Bewegung, bei der die Samen zu Boden fallen und keimen können. Bei trockenem Wetter bleiben die Griffel gestreckt und bewahren den Samen. Eine starke Drehung sagte den Menschen schlechtes Wetter voraus und bedeutete günstige Keimbedingungen für den Samen.

Wächst auf Geröllhalden, Bahndämmen und an Mauern

Wilde Malve

Malva sylvestris

Blumen
Blütenfarbe rot

- Malvengewächse
- Juli bis September
- 20 – 120 cm

Merkmale
Stängel niederliegend, aufsteigend oder aufrecht; Blätter höchstens zu zwei Dritteln handförmig eingeschnitten; Blüten in Blattachseln, rosa bis purpurn mit dunkleren Streifen.

„Ich schätze dich als meinen teuersten Freund",

sagt die Malve in der Blumensprache des 19. Jahrhunderts. Sie ist jedoch nicht nur in der Blumensprache ein teurer Freund, sondern begleitet den Menschen seit Jahrtausenden als Heil- und Gemüsepflanze. Meist ist sie auf stickstoffreichen Böden anzutreffen.

Die heilende Kraft der Wilden Malve kannten bereits die Ärzte der Antike. Die schleimigen Inhaltstoffe hemmten Entzündungen und schützten die Schleimhäute. Die Frauen dieser Zeit nahmen Malvensamen als Aphrodisiakum ein. Deren Folgen trieben sie mit Malvenblättern ab. Karl der Große schätzte die Wilde Malve als Heil- und Gemüsepflanze sehr und befahl, diese in den Gärten seiner Landgüter anzupflanzen. Seitdem wachsen Malven in Gärten und deren Umgebung. Ihre Blätter können als Suppe oder Salat zubereitet werden. Malven gehören einfach in die Gärten. An Mauern, Zäunen und zwischen niedrigen Stauden ragen sie empor. Ihre Blüten sind vielfältig in Form und Farbe. Sie sind die letzten Blumen des Jahres, die Ludwig Uhland in einem Gedicht des „Herbstes Rose" nannte und darin um den verwelkten Frühling, also die besten Lebensjahre, trauerte.

Blumen
Blütenfarbe rot

- **Primelgewächse**
- **Juni bis November**
- **5 – 30 cm**

Merkmale
Stängel vierkantig, niederliegend; Blätter gegenständig, lanzettlich, Unterseite schwarz gepunktet; Blüte ziegelrot, gelegentlich blau.

Acker-Gauchheil

Anagallis arvensis

Blüht nur, wenn die Sonne lacht

Der Acker-Gauchheil ist eine richtige Schlafmütze. Er blüht erst bei einer Tageslänge von zehn bis zwölf Stunden. Nur wenn die Sonne lacht, öffnen sich seine Blüten, allerdings selten vor 8 Uhr. Gegen 15 Uhr schließen sie sich wieder und legen sich zur Ruhe. Das brachte dem Acker-Gauchheil den Namen Faules Lieschen und Vier-Uhr-zu-Bett-Blume ein.

Die eigentliche Heimat des Acker-Gauchheils ist der Mittelmeerraum. Schon vor sehr langer Zeit gelangten seine Samen über die Alpen nach Mitteleuropa und Südskandinavien, wo er schnell heimisch wurde. Er ist eine Blume der lehmreichen Hackfruchtfelder, Gärten und Weinberge. Seine Blüten fallen durch die in der mitteleuropäischen Pflanzenwelt seltene ziegelrote Farbe auf. Gelegentlich erscheinen auch blaublütige Formen. Da der Acker-Gauchheil eine gewisse Ähnlichkeit mit der Vogelmiere besitzt, nannte man ihn rote Miere und roter Hühnerdarm. Doch im Gegensatz zur Vogelmiere ist er ein tödliches Vogelfutter. Denn Acker-Gauchheil ist giftig. Dennoch nutzte man ihn in der Volksmedizin als Heilpflanze. Er sollte bei Geisteskrankheiten und Melancholie, wie die mittelhochdeutsche Bezeichnung „Gauch = der Narr, der Tor" andeutet, helfen.

Öffnet die Blüten selten vor 8 Uhr morgens

Wildes Alpenveilchen

Cyclamen purpurascens

Blume der dunklen Tage

Im November, wenn die Tage kurz und trübe sind, blühen auf der Fensterbank die Nachkommen des Wilden Alpenveilchens. Schon vor Jahrhunderten wurden sie in Kultur genommen. Am schönsten sind die kleinen duftenden Alpenveilchen. Sie blühen bei guter Pflege Jahr für Jahr in purpurvioletten, roten und weißen Farbtönen.

Das Wilde Alpenveilchen stellte in den Liebesgetränken und Arzneien der Antike eine wichtige Ingredienz dar. In Hausnähe gepflanzt sollte es gegen die Wirkung von Giftgetränken schützen. Im Mittelalter setzte man die Blätter des glycosidhaltigen Alpenveilchens allerlei Arzneien zu, um Schlangenbisse, Gelbsucht, Gicht und manch anderes Leiden zu heilen. Allerdings galt es auch als wirkungsvolles Abtreibungsmittel. Man glaubte sogar, dass schon das Überschreiten eines Alpenveilchens eine Fehlgeburt einleitet. Die oberflächlich im Boden liegende, etwas scheibenförmige Wurzelknolle ist essbar. Im 11. Jahrhundert nannte man sie Erdaphel. Namen wie Erdbrod oder Geißkäs weisen auf die Verzehrbarkeit hin. Die Blume steht unter Naturschutz. Wer Glück hat, entdeckt sie noch in den Alpen in einer Höhe von 1000–1500 m.

Die Knollen des Wilden Alpenveilchens sind essbar.

Blumen
Blütenfarbe rot

- Primelgewächse
- Juli bis Oktober
- 5 – 15 cm

Merkmale
Stängel aufrecht; Blätter ledrig, herzförmig rundlich, helles, unregelmäßiges Muster; hellrosa bis purpurrote, duftende Blüten, Blütenblätter zurückgeschlagen.

Echtes Tausendgüldenkraut

Centaurium erythraea

- Enziangewächse
- Juli bis Oktober
- 10 – 30 cm

Merkmale
Stängel aufrecht, oben verzweigt, vierkantig; Grundblätter rosettig, Stängelblätter länglich oval; Blüten in flacher Trugdolde, rosa.

Der pflanzliche Dukatenesel

Sein Name, so sagen die einen, leitet sich von „centum = hundert“ und „aureus = Gold“ ab. Aus dem Hundertgüldenkraut entstand dann das Tausendgüldenkraut. Es musste während der Mittagsmesse gepflückt und in die Geldbörse gesteckt werden. Garantiert war der Geldbeutel dann nie leer.

Die zweite Namensdeutung beruft sich auf den Zentaur Cheiron der griechischen Mythologie. Cheiron, halb Mensch, halb Pferd, kannte die heilenden Kräfte der Natur und unterrichtete Asklepios, den Gott der Heilkunst und wundertätigen Arzt. Auf ihn geht der Äskulapstab, das Symbol der Ärzte, zurück. Vielerlei Krankheiten sollte das Echte Tausendgüldenkraut heilen, dämonische Sprüche von Zauberern und Hexen abwehren. Einer Legende nach wies ein Vogel die Menschen in der Pestzeit auf die aus ihrer Sicht pestheilende Pflanze hin. Das Tausendgüldenkraut ist, wie der Gelbe Enzian (*Gentiana lutea*), in der Volksmedizin noch heute als Bittermittel beliebt. Nach einem üppigen, deftigen Mahl mit Schweinshaxe oder fetttriefendem Grünkohl hilft das Bitterschnäpschen bei der Verdauung. Auch nehmen die Bitterstoffe durch vermehrte Speichel- und Magensaftsekretion bestehende Appetitlosigkeit.

In der Volksmedizin als Bittermittel beliebt

Arznei-Beinwell

Symphytum officinale

Knochenbruch und Kräuterjauche

Gelegentlich endete der elegante Sprung über das Gartentor mit einem verstauchten Fuß. Verstauchungen und Knochenbrüche behandelte man früher mit Beinwellumschlägen, denn die Erfahrung hatte gezeigt, dass sich der Heilungsprozess dadurch beschleunigt.

Beinwell-Blüten locken Bienen und Hummeln an.

Arznei-Beinwell ist eine Pflanze, die in Pfannkuchen, als Gemüse oder Salat ausgesprochen gut schmeckt. Doch leider darf er nur selten verzehrt werden, denn die Pflanze enthält Pyrrolizidinalkaloide, die als leberschädigend gelten. Der wüchsige Beinwell ist, wenn schon nicht für den Speiseplan, so doch für den Biogarten eine sehr nützliche Pflanze. Denn Beinwell-Jauche wirkt als Dünger, Insektenabwehr und stärkt die Widerstandskräfte der Pflanzen. Sie wird aus 1 kg frischem Beinwell auf 10 l Wasser angesetzt und verbreitet einen nicht für jede Nase schmeichelhaften Geruch. Daher sollte sie zu einer Zeit ausgebracht werden, in der nur wenige Menschen in der Nähe sind.

- **Raublattgewächse**
- **Mai bis September**
- **30 – 100 cm**

Merkmale
Gesamte Pflanze rauhaarig; Stängel aufrecht, hohl; Blätter lanzettlich; Blüten nickend, in Trugdolden, schmutzig purpurn, rosaviolett oder gelblich weiß.

Blumen
Blütenfarbe rot

- Weiderichgewächse
- Juli bis September
- 50 – 160 cm

Merkmale
Stängel aufrecht, vierkantig; Blätter lanzettlich, bis 10 cm lang, gegenständig; Blüten in dichten quirligen Trauben.

Blut-Weiderich

Lythrum salicaria

Liebt einen nassen Fuß

Der Blut-Weiderich ist weit verbreitet. Auf feuchten Wiesen, an den sumpfigen Ufern der Seen, Teiche, Bäche und Flüsse ist er zu Hause. Weit leuchten die purpurroten Blütentrauben aus dem satten Grün der Wiesen und Uferzonen. Purpurnen Schlangen gleich spiegeln sie sich im leicht gekräuselten Wasser.

Der Volksmund taufte den Blut-Weiderich wegen seines geraden, hohen Wuchses und der leuchtenden Blütenfarbe Stolzer Heinrich. Die Stängel und Laubblätter enthalten neben Alkaloiden zahlreiche Substanzen, darunter einige Gerbstoffe. Deshalb nutzten die Gerber früher die Pflanze für die Lederherstellung. Ungewöhnlich ist der Blütenstand. Er besitzt drei verschiedene Blütentypen mit unterschiedlich langen Griffeln und Staubgefäßen. Sogar die Pollenfarbe und -größe unterscheiden sich. Dadurch ist eine Selbstbefruchtung ausgeschlossen. An den kleinen Samen hängen klebrige Haare, mit denen sie sich an Schnäbel, Füße und das Gefieder der Vögel heften und so in neue Gebiete gelangen. Der purpurrote Blut-Weiderich, die gelbe Sumpf-Schwertlilie und weiße Seerosen locken bunte Schmetterlinge an und verleihen Gartenteichen auf diese Weise eine sommerlich heitere Atmosphäre.

Die Pflanze wurde einst zum Ledergerben benutzt.

Besenheide

Calluna vulgaris

Blumen
Blütenfarbe rot

- Heidekrautgewächse
- August bis September
- 10 – 50 cm

Merkmale
Zwergstrauch; Zweige aufsteigend, besenartig; Blätter nadelförmig, in vier Zeilen angeordnet; Blüten rosa, in Trauben; in Heiden, Mooren und lichten Wäldern.

Heidehonig nicht nur für die Götter

Heidehonig mit Thymianaroma war eine Götterspeise. Ausschließlich im Gebirge Hymettos wuchsen Besenheide und Thymian, aus deren Blüten die Bienen den Nektar für den Göttervater Zeus sammelten. Nur dieser bernsteingelbe, duftende Honig durfte auf der Tafel der Götter erscheinen.

Der feine Honig der Besenheide ist noch heute eine kulinarische Besonderheit, die inzwischen auch die Menschen genießen können. Wenn im August in Norddeutschland die Lüneburger Heide in Violettrosa erblüht, fahren nicht nur Touristen, sondern auch Imker mit ihren Bienenvölkern in das Gebiet. Der eine oder andere Tourist nimmt von diesem Ausflug ein Glas Heidehonig mit nach Hause. Als bescheiden und genügsam beschreiben die Dichter die Besenheide. Vermag sie doch auf mageren Sandböden zu wachsen, ja sogar innerhalb kurzer Zeit weite Gebiete zu überziehen. Allerdings begünstigt die *Calluna*-Heide die Bildung von Ortstein, einer fast undurchdringlichen, eisenhaltigen, harten Bodenschicht. Nur Birke, Kiefer und Wacholder können neben der Heide bestehen. Die übrigen Pflanzen werden verdrängt. In Gärten sollte daher ihr Ausbreitungsdrang berücksichtigt werden.

Wenn die Heide blüht, freut das den Imker.

Blumen
Blütenfarbe rot

- **Korbblütler**
- **Juli bis August**
- **30 – 180 cm**

Merkmale
Stängel beblättert; Blätter sehr groß, gestielt, rundlich oder herzförmig; Blüten in kugeligen, trugdoldig rispig angeordneten Körbchen, nur Röhrenblüten, Hüllblätter der Blüten mit Haken.

Große Klette

Arctium lappa

Belebt und hält die Liebe

Die Klette stellt sich eng verbunden mit der Liebe dar. Sie soll, so glauben die Bewohner Hawaiis, den Menschen Kraft und Ausdauer geben. Besonders in der Liebe, als Aphrodisiakum, stand die Klette seit jeher im Ruf, kräftig unterstützend zu wirken.

Die kugeligen Früchte der Großen Klette mit ihren raffinierten Widerhaken sind recht anhänglich. Zäh halten sie sich an Kleidern und im Fell der Tiere fest. Sie sind ein positives Symbol für Anhänglichkeit, aber auch ein negatives für Aufdringlichkeit. Kinder lieben die Kletten als Wurfgeschoss. Es bereitet ihnen diebisches Vergnügen, sie Vorübergehenden in die Haare zu werfen. Etwas praktischer nutzten französische Soldaten die Klette. Sie schlossen damit ihre Jacken. Knopf des Soldaten wird sie, sinngemäß übersetzt, daher in Frankreich genannt. Schließlich wurde der Mechanismus industriell kopiert.
Heute ist für die meisten Menschen der Klettverschluss ein alltäglicher Gebrauchsgegenstand. Die Große Klette enthält wertvolle Inhaltsstoffe, ätherische Öle, Gerbstoffe, antibiotische Stoffe und so manches mehr. In der Volksmedizin fand sie daher wie fast alle Kletten-Arten ihre Verwendung.

Wird in der Volksmedizin vielseitig angewendet

Wiesen-Flockenblume

Centaurea jacea

Blumen
Blütenfarbe rot

Täuscht falsche Tatsachen vor

Wie Signallichter ragen die rotvioletten Blüten der Wiesen-Flockenblume aus dem Gras empor. Die Randblüten vergrößern das Blütenköpfchen, das von Bienen, Hummeln und Schmetterlingen aufgesucht wird. Doch die Randblüten täuschen. Sie dienen nur als Lockmittel und sind unfruchtbar.

Die Wiesen-Flockenblume ist eine Blume der frischen bis trockenen, mäßig nährstoffhaltigen Wiesen. Sie gehört mit Margerite, Glockenblume und Hahnenfuß zu den bunten Wiesenblumen. In großen Beständen ist sie eine bei Landwirten unerwünschte Pflanze. Ihre Stängel sind sehr zäh und werden vom Vieh verschmäht. Außerdem ergeben sie ein sehr schlechtes Heu. *Centaurea* verdankt ihren Namen dem menschenfreundlichen Zentaur Cheiron. Dieser heilte seine Wunde am Fuß, die ihm Herakles mit einem Pfeil zugefügt hatte, mit einer Flockenblume. Sie ist als Insektenblume in den Wiesen der Naturgärten ausgesprochen beliebt. In Beeten locken Flockenblumen in unterschiedlichen Rosa- und Blautönen die Schmetterlinge ebenso an wie die aus dem Kaukasus stammende gelbe Riesen-Flockenblume (*Centaurea macrocephala*, kleines Bild Mitte).

- Korbblütler
- Juni bis Oktober
- 20 – 80 cm

Merkmale
Stängel aufrecht, kantig, rau; Blätter lanzettlich, mittlere und obere meist ungeteilt, untere buchtig fiederspaltig; Blüten nur Röhrenblüten, Randblüten größer.

Die Blüten locken Schmetterlinge und Hummeln an.

Blumen
Blütenfarbe rot

- Zeitlosengewächse
- August bis Oktober
- 5 – 20 cm

Merkmale
Im Frühjahr erscheinen meist drei tulpenartige, fleischige Blätter mit der Frucht; Blüten im Herbst einzeln, rosaviolett auf weißlichen Stielen ohne Blätter.

Herbst-Zeitlose

Colchicum autumnale

„Filius ante patrem = Sohn vor dem Vater“ nannten die alten Kräutersammler die Herbst-Zeitlose. Ihnen war die Eigenart der Pflanze, befruchtet zu überwintern und erst im Frühjahr die Frucht auszubilden, noch nicht bekannt. Sie glaubten vielmehr, die Frucht komme vor der Blüte.

Auf frischen Wiesen mit tiefgründigen Ton- und Lehmböden erscheinen nach dem letzten Schnitt, entgegen dem üblichen Rhythmus der Natur, die blattlosen, rosavioletten Blüten der Herbst-Zeitlose. Im Frühjahr folgen die Blätter und umhüllen die eiförmige Frucht. Neben diesem ungewöhnlichen Blüh- und Fruchtverhalten enthält die Herbst-Zeitlose als gefährliche Besonderheit das Alkaloid Colchicin, ein starkes Zellgift. Wegen ihrer Giftigkeit wurde sie von den Landwirten bekämpft und ist nur noch sehr selten auf landwirtschaftlich genutzten Wiesen anzutreffen. In einer Bauernregel gibt die Herbst-Zeitlose Auskunft über den nächsten Winter. Erschienen die Blüten schon Anfang August, galt das als Vorzeichen für einen strengen Winter. Auch wurde ein Winter hart, wenn die Zwiebelknolle 70–80 cm unter der Erdoberfläche lag. Ruhte sie dagegen nur 30–40 cm tief, stand ein milder Winter bevor.

Blüht im Herbst ohne Blätter

Hohler Lerchensporn

Corydalis cava

Blumen
Blütenfarbe rot

- Erdrauchgewächse
- März bis Mai
- 15 – 30 cm

Merkmale
Stängel zweiblättrig, unverzweigt; Blätter doppelt dreizählig, eingeschnitten, bläulich grün; Blüten in endständigen Trauben, trübpurpurn, selten violett oder weiß.

Haubenlerche verursacht Sommersprossen

Frühlingsblumen sind im Volksglauben von Geheimnissen umgeben. So soll man die Nase nicht in Lerchenspornblüten stecken. Denn sonst entstehen auf dieser Sommersprossen. Wer Sommersprossen als keck und frech empfindet, kann den Duft genießen.

Unter Gebüschen, Hecken und in feuchten Laubwäldern wächst das Knollengewächs, der Hohle Lerchensporn. Seine gespornten Blüten, die an eine Haubenlerche erinnern, verliehen ihm den aus dem Griechischen stammenden Namen *Corydalis.* Die tief im Boden sitzende, filzige Knolle verdickt sich von Jahr zu Jahr. Dabei zerreißt das Innere, so dass ein Hohlraum entsteht. Die Knolle kann die Größe eines Apfels erreichen. Ameisen lieben den Lerchensporn. Besitzen die Samen doch ein nährstoffreiches Anhängsel, das ihnen besonders gut schmeckt. Daher schleppen sie die Samen in ihren Bau und sorgen so für deren Verbreitung.
Im Garten ist diese Pflanze recht farblos. Effektvoller sind der weiß blühende Gefiederte Lerchensporn (*C. solida* 'Alba') und der Gelbe Lerchensporn (*Pseudofumaria lutea*, kleines Bild Mitte).

Ein Frühjahrsbote im lichten Laubwald

Blumen
Blütenfarbe rot

- **Braunwurzgewächse**
- **Juni bis August**
- **30 – 150 cm**

Merkmale
Stängel aufrecht; Grundblätter rosettig, eiförmig lanzettlich, Unterseite grau-filzig; Blüten in einseitiger Traube, im Schlund gefleckt.

Roter Fingerhut

Digitalis purpurea

Vom Elfenkraut zur Schulmedizin

Der Rote Fingerhut steht im Wald an sonnigen Stellen. Form und Farbe seiner Blüten gaben diesen die Bezeichnung Fuchsglocke. Sie waren sehr eng mit den Elfen verbunden. Gingen Elfen an ihnen vorüber, verneigten sie sich zum Gruß. Auch trugen die Elfen sie als Hut. Im Keltischen wird die Pflanze Kraut der Elfen genannt.

Im deutschsprachigen Raum mied die Bevölkerung den Roten Fingerhut. Galt er doch lange Zeit als eine Pflanze, aus der Hexen allerlei Zaubergetränke brauten. Man ging ihm am besten aus dem Weg. Die ersten, die den Roten Fingerhut zu Heilzwecken nutzten, waren im 5. Jahrhundert die Iren. Erst im 16. Jahrhundert taucht er in deutschsprachigen Kräuterbüchern auf. In die Schulmedizin gelangte der Rote Fingerhut durch den englischen Arzt William Withering. Er hörte 1775 von der sensationellen Heilung einer herzkranken Frau. Auf Nachfragen erfuhr er, dass sie ihre Genesung der Anwendung des Roten Fingerhuts verdankte. Daraufhin untersuchte er die Pflanze intensiv und fand Digitalisglycoside. Diese steigern die Kontraktionskraft des Herzmuskels. Damit war die Grundlage für wirksame Herzmedikamente gelegt. Im Garten lässt sich der Fingerhut mühelos ziehen.

Giftig und heilend zugleich

Gewöhnlicher Dost

Origanum vulgare

Blumen
Blütenfarbe rot

- Lippenblütler
- Juli bis Oktober
- 20 – 60 cm

Merkmale
Stängel rundlich, behaart; Blätter eiförmig, spitz; Blüten in lockeren Rispen und Doldenrispen, purpurrot; Pflanze duftet aromatisch.

Erst durch die Pizza populär

Obwohl heimisch, war Dost nicht sehr bekannt. Seit jedoch die italienischen Pizzabäcker die Pizza erfolgreich nach Mitteleuropa importierten, wurde seine Geschmacksnote populär. Denn hinter dem für die Pizza unentbehrlichen Oregano verbirgt sich der Dost.

Im Mittelalter war der Gewöhnliche Dost als Heilpflanze geschätzt. Er half als Pflanze Wohlgemut gegen Schwermut und Traurigkeit. Daher mischten die Landbesitzer ihren Schnittern Dost unter das Essen, damit sie ihre harte, schweißtreibende Arbeit wohlgemut und fröhlich verrichteten. Die Luft sollte zudem vom Duft der schweren Arbeit gereinigt werden. Gleichzeitig schützte das wohlriechende Kraut vor Hexen- und Teufelsspuk und anderem Ungemach. Dost durfte im Kräuterstrauß zu Mariä Himmelfahrt nicht fehlen. An diesem Tag in der Kirche geweiht, galt er als besonders wirkungsvoll. Die purpurroten Blüten sind eine beliebte Bienenweide. Sobald sich die ersten öffnen, informieren die Kundschafter der Bienen ihr Volk. In der freien Landschaft haben sie es inzwischen schwer, denn Blumenwiesen, blütenreiche Feldhecken und Unkräuter verschwinden immer mehr. Daher ist der Dost im Garten eine wertvolle Bienenweide.

Ein beliebtes Würzkraut für südländische Küche

Blumen
Blütenfarbe rot

- Lippenblütler
- Juli bis Oktober
- 5 – 30 cm

Merkmale
Stängel liegend oder emporsteigend, am Grunde holzig; Blätter klein, rundlich eiförmig; Blüten in zylindrischen Köpfchen, rosarot; an Wegrändern, Wegrainen, Böschungen und Trockenrasen.

Feld-Thymian

Thymus pulegioides

Auf Thymian gebettet

Zerstreuung und Müßiggang – Radio und Fernseher waren noch nicht erfunden – suchten die Adligen und wohlhabenden Bürger des Mittelalters in ihren Gärten. Lauschige Rosenlauben, Kräuterrasen und -bänke mit duftendem Thymian bepflanzt, luden zum Picknick, Plaudern, Necken und sonstigem Zeitvertreib ein.

Kräuterbänke sind in England noch immer beliebt. Dort verglich man den Feld-Thymian mit einem Palast der Feen und guten Geister. Die guten Geister holte man sich mit Thymian in das Bettstroh oder trug ihn als Talisman am Gürtel. Seinen Duft schätzten vor den alten Griechen bereits die Perser und Assyrer. Parfüms und wohlriechende Essenzen durften nur ausgewählte Priester und Priesterinnen zu kultischen Zwecken herstellen. Auf diese Essenzen waren die Menschen jedoch ebenso begierig wie die Götter. Duftende Öle, Salben und aromatisierte Speisen symbolisierten bald Reichtum und Verschwendung. Noch immer sind Wohlgerüche sehr beliebt. Duftlampen und Aromatherapie erlebten im letzten Jahrzehnt eine Renaissance. Das ätherische Öl des Thymians wirkt, durch Duftlampen verbreitet, konzentrationsfördernd und reinigt darüber hinaus auch die Luft.

Der Duft von Thymianöl fördert die Konzentration.

Kleines Knabenkraut

Orchis morio

Blumen
Blütenfarbe rot

- Orchideengewächse
- Mai bis Juni
- 10 – 30 cm

Merkmale
Stängel kantig, beblättert; Blätter lanzettlich; Blüten in lockeren Ähren, Lippe mit waagrecht abstehendem Sporn, die übrigen Blütenblätter neigen sich helmförmig zusammen; streng geschützt.

Leidenschaft und Fruchtbarkeit

Die Familie der Orchideen ist weit verbreitet. Man begegnet ihnen als kleinblütige Pflanzen im kalten Norden ebenso wie als großblütige, farbenprächtige Blumen in den Baumwipfeln der Tropenwälder. In allen Erdteilen sahen die Menschen in der Orchidee ein Symbol hoher Fruchtbarkeit.

Heimische Orchideen sind selten anzutreffen. Verantwortlich für den Rückgang ist die Vernichtung ihrer Standorte. Zusätzlich gruben Sammler die Knollen aus und pflanzten sie in ihre Gärten, nutzten sie als Aphrodisiakum oder trieben mit ihnen lukrativen Handel. Das Kleine Knabenkraut besitzt wie alle Orchideen zwei ungleiche Knollen, die am Stängel der ausgegrabenen Pflanze baumeln und an Hoden erinnern. Darauf nehmen die Namen Bezug. Das griechische „orchis“ bedeutet wie der altdeutsche Begriff „Knabe“ Hoden. Die Knollen enthalten jedoch keine aphrodisischen Wirkstoffe, sondern nur Stärke.

Heimische Orchideen sind streng geschützt.

Blumen
Blütenfarbe blau

Blaue Blumen entdecken wir im Wald, auf den Wiesen oder am Wegesrand. Ihr Blau kommt in vielen Abstufungen vor. Himmelblau erscheint das Vergissmeinnicht, Azurblau der Ehrenpreis. Rein ist das Blau des Enzians, fast Schwarzblau die Teufelskralle. Das Blau wandelt sich, mit Weiß vermengt, zum blassen Blau des Blausterns oder, mit Rot gemischt, zur vielschichtigen Variation der Blauviolettöne, wie sie Glockenblumen, Salbei, Wiesen-Storchschnabel oder Veilchen aufweisen.

Selten treten blaue Blumen in großer Zahl auf. Eine Blumenwiese kann aus der Ferne zwar weiß, gelb oder rot erscheinen, doch nie blau. Stets mischen sich zur Blütezeit der blauen Blumen andere Farbtöne in das Gesamtbild. Nur die auf den Feldern als Gründüngung genutzte Phazelia oder der am Morgen strahlend blaue einjährige Lein zaubern in die Landschaft blaue Flächen. Sie wirken wie ferne Seen. Blau ist die Farbe der großen Ferne, der Unendlichkeit und damit auch die Farbe der Sehnsucht. Die Sehnsucht finden wir in der blauen Blume der Romantik wieder. Die blaue Blume steht für die Suche nach dem Lebenssinn. Ob nun Rittersporn, Gedenkemein oder die Sibirische Schwertlilie die blaue Blume ist, das mag jeder für sich entscheiden.

Blumen
Blütenfarbe blau

- Kreuzblütler
- Mai bis Juli
- 40 – 100 cm

Merkmale
Stängel aufrecht; Blätter eiförmig bis lanzettlich, meist gezähnt, behaart; Blütenstand locker, Blüten violett oder weiß; Schoten.

Gewöhnliche Nachtviole

Hesperis matronalis

Unscheinbar am Tag, berauschend im Mondschein

Die Nachtviole, deren hübscherer Name Mondviole lautet, wirkt recht unscheinbar. Doch in lauen Sommernächten tritt sie mit ihrem Duft umso stärker hervor. Abend- und Nachtfalter, wie der weißorange Aurorafalter, werden angelockt. Sie sorgen, wenn sie sich an der Nektarbar bedienen, für die Bestäubung.

Die Gewöhnliche Nachtviole ist bei uns ein Gartenflüchtling, der nur in den Südostalpen heimisch ist. Nicht immer waren die Gerüche der menschlichen Umwelt angenehm. Vielmehr stanken in manchen Epochen die Menschen ebenso wie ihre Wohnungen und Städte. Deshalb umgaben sich vor allem Adlige und reiche Bürger gern mit guten Gerüchen. Der Duft war einer der Gründe, weshalb die Nachtviolen in den Gärten gehegt, gepflegt und gezüchtet wurden. Die Nachtviole ist am Tag fast geruchlos. Erst wenn die Sonne sinkt, entfaltet sie ihren lieblichen, veilchen-nelkenartigen Duft. Sie ist die Duftkönigin der Nacht. Die Nachtviole kommt besonders gut zur Geltung, wenn sie neben oder hinter einer Bank im Bereich eines Busches gepflanzt wird. Dort können Sie in den Abendstunden ihren Duft genießen.

Sie ist die Duftkönigin der Nacht.

Wilde Karde

Dipsacus fullonum

Blumen
Blütenfarbe blau

Das Waschbecken der Venus

Die Stängelblätter der Karde bilden kleine Tröge, in denen sich Wasser sammelt. Venus-Waschbecken nennt sie der Volksmund. Früher glaubte man, die Pflanze würde die im Wasser schwimmenden Insekten fressen. Doch die Karde ist kein Insektenfresser, sondern schützt sich mit ihren Waschbecken vor kletternden Insekten.

An Wegen und auf brachgefallenen Flächen mit kalk- und stickstoffhaltigem Boden überragt die Wilde Karde alle übrigen Pflanzen. Sie ist eine zweijährige Pflanze, deren bläulich violette Blüten hauptsächlich von Schmetterlingen und Hummeln aufgesucht werden. Die Hochblätter in den Blütenköpfchen sind biegsam und können nicht wie die der Weber-Karde zum Aufrauen der Wolle verwendet werden. Auch im verblühten Zustand sehen sie reizvoll aus. Im Garten ist die Wilde Karde im Winter besonders dann attraktiv, wenn sie von Raureif überzogen wird.

- **Kardengewächse**
- **Juli bis August**
- **90 – 150 cm**

Merkmale
Stängel stachelig; Blätter sitzend, am Grund paarweise verwachsen, gekerbt, Rand selten stachelig; Blüten in einem eiförmigen Köpfchen.

Liebt kalkhaltige, stickstoffreiche Standorte

Blumen
Blütenfarbe blau

- **Enziangewächse**
- **Juli bis August**
- **15 – 50 cm**

Merkmale
Stängel violett überlaufen; Blätter länglich lanzettlich, kreuzweise übereinander gestellt, fast ledrig; Blüten eng glockenförmig in end- oder blattachselständigen Büscheln.

Kreuz-Enzian

Gentiana cruciata

Sein Markenzeichen ist das Kreuz

Alles an ihm ist kreuzförmig angelegt. Der Blütensaum der blauen, außen grünlichen Blüten bildet ein Kreuz. Die Blattpaare stehen kreuzförmig zueinander. Und im Stängel- und Wurzelmark befindet sich ein kreuzförmiger Hohlraum. Deshalb war im Mittelalter die Pflanze das Symbol für die Erlösung durch Christus.

In der mittelalterlichen Mystik suchte man im Kreuz-Enzian viele Geheimnisse und sagte ihm allerlei Wunder nach. Ähnlich der Silberdistel schrieb man auch den Wurzeln des Kreuz-Enzians heilende Kräfte bei Pesterkrankungen zu. Er wurde gegen Unheil, Zaubersprüche und als Heilpflanze gleichermaßen eingesetzt. Jäger legten ein Stück heimlich geweihte Wurzel auf ihren Flintenstein, damit dieser nicht verhext wurde und sie ihr Ziel trafen. Wie allen Enzian-Arten schrieb man auch dem Kreuz-Enzian aphrodisische Kräfte zu. Daher war er in Liebesmittelchen enthalten und ein Gewinn bringendes Handelsgut kräuterkundiger Frauen. Der Kreuz-Enzian ist eine Blume der Kalk-Magerrasen und lichten Eichenwälder. Er ist jedoch wegen des Verlusts seiner Standorte selten geworden. Allerdings wird er kultiviert und kann jeden gerölligen Steingarten bereichern.

Wurde einst als Heilpflanze gegen Tollwut genutzt

Gamander-Ehrenpreis

Veronica chamaedrys

Blumen
Blütenfarbe blau

- Braunwurzgewächse
- April bis Juni
- 15 – 30 cm

Merkmale
Stängel aufsteigend; Blätter gegenständig, gekerbt, behaart; Blüten in lockeren Trauben, Blütenblätter fallen leicht ab, blau mit dunklen Adern.

Die vierzehn Kräuter des Isenheimer Altars

Pest, Syphilis und die Mutterkornvergiftung grassierten am häufigsten unter den Menschen des Mittelalters. Die Heilkundigen versuchten sie mit dem Antoniusbalsam, das aus vierzehn Kräutern bestand, zu kurieren. Diese vierzehn Kräuter malte Matthias Grünewald auf den linken Flügel des berühmten Isenheimer Altars.

Die vierzehn Kräuterarten sind sehr naturgetreu abgebildet. Deutlich ist unter ihnen der Gamander-Ehrenpreis zu erkennen. Das genaue Rezept des Antoniusbalsams, das wie viele andere im Mittelalter geheim gehalten wurde, ging im 30-jährigen Krieg verloren. Zahlreiche Geschichten berichten von den heilenden Kräften des Gamander-Ehrenpreises. So soll ein Hirte den König von Frankreich mit einem Absud aus dieser Pflanze geheilt haben. Seitdem nannte der König das Kraut Ehrenpreis. Manche vermuten dagegen, dass der Name eher auf eine Sitte an den Artushöfen zurückgeht. Nach einem gewonnenen Turnier wurde die blaue Frühlingsblume dem Ritter als Ehrenpreis überreicht. Zahlreiche Arten schmücken in verschiedensten wunderschönen Blauschattierungen als Polster- oder Hochstauden die Gärten.

Auf Wiesen und an Wegrändern häufig anzutreffen

Blumen
Blütenfarbe blau

- **Hahnenfußgewächse**
- **Juni bis Juli**
- **30 – 60 cm**

Merkmale
Blätter und Blüten lang gestielt; Blätter doppelt dreiteilig, oberstes Blatt sitzend; Blüte blauviolett, Sporn gebogen; in Laubwäldern und auf Bergwiesen.

Gewöhnliche Akelei

Aquilegia vulgaris

Der Sporn verletzt keinen

Der Blütennektar der Akelei wird im Sporn aufbewahrt. Er ist nur für Insekten mit langem Rüssel erreichbar. Dabei erfolgt gleichzeitig die Bestäubung. Einige kurzrüsselige Insekten sind jedoch erfindungsreich. Sie beißen den Sporn von außen auf und rauben den Nektar, ohne ihre Arbeit, die Bestäubung, zu erledigen.

Die Akelei trägt viele Namen. Einer bezieht sich auf das lateinische Wort „aquila = Adler", da der Sporn wie der Schnabel und die Krallen eines Adlers gekrümmt sind. Dagegen bezeichnen die Engländer die Akelei als „Columbine Flower". Die Gestalt des Honigblatts erinnert sie entfernt an eine Taube. Den zarten Elfen und der Göttin Freyja weihten die Germanen diese Blume und nannten sie Elfenhandschuh. Im Christentum erhielt Maria sie als „Unserer lieben Frauen Handschuh" zum Symbol. Die geheimnisvoll geformte Blüte der Akelei verbirgt in ihrem Grundriss ein regelmäßiges Fünfeck, das Pentagramm. Es verlieh der Akelei unter Künstlern und Mystikern der Gotik den Ruf einer Pflanze mit antidämonischer Wirkung. Im Garten breitet sich die Akelei an Gehölzrändern, Mauern und Rabatten, die zeitweilig im Schatten liegen, gern aus. Recht farbenfroh sind die verschiedenen Akelei-Arten aus Nordamerika (kleines Bild oben).

Wiesen-Storchschnabel

Geranium pratense

Blumen
Blütenfarbe blau

Vertreibt dunkle Gedanken

Schwermütige, dunkle Gedanken belasteten zu allen Zeiten einzelne Menschen. Man suchte mit allerlei Mitteln diesen Depressionen zu begegnen. Dabei galt der Storchschnabel als hilfreich. Der Traurige musste nur Storchschnabel auf sein Brot streuen, um auf heitere Gedanken zu kommen.

Der Wiesen-Storchschnabel ist eine typische Pflanze mäßig feuchter Fettwiesen. Seine großen, kräftig violettblauen Blüten ragen meistens aus dem Gras wiesenähnlicher Wegraine, an Grabenrändern und Bachufern empor. Nur noch selten bestimmen seine schönen Blüten das Gesamtbild einer Fettwiese. In manchen Gegenden war er früher nicht zu Hause, sondern wuchs in Kloster-, Herrschafts- und Bauerngärten. Von dort gelangte er auf die Friedhöfe. Beliebt waren vor allem die weißen und gefüllten Formen des Wiesen-Storchschnabels. Diese pflegten bereits um 1600 die Gärtner des Hortus Eystettensis im Altmühltal. Aus den Gärten und Friedhöfen verwilderte er und breitete sich in den Wiesen aus. Seiner schönen Blüte wegen, die sich während des Öffnens der Sonne zuwendet, ist der Wiesen-Storchschnabel noch immer eine beliebte Gartenpflanze, die in Weiß und Purpur die Staudenbeete schmückt.

- Storchschnabelgewächse
- Juni bis September
- 30 – 60 cm

Merkmale
Stängel aufrecht; Blätter handförmig, siebenspaltig oder siebenteilig; Blüten zu zweit, nach dem Verblühen Blütenstiel herabgebogen.

Eine beliebte Blume der Kloster- und Bauerngärten

Blumen
Blütenfarbe blau

- **Hundsgiftgewächse**
- **April bis Mai**
- **10 – 30 cm**

Merkmale
Stängel kriechend; Blätter elliptisch, ledrig, immergrün; Blüten einzeln.

Kleines Immergrün

Vinca minor

Ein Kraut der Druiden

Die wundheilende Wirkung des Immergrüns kannte man seit langem. Vor allem den Kelten war sie eine wichtige Heilpflanze. Denn von immergrünen Pflanzen gingen besondere magische Kräfte aus. Die Druiden versuchten ihre eigenen heilenden und weissagenden Kräfte durch geheimnisvolle kultische Handlungen mit Immergrün zu verstärken.

Obwohl es doch recht häufig auftritt, ist das Kleine Immergrün vielerorts nicht heimisch. Vielmehr ist es aus den Gärten hinausgewachsen oder aus Parkanlagen, aufgelassenen Friedhöfen, alten Burgen und Gutshöfen verwildert. Sein ausdauerndes Grün erhob das Immergrün zum Symbol der Beständigkeit, der Treue und des ewigen Lebens. Dazu trug auch die blaue Farbe der Blüten bei. Die Mädchen flochten Brautkränze aus den langen Trieben. Mütter legten kleine Kränze auf das Haupt ihrer verstorbenen Kinder. Abergläubische Menschen sahen im Immergrün ein Mittel gegen Verhexung. Selbst die Wilderer, unerschrockene und wagemutige Gesellen, bedienten sich seiner. Nackt pflückten sie in der Johannisnacht Immergrün und Eberraute (*Artemisia abrotanum*). Diese kochten sie in Essig und reinigten mit dem Sud ihre Flintenläufe, damit auch kein einziger Schuss sein Ziel verfehlte.

Blühender Bodendecker für schattige Gärten

Sumpf-Vergissmeinnicht

Myosotis palustris

Blumen
Blütenfarbe blau

- Raublattgewächse
- Mai bis Juli
- 15 – 40 cm

Merkmale
Stängel kantig; Blätter länglich lanzettlich, sitzend, behaart; Blütenstand traubig; auf nassen Wiesen, an Gräben und Ufern.

Vom Mäuseohr zur Blume der Sehnsucht

Die griechischen Gelehrten, die den Pflanzen Namen gaben, nannten die blaue Blume nach der Form der Blätter *Myosotis*, das Mäuseohr. Die kleine blaue Blüte mit dem gelben Mittelpunkt verglichen Dichter und Verliebte dagegen gerne mit Mädchenaugen, aus deren Tränen das Vergissmeinnicht entstand.

Den Blumennamen Vergissmeinnicht gibt es seit dem 15. Jahrhundert. Ob das Sumpf-Vergissmeinnicht oder eine andere Blume damit gemeint war, ist unbekannt. Wenig später erscheint jedoch das Vergissmeinnicht als Symbol der Treue und Beständigkeit auf Bildern zu Füßen von Maria. Zur selben Zeit mahnte in Blumenstillleben zwischen den prächtigen Rosen, Tulpen und Lilien das kleine Vergissmeinnicht, über allem irdischen Reichtum und Wohlstand die Liebe zu Gott nicht zu vergessen. In vielen Erzählungen steht das Vergissmeinnicht für zärtliche Erinnerung sowie für Abschied in Liebe. Es trägt in vielen Sprachen das Nichtvergessen in seinem Namen. So lautet er im Italienischen „Non-ti-scordar-di-me“, im Französischen „Ne m‘oubliez pas“ und im Englischen „Forget-me-not“. Am Gartenteich kommt die blaue Blume gut zur Geltung.

Vergissmeinnicht, die Blume des Abschieds

Blumen
Blütenfarbe blau

- **Raublattgewächse**
- **März bis April**
- **15 – 30 cm**

Merkmale
Stängel oben rau; Blätter am Grund herzförmig oder abgerundet, gestielt, oft gefleckt; Blüten schlüsselblumenähnlich, in Trugdolden.

Echtes Lungenkraut

Pulmonaria officinalis

Bayern und Franzosen

Was hat das Lungenkraut mit Bayern und Franzosen zu tun? Es sind die Blütenfarben. Zuerst erscheinen die Knospen in hellpurpurner Farbe, die allmählich in Blau übergeht. In der Zeit, als die Soldaten noch in farbigen Uniformen marschierten, trugen die bayrischen Soldaten blaue und die französischen rote Hosen – daher der Name.

In lichten Laubwäldern und unter Hecken erscheint im zeitigen Frühjahr das Echte Lungenkraut. Es schiebt aus einer Rosette die Blütenstängel empor. Nach dem Verblühen erscheinen große Blätter, die meist weißlich getüpfelt sind. Das medizinische Denken des 16. und 17. Jahrhunderts beherrschte die so genannte Signaturlehre. Sie wies den menschlichen Organen die Pflanzen als Heilmittel zu, die in ihrer Gestalt ähnlich aussahen. In dem weißlichen Muster der Blätter sahen die damaligen Mediziner das Lungengewebe abgebildet. Folglich behandelte man Lungenkrankheiten mit Lungenkraut. Damit lagen sie sogar richtig. Denn die Pflanze wirkt bei Atemwegserkrankungen. In Gärten wurde die Heilpflanze häufig kultiviert. Inzwischen pflanzt man sie wie auch ihre Sorten (kleines Bild oben) wegen der schönen Blattzeichnung vor Gehölze und Mauern.

In Gärten oft als Heilpflanze kultiviert

Rundblättrige Glockenblume

Campanula rotundifolia

Blumen
Blütenfarbe blau

Modell für die Kirchenglocken

Kirchenglocken rufen zur Andacht. Ihr Erfinder soll der Bischof Paulinus von Nola gewesen sein. Während er an einem schönen Abend betend und um ein Zeichen bittend über eine Wiese schritt, läuteten als Antwort leise die Glockenblumen. Seitdem ertönt das melodische Glockengeläut.

Glockenblumen-Arten sind weit verbreitet und an ihren Blüten leicht zu erkennen. Auf mageren Wiesen, Halbtrockenrasen und an Wegrändern, aber auch im Steingarten blüht die Rundblättrige Glockenblume, eine genügsame Pflanze. Sie ist an geschützten Stellen im Fjäll Skandinaviens ebenso anzutreffen wie auf den alten Deichen der Elbe oder in den Alpen. Kalkhaltige Standorte meidet sie. Bienen lieben ihren Nektar. Andere Insekten sind weniger an Pollen und Nektar interessiert. Sie benutzen die nach unten hängenden Blüten als Hotel und verbringen dort, vor Regen, Kälte und Feinden geschützt, die Nacht.

- Glockenblumengewächse
- Juni bis September
- 15 – 50 cm

Merkmale
Stängel am Grund feinflaumig; Grundblätter langstielig, rundlich, herz- oder nierenförmig, Stängelblätter schmal lineal; glockenförmige Blüten in lockeren Rispen, nickend.

Auf mageren Wiesen und an Wegrändern zu finden

Gewöhnliche Küchenschelle

Pulsatilla vulgaris

Blumen
Blütenfarbe blau

- Hahnenfußgewächse
- März bis Mai
- 5 – 30 cm

Merkmale
Blätter zwei- bis dreifach gefiedert, zur Blütezeit in Entwicklung; Blüten mehr oder weniger aufrecht, glockig, Blütenstiel mit vielzipfeligem Hochblattquirl, aufrecht.

Trägt noch im Frühling einen Pelz

Wenn die Kraft der Frühlingssonne zunimmt, schieben sich die Küchenschellen wie kleine Pelzkugeln durch das braune Gras. Die Blütenknospen und Stängel tragen noch ihren silberweißen Pelz. Er schützt sie vor der intensiven Sonneneinstrahlung sowie vor Temperaturschwankungen.

Die Blüten der Gewöhnlichen Küchenschelle erscheinen im März auf Trockenrasen mit kalkhaltigem Untergrund. Neben der schönen, violetten Blüte besitzt die unter Naturschutz stehende Pflanze einen reizvollen, wolligen Samenstand. Ihr Name hat mit Küche nichts zu tun. Er wurde wahrscheinlich aus dem inzwischen unverständlichen Wort „Kücke", das so viel wie „hohle halbe Eierschale" bedeutet und auf die Form der aufrechten Blüte hinweist, in „Kühchenschelle" umgewandelt. Die Verkleinerungsform der Kuhschelle, wie sie regional genannt wird, entwickelte sich zur allseits bekannten Küchenschelle. Im Volksglauben durfte die von Geheimnissen umgebene Küchenschelle nicht abgerissen und ins Haus getragen werden, denn sie behexte die Hühner so sehr, dass sie aufhörten, Eier zu legen. Im Steingarten gedeiht die Küchenschelle ebenso gut wie ihre beliebte Sorte *P. vulgaris* 'Röde Klokke'.

Blumen
Blütenfarbe blau

- Korbblütler
- Juni bis September
- 30 – 80 cm

Merkmale
Stängel aufrecht, mehrfach verzweigt, kantig; Blätter schmal lanzettlich, unten fiederspaltig, graugrün; Blüten in großen einzelnen Körbchen, Randblüten vergrößert.

Kornblume

Centaurea cyanus

Priesterin braucht Schutz

In die gelben Getreidefelder streute Ceres, die Göttin des Ackerbaus, strahlend blaue Kornblumen. Sie sollten als Priesterinnen des Himmels die Menschen an die göttlichen Gaben erinnern. Den Landwirten waren sie jedoch ein Ärgernis, denn ihre Stängel machten die Sensen stumpf. Also bekämpften sie die Priesterinnen.

Wegen ihres klaren Blaus und der strahligen Form der Blüten standen die Kornblumen schon früh als Blumenschmuck in den Vasen. Kornblumensträuße schmückten die Kleider und Kornblumenkränze das Haar. Galt doch die Kornblume als Sinnbild für Treue und Beständigkeit. Bereits im 16. Jahrhundert war der Bedarf an Kornblumen so groß, dass sie von Gärtnern gezielt angepflanzt und gezüchtet wurden. Die Züchtung war sehr erfolgreich, neigt doch die blaue Blume der Treue in ihrer Blütenfarbe zur Unbeständigkeit. Diese ändert sich gelegentlich in Violett, Rosa (kleines Bild unten) und Weiß. Kornblumenkränze schmückten nicht nur die Lebenden. Im Ägypten der Pharaonen gehörten Blumengirlanden mit Kornblumen auf das letzte Ruhebett. Ein Blumenhalskragen mit Kornblumenblüten zierte Tutanchamun, als Howard Carter ihn 1922 im Tal der Könige entdeckte.

Oft nur noch an Feld- und Wegrändern zu entdecken

Wegwarte

Cichorium intybus

Romantik contra Geschäftssinn

Nach langem Warten verwandelte sich Klytris, die vom Sonnengott verlassene Geliebte, wie auch die auf ihren untreuen Liebsten harrende Jungfrau, in eine Wegwarte. Seitdem öffnet sie gegen 6 Uhr die blauen Blüten und wendet sich der Sonne zu. Bereits um 12 Uhr schließt sie wieder die verblassten Blüten.

Aus den Wurzeln wird noch heute Kaffee-Ersatz hergestellt.

In seinem Capitulare de villis befahl Karl der Große, die Wegwarte als Heilpflanze anzubauen. Sehr bald schätzte man sie auch als Gemüse. Die Erfindung des Zichorienkaffees aus den gerösteten Wurzeln wurde dem Hofgärtner Timme in einem Kriegskochbuch aus dem Jahre 1722 zugeschrieben. Unter G. Foerster und Major von Heine begann der Zichorienanbau in großem Stil. Friedrich der Große förderte die Kultivierung, versprach die Herstellung des Zichorienkaffees doch eine Einsparung an Devisen für die teuren Kaffeeimporte. Die romantische Blume der Treue und Sehnsucht war zu einem Handelsgut geworden.

Blumen
Blütenfarbe blau

- Korbblütler
- Juli bis September
- 30 – 120 cm

Merkmale
Stängel steif, mehrfach verzweigt; Grundblätter löwenzahnähnlich, Stängelblätter lanzettlich; Blüten in großen Körbchen.

Blumen
Blütenfarbe blau

- Hahnenfußgewächse
- Juni bis August
- 30 – 180 cm

Merkmale
Stängel aufrecht; Blätter gestielt, handförmig, fünf- bis siebenteilig, schmal-lineale Zipfel; Blüten in dichter Traube, Blütenhelm breiter als hoch, blauviolett.

Blauer Eisenhut

Aconitum napellus

Gefährliche Schönheit

Der Blaue Eisenhut ist ausgesprochen formschön. Seine Schönheit lenkt allerdings davon ab, dass er hochgiftig ist. Am giftigsten sind die jungen Wurzelknollen im Winter. Trotz seiner Giftigkeit nutzen die Menschen ihn zu Heilzwecken.

Eisenhut ist eine unserer giftigsten Blumen.

Die giftige Wirkung des Blauen Eisenhuts beruht auf dem Alkaloid Aconitin. Die Menschen wussten es zu nutzen. Zahlreiche politische Morde wurden mit Eisenhut verübt. Die berühmtesten ereigneten sich in Rom. Die Ermordung des römischen Kaisers Claudius 54 n. Chr. und des Papstes Hadrian VI. 1523 gehen auf sein Konto. Aphrodisische und halluzinogene Wirkungen wurden dem Eisenhut ebenfalls zugeschrieben. Die richtige Dosierung war allerdings Glückssache. Denn bei der kleinsten Überdosierung konnte der erhoffte Liebesrausch mit der letzten Reise enden. Nachhaltigere Freude schenkt der Blaue Eisenhut als Gartenstaude. Im Halbschatten wirken sämtliche Eisenhut-Sorten sehr attraktiv.

Acker-Rittersporn

Consolida regalis

Blumen
Blütenfarbe blau

Grüne Farbe, blaue Zuckerwatte

Der Acker-Rittersporn ist sehr filigran, Garten-Rittersporn (*C. ajacis*) dagegen massig. Die blauen Blüten enthalten einen grünen Farbstoff. Dieser wandelt sich, mit Alaun vermischt, zu Blau. Damit färbte man einst Zuckerwatte oder stellte Augenwässerchen her.

- Hahnenfußgewächse
- Mai bis September
- 15 – 50 cm

Merkmale
Stängel aufrecht, stark verzweigt; Blätter gefiedert oder dreiteilig gespalten; Blüten locker, wenigblütig.

Der Acker-Rittersporn ist eines der schönsten Ackerwildkräuter unserer Felder. Er wächst vor allem im Wintergetreide auf Kalkböden in wärmeren Lagen. Aufgrund dieser Vorliebe eignet er sich gut als Zeigerpflanze für warme, kalkhaltige Böden. Er stammt aus dem Mittelmeerraum und erschien früher häufig in den Getreidefeldern. Intensive Düngung und Unkrautbekämpfung sorgten dafür, dass er heute in einigen Bundesländern auf der Roten Liste der gefährdeten Pflanzen steht. Das tiefe Blau des Rittersporns ist sehr beständig. Selbst die trockenen Blüten verlieren nicht ihr Blau. Daher sahen die Menschen in ihm ein wirkungsvolles Augenmittel. Gelehrte, die in ihren Studierzimmern viel über den Büchern saßen, hängten Acker-Ritterspornsträuße in ihrer Nähe auf, damit diese die Augen schützten. Die Wirkung ist unbekannt. Trotzdem erfreuen die blauen Blüten des Acker- und Zier-Rittersporns (kleines Bild unten) noch immer unsere Augen.

Inzwischen ein seltenes Ackerwildkraut

Blumen
Blütenfarbe blau

- Veilchengewächse
- März bis Oktober
- 5 – 10 cm

Merkmale
Blütenstiel aus Blattrosette; Blätter herzförmig bis breiteiförmig; Blüte mit geradem Sporn, dunkelviolett, duftend.

März-Veilchen
Viola odorata

Bescheidenheit mit Expansionsdrang

Klein und zart erscheint das Veilchen. Allerdings besitzt es einen starken Expansionsdrang. Nach der Blüte bilden sich kleine Ranken mit feinen Zugwurzeln aus. Diese ziehen die aufstrebenden Ranken auf den Boden zurück, so dass sich daraus Jungpflanzen entwickeln und üppige Veilchenpolster entstehen.

Die Bescheidenheit des März-Veilchens wird in Liedern und Gedichten viel gerühmt. Eigenartigerweise war das Veilchen die Lieblingsblume vieler Menschen, die nach Macht und Einfluss, sei es in Politik, Dichtung oder anderen Bereichen, strebten. Homer, Mohammed, Rousseau, Napoleon, Goethe, Kaiser Wilhelm I. und Churchill besaßen eine Vorliebe für das Veilchen. Vielleicht kannten sie die ungeheure Vitalität dieser Pflanze. Vielleicht war es auch die purpurviolette Farbe, die bis zur Erfindung synthetischer Farbstoffe nur mit Gold aufzuwiegen war. Edle Düfte standen nur den antiken Göttern zu. Doch den Menschen gefielen sie ebenfalls. In ihren Palast- und Villengärten wuchsen Veilchenteppiche und andere duftende Blumen. Ihre Gäste empfingen sie mit wohlduftenden Blumenkränzen, verziert mit Veilchen, Rosen und Krokus. Veilchenparfüm und kandierte Veilchenblüten wiesen dezent auf den Reichtum hin.

Kriechender Günsel

Ajuga reptans

Blumen
Blütenfarbe blau

- **Lippenblütler**
- **Mai bis Juni**
- **15 – 30 cm**

Merkmale
Stängel vierkantig; Grundblätter rosettig, Stängelblätter kreuzgegenständig; Blüten ohne Oberlippe, mit dreilappiger Unterlippe, Blüten in Scheinquirlen in den Blattachseln.

Ist er die blaue Blume?

Die meisten Menschen lieben Blau. Blau beruhigt und soll auf Innerlichkeit hinweisen, sagen die Farbpsychologen. Die Farbe Blau ist in der Blumenwelt reich vertreten. Ein kräftiges Blau mit einem schwachen Hauch von Rot besitzt der Kriechende Günsel. Ist er die blaue Blume der Romantik?

Hoch über der Stadt Eichstätt ragt die Willibaldsburg, ein Lustschloss der Spätrenaissance, empor. Hier liegt der berühmte Garten von Eichstätt, der Hortus Eystettensis. In ihm wurde schon um 1600 neben geflammten Tulpen, weißen Narzissen, rosa Pfingstrosen und leuchtend rotem Mohn der blau blühende Kriechende Günsel als Zierpflanze gezogen. Kriechender Günsel, eine Pflanze der feuchten, nährstoffreichen Wiesen, ist in Gärten noch immer beliebt. Eignet er sich doch gut als Bodendecker unter Gebüschen oder zwischen den Himbeeren. Mit seinen Ausläufern bildet er, ohne zu schaden, eine dichte Decke. Gelegentlich treten Mutanten mit weißen (großes Bild unten) und rosa Blüten oder rötlichen Blättern auf. Der Kriechende Günsel galt früher im Volk als Wundkraut, da die reichlich vorhandenen Gerbstoffe zusammenziehend wirken. Inzwischen ist seine Heilkraft vergessen.

Häufig treten weiße und rosa blühende Formen auf.

Blumen
Blütenfarbe blau

- **Lippenblütler**
- **März bis Mai**
- **15 – 60 cm**

Merkmale
Stängel meist aufsteigend, vierkantig; Blätter gegenständig, nieren- oder herzförmig, Rand gekerbt, immergrün; zwei bis drei Blüten in den Blattachseln.

Gewöhnlicher Gundermann

Glechoma hederacea

Ach du grüne Neune

Schon immer spielte die Zahl Neun eine besondere Rolle. Die Ägypter verehrten die Götterneunheit, die Griechen die neun Musen und die Nordgermanen die neun Mütter. Neun Kräuter befanden sich in den Kräutersträußen, die an Gründonnerstag in der Kirche geweiht wurden. Eines der Kräuter war der Gundermann.

Den meisten Menschen erscheint Aberglaube lächerlich. Sie glauben nicht an die Verhexung von Kühen, Milch und Menschen. Die Neun blieb jedoch als besondere Zahl im menschlichen Alltag erhalten. Die neunerlei Gründonnerstagkräuter sind meist zum Verzehr oder wegen ihres Gerbstoffgehalts als Heilpflanzen geeignet. In Ei gebacken oder als Suppe und Gemüse angerichtet, galten sie als Kultspeise, um das ganze Jahr von Krankheiten verschont zu bleiben. Auch heute werden grüne Suppen und Soßen aus neunerlei Kräutern gekocht. Der Gewöhnliche Gundermann ist eines dieser Kräuter. Die zartblauen Blüten des Gundermanns zeigen sich im Frühling als Erstes unter Hecken, an Mauern, Zäunen und auf Wiesen. Aufgrund seines dichten Wuchses und der immergrünen, im Winter rötlichen Blätter ist der Gundermann auch im Garten beliebt.

Wiesen-Salbei

Salvia pratensis

Blumen
Blütenfarbe blau

- Lippenblütler
- Mai bis Juli
- 20 – 60 cm

Merkmale
Stängel vierkantig, etwas klebrig; Blätter meist grundständig, eiförmig, unregelmäßig gekerbt, runzelig; vier bis acht Blüten, quirlständig.

Ein würziges Bier darf nicht fehlen

Sauberes Trinkwasser ist heute in Europa eine Selbstverständlichkeit. Im Mittelalter war sauberes Wasser jedoch in dicht besiedelten Gegenden selten. Oft schmeckte es faulig und enthielt Krankheitskeime. Um die Trinkqualität zu verbessern, braute man damals Bier und würzte dieses mit Wiesen-Salbei.

Ähnlich wie der Echte Salbei (*S. officinalis*) wirkt der Wiesen-Salbei, wenn auch weniger stark, keimtötend. Die biologischen und chemischen Abläufe waren den Bierbrauern damals noch nicht bekannt, doch sie kannten die Wirkung der Salbeiwürze. Es erkrankten weniger Menschen am Bier als am schlechten Wasser. Daher war Bier oder Wasser mit Bier verdünnt das tägliche Getränk. Wiesen-Salbei ist mit seinen dunkelblauen Blüten häufig auf Halbtrockenrasen und sonnigen Bergwiesen zu entdecken. Er benötigt einen kalkhaltigen Untergrund und mag es nur zeitweilig feucht. Wegen seiner dunkelblauen Blüten, die Treue und Erinnerung symbolisieren, ist der Wiesen-Salbei sehr beliebt. In England glaubte man allerdings, dass Salbei nur dann erblüht, wenn der Ehemann nicht Herr im eignen Hause ist. Deshalb zwickte so mancher Gatte die Knospen gerne regelmäßig ab.

Der Wiesen-Salbei ist eine alte Heilpflanze.

Blumen

Blütenfarbe grün

Auch wenn grün und braun blühende Blumen nicht durch eine farbenprächtige Blüte auffallen, finden die Insekten den Weg zu ihnen. Es ist der Duft, der sie anlockt. Nicht selten ist der Geruch für die menschliche Nase unangenehm. Doch für so manches Insekt verspricht der Gestank eine ergiebige Nektarquelle.

Grün ist Leben, heißt ein Werbeslogan. Und tatsächlich hängt alles Leben von den Pflanzen ab. Alles beruht auf den Pflanzen, die Luft zum Atmen, die Nahrung oder die auf unsere menschlichen Nerven entspannend wirkende Natur. Ohne das pflanzliche Grün würde auf diesem Planeten kein Tier und kein menschliches Wesen existieren. Doch das Grün ist vom Braun, der Erde, abhängig. Aus der Erde sprießt das Grün empor. Einige der farblich wenig spektakulären Blumen haben inzwischen ihren Weg in die Gärten gefunden. So ist der Frauenmantel aufgrund seines schleierartigen Blütenstands, die Haselwurz wegen ihrer glänzenden immergrünen Blätter sehr beliebt. Andere Arten wie verschiedene Aronstabgewächse werden, trotz des Gestanks, ihrer interessanten Blütenformen wegen in den Garten gepflanzt.

Blumen
Blütenfarbe grün

- Osterluzeigewächse
- April bis Mai
- 5 – 15 cm

Merkmale
Kräftig kriechende Pflanze; Blätter glänzend, nierenförmig; Blüten kurz gestielt, grünlich rot, glockenförmig.

Gewöhnliche Haselwurz

Asarum europaeum

Wider Gift und Kater

Im Schatten der Laubwälder wächst auf kalk- und humushaltigem Boden die Haselwurz. Sie ist eine giftige Pflanze, die zerrieben scharf riecht. Ihre Rhizome enthalten das bitter schmeckende Asarin, das auch die Schleimhäute reizt. Man setzte sie bei Vergiftungen oder verdorbenen Speisen als Brechmittel ein.

„Wirtshauswurzel = racine de cabaret" nannten die Franzosen die Gewöhnliche Haselwurz. Nach hemmungsloser Sauferei und Völlerei entleerten sie ihren Magen mit Hilfe des Haselwurzrhizoms. Anschließend konnte das Zechen von neuem beginnen. Ob Karl der Große diese Wirkung im Sinn hatte, als er befahl, die damals unter dem Namen Vulgaginum bekannte Pflanze zu kultivieren, ist unbekannt. Auf jeden Fall schätzte man, sowohl im Altertum als auch im Mittelalter, die Haselwurz als eine wirkungsvolle Arzneipflanze. Sie war zudem ein altbekanntes Abtreibungsmittel. Die Haselwurz ist immergrün. Ihre Blätter wirken im Winter mattblaugrün. Im Frühjahr dagegen entfalten die jungen Blätter ihre glänzende Schönheit. Als Bodendecker, verflochten mit anderen Frühlingsblumen, bildet sie im Garten eine schöne Bepflanzung im lichten Schatten von Bäumen und Sträuchern.

Wächst in Laubwäldern auf kalkhaltigen Böden

Große Brennnessel

Urtica dioica

Futterpflanze von Admiral und Co

Auf Schuttplätzen und auf Misthaufen, aber auch in stickstoffreichen Laubwäldern gedeiht die Brennnessel. Besitzergreifend nimmt sie große Flächen in Beschlag. Die Raupen des Admirals, Distelfalters, Kleinen Fuchses und anderer schöner Schmetterlinge stört das nicht. Sie fressen die Brennnessel.

Unbeliebt macht sich die Große Brennnessel mit ihren Brennhaaren. Diese bestehen aus glasartigen, spröden Zellgebilden, deren Spitzen in die Haut eindringen. Dort entleeren sie die in ihnen befindliche Flüssigkeit, die Acetylcholin, Histamin und Serotonin enthält und Rötung, Blasenbildung sowie Jucken verursacht. Diese Eigenschaft nutzte man im Mittelalter bei rheumatischen Leiden, indem die erkrankten Körperstellen mit Brennnesseln ausgepeitscht wurden. Beliebter und angenehmer ist dagegen ihre kulinarische Verwendung als Gemüse, Brennnessel-Kartoffel-Suppe oder unter Quark gemischt. Stets sollten die jungen Sprossen und Blätter vor der Blüte verarbeitet werden. Würzig schmecken Brennnesselblätter auch in Weinteig gebacken und mit Wildkräutersirup beträufelt. Eine Brennnesselecke im Garten ermöglicht weitere Küchenexperimente und bietet Raupen einen Futterplatz.

Blumen
Blütenfarbe grün

- **Brennnesselgewächse**
- **Juni bis Oktober**
- **30 – 150 cm**

Merkmale
Pflanze mit Brennhaaren; Stängel aufrecht, vierkantig; Blätter länglich herzförmig, grob gezähnt; Blüten rispenartig, hängend.

Zeigt nährstoffreiche Standorte an

Blumen
Blütenfarbe grün

- Rosengewächse
- Mai bis Oktober
- 10 – 50 cm

Merkmale
Stängel aufrecht oder aufsteigend; Blätter rundlich nierenförmig, sieben- bis elflappig, gezähnt; Blüten unscheinbar, gelblich grün, geknäult, in verzweigten Blütenständen.

Gewöhnlicher Frauenmantel

Alchemilla xanthochlora

Meistens auch ohne Regen nass

Am Morgen, wenn die Sonne auf die Blätter des Frauenmantels scheint, glänzen kleine Tropfen, Silberperlen gleich, am Blattrand. In der Blattmitte liegt ein großer Tropfen. Es sind keine Tautropfen, die an den Blättern hängen. Vielmehr presst die Pflanze selbst das Wasser bei hoher Luftfeuchtigkeit hinaus.

Diese Tropfen hielten die Menschen für himmlisches Wasser. Denn der Himmelstau an und in den Blättern des Gewöhnlichen Frauenmantels erschien in der kühlen Färbung der Morgensonne silbern und in der warmen Tönung der Abendsonne golden. Es musste also ein ganz besonderes Wasser sein. Die Vorgänger unserer Chemiker, die Alchimisten, sammelten das überschüssige Wasser des Frauenmantels und versuchten mit seiner Hilfe vergeblich, aus unedlen Metallen Gold herzustellen. Schon lange vergessen, leben die experimentierfreudigen Alchimisten im lateinischen Namen *Alchemilla* fort. Der germanischen Sage nach war der Frauenmantel der nordischen Göttin Freyja geweiht. Die Wassertropfen entstanden aus ihren goldenen Tränen, die sie um ihren Gemahl Odin weinte, als er in ferne Lande zog.

Spitz-Wegerich

Plantago lanceolata

Blumen
Blütenfarbe grün

- Wegerichgewächse
- Mai bis Oktober
- 5 – 50 cm

Merkmale
Stängel gefurcht; Blätter rosettig, lanzettlich, parallelnervig; Blüten unscheinbar, in eiförmiger Ähre, Staubgefäße weißlich, später braun.

Fußtritte der Bleichgesichter

nannten die Indianer Nordamerikas die Wegerich-Arten. Sie kamen erst mit dem weißen Mann über den Atlantik auf den neuen Kontinent. Ihre Samen besitzen eine gallertartige Hülle, die bei feuchtem Wetter quillt. Sie kleben dann an jeder Schuhsohle und lassen sich so über weite Strecken transportieren.

Auf Wegen und harten, verdichteten Rasenflächen ist der Spitz-Wegerich anzutreffen. Er ist ein typische Vertreter der so genannten Trittflora. Vielleicht bezieht sich sein indianischer Name auch auf seine Vorliebe für diesen Standort. Die in Europa weit verbreitete Pflanze gehört zu den uralten Heilmitteln. Als Blut stillendes Mittel wurde sie ebenso eingesetzt wie bei Entzündungen der Haut und der Atemwege oder gegen Insekten- und Skorpionstiche. Heute findet sie als Tee oder Blattpresssaft in der Volksmedizin ihre Verwendung. Beliebt bei Husten sind Spitz-Wegerich-Bonbons. Sie lassen sich leicht selber herstellen. Dazu wird Zucker in Wasser aufgelöst und mit fein geschnittenem Spitz-Wegerich langsam eingedickt. In kleinen Formen kann der abgeseihte Sirup erkalten. Etwas schneller lässt sich Spitz-Wegerich zu einer würzigen Kräutersuppe oder im Salat verarbeiten.

Auf Wiesen, Rainen und Schuttplätzen zu finden

Breitblättriger Rohrkolben

Typha latifolia

Blumen
Blütenfarbe grün

- **Rohrkolbengewächse**
- **Juni bis August**
- **90 – 250 cm**

Merkmale
Blätter beiderseits flach, 1–2 cm breit, blaugrün; Blüten in langen Kolben, weibliche Blüten unterer schwarzbrauner Kolben, darüber gelbbrauner Kolben mit männlichen Blüten.

Panflöte und Dichtungsmaterial

Pan, der Waldgott, war nicht nur musikalisch, sondern auch ein unersättlicher Schürzenjäger. Als er wieder einmal die Nymphe Syrinx verfolgte, floh sie in den Sumpf. Hier kam er nicht hinterher und klagte. Zum Trost ließ Syrinx ihm das Rohr wachsen, damit er wenigstens Material für seine Flöte bekam.

Die Menschen wussten den Breitblättrigen Rohrkolben, der vor allem im Verlandungsbereich stehender Gewässern vorkommt, auf vielfältigste Art und Weise zu nutzen. Die getrockneten Blätter verwandten sie, um die Fugen zwischen den Fassdauben und an den Häusern zu dichten. Auch deckten sie mit den Stängeln ihre Hausdächer und verheizten sie als Brennmaterial. Die ärmere Landbevölkerung füllte ihre Bettdecken mit der weichen Samenwolle (kleines Bild oben). In verschiedenen Gegenden ist der Rohrkolben mit seinen braunen Flaschenbürsten seltener geworden. Teilweise ist der Rückgang auf Entwässerungsmaßnahmen, teilweise aber auch auf übermäßiges Ernten für Trockensträuße und Gestecke zurückzuführen. Dabei ist es sehr einfach, diese Pflanze wie auch den Zwerg-Rohrkolben (*T. minima*) am Gartenteich und sogar in Kübeln zu ziehen.

Die Samenwolle diente früher als Kissenfüllung.

Kalmus

Acorus calamus

Blumen
Blütenfarbe grün

Rarität aus Konstantinopel

Die Europäer kennen den Kalmus seit 1574. Ein türkischer Diplomat schenkte dem Botaniker Clusius ein lebendes Rhizomstück, der die Rarität in den Wiener Botanischen Garten pflanzte. Zuvor kannten die Europäer Kalmus nur als gezuckerte Wurzelstückchen, welche die Apotheker aus Konstantinopel bezogen.

Das Rhizomstück wuchs an. Nach drei Jahren schob der Kalmus an mehreren Stängeln seine Kolben mit den kleinen gelbgrünen Blüten hervor. Eine Blattspitze, die typisch für die Aronstabgewächse ist, überragt jeden Kolben. Die Enttäuschung der Botaniker war recht groß. Vermuteten sie doch aufgrund der aromatischen Wurzel eine ähnlich schöne Blume wie die Iris. Sein Aussehen ähnelte jedoch mehr dem eines Rohrkolbens. Deshalb nannten sie ihn *Acorus calamus*, das unschöne Rohr. Wegen der ätherischen Öle und Bitterstoffe in den Rhizomen baute man Kalmus zeitweilig als Heilpflanze feldmäßig an.

- **Kalmusgewächse**
- **Juni bis Juli**
- **90 – 160 cm**

Merkmale
Stängel flachgedrückt, rinnig; Blätter schilfartig; Blütenkolben scheinbar seitenständig, Blüten unscheinbar.

Die Wurzeln duften und schmecken aromatisch.

Gefleckter Aronstab

Arum maculatum

Blumen
Blütenfarbe grün

Fliegenfalle ohne tödlichen Ausgang

Das tütenförmige Hüllblatt des Aronstabs umschließt den Blütenkolben und lockt Insekten an, die zum Nektar hinabkriechen. Sperrhaare halten die Insekten gefangen. Während sie umherschwirren, befruchten sie die Blüten. Erst wenn alle Staubgefäße reif sind, welken die Sperrhaare und geben die Insekten wieder frei.

Im schattigen Unterwuchs feuchter Laubwälder hebt sich das helle Hüllblatt des Gefleckten Aronstabs besonders gut ab. Der unangenehme Geruch und vor allem die warme Luft in der Blütenscheide locken Insekten, meistens Fliegen, an. Die Blütenscheide ist ein beliebter Übernachtungsort, denn in ihrem Inneren ist die Temperatur bis zu 15 °C höher als in der Umgebung. Während ihrer Gefangenschaft ernähren sich die Insekten vom Nektar. Nach der Befruchtung entwickeln sich rote Beeren. Die Bestandteile der getrenntgeschlechtigen Blüte nutzte man früher als Hinweis für die zu erwartende Ernte. War die Kolbenspitze kräftig entwickelt, wies dies auf eine gute Getreideernte hin. Die darunter liegenden Sperrhaare gaben Auskunft über die Heuernte, die männlichen Blüten über die Obsternte und die weiblichen Blüten über die zu erwartende Weinernte.

- **Aronstabgewächse**
- **April bis Juni**
- **15 – 50 cm**

Merkmale
Blätter pfeilförmig, dunkelgrün, gelegentlich braun gefleckt; Blüten unten am keulenförmigen Kolben, umgeben von grünweißlichem, oft rot überlaufenem Hüllblatt.

Sämtliche Pflanzenteile des Aronstabs sind giftig.

Blumen
Blütenfarbe grün

- **Hahnenfußgewächse**
- **Februar bis April**
- **30 – 60 cm**

Merkmale
Stängel von unten an beblättert; wintergrünes, handförmiges Blatt; Blütenstand verzweigt, glockenförmige, grüngelbe Blüten mit rötlichem Rand, unangenehmer Geruch.

Stinkende Nieswurz

Helleborus foetidus

Wirkt wie Schnupftabak

Zu Recht trägt die Nieswurz ihren Namen. Denn aus dem getrockneten, schwarzbraunen Wurzelstock lässt sich ein Niespulver herstellen. Gelangt das Pulver auf die Nasenschleimhäute, reizt es diese und löst heftiges Niesen aus. Alle Nieswurz-Arten enthalten das giftige Helleborin.

Auch der botanische Name *Helleborus* warnt vor der Nieswurz. Er stammt vom griechischen „helo = ich bin tödlich“ und „bora = die Speise“ ab. Ihr Genuss kann also tödlich sein. In kleinen, wohldosierten Mengen setzten die alten Griechen Nieswurz als Heilmittel bei Geisteskrankheiten ein. Die Gallier hingegen bestrichen ihre Pfeile und Speere mit dem Pflanzensaft, weil sie glaubten, dass das Fleisch des erlegten Wilds dann bedeutend zarter sei. Schon damals waren die Franzosen Feinschmecker. Rings um die Wunde schnitten sie das Fleisch allerdings sicherheitshalber aus.

Die Stinkende Nieswurz kommt in Laubwäldern mit hoher Luftfeuchtigkeit auf kalkhaltigem Boden vor. Im Garten wächst sie wie auch die Schwarze Nieswurz (*H. niger*, kleines Bild Mitte) gut unter Gehölzen und im Schatten von Mauern.

Blüht in feuchten Laubwäldern

Feld-Mannstreu

Eryngium campestre

Blumen
Blütenfarbe grün

Vom Winde verweht

Der Feld-Mannstreu ist eine Pflanze der Trocken- und Halbtrockenrasen. Warme, steinige und kalkhaltige Böden liegen ihm sehr. Im Herbst zerrt der Wind an seinen kugeligen Fruchtständen und treibt sie schließlich vor sich her. Unstet jagen sie hin und her. Darauf bezieht sich ironisch der Name Mannstreu.

Der dornige Feld-Mannstreu wirkt ausgesprochen apart. Die grünlichen Blütendolden erscheinen gelegentlich bläulich überhaucht. Künstler faszinierte die bizarre, starre Schönheit der Mannstreu-Arten. Albrecht Dürer malte sie 1493 auf einem seiner jugendlichen Selbstporträts. Später erschien dieses Gewächs immer wieder auf seinen Gemälden, Stichen und Zeichnungen. Weniger künstlerisch ist die Verwendung als Fliegenfalle. Zu diesem Zweck wurden im Winter die Blütenstängel unter die Decke der Stube oder im Tanzsaal aufgehängt. Beliebt ist der Mannstreu unter den Gartenfreunden. Bereits um 1560 wird der Feld-Mannstreu als Gartenpflanze genannt. Durch Selektion und Kreuzung entstanden neue Arten, die mit ihren blauen Blütendolden sowie den blaugrau bereiften Blättern und Stängeln in jedem sonnigen Staudenbeet bizarr wirken.

- **Doldenblütler**
- **Juli bis August**
- **15 – 50 cm**

Merkmale
Stängel verzweigt; Blätter mit stechenden Dornen; Blüten in fast kugeligen Dolden, Hülle der Dolde dornig.

Wächst auf Magerrasen und Unkrautfluren

Blumen
Blütenfarbe grün

- **Nachtschattengewächse**
- **Juni bis Juli**
- **50 – 150 cm**

Merkmale
Stängel verzweigt; Blätter eiförmig, gestielt; Blüten grünbraun bis violett, einzeln in den Blattachseln, glockenförmig, nickend; Beeren kirschgroß, schwarz, glänzend.

Echte Tollkirsche

Atropa bella-donna

Bella donna – schöne Frau

Schönheit zu erlangen war schon immer das Bestreben vieler Menschen. Frauen mit großen Augen galten in früheren Zeiten als besonders begehrenswert. Deshalb träufelte sich so manche Frau verdünnten Tollkirschsaft in die Augen. Daraufhin weiteten sich die Pupillen stark und ihre Augen glänzten feurig – bella donna.

In der ebenmäßigen, schwarz glänzenden Beere der giftigen Echten Tollkirsche vermuteten die Menschen einen verführerischen weiblichen Geist, der sie glücklich machte. Um Glück in der Liebe zu erlangen, gebrauchte man in der Antike den mit Wein verdünnten Saft der Tollkirsche als Aphrodisiakum. Erotische Halluzinationen stellten sich ein, die bei falscher Dosierung mit Wahnsinn, Wut und Tod enden konnten. Dann hatte die Schicksalsgöttin Atropos den von ihren Schwestern gesponnenen und in der Länge festgelegten Lebensfaden abgeschnitten. So mancher Lebensfaden wurde mit Hilfe der Tollkirsche gekappt. Mitte des 11. Jahrhunderts setzten die Schotten die Tollkirsche als Kriegslist ein, indem sie den belagernden Dänen mit Tollkirsche vergiftete Lebensmittel schickten. Ausgehungert vergaßen die Dänen jede Vorsicht, verzehrten die Lebensmittel und verloren den Krieg.

Alle Pflanzenteile der Tollkirsche sind giftig.

Gewöhnlicher Beifuß

Artemisia vulgaris

Blumen
Blütenfarbe grün

Der Aberglaube müder Wanderer

In früheren Zeiten, die Eisenbahn gab es noch lange nicht, war Reisen sehr anstrengend. Die meisten Menschen gingen zu Fuß, Reiche fuhren in der Kutsche. Im Glauben, ihre Müdigkeit bekämpfen zu können, streuten sich die Wanderer Beifußpulver in die Schuhe. Die Ermüdung stellte sich trotzdem ein.

Der Gewöhnliche Beifuß ist zwar eine alte Heilpflanze, doch für müde Füße ungeeignet. Der Name Beifuß hat mit dem Fuß nichts zu tun. Vielmehr ging er aus dem mittelhochdeutschen „biboz", das so viel wie „stoßen" bedeutet, hervor. In der Küche wurden fettreiche Gerichte mit zerstoßenem Beifuß gewürzt. An Gänsebraten und gefüllter Beifuß-Ente durfte das Kraut nicht fehlen. Denn seine ätherischen Öle, Bitter- und Gerbstoffe unterstützen die Fettverdauung. Gleichzeitig regte er den Appetit an. Daher wird das Kraut auch gern in einem Aperitif gereicht. Ein Beifuß-Aperitif ist schnell angesetzt. Man gibt zwei bis drei Esslöffel getrockneten Beifuß in eine Karaffe und übergießt ihn mit 750 ml Sherry (sweet oder medium). Danach muss er, ab und zu geschüttelt, ein paar Tage auf der warmen Fensterbank stehen. Anschließend abgeseiht, ist der Aperitif für das nächste üppige Mahl fertig.

- **Korbblütler**
- **Juli bis Oktober**
- **50 – 150 cm**

Merkmale
Stängel verzweigt, bräunlich oder rötlich überlaufen; Blätter fiederteilig, oben dunkelgrün, unten weißfilzig behaart, aromatischer Geruch; Blüten bräunlich rötlich bis gelbliche Körbchen, traubig ährig angeordnet.

Beifuß dient als Gewürz für fettreiche Gerichte.

Vierblättrige Einbeere

Paris quadrifolia

Blumen
Blütenfarbe grün

- **Dreiblattgewächse**
- **Mai bis Juni**
- **15 – 30 cm**

Merkmale
Blütenstängel kahl; meistens vier Blätter, elliptisch lanzettlich, im Quirl; Blüte über dem Blattquirl, Blütenblätter lanzettlich, schmal, gelbgrün; Frucht blauschwarze Beere.

Unterirdisch auf Wanderschaft

Die Vierblättrige Einbeere ist leicht an ihren vier im Quirl stehenden Blättern zu erkennen. Ihre Rhizome wachsen waagerecht durch den humosen Boden und bilden jedes Jahr an der Spitze eine neue Knospe. Aus dieser entwickelt sich im Folgejahr der Laubspross. Die Pflanze wandert auf diese Weise stetig voran.

In Europa ist die giftige Vierblättrige Einbeere eine weit verbreitete Pflanze der nährstoffreichen Laubwälder. Ihr lateinischer Gattungsname *Paris* wird auf sehr unterschiedliche Weise gedeutet. Die einen beziehen ihn auf den homerischen Paris, der die undankbare Aufgabe erhielt, den Streit der Göttinnen Hera, Aphrodite und Pallas Athene zu entscheiden, welche von ihnen die Schönste sei. Den Siegespreis, einen goldenen Apfel, stiftete Eris, die Göttin der Zwietracht. Paris entschied sich für Aphrodite, die ihm die schöne Helena versprach, und löste dadurch den Trojanischen Krieg aus. Die runde Frucht der Einbeere verglich man mit dem Eris-Apfel. Etwas weniger spektakulär ist die zweite Deutung des Namens. Sie geht schlicht auf das lateinische „par“, was so viel wie „gleich“ bedeutet, zurück und bezieht sich auf die Regelmäßigkeit der Blätter und Blütenteile.

Die giftige Einbeere ist eine alte Heilpflanze.

Bildnachweis
Mit 237 Farbfotos von Hecker (S. 419 o., 430 o.), Hecker/Dr. Sauer (S. 378 o., 410 o.), Jacobi (S. 370 o., 450 o.) König (362 o.), Laux (S. 385 o., 386 o., 394 o., 398 o., 404 u., 416, 419 u., 427 M., 428 o., 436 o., 453 u., 466 o.), Marktanner (370 u.l., 395 u., 413u., 421 o., 422 o., 438 o., 439 alle, 443 u., 453 o., 454 o.), Pforr, E. (S. 463 o.), Pforr, M. (S. 348, 355, 361 u., 363 u., 362 u.l., u.r., 373 o., 375 o., 376 o., 383, 384 u.l., u.r., 390 alle, 392 o., 400 o., 401 M., 402, 405 u., 409 o., 410 u., 412 o., 414 o., 415 u., 423 alle, 424 o., 425 M., 428 u., 431 u., 432 o., 447 o., 448 u.l., u.r., 449 u., 455 u., 458 u., 459 o., 460 alle, 461 u., 463 o., 465 u., 466 M., 467 o., 469 u., 470 u.), Pott (S. 356/357, 358 u., 368, 369 u., 373 u., 375 u., 377 u., 380 alle, 381 u.r., 388 o., 393 u., 395 o., 396 o., 398 u.r., 400 u., 401 u., 404 o., 409 u., 411 o., 414 u., 420 u., 425 o., 426 o., 430 u., 435, 440 u., 441 u., 446, 448 o., 449 o., 450 u., 452 u., 456/457, 457, 462 alle, 470 o.), Reinhard-Tierfoto/Reinhard, N. (S. 353, 359 u., 372 u.l. u.r., 379 o., 426 u., 451 o., u.r., 452 o.), Reinhard-Tierfoto/Reinhard, H. (S. 351, 352 u., 358 o., 360 alle, 361 o., 362 u., 366 u., 367 alle, 371 alle, 374 alle, 376 u.r., 377 o., 378 u., 381 o., u.l., 382/383, 384 o., 387 u., 390 o., 391 u.l., u.r., 392 u., 394 u., 396 u., 397 u., 399 u., 401 o., 407, 408 o., 412 u., 417o., 418 o., 422 u., 424 u., 429 M., 432 u., 436 u., 440 o., 441 o., 442 u., 444 o., 445 u., 451 u.l., 459 u., 463 u., 464, 466 u., 467 u.), Schönfelder (S. 403 o., 421 u., 438 u.), Schmidt (379 u.), Vogt (359 o., 365 u., 399 o., 409 o., 411 o., 423 u., 425 u., 427 o., 429 o., 535 o., 454 u., 458 o.), Wagner (S. 364 o., 365 o., 370 u.r., 393 o., 418 u., 420 o., 427 o., 433 u., 437 o., 443 o., 452 u., 468 o., 469 o.), Willner (S. 352 o., 357, 366 o., 369 o., 372 o., 385 u., 386 u., 387 o., 388 u., 390 u., 397 o., 398 u.l., 405 o.l., 406/407, 408 u.l., u.r., 411 u., 417 u., 425 u., 429 o., 434/435, 437 u., 442 o., 447 u., 455 o., 461 o., 465 o., 468 u.), Zeininger (S. 376 u.l., 444 u.), Zepf (S. 391 o.) sowie einer Farbzeichnung von Marianne Golte-Bechtle.

Einzelband

ISBN 3-440-09549-5
Lektorat: Dr. Sigrun Künkele, Carsten Schröder
Grundlayout: eStudio Calamar
Produktion: Siegfried Fischer / Lilo Pabel

Inhalt

Einleitung Pilze 474

Röhrenpilze 482
Blätterpilze 502
Sprödblättler 556
Nichtblätterpilze 568

Wichtige Hinweise für den Benutzer
Dieses Buch ist kein Pilzbestimmungsbuch. Lassen Sie selbst bestimmte Pilze beim geringsten Zweifel vorsichtshalber von einem Fachmann nachbestimmen (Pilzberatungsstellen, anerkannte Pilzberater)! Im Zweifelsfall sollten Sie einen fraglichen Pilz nicht verwenden.

Verlag und Autor tragen keinerlei Verantwortung für Fehlbestimmungen durch den Leser dieses Buches oder für individuelle Unverträglichkeiten. Allgemein gilt: Pilze nie roh essen! Sofern nicht anders angegeben, schließt der Hinweis „essbar" stets ein, dass der Pilz zuvor durch Braten, Kochen etc. eine Hitzebehandlung erfuhr. Wer wegen einer möglichen Infektion (Tollwut oder Fuchsbandwurm) Angst vor einer Geschmacksprüfung hat, sollte darauf verzichten.

Telefonnummern Giftzentralen siehe Seite 595!

Orientierung im Kapitel

Wir unterscheiden vier Pilzgruppen:

- Röhrenpilze
- Blätterpilze
- Sprödblättler
- Nichtblätterpilze

Jeder Pilz hat eine eigene Seite. Ganz oben stehen zunächst der deutsche, dann der wissenschaftliche Name. Dieser besteht aus zwei lateinischen Begriffen: dem großgeschriebenen Gattungs- und dem folgenden Artnamen. Das ist internationaler Brauch und bezeichnet den Pilz ganz genau. Der Steinpilz heißt wissenschaftlich *Boletus edulis*.

Am Rand stehen neben der jeweiligen **Kleingruppe**, zu der der Pilz gehört, **Wachstumszeit**, **Standort** und Hinweise dazu, ob der Pilz **essbar, kein Speisepilz oder giftig** ist.

Unter dem Begriff „Merkmale" werden typische Erkennungsmerkmale aufgeführt. Beim Hut wird angegeben, wie breit er ist, beim Stiel wie lang. Zusammen mit den Bildern helfen diese Angaben beim Erkennen und Bestimmen.

Die Erzähltexte führen mitten hinein in die Welt der Pilze, und zeigen uns diese oft in ganz neuem Licht. Sie enthalten für Pilzanfänger, aber auch für erfahrene Sammler sehr viel Wissenswertes.

Pilze

Hans E. Laux

In Mitteleuropa schätzt man die Zahl der Großpilze auf über 6000 Arten. Das Kapitel zu den hundert interessantesten Pilzen kann da nur einen kleinen Bruchteil vorstellen. Andererseits sind hundert Pilze sehr viel – jedenfalls mehr, als die meisten Menschen heutzutage kennen. Das Buch lädt zum Kennenlernen auffälliger, häufiger oder besonders interessanter Pilze ein. Es ist keines der üblichen Bestimmungsbücher, sondern hier wird anhand ausgesuchter Beispiele und mit unterhaltsamen Texten Alltägliches und Nichtalltägliches aus der Pilzwelt vermittelt.

Dieses Buch wendet sich an alle, die sich für Pilze im Allgemeinen und fürs Pilzesammeln im Speziellen interessieren. An Leute, die so oft wie möglich in Wald und Flur auf der Suche nach essbaren Pilzen, aber auch nach Interessantem und Neuem unterwegs sind.

Wir haben die vorgestellten Pilze in vier Gruppen eingeteilt:

Röhrenpilze

Blätterpilze

Sprödblättler (Täublinge und Milchlinge)

Nichtblätterpilze

Die ausführlichen Texte informieren über Aussehen, Lebensweise und Besonderheiten der einzelnen Pilze, ob sie essbar, ungenießbar oder giftig sind, woran man sie am besten erkennt und weshalb sie ihre Volksnamen erhalten haben.

Für den Pilzsammler sind natürlich die essbaren Pilze am wichtigsten. Deshalb sind

Geheimnisvolle Pilze

Pilze haben unsere Vorfahren immer mit bösen Mächten in Verbindung gebracht. Ihr plötzliches Auftreten und spurloses Verschwinden war den Menschen ungeheuer. Selbst bei Hungersnöten hat man sie gemieden. Volksnamen wie Hexenröhrling, Hexeneier, Hexenringe, Satanspilz oder Speiteufel sprechen eine deutliche Sprache! Im Mittelalter hielt man noch jene Pilze für giftig, die neben giftigen Schlangen, rostigem Eisen oder faulenden Stoffen wuchsen.
Heute haben die Pilze ihren Mythos verloren, ihre Geheimnisse sind fast alle entschlüsselt – trotzdem bleiben sie noch vielen Menschen fremd und voller Rätsel.

auch die schmackhaftesten und am häufigsten gesammelten Speisepilze wie Steinpilz, Pfifferling, Morcheln, Rotkappen und Egerlinge aufgeführt. Aber es werden auch Speisepilze vorgestellt, die weniger bekannt sind und gesammelt werden, aber sehr gut schmecken und auch Ernten ermöglichen, wenn es mit Pilzen einmal nicht so gut bestellt ist, oder wenn schon jemand vorher da war. Wer sammelt schon Kuhmaul, Herbst-Trompete, Samtfuß-Rübling, Brätling oder Rauchblättrigen Schwefelkopf?

Der Steinpilz ist einer der bekanntesten und beliebtesten Pilze und gilt als Prototyp des Speisepilzes.

Natürlich kommen aber auch die gefährlichsten Giftpilze und die neuesten Erkenntnisse zum Zug: Warum der jahrelang als Speisepilz gesammelte Kahle Krempling und der Grünling nun in die Gruppe der Giftpilze gehören oder welche rätselhaften Todesfälle nach dem Genuss von Rauköpfen aufgetreten sind.

Und dann gibt es noch die große Gruppe der Pilze, die zwar nicht essbar, aber von großem Interesse sind. Wer weiß schon, welche Bedeutung der Zunderschwamm hatte und hat? Dass man jahrhundertelang mit ihm Feuer machte, und dass heute aus seinen Hüten in Osteuropa Handtaschen für Touristen hergestellt werden. Oder wissen Sie, dass sich unser Dichterfürst Goethe als Mineralienfreund lebhaft für Pilze, die aus Steinen wachsen, interessierte?

Viel Spaß beim Lesen und viel Erfolg beim Sammeln!

Das „Gegenstück" zum Steinpilz ist der allseits bekannte giftige Fliegenpilz mit seinem rot-weißen Hut.

Was wir gemeinhin als Pilze bezeichnen und im Korb nach Hause bringen, ist nur ein Teil des Gesamtorganismus, und zwar sind es die kurzlebigen Fruchtkörper. Sie dienen der Fortpflanzung und entwickeln sich als Anschwellungen an haardünnen Fäden, die den Untergrund wie ein Spinngewebe durchziehen. Der Fruchtkörper geht zugrunde, sobald er reif ist und die Vermehrungskörper (Sporen) verstreut hat. Das Fadengeflecht (Myzel) dagegen wächst weiter.

Da dem Pilz das Blattgrün fehlt, mit dessen Hilfe sich die Pflanzen ernähren, kann er die Stoffe, die er zum Leben und Wachstum braucht, nur in „fertiger" Form aufnehmen. Er entzieht sie durch das Fadengeflecht dem Boden, der Laub- und Nadelstreu, totem oder lebendem Holz – praktisch allen organischen Materialien. Im Laufe der Entwicklung haben sich bei den Pilzen drei verschiedene „Techniken" des Nahrungserwerbs durchgesetzt: Partnerschaft mit Bäumen, Abfallverwertung und Parasitismus.

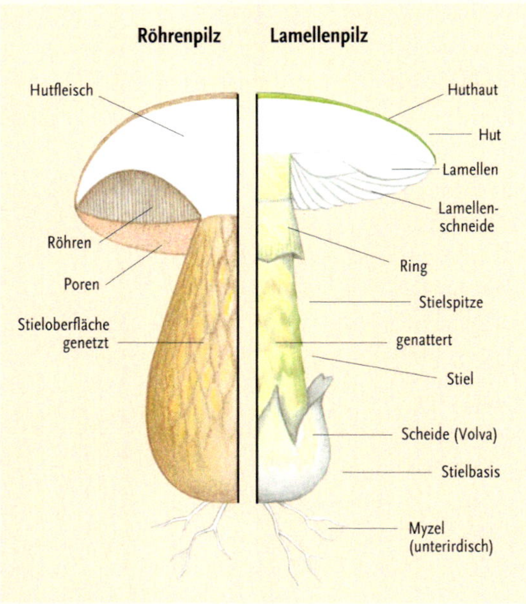

Schematischer Aufbau eines Hutpilzes

Lukratives Tauschgeschäft

Zahlreiche Großpilze leben in einer Partnerschaft mit Bäumen. Einige von ihnen haben sich auf ganz spezielle Baumarten festgelegt, andere sind weniger anspruchsvoll und leben mit verschiedenen Laub- und Nadelbäumen zusammen. Ihre Pilzgeflechte umwachsen die Wurzeln der Partner oder dringen in dieselben ein. „Mykorrhiza" nennen die Fachleute dieses Zusammenleben, von dem beide Partner profitieren. Der Pilz liefert dem Baum über sein umfangreiches unterirdisches Pilzgeflecht Wasser und darin gelöste Nährsalze. Als Gegenleistung bezieht er vom Baum Kohlenhydrate, die er nicht selbst produzieren kann.

Der Knopfstielige Rübling gehört zu den Recyclingspezialisten, die Laub- und Nadelstreu zersetzen.

Recyclingspezialisten

Sehr viele Pilze, die so genannten Saprophyten (griechisch sapros = in Fäulnis übergehend; phyton = Pflanze) haben sich auf die Zersetzung organischen Abfalls spezialisiert. Sie entziehen toten organischen Materialien wie Laub, Nadeln und Totholz deren Restnährstoffe und führen sie in den Kreislauf der Natur zurück. Ohne die Tätigkeit dieser Recyclingspezialisten würden wir in pflanzlichen Abfällen, Laub und Totholz ersticken.

Auf Kosten anderer leben

Pilze, die ihre Nährstoffe von lebenden Pflanzen beziehen, bezeichnet man als Parasiten. Sie schädigen ihren Wirtsorganismus und führen nicht selten zu dessen Absterben. Viele dieser parasitischen Pilze leben an Bäumen und sind gefürchtete Schädlinge. Manche sind auf eine einzige Baumart spezialisiert, andere wiederum sind nicht ganz so wählerisch. Dabei werden schwächere oder vorgeschädigte Bäume in der Regel zuerst besiedelt. Manche Pilze können sich sowohl saprophytisch als auch parasitisch verhalten.

Vermehren auf verschiedene Weise

So seltsame Lebewesen die Pilze sind, so kompliziert für den Laien vermehren sie sich. Pilze können sich geschlechtlich oder ungeschlechtlich fortpflanzen. Manche Pilze machen es mit Erfolg auf beide Arten. Vermehrungskörper, die man zur Reifezeit gut erkennen kann, sind die Sporen, die unter der Hutunterseite gebildet werden.

Wie eingestäubt sehen Zunderschwamm und Umgebung aus, wenn die Sporen reif sind und ausgeschleudert werden.

Die meisten Großpilze bevorzugen neben individuellen Ansprüchen an die Bodenbeschaffenheit spezielle Waldtypen, in denen sie als Bodenbewohner die für ihre partnerschaftliche Lebensweise notwendigen Baumarten antreffen. In diesen Lebensbereichen finden sich in Folge spezielle Laub- und Nadelstreuzersetzer und auch die gefürchteten Baumparasiten ein. Pilzgesellschaften findet man aber auch außerhalb der Wälder. Das Wissen um diese Lebensgemeinschaften macht es dem Pilzsammler leichter, bestimmte Pilze zu finden.

Pilze der Laubwälder

In den Laubwäldern Mitteleuropas wachsen vor allem Eichen, Rot-Buchen, Linden, Birken und Eschen. Sie können davon ausgehen, dass hier Pilze zu finden sind, die sich zum einen verschiedene Laubbäume, zum andern aber auch ganz spezielle Laubbäume als Partner oder Wirt ausgewählt haben. In sommerwarmen Rot-Buchenwäldern wird man Herbst-Trompete, Pfeffer-Milchling, Satansröhrling und Herkuleskeule antreffen. An Buchenstümpfen lebt das Stockschwämmchen. Wo Eichen wachsen, wird der gefürchtete Grüne Knollenblätterpilz in der Laubstreu zu finden sein. Und bis hoch hinauf ins Astwerk wächst an geschädigten Stämmen der prächtige Eichen-Feuerschwamm.

Lebenspartner Birke

Die Birke ist ein Baum, auf den sich viele verschiedene Pilze festgelegt haben:
Birken-Milchling (Partner)
Birkenpilz (Partner)
Birkenporling (Parasit)
Birken-Röhrling (Partner)
Birken-Rotkappe (Partner)
Birken-Schneckling (Partner)
Birken-Speitäubling (Partner)
viele Raustielröhrlinge (Partner)
Weißflockiger Gürtelfuß (Partner)

Pilze der Nadelwälder

Fichte, Lärche, Tanne und Kiefer sind unsere wichtigsten Nadelbäume. Die Fichte ist ursprünglich in Bergregionen zuhause. Der Baum mit seinem schön gerade und schnell wachsenden Stamm ist forstwirtschaftlich von großem Interesse und wurde deshalb früh ins Flachland geholt. Gepflanzte Fichtenwälder sind botanisch nicht sehr reichhaltig, bisweilen fehlt hier fast jeder Pflanzenwuchs. Dafür findet der Pilzsammler im Fichtenwald begehrte Speisepilze wie den Pfiffer-

In einem Fichtenwald wird der Pilzfreund auf eine ganz andere Pilzgesellschaft treffen als im Laubwald.

ling, Maronen-Röhrlinge und mit etwas Glück herrliche Steinpilze. Im Herbst liefert das Rauchblättrige Schwefelköpfchen an den Stümpfen reiche Ernten. Unter Lärchen wächst der leicht erkennbare Gold-Röhrling, der dem Waldbaum bis in Gärten und Parkanlagen folgt. Kiefern haben keine besonderen Standortansprüche. Sie sind Partner vom Grünling, Körnchen-Röhrling und Butterpilz.

Pilze auf Wiesen und Grasplätzen

Wenn Wiesen-Egerlinge nach Trockenheit bei Regen in riesigen Mengen auf Wiesen und Weiden hervorschießen, ist das im wahrsten Sinne des Wortes ein gefundenes Fressen für den Pilzsammler. Auch die weißen Schopf-Tintlinge und die Hexenringe des Nelken-Schwindlings sind auf grasigen Plätzen nicht zu übersehen.

Pilze allerorten

Die so genannten „Kohlepilze" wie der leicht erkennbare Kohlen-Schüppling oder der Braune Kohlen-Tintling haben sich zum Beispiel Brandflächen als Lebensraum ausgewählt. Hier kann man im Frühjahr, wenn der Huflattich blüht, aber auch die hoch geschätzten Spitz-Morcheln antreffen. Kompost- und Dunghaufen haben ebenso eine eigene Pilzflora wie Tierleichen – keine Ecke in der Natur, in der nicht irgendwelche Pilzspezialisten angesiedelt sind, die für den Stoffkreislauf in ihrem Lebensraum mit verantwortlich sind. Für den interessierten Pilzfreund gibt es also fast überall viel zu erleben und zu entdecken!

Der Granatrote Saftling hat seinen Standort auf Magerwiesen, auf denen auch der Deutsche Enzian wächst.

Jedem, der von der faszinierenden Leidenschaft des Pilzesammelns erfasst wird, möchte ich als „Mitgift“ eine gute Portion Vorsicht in den Sammelkorb legen. Sammeln Sie für den Verzehr immer nur Pilze, die Sie ganz genau kennen! Allein die sichere Kenntnis aller wichtigen Merkmale schützt vor Schaden. Giftige Pilze haben keinen allgemein gültigen „Erkennungscode“. Weder unangenehmer Geruch noch Verfärbung des Fleisches oder gar die früher weit verbreitete Meinung von der Schwarzfärbung eines dem Gericht beigelegten Silberlöffels helfen, Giftpilze zu erkennen.

Hitliste der Giftpilze

- Grüner Knollenblätterpilz
- Kegelhütiger Knollenblätterpilz
- Tiger-Ritterling
- Spitzgebuckelter Raukopf und andere Rauköpfe
- Panther-Pilz
- Gift-Lorchel
- Gift-Häubling
- Karbol-Egerling und verwandte Arten
- Kahler Krempling
- Riesen-Rötling
- Satans-Röhrling
- verschiedene kleine Schirmlinge

Pilze sammelt man am besten in einem Korb und reinigt sie schon im Wald von anhängender Laub- und Nadelstreu.

Pilze kennen lernen

Möglichkeiten, Pilze näher kennen zu lernen, bieten Pilzvereine mit Pilzführungen, Ausstellungen und Vorträgen. Gut ist die Bekanntschaft eines erfahrenen Pilzkenners, der einen mitnimmt und immer wieder neue Arten zeigt. Besonders wichtig ist das Kennenlernen der giftigen Doppelgänger unserer Speisepilze. Packen Sie von neuen unbekannten Pilzen möglichst verschiedene Altersstufen mit der kompletten Stielbasis in einen separaten Korb und checken Sie deren Merkmale zunächst einmal zuhause anhand eines guten Pilzbestimmungsbuches ab. Gehen Sie dann sicherheitshalber mit Ihrem Fund zu einer Pilzberatungsstelle, denn auch das Bestimmen anhand eines Buches will gelernt sein. Beim kleinsten Zweifel dürfen Pilze nicht verzehrt werden!

Pilze richtig sammeln

Der wichtigste Ausrüstungsgegenstand für den Pilzsammler ist ein luftdurchlässiger Korb. Bauen Sie am besten noch eine Unterteilung ein, damit noch unbekannte Arten separat untergebracht werden können. Für Pilze, die auf Holz und Baumstümpfen wachsen, benötigen Sie ein kleines Messer zum Abschneiden. Am Boden wachsende Pilze werden vorsichtig aus dem Humus herausgedreht, damit die Stielbasis erhalten bleibt.

Zum Trocknen werden die Pilze sauber geputzt, in Scheiben geschnitten und auf Schnüren aufgereiht.

Sammeln Sie für die Küche nur junge Exemplare. Alte Pilze können wie altes Fleisch oder Fisch gefährliche Vergiftungen verursachen.

Ziehen Sie bei Pilzen, die stark schleimig sind, die Huthaut ab, damit das Sammelgut nicht im Korb zusammenklebt.

Pilze werden in der Regel nicht mehr in riesigen Mengen gesammelt, um die schmalen Haushaltskassen aufzubessern. Sie gelten heute als feine Delikatesse zur Ergänzung delikater Gerichte. Ihr Nährwert entspricht feinem Gemüse – große Mengen werden also nicht benötigt.

Pilze richtig verarbeiten

Wenn Sie jedoch einmal großes Sammlerglück haben und vielleicht auch vom Sammelrausch erfasst werden, dann empfehle ich die Konservierung in der Tiefkühltruhe oder – etwas umständlicher – das Trocknen. Da die Pilze einen hohen Wassergehalt haben, sollten sie schnell und schonend trocknen. Bei trockenem und warmem Wetter geht das an der Luft, einfacher allerdings auf einem elektrischen Dörrapparat.

Pilze

Röhrenpilze

Wer Speisepilze sammeln möchte, ist gut beraten, zunächst einmal leicht erkennbare Pilze zu sammeln. Und da bieten die Röhrenpilze den besten und sichersten Einstieg. Alle Mitglieder dieser Pilzgruppe sind deutlich in Hut und Stiel gegliedert. Die meist großen, dickfleischigen Hüte haben auf ihrer Unterseite eine sich leicht vom Hutfleisch ablösende, schwammartige Röhrenschicht – das deutliche Erkennungsmerkmal dieser Pilzgruppe.
Viele Vertreter der Röhrenpilze sind vorzügliche Speisepilze, allen voran sei hier der bekannteste Vertreter und zugleich unser wertvollster Speisepilz, der Steinpilz, genannt. Einige Arten, wie der Gallen-Röhrling, ein Doppelgänger vom Steinpilz, schmecken bitter und scheiden aus diesem Grund als Speisepilze aus. Und einige wenige, wie der Satansröhrling mit seiner im Alter gut kenntlichen blutroten Porenschicht, sind giftig.

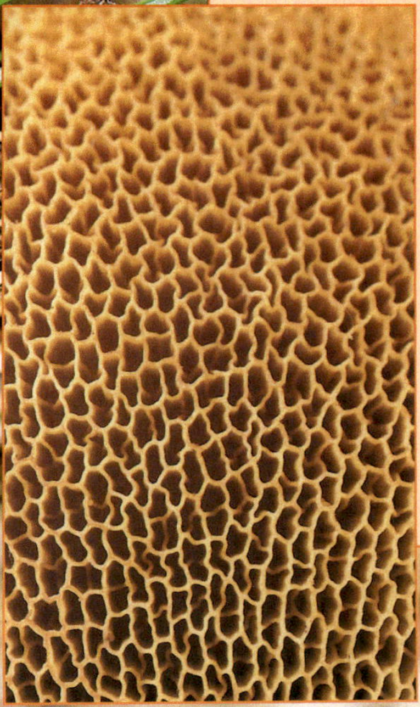

In Deutschland gibt es etwa 80 verschiedene Röhrenpilze, die in einige Untergruppen aufgeteilt sind. Die Schmierröhrlinge haben eine schleimig-schmierige Hutoberfläche. Bei den Filzröhrlingen dagegen ist die Haut trocken und glatt bis feinfilzig. Und die Vertreter der Raufußröhrlinge haben einen rauflockigen Stiel.

Pilze
Röhrenpilze

- Schmierröhrling
- Juni bis November
- unter Kiefern
- essbar

Merkmale
Hut 5–12 cm, feucht mit Schleimschicht, gelb- bis schokoladenbraun. Poren gelb. Stiel mit häutigem Ring. Fleisch hellgelb.

Butter-Röhrling

Suillus luteus

Ein Geschäft auf Gegenseitigkeit

Zwischen vielen Pilzen und Bäumen hat sich eine hochinteressante Lebensgemeinschaft in Form einer Wurzelsymbiose – auch Mykorrhiza genannt – gebildet, ohne die der Partner nicht leben könnte. So hat sich der Butter-Röhrling zum Beispiel auf zweinadelige Kiefern als Partner spezialisiert.

Die Pilzfäden des Butter-Röhrlings umspinnen die Wurzelenden der Kiefer und versorgen den Baum mit Wasser und Mineralstoffen. Als Gegenleistung liefert ihm die Kiefer Kohlenhydrate und andere lebensnotwendige Substanzen, die der Pilz nicht selbst herstellen kann. Je nachdem, welchen Baumpartner der Pilz bevorzugt, kann der kundige Pilzfreund oft schon ohne näheres Betrachten des Pilzes, allein anhand des Baumes eingrenzen, um welchen Pilz es sich handeln könnte. Viele Pilze haben aus diesem Grund in ihrem Namen auch den Baumpartner genannt (Eichen-Rotkappe, Espen-Rotkappe, Birkenpilz, Fichten-Reizker). Manche Pilze leben mit unterschiedlichen Bäumen zusammen, andere dagegen sind auf eine ganz bestimmte Baumart spezialisiert.

Butter-Röhrling und Kiefern leben in enger Partnerschaft.

Gold-Röhrling

Suillus grevillei

Pilze
Röhrenpilze

Ein leuchtend gelber Schmierfink

Zu den Röhrlingen gehört eine Gruppe von Pilzen, die dadurch auffallen, dass ihre Huthaut zumindest bei feuchter Witterung schmierig ist, so dass alles Mögliche an ihr hängen bleibt. Vielleicht haben diese Pilze daher auch ihren wissenschaftlichen Namen Suillus (griechisch sus = Schwein) bekommen?

Der gelbe Hut, die hellgelbe Färbung vom Fruchtfleisch und die jung ebenfalls gelben Poren haben dem Gold-Röhrling zu seinem Namen verholfen und machen ihn unverwechselbar. Zudem ist dieser Pilz immer dort zu finden, wo auch eine Lärche in der Nähe steht, und das muss nicht nur im Wald sein! Der Pilz kann unter seinem Begleitbaum, der Lärche, auch in Parkanlagen und sogar in Gärten in Mengen auftreten. Wer Gold-Röhrlinge sammelt, der sollte auf jeden Fall gleich die Huthaut abziehen, damit die Pilze nicht miteinander verkleben, das ganze Sammelgut verschmieren und eine „Schweinerei“ im Korb verursachen. Je feuchter die Witterung, desto schmieriger ist die Huthaut. Man sollte diese Pilze daher am besten bei trockenem Wetter sammeln. In der Küche ist der Gold-Röhrling ge-schätzt und wird auf vielfältige Weise zubereitet.

- Schmierröhrling
- Juni bis Oktober
- unter Lärchen
- essbar

Merkmale
Hut 5–15 cm, feucht stark schleimig, hellgelb bis orangebraun. Poren gelb. Stielring wulstig. Fleisch hellgelb.

Der Gold-Röhrling hat sich die Lärche als Baumpartner ausgesucht.

Pilze
Röhrenpilze

- Schmierröhrling
- Juni bis Oktober
- unter Kiefern
- bedingt essbar

Merkmale
Hut 4–10 cm, feucht schmierig, gelb- bis rotbraun. Poren jung mit milchigen Tröpfchen. Stiel gelblich, ohne Ring.

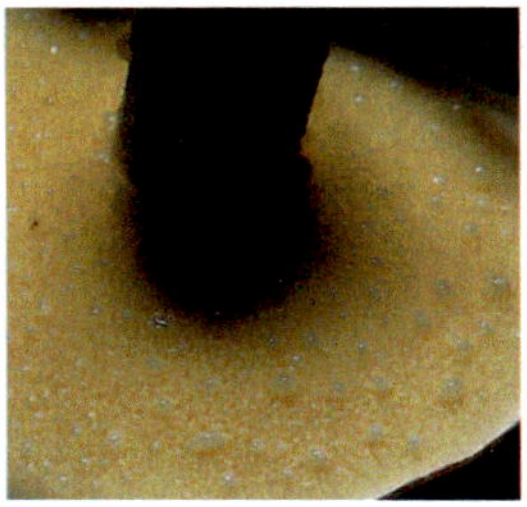

Die Milchtropfen vertrocknen im Alter, übrig bleiben körnchenartige Reste.

Körnchen-Röhrling

Suillus granulatus

Ein Kosmopolit, der Milch gibt

Wie die Blütenpflanzen sind auch die Pilze auf unserer Erde unterschiedlich weit verbreitet. Manche fühlen sich nur unter ganz bestimmten biologischen Verhältnissen in relativ begrenzten Räumen wohl, andere dagegen sind weniger „heikel" und über alle Kontinente hinweg verbreitet.

Der Körnchen-Röhrling ist solch ein Weltbürger, der unter verschiedenen, in der Regel zweinadeligen Kiefernarten wächst. In manchen Ländern wurde er im Wurzelwerk von importierten Kiefern, sozusagen als blinder Passagier, ins Land gebracht. Außerhalb von Europa hat man diesen Pilz auch schon unter anderen Nadelholzarten gefunden. Junge Körnchen-Röhrlinge scheiden an den Poren (kleines Bild unten) und im oberen Teil des Stieles milchige Wassertröpfchen aus (Guttationströpfchen), die dann antrocknen und zu körnchenartigen Erhebungen (Name!) am Stiel führen. Diese aktive Wasserausscheidung kommt nur bei wenigen Pilzen vor. Sie dient vermutlich der Regulierung des Wasser- und Wärmehaushaltes. Der Pilz wird nicht von jedermann vertragen. Personen, die Verdauungsbeschwerden bekommen, verzichten am besten auf den Genuss. Wie alle Schmierröhrlinge sollte auch der Körnchen-Röhrling besser bei trockener Witterung und in einem separaten Korb gesammelt werden.

Kuh-Röhrling

Suillus bovinus

Pilze
Röhrenpilze

Ein eigenwilliges Dreiecks-Verhältnis

Dass viele Bäume ohne Pilze als Partner nicht leben können, haben wir schon beim Butter-Röhrling berichtet. Es gibt aber auch das umgekehrte Verhältnis, da kommen bestimmte Pilze nicht ohne einen Baumpartner aus. Und dann gibt es noch Pilze, die zusätzlich einen anderen Pilz zum Partner haben.

Wie alle anderen Schmierröhrlinge hat auch der Kuh-Röhrling einen Baumpartner. Er wächst meist gesellig bis büschelig in Lebensgemeinschaft mit Kiefern. Bisweilen findet man in seiner unmittelbaren Umgebung einen kleinen Blätterpilz, den Rosenroten Schmierling (Bild unten). Manchmal sind die Stiele beider Arten sogar an der Basis miteinander verwachsen. Während jedoch der Kuh-Röhrling offenbar auch ganz ohne diesen Pilz leben kann, vermag der Rosenrote Schmierling nicht ohne den Pilzpartner zu existieren. Der Rosenrote Schmierling gehört zu den Schmierlingen und damit zu einer ziemlich nah verwandten Pilzgruppe seines Partners. Sein schleimiger Hut ist 3–5 cm breit und – wie der Name sagt – rosarot gefärbt. Anfangs ist er gewölbt, im Alter etwas niedergedrückt. Seine entfernt stehenden Lamellen laufen sichelförmig am Stiel herab.

- **Schmierröhrling**
- **Juli bis November**
- **unter Kiefern**
- **essbar**

Merkmale
Hut 4–8 cm, feucht schmierig, gelb- bis orangebraun. Röhren schwer ablösbar. Poren grau- bis olivgelb. Stiel zylindrisch.

Röhrling und Lamellenpilz – eine schwer erklärbare Lebensgemeinschaft

Pilze
Röhrenpilze

- Filzröhrling
- Juli bis Oktober
- auf Kartoffelbovisten
- kein Speisepilz

Merkmale
Hut bis 6 cm, gelbbraun, jung halbkugelig, später gewölbt. Poren gelblich. Stiel zylindrisch, gelbbraun. Fleisch zitronengelb.

Schmarotzer-Röhrling

Xerocomus parasiticus

Auf Kosten anderer leben

Röhrenpilze führen in der Regel ein harmonisches Leben mit Waldbäumen. Einer jedoch tanzt aus der Reihe, denn er ernährt sich als „Mitesser" von Kartoffel-Bovisten. Die vom schmarotzenden Röhrling befallenen Boviste werden schwach, können sich nicht mehr weiterentwickeln und sterben ab.

Der Schmarotzer-Röhrling siedelt sich ganz speziell auf dem giftigen Dickschaligen Kartoffel-Hartbovist an. Der Bovist bildet seine Existenzgrundlage, die er im Laufe des Spätsommers schamlos ausbeutet. Am Anfang entwickeln sich die Kartoffel-Hartboviste noch ganz normal, beginnen aber dann zu kränkeln und sind bald ausgepowert (kleines Bild). Mit dem Niedergang des Wirts hat jedoch auch das Schmarotzerleben ein Ende. Die Pilzkörper des Röhrenpilzes zerfallen nach der Sporenreife und verfaulen. Seit vielen Jahren beobachte ich an einer Stelle im Ried einen solchen „Zweikampf". Bislang endete er stets unentschieden, und die beiden „Feinde" treten jedes Jahr aufs Neue an. Wegen seiner Seltenheit und seiner einzigartigen Lebensweise in der Pilzwelt sollte der Schmarotzer-Röhrling unbedingt geschont werden – also bitte nicht zertreten!

Der alljährliche „Kampf" zwischen Röhrling und Bovist

Maronen-Röhrling

Xerocomus badius

Pilze
Röhrenpilze

- Filzröhrling
- Juni bis November
- Nadelwald
- essbar

Merkmale
Hut 3–12 cm, schokoladen- bis dunkelbraun. Poren gelb-grün, blauend. Stiel bis 10 cm, bräunlich längs gefasert, ohne Netz.

Verfärbung bedeutet nicht zwangsläufig: Vorsicht giftig!

Einige Pilze ändern ihre Farbe nach Verletzung, bei Druck auf die Fruchtkörper oder beim Anschneiden. Ein Zeichen dafür, dass der Pilz giftig ist? Das wäre ein sicheres Merkmal, stimmt aber nicht. Die Farbänderung wird durch ganz bestimmte Stoffe im Pilzgewebe verursacht, die bei Luftzutritt oxidieren.

Ein Erkennungsmerkmal des Maronen-Röhrlings sind seine in jungem Zustand weißlichen, später gelb-grünlichen Poren, die sich auf Fingerdruck blaugrün verfärben. Auch sein weißliches Fleisch blaut im Schnitt etwas. Aber keine Angst, dieser blauende Pilz ist nicht giftig, ganz im Gegenteil: Der Maronenpilz ist ein schmackhafter und beliebter Speisepilz. Die Blaufärbung des angeschnittenen Fleisches verliert sich sehr schnell beim Kochen.
Seit dem Reaktorunglück in Tschernobyl 1986 ist speziell der Maronen-Röhrling in Verruf geraten, da er bis heute hohe radioaktive Werte zeigt. Vorsichtige Zeitgenossen meiden deshalb den wohlschmeckenden Pilz in Gegenden mit radioaktiver Belastung.

Maronen-Röhrlinge sind beliebte, kaum verwechselbare Speisepilze.

Pilze
Röhrenpilze

- Filzröhrling
- Juni bis November
- Laub- und Nadelwald
- essbar

Merkmale
Hut 3–8 cm, oft feldrig aufgerissen, mittel- bis dunkelbraun. Poren gelbgrün. Stiel bis 7 cm, rötlich längs gestreift.

Rotfuß-Röhrling

Xerocomus chrysenteron

Spitzenreiter im Verderben

Die meisten Pilzarten altern schnell. Sie verlieren ihre Farbe, die Hüte werden weich und unansehnlich, das Fleisch ist von Maden durchsetzt. Alte Speisepilze dürfen nicht verzehrt werden, denn sie können wie Fleisch und Fisch bei beginnender Zersetzung gefährliche Vergiftungen verursachen!

Der Rotfuß-Röhrling ist eine besonders empfindliche Pilzart. Seine hellgelben Röhren färben sich rasch olivgrün. Der Hut ist gelb- bis dunkelbraun und reißt oft feldrig auf, wobei sich die Risse oft rötlich verfärben. Das Fleisch wird ungewöhnlich schnell weich und auch schon bald von unzähligen Maden befallen.
Ältere Rotfuß-Röhrlinge werden zudem oft auch noch von einem weißen, später goldgelb verfärbenden Schimmelpilz befallen (kleines Bild) – in diesem unansehnlichen Zustand allerdings wird sicherlich kein Sammler mehr auf den Gedanken kommen, den Pilz mitzunehmen. Der Rotfuß-Röhrling sollte also nur gesammelt werden, wenn man ihn auch sofort verzehrt. Länger gelagerte Pilze würden nur im Abfalleimer landen. Schade um die Mühe beim Sammeln und die wohlschmeckenden Pilze!

Rotfuß-Röhrlinge, kaum ausgewachsen, schon verdorben

Pfeffer-Röhrling

Chalciporus piperatus

Klein, aber scharf

Eigentlich sieht der Pfeffer-Röhrling mit seinem gelben Fleisch recht appetitlich aus. Wer aber schon einmal ein kleines Stückchen von ihm probiert hat, der wird diesen Pilz so schnell nicht vergessen. Nicht umsonst hat er seinen deutschen und wissenschaftlichen Namen (piperatus, lateinisch = scharf) bekommen!

Pilze
Röhrenpilze

- **Zwergröhrling**
- **Juli bis Oktober**
- **Nadel- und Mischwald**
- **kein Speisepilz**

Merkmale
Hut 2–8 cm, zimt- bis rötlichbraun. Poren jung orange, alt braunrot, auf Druck bräunend. Stiel 4–7 cm, gelb bis rotbraun.

Der Pfeffer-Röhrling mit seinem zimtbraunen, samtigen Hut ist schon aufgrund seines auffallend schwefelgelben Stielgrundes und der orangefarbenen Röhrenschicht unverwechselbar. Eine Kostprobe jedoch beseitigt jeglichen Zweifel: Der pfefferartig scharfe Geschmack seines Fleisches ist einzigartig bei Röhrlingen. Der Pilz kann deshalb höchstens in kleine Stückchen geschnitten und als Würzpilz verwendet werden. Aber auch davon ist abzuraten, es gibt wahrlich andere pfeffrige Würzmittel, so dass der Pilz nicht unbedingt gesammelt werden muss. Der Pfeffer-Röhrling kommt fast ausschließlich unter Nadelbäumen, bevorzugt unter Fichten vor; sehr selten lebt er aber auch in Gemeinschaft von Laubbäumen.

Wo Pfeffer-Röhrlinge wachsen, lohnt sich die Suche nach Steinpilzen.

Pilze
Röhrenpilze

- Dickröhrling
- Mai bis Oktober
- Laubwald, Parkanlagen
- bedingt essbar

Merkmale
Hut 5–20 cm, ledergelblich bis dunkel orangebraun. Stiel oben gelblich, unten orangerot, mit dunklerem Netz. Blauend.

Netzstieliger Hexen-Röhrling

Boletus luridus

Alkohol macht ihn giftig

Vor dem Netzstieligen Hexen-Röhrling sollte man sich in Acht nehmen, obwohl er als essbar gilt. Wie „verhext" scheint dieser Pilz allerdings zu sein, wenn er zusammen mit Alkohol genossen wird. Und das gilt selbst, wenn zwei Tage vor oder nach der Pilzmahlzeit Alkohol getrunken wird!

Der Netzstielige Hexen-Röhrling ist gekocht bedingt essbar, in Verbindung mit Alkohol kann er jedoch unverträglich, ja sogar giftig wirken. Diese Erfahrung machte auch eine italienische Familie in unserer Nachbarstadt: Aus den selbst gesammelten Pilzen wurde ein Festmahl bereitet und dem mitgebrachten Vino beim Familientreffen kräftig zugesprochen. Es schmeckte allen vorzüglich, in der Nacht jedoch stellten sich bei allen Beteiligten Magenbeschwerden und Erbrechen ein. Die Aufregung war groß. Drei Personen kamen mit hochrotem Kopf ins Krankenhaus. Am anderen Tag konnte die Familie zwar wieder aus dem Krankenhaus entlassen werden, das „Hexengericht" werden sie aber wohl nie vergessen und auch keine Hexenröhrlinge mehr sammeln. Wie so oft bei Pilzen, ändert sich bei Trockenheit die Farbe (Bild ganz oben).

Satans-Röhrling, Teufelspilz

Boletus satanas

Pilze
Röhrenpilze

- Dickröhrling
- Juli bis Oktober
- Laubwald
- giftig

Merkmale
Hut 5–25 cm, grauweiß. Poren jung gelblich, bald karminrot. Stiel bis 12 cm, oben gelblich, Basis karminrot, mit Netz.

Nomen est omen

Der Anblick eines ausgewachsenen Satans-Röhrlings mit seinem großen gewölbten steingrauen Hut und dem dickbauchigen, nach unten karminroten Stiel ist beeindruckend. Kein Wunder, wenn die an Totenköpfe erinnernden Gebilde mit dem Teufel in Verbindung gebracht wurden.

Sicherlich hat nicht nur die Giftigkeit, sondern auch das Aussehen dem Satans-Röhrling zu Volksnamen wie Satanspilz oder Teufelspilz verholfen. Nicht genug damit, dass der Pilz schon durch sein Aussehen und die karminroten Poren abschreckt, er strömt auch noch mit zunehmendem Alter einen immer stärkeren und widerlichen Aasgeruch aus. Es wird aus all diesen Gründen sicherlich niemand auf den Gedanken kommen, den Pilz zu sammeln. Auch von anderen Röhrenpilzen mit roten Poren sollte man besser die Finger lassen! Wer jedoch im Sommer in wärmeren Gegenden die bis zu fußballgroßen Pilze findet, sollte sie nicht umstoßen oder ausreißen, sondern sie als Besonderheiten stehen lassen und sich an ihrer Farbigkeit erfreuen. Auch Giftpilze haben ihren Sinn im Kreislauf der Natur und sollten nicht mutwillig zerstört werden!

Steinpilz, Herrenpilz

Boletus edulis

Pilze
Röhrenpilze

- Dickröhrling
- Juli bis Oktober
- Laub- und Nadelwald
- essbar

Merkmale
Hut 5–25 cm, hell- bis dunkelbraun. Poren weißlich, alt gelbgrünlich. Stiel bis 20 cm, hellbräunlich, mit hellerem Adernetz.

Der König der Pilze gibt Rätsel auf

Immer wieder gibt es Jahre mit regelrechten „Steinpilzschwemmen". Dann kann man den Steinpilz in Fichtenschonungen in großen Mengen finden. In den darauffolgenden Jahren allerdings sucht man ihn an denselben Plätzen vergebens. Dieses Phänomen ist bis heute selbst Fachleuten noch rätselhaft.

Seit jeher gehört der Steinpilz zu den beliebtesten und meistgesuchten Speisepilzen, und das nicht ohne Grund: Schließlich locken außergewöhnliche Gaumenfreuden, und die Zahl köstlicher Rezepte ist groß. Wer sich allerdings in Pilzen noch nicht so gut auskennt, kann Gefahr laufen, Steinpilze mit dem ungenießbaren Gallenröhrling zu verwechseln. Das wäre fatal! Nicht etwa, weil dieser Pilz giftig ist, sondern weil er mit seinem gallebitteren Geschmack das ganze Pilzgericht verdirbt. Hier hilft im Zweifelsfall nur eine Geschmacksprobe. Die Fachleute unterscheiden mehrere Steinpilzarten, die sich in Hutfarbe und Begleitbäumen unterscheiden. Neben dem gewöhnlichen Steinpilz, der meist unter Fichten vorkommt und deshalb auch als Fichten-Steinpilz bezeichnet wird, gibt es den rotbraunen Kiefern-Steinpilz, ein Kiefern-Begleiter. Unter Buchen und Eichen wachsen Schwarzhütiger Steinpilz und Sommer-Steinpilz.

In manchen Jahren häufig – dann ist der Korb schnell gefüllt.

Pilze
Röhrenpilze

- Gallenröhrling
- Juni bis Oktober
- Laub- und Nadelwald
- kein Speisepilz

Merkmale
Hut 5–20 cm, hell- bis graubraun. Poren jung weißlich, alt rosafarben. Stiel bis 15 cm, hellbräunlich, mit dunklerem Netz.

Gallenröhrling

Tylopilus felleus

Der bittere Doppelgänger vom Steinpilz

Kaum eine Pilzsaison vergeht, in der mir nicht ein Korb voll wunderschöner Gallenröhrlinge in die Pilzberatung gebracht wird. Kein Wunder, gerade die jungen Pilze sehen Steinpilzen täuschend ähnlich und besonders Anfänger unter den Pilzsammlern fallen immer wieder auf diesen bitteren Doppelgänger herein.

Der Gallenröhrling sieht vor allem in jungem Stadium sehr appetitlich aus. Sein weißes Fleisch verfärbt im Schnitt kaum, hat einen angenehmen Geruch und ist selten von Maden befallen. Zudem wachsen diese Pilze oft an Plätzen, an denen auch Steinpilze vorkommen können. Eine Geschmacksprobe verschafft jedoch schnell Klarheit und nachhaltige Erfahrung: Die Kostprobe dieses gallebitteren Doppelgängers des Steinpilzes wird schnellstens wieder ausgespuckt. Schon sein Volksname ist treffend und auch die wissenschaftliche Bezeichnung (lateinisch fel = Galle) weist auf die Bitterkeit des Pilzes hin. Nun – giftig ist er nicht, Verwechslungen sind daher ungefährlich. Es wäre aber jammerschade, wenn wegen eines einzigen untermischten Gallenröhrlings das Pilzgericht im Abfalleimer landen müsste.

Bei Unsicherheit klärt ein Stückchen vom Hutfleisch alle Fragen.

Espen-Rotkappe

Leccinum aurantiacum

Waldsterben heißt auch Pilzsterben

Bei vielen Pilzarten – allen voran jedoch bei den Röhrlingen – ist ein erschreckender Rückgang zu verzeichnen. Pilze, die früher häufig zu finden waren, sind mancherorts selten geworden oder gar schon ganz verschwunden. Die Liste der Ursachen zur Verarmung unserer Pilzwelt ist groß.

Bei der Espen-Rotkappe trägt das geringe wirtschaftliche Interesse an deren Partnerbaum, der Zitterpappel, und deren Entfernung aus forstlichen Kulturen mit bei. Forstwirtschaftlich ist das Holz der Zitterpappel oder Espe kaum interessant und nur als Brennholz zu verkaufen. Zum Verlust der Wirtsbäume kommen andere widrige Einflüsse, unter denen viele Pilzarten leiden. Mit Sicherheit gehören dazu Maßnahmen zur rationellen Nutzung und Verbesserung der Ertragskraft der Wälder wie Monokulturen, Kahlhiebe und Umforstungen sowie der Einsatz von Düngern. Auch die Trockenlegung von Feuchtgebieten trägt erheblich zum Artenrückgang der Pilze bei. Und wie wir alle wissen, führen Schadstoffeinbringungen aus der Luft wie Schwefeldioxid und Stickoxide bekanntlich zum Waldsterben (kleines Bild) – und das wiederum zum Pilzsterben!

Rotkappen werden immer seltener.

Pilze
Röhrenpilze

- **Raufußröhrling**
- **Juli bis Oktober**
- **unter Zitterpappeln**
- **essbar**

Merkmale
Hut 5–25 cm, orange- bis braunrot. Stiel bis 15 cm, weißlich, mit anfangs weißen, später bräunlichen Schüppchen bedeckt.

Pilze
Röhrenpilze

- Raufußröhrling
- Juni bis Oktober
- unter Birken
- essbar

Merkmale
Hut 5–15 cm, gelb- bis graubraun. Poren weißlich, später gräulich. Stiel 5–20 cm, mit graubräunlichen Schüppchen.

Birkenpilz

Leccinum scabrum

Aus Weiß mach Schwarz

Mancher in puncto Pilzzubereitung wenig erfahrenen Hausfrau oder manchem Hobbykoch mag schon die Angst beim Anblick eines Gerichts mit Birkenpilzen auf den Magen geschlagen haben. Erschrecken Sie aber nicht, wenn sich das Fleisch des Birkenpilzes bei der Zubereitung schwarz färbt.

Der weit verbreitete und stets unter Birken vorkommende Birkenpilz gehört zu den Raufußröhrlingen. Typisch für diese Pilzgruppe ist der rauflockige oder schuppige Stiel – was dieser Gruppe auch ihren Namen gab.
Dass sich beim Birkenpilz das normalerweise helle Pilzfleisch beim Kochen schwarz verfärbt, ist ein ganz normaler Oxidationsprozess, den man bei vielen Raufußröhrlingen, aber auch dem Kuhmaul beobachten kann. Die Verfärbung bedeutet keinesfalls, dass die Pilze giftig oder verdorben sind. Auch der Geschmack der Mahlzeit wird durch die – zugegebenermaßen nicht gerade ansprechende – Schwarzfärbung keinesfalls beeinträchtigt. Alle Raufußröhrlinge sind essbar, sollten aber möglichst bald nach dem Sammeln verwertet werden, da das Fleisch schnell weich wird.

Den Birkenpilz findet man noch häufig in Birkenwäldchen.

Strubbelkopfröhrling

Strobilomyces strobilaceus

Millionen von Sporen ergeben ein Bild

Der Strubbelkopfröhrling ist ein düsterer Geselle. Seine grau- bis schwarzbräunlichen Farben und der grobschuppige Hut (Name!) machen ihn leicht kenntlich und unverwechselbar. Auch sein Sporenpulver ist schwarzbraun und eignet sich hervorragend zum Herstellen kleiner Kunstwerke.

Der Strubbelkopfröhrling eignet sich mit seinem schwarzbraunen Sporenpulver bestens zum Herstellen so genannter Sporenabwurfbilder (kleines Bild). Legen Sie einen ausgewachsenen Hut mit der Röhrenschicht nach unten auf ein weißes Papier und decken Sie das Ganze mit einer Schüssel oder einem anderen Gefäß ab. Warten Sie nun ein paar Stunden, entfernen Sie dann das abdeckende Gefäß und heben Sie den Pilzhut vorsichtig vom Papier ab. Auf dem Papier zeigt sich nun ein feines Abwurfsbild, das aus unzähligen winzigen Sporen besteht und die Form der Poren spiegelt. Solch ein Sporenbild ist nicht nur hübsch anzusehen – oft ist die Sporenfarbe auch für die Artbestimmung sehr wichtig. Die Anzahl der von dem Pilzkörper erzeugten Sporen ist riesig und wird bei manchen Pilzen auf eine Milliarde geschätzt. Der Fruchtkörper eines mittelgroßen Riesenbovistes soll sogar etwa fünf Billionen Sporen entwickeln.

Ganz schön „strubbelig" und leicht erkennbar

Pilze
Röhrenpilze

- **Strubbelkopf**
- **Juli bis Oktober**
- **Laub- und Nadelwald**
- **kein Speisepilz**

Merkmale
Hut 5–15 cm, grau mit abstehenden, schwarzbraunen Schuppen. Stiel bis 15 cm, schwarzbräunlich, flockig-fransig. Fleisch rötend, dann schwärzend.

Nadelholz-Röhrling

Pulveroboletus lignicola

Pilze
Röhrenpilze

- Nadelholzröhrling
- Sommer bis Herbst
- auf Nadelholz
- essbar

Merkmale
Hut bis 10 cm, orangegelb bis goldbraun. Poren rostgelb, auf Druck blauend. Stiel bis 10 cm, rostbräunlich. Fleisch weich, gelb.

Ein Röhrling mit Starallüren

Der Nadelholz-Röhrling ist einer der wenigen Röhrlinge, der bezüglich seiner Lebensgewohnheiten aus der Reihe tanzt. Er wächst nämlich nicht auf der Erde, sondern auf Holz, und zwar – wie der Name schon sagt – auf Nadelholz. Und auch das nur, wenn er einen passenden Vormieter aus der Porlingsfamilie hatte.

Der recht seltene Nadelholz-Röhrling wächst meist etwas vom Stamm oder Stumpf entfernt auf den Wurzeln von Nadelbäumen. Eine besondere Eigenheit dieses Pilzes ist die seltsame Beziehung zum Kiefern-Braunporling, einem jung schwefel- bis orangegelben, später rot- bis schwarzbraunen, unregelmäßig tellerförmig wachsenden Porling. Es scheint nämlich so zu sein, dass der Nadelholz-Röhrling nur auf Holz wächst, das zuvor vom Kiefern-Braunporling besiedelt war. Selbstverständlich wird jeder Pilzfreund eine solche Seltenheit schonen und stehen lassen und nicht in den Kochtopf stecken! Der schwach säuerliche Geschmack des gelben Fleisches, das im Schnitt über den Röhren grünblau färbt, verspricht ohnehin kein Festmenü.

Der Nadelholz-Röhrling ist als Seltenheit unbedingt zu schonen.

Goldblatt

Phylloporus pelletieri

Weder Fisch noch Fleisch ...

so werden gemeinhin Dinge bezeichnet, die sich einer klaren Zuordnung entziehen. Und das gibt es auch bei den Pilzen. Das Goldblatt, auch Blätter-Röhrling genannt, bildet den Übergang von den Röhrenpilzen zu den Blätterpilzen – ist also kein echter Röhren-, aber auch kein echter Blätterpilz.

Dreht man das Goldblatt um, dann sieht man auf den ersten Blick goldgelbe Lamellen und möchte den Pilz spontan als Blätter- oder Lamellenpilz einstufen. Bei genauerem Hinsehen erkennt man aber auch queradrige Verbindungen zwischen den Lamellen (Bild oben), die ihm ein eher blättrig-röhriges Aussehen verleihen und ihn schnell als Besonderheit ausweisen. Der Pilz gibt auch wegen seiner mikroskopischen Struktur den Fachleuten einige Rätsel auf. Kein Wunder, dass dieses Unikum in verschiedenen Pilzgruppen „herumgeschoben" wurde. Schmierlingen, Kremplingen, Flämmlingen und selbst Trichterlingen hat man ihn schon zugeordnet. Schließlich brachte man ihn als Blattpore (griechisch = phylloporus) unter. Interessant ist, dass es in ganz Europa nur einen einzigen Vertreter dieser Gruppe gibt. Will man Verwandte von ihm finden, muss man schon in überseeische Regionen reisen.

- **Goldblatt**
- **Juli bis Oktober**
- **Laub- und Nadelwald**
- **essbar**

Merkmale
Hut 3–8 cm, rotbräunlich, samtig-filzig. Lamellen mit auffallenden queradrigen Verbindungen. Stiel gelbbräunlich, alt braunrot.

Die Lamellen des Goldblatts sind von unten betrachtet auffällig quergeadert.

Pilze

Blätterpilze

Die Blätterpilze bilden die größte Gruppe im Pilzreich. Auch sie sind deutlich in Hut und Stiel gegliedert. An der Hutunterseite tragen sie radiär verlaufende blattartige Lamellen, auf Grund derer sie auch den Namen Lamellenpilze bekommen haben. Zu ihnen gehören Schnecklinge, Ritterlinge, Helmlinge, Wulstlingsverwandte, Egerlinge, Tintlinge und Schleierlingsverwandte.

Blätterpilze sind nicht immer einfach zu bestimmen. Ein wichtiges Merkmal ist die Farbe ihres Sporenpulvers, das beim reifen Pilz den Lamellen eine typische Farbe verleiht. So sind bei den Egerlingen die Lamellen dunkel- bis schwarzbraun gefärbt, bei den Rötlingen rosafarben, bei den Schnecklingen, Ritterlingen, Schirmlingen und Wulstlingen bleiben sie weiß und bei den Tintlingsverwandten zerfließen die Lamellen oft zu einer schwarzen Masse.

Da sich unter den Blätterpilzen eine Reihe tödlich giftiger Vertreter, wie die Knollenblätterpilze, befinden, sollten unerfahrene Pilzsammler ihre „Beute“ auf jeden Fall vom Fachmann in einer Pilzberatungsstelle begutachten und am besten die Finger von weißhütigen Blätterpilzen lassen.

Pilze
Blätterpilze

- Seitling
- Oktober bis März
- an Laubholz
- essbar

Merkmale
Hut 5–30 cm, spatel- bis muschelförmig, graulila bis -bräunlich. Stiel fehlend oder kurz, exzentrisch. Lamellen weiß.

Austern-Seitling

Pleurotus ostreatus

Mit der Leiter zum Pilzesammeln

Austernpilze wachsen oft mehrere Meter hoch an geschädigten Bäumen. Wer sie ernten will, braucht eine Leiter! Bei Spaziergängern erntet der so ausgerüstete Pilzsammler mit Sicherheit ungläubiges Kopfschütteln. Wenn er allerdings auf einen Förster trifft, wird wohl nicht selten tiefer Argwohn aufkommen.

Wer den Austern-Seitling schätzt, scheut keine Mühe. Er weiß, dass die schönsten Gruppen bis zu mehreren Metern hoch an den Bäumen wachsen und das über viele Jahre hinweg. Der Austernseitling kommt erst im Spätherbst nach den ersten Frösten so recht in Fahrt, und es lohnt sich, alljährlich nach den delikaten Fruchtkörpern Ausschau zu halten. Ein Baum liefert eine Mahlzeit für die ganze Familie und reichlich Vorrat für die Tiefkühltruhe. Seinen Namen bekam der Pilz aufgrund seiner muschelförmigen graulila Hüte, die in treppenförmigen Büscheln am Baumstamm sitzen und von oben wie riesige Austern aussehen. Der wohlschmeckende Speisepilz kann auch leicht auf Laubhölzern an einem Schattenplatz im Garten gezüchtet werden (kleines Bild). Pilzbruten samt Kulturanleitung gibt es in großen Gartencentern oder per Versand im Fachhandel.

Wer den Standort kennt, hat den Korb schnell gefüllt.

Shiitakepilz

Lentinula edodes

Pilze
Blätterpilze

- **Shiitake**
- **ganzjährig**
- **auf Spezialsubstrat**
- **essbar**

Merkmale
Hut 5–15 cm, rötlich- bis dunkelbraun mit hellen Schüppchen, Rand lange eingerollt. Stiel weißlich, wollig bis schuppig.

Der Heilpilz aus dem Fernen Osten

Der Shiitakepilz ist in China und Japan beheimatet und wird dort wegen seiner Heilwirkung angeblich schon seit über 2000 Jahren kultiviert. Vor etwa 60 Jahren wurden erste Kulturversuche auf Laubhölzern unternommen. Inzwischen wird dieser Pilz zahlreich auch bei uns im Garten kultiviert.

Der Shiitakepilz enthält Mineralstoffe, die Vitamine B 12 und D 2 sowie Geruchs- und Aromastoffe. In der asiatischen Volksheilkunde mit ihrem für uns unvorstellbaren Reichtum an Naturheilmitteln war seine Heilwirkung schon zur Zeit der Ming-Dynastie bekannt. Dem Pilz werden oft eine allgemeine Stärkung des Immunsystems, eine Antitumor- und antivirale Wirkungen zugeschrieben. Bekannt ist jedenfalls seine Cholesterin senkende Wirkung.
Der Shiitake ist bei den genannten schweren Erkrankungen allerdings mit Vorbehalt zu genießen und eine „Behandlung" muss unbedingt mit dem Arzt abgesprochen werden. Medizinische Wirksamkeit hin oder her, auf jeden Fall ist der Shiitakepilz eine wertvolle Bereicherung unseres Speisezettels, der auch leicht im Garten selbst kultiviert werden kann (Bild rechts).

Der Shiitakepilz wächst auf geeignetem Substrat in dichten Büscheln.

Pilze
Blätterpilze

- Krempling
- Juni bis November
- Laub- und Nadelwald
- giftig

Merkmale
Hut 5–20 cm, niedergedrückt, gelb- bis rostbraun. Stiel blassgelb bis gelbbräunlich. Lamellen gelbbräunlich, auf Druck dunkelbraun.

Kahler Krempling

Paxillus involutus

Rätselhafte Todesfälle

Der Kahle Krempling war früher als Speisepilz sehr beliebt. Voraussetzung für seine Verwertbarkeit als Speisepilz war ein sehr gründliches Kochen. Bis auf einmal rätselhafte Todesfälle bekannt wurden, die sich im Laufe der Untersuchung als Auswirkungen dieses Pilzes herausstellten.

Selbst nach jahrelangem, beschwerdefreiem Genuss kann der Kahle Krempling urplötzlich bei ganz bestimmten Menschen eine Antigen-Antikörper-Reaktion auslösen, d.h. sie reagieren nach häufigem Verzehr dieses Pilzes mit einer Antikörperbildung auf das Pilzeiweiß. Und das kann zu Nierenversagen und zum Tod führen. Ursache für die bis dahin unbekannten, auch nach gründlichem Kochen auftretenden Erkrankungen sind unbekannte Bestandteile des Pilzes, die diese Nahrungsmittelallergie auslösen. Der Kahle Krempling wurde nach Bekanntwerden der individuellen Todesfälle bei uns zum Giftpilz erklärt. In Osteuropa dagegen gilt er nach wie vor als guter Speisepilz und wird sogar auf dem Markt angeboten. Der nah verwandte und ihm sehr ähnlich sehende Erlen-Krempling wird bei uns ebenfalls als giftig eingestuft.

Vorsicht, der Kahle Krempling ist ein heimtückischer Giftpilz.

Samtfuß-Krempling

Paxillus atrotomentosus

Pilze
Blätterpilze

- Krempling
- Juli bis November
- Nadelwald
- kein Speisepilz

Merkmale
Hut 7–30 cm, muschelförmig, dunkelbraun, feinfilzig. Stiel dunkelbraun, feinfilzig, bauchig. Lamellen ockergelb.

Färben mit Pilzfarbstoffen

Zahlreiche Pilze enthalten Farbstoffe, die man zum Färben von Wolle oder Naturfaserstoffen wie Leinen, Seide oder Baumwolle nutzen kann. Wer seinen Wollsachen eine ganz besondere Farbnote geben möchte, kann es einmal mit den Farbstoffen des Samtfuß-Kremplings probieren.

So können Sie mit dem Samtfuß-Krempling färben: Die naturfarbene Wolle waschen, damit das Wollfett herausgespült wird, gut spülen, trocknen. Danach zur besseren Aufnahme der Pilzfarbstoffe 100 g Wolle in 3 Liter Wasser, in dem 10 g Weinstein und 25 g Alaun gelöst sind, langsam erwärmen, eine Stunde lang bei 90 °C beizen, abkühlen lassen, Wolle auspressen und zum Trocknen aufhängen. 150 g getrocknete und zerkleinerte Samtfuß-Kremplinge etwa 1 Stunde in 5 Liter Wasser kochen. Den Sud wieder auf 5 Liter auffüllen und auf 40 °C abkühlen lassen. Jetzt das vorbehandelte Wollgarn hineinlegen, auf 90 °C erhitzen (nicht höher) und etwa 1 Stunde lang bei 90° C färben. Danach abkühlen lassen, Pilzreste entfernen, die jetzt anthrazitfarbene Wolle spülen und trocknen. Das Ergebnis kann sich sehen lassen!

Ein Gigant – leider nicht zum Verzehr geeignet

Pilze
Blätterpilze

- Afterleistling
- August bis November
- Laub- und Nadelwald
- kein Speisepilz

Merkmale
Hut 3–10 cm, trichterförmig, samtig-filzig, orangegelb. Stiel 2–6 cm. Lamellen orangegelb, gedrängt und gegabelt.

Falscher Pfifferling

Hygrophoropsis aurantiaca

Ein trügerischer Geselle

Pilze können den Sammler oft ganz schön narren. Ein solch trügerischer Geselle ist der Falsche Pfifferling, der deshalb auch einen sehr treffenden Namen bekommen hat. Oft schon haben sich selbst erfahrene Pilzsammler in der Freude auf einen Echten Pfifferling nach ihm gebückt.

Das sicherste Erkennungsmerkmal vom Falschen Pfifferling ist seine Hutunterseite. Er trägt nämlich unter dem Hut leuchtend orange gefärbte Lamellen, während der Echte Pfifferling blassgelbe am Stiel herablaufende, deutlich stumpfrandige Erhebungen, in der Fachsprache „Leisten" genannt, besitzt. Spätestens wenn man den dünnen, ledrigen Falschen Pfifferling anfasst und seine gedrängt stehenden Lamellen sieht, weiß man also, dass man es hier mit dem Doppelgänger vom Echten Pfifferling zu tun hat. Tragisch wäre eine Verwechslung jedoch nicht. Der Falsche Pfifferling wird bisweilen sogar als essbar bezeichnet. Menschen mit empfindlichem Magen sollten ihn jedoch meiden. Der Falsche Pfifferling wächst in der Regel auf dem Waldboden. Er kann aber auch auf morschen Baumstümpfen vorkommen – dann ist er keinesfalls mit dem Echten Pfifferling zu verwechseln.

Der Falsche Pfifferling narrt die Pilzsammler immer wieder.

Großer Gelbfuß

Gomphidius glutinosus

Pilze
Blätterpilze

Glitschig wie ein Kuhmaul

Der Große Gelbfuß oder Große Schmierling wird im Volksmund äußerst passend auch als Kuhmaul bezeichnet. Diesen Namen bekam er wegen seiner rundum schleimigen Beschaffenheit. Besonders bei feuchter Witterung fühlt er sich glitschig und feucht an – eben wie ein Kuhmaul.

Auch die wissenschaftliche Bezeichnung des Großen Gelbfuß (lateinisch glutinosus = klebrig) bezieht sich auf die für den Pilz typische Schleimhaut. Sie ist transparent und bedeckt anfangs die Lamellen wie ein trübes Fenster. Beim Aufschirmen der Hüte reißt die schleimige Haut auf (Bild oben). Auf dem Hut bleibt eine Schleimschicht zurück und am Stiel ein schleimiger Wulst. Wer Pilze mit schleimiger Huthaut wie den Großen Gelbfuß oder den Gold-Röhrling sammelt, sollte auf jeden Fall die schleimige Haut schon beim Sammeln im Wald abziehen. Sonst klebt nämlich das ganze Sammelgut im Korb mit eingebrachten Nadeln und Humusresten zusammen und kann dann kaum mehr sauber weiterverarbeitet werden. Der schleimige Schleier und ein gelber Stielgrund machen den Großen Gelbfuß unverwechselbar.

- **Schmierling**
- **Juli bis November**
- **Laub- und Nadelwald**
- **essbar**

Merkmale
Hut 3–8 cm, schwach gewölbt, mit Schleimschicht, violettgrau. Stiel 4–8 cm, mit Schleimwulst, unten gelb.

Der Große Gelbfuß ist mit seinem gelben Fuß und seiner Schleimhaut kaum zu verwechseln.

Pilze
Blätterpilze

- Schneckling
- Spätherbst
- unter Kiefern
- essbar

Merkmale
Hut 2–7 cm, mit Buckel, schleimig, braunoliv. Stiel 4–7 cm lang, schleimig. Lamellen weißlich bis hellocker, etwas herablaufend.

Frost-Schneckling

Hygrophorus hypothejus

Der Pilz, der einen Kälteschock benötigt

Wenn das Pilzwachstum nach den ersten Herbstfrösten deutlich zurückgeht, ist es an der Zeit, nach dem Frost-Schneckling Ausschau zu halten. Er gehört nämlich zu den wenigen, spät im Jahr auftretenden Pilzen, die zur Ausbildung ihrer Fruchtkörper einen Kälteschock benötigen.

Auch wenn der Geschmack des Frost-Schnecklings eher als durchschnittlich bezeichnet werden kann, ist der Pilz um die späte Jahreszeit, wenn das Pilzwachstum zurückgeht, bei Pilzsammlern recht beliebt. Bis zum Dezember können bei nochmals eintretender milder Witterung immer wieder junge Exemplare nachwachsen. Winterpilze, die nach Frostperioden auftauen und weich und schlapp sind, taugen nicht mehr für die Küche!
Wegen seiner typischen Form und ausgeprägten Färbung sowie der späten Erscheinungszeit und seiner Verbundenheit mit Kiefern ist der Pilz unverwechselbar. Wenn die Hüte des Frost-Schnecklings im Alter allerdings gelblich ausblassen, könnte man ihn mit dem Lärchen-Schneckling verwechseln. Der ist jedoch – wie schon sein Name sagt – streng an Lärchen gebunden.

Wer Pilze sammelt, muss auch Bäume kennen: Der Frost-Schneckling wächst immer unter Kiefern.

Wohlriechender Schneckling

Hygrophorus agathosmus

Pilze
Blätterpilze

- Schneckling
- August bis November
- Nadelwald
- essbar

Merkmale
Hut 2–8 cm, gewölbt, mit flachem Buckel, hell- bis dunkelgrau. Stiel 5–8 cm. Lamellen weißlich, später blassgrau.

Was riecht denn da nach Marzipan?

Die Geruchspalette im Pilzreich ist riesig und es ist nicht immer einfach, Pilzgerüche zu identifizieren. Keine Probleme bereitet da der Wohlriechende Schneckling: Er strömt einen deutlich wahrnehmbaren, feinen Geruch nach Marzipan oder Bittermandel aus, der sofort an die Weihnachtsbäckerei erinnert.

Der Wohlriechende Schneckling, bei Feuchtigkeit frisch aus moosigem Fichtenwaldboden entnommen, verbreitet einen angenehmen Duft nach Marzipan oder Bittermandel. Der Geruch kann durch Zerreiben der Lamellen zwischen den Fingern noch verstärkt werden. Es gibt noch eine ganze Reihe von Pilzen, die einen unverkennbaren Geruch verströmen. Wohlriechend sind zum Beispiel Marzipan-Fälbling und Mandel-Täubling, Anis-Egerlinge und Grüner Anistrichterling. Unangenehm „riechen" Gemeiner Stink-Schwindling, Karbol-Egerling oder Langstieliger Knoblauchschwindling. Wonach diese Pilze riechen, lässt sich unschwer aus ihrem Namen erkennen. Die Gerüche sagen nichts über die Essbarkeit der Pilze aus! Der tödlich giftige Grüne Knollenblätterpilz zum Beispiel duftet in jungem Stadium angenehm süßlich.

Pilze
Blätterpilze

Schwarzpunktierter Schneckling

Hygrophorus pustulatus

- Schneckling
- September bis Dezember
- Fichtenwald
- essbar

Merkmale
Hut 1,5–4 cm, jung halbkugelig, dann gewölbt, gebuckelt, graubraun, Mitte dunkler, zum Rand mit feinen Schüppchen; Stiel 4–8 cm. Lamellen weiß.

An seinen Pusteln sollt ihr ihn erkennen

Unsere französischen Nachbarn nennen den Schwarzpunktierten Schneckling „Hygrophore pustuleux"; in Italien wird er „Igroforo a punti neri" genannt. Auch der wissenschaftliche Name weist auf sein typisches Merkmal hin: den mit schwarzbraunen Pusteln bedeckten Stiel (lateinisch pustulatus = mit Pusteln versehen).

Der Schwarzpunktierte Schneckling ist in den Fichtenwäldern Europas weit verbreitet. Er wächst bevorzugt in Bergwäldern und kann oft scharenweise sogar noch bis Dezember gefunden werden. Mit etwas Ausdauer können Sie in einer Zeit, in der andere Speisepilze schon längst vergangen sind, noch schöne Ernten mit nach Hause bringen! Sein unverkennbares Merkmal, der mit schwarzbraunen Pusteln bedeckte Stiel, kann allerdings gelegentlich nur sehr schwach ausgebildet sein. Man könnte ihn dann dem Aussehen nach vielleicht mit dem Wohlriechenden Schneckling verwechseln. Dieser hat jedoch einen ganz typischen Geruch nach Marzipan.

Der Schwarzpunktierte Schneckling ist leicht zu bestimmen und bis zum Winter scharenweise anzutreffen.

März-Schneckling

Hygrophorus marzuolus

Vorfrühlingsfreuden für den Pilzfreund

Nach der Schneeschmelze Pilze sammeln, hört sich das nicht nach einer Lügengeschichte von Münchhausen an? Mitnichten, der vorzüglich schmeckende März-Schneckling gehört zu den seltenen Speisepilzen, die schon im frühen Frühjahr Fruchtkörper bilden und damit ganz aus der Reihe tanzen.

Der März-Schneckling ist ein Pilz der Bergregionen Süddeutschlands und der Alpenländer. Schon mit der Schneeschmelze gehen Kenner auf die Suche nach diesem guten Speisepilz. Meist wächst der Pilz unter der schützenden Decke von Laub, Nadeln und Moosen und ist gar nicht leicht zu finden. Manchmal sind die Fruchtkörper sogar ganz unter der Oberfläche im Waldhumus versteckt. Der März-Schneckling ist jedoch standorttreu. Man sollte sich deshalb seine Plätze gut merken, weil sie jedes Jahr eine Ernte versprechen. In der frühen Jahreszeit findet der köstliche Pilz allerdings auch viele Liebhaber aus dem Tierreich. Oft ist er von Schnecken, Mäusen oder größeren Tieren an- oder gänzlich aufgefressen. Da stellt sich dem Naturfreund natürlich die Frage, ob er nicht ganz auf das Sammeln dieses Pilzes zugunsten der Tierwelt verzichten sollte?

- Schneckling
- Februar bis Mai
- Laub- und Nadelwald
- essbar

Merkmale
Hut 3–20 cm, jung weißlich, alt schieferfarben bis grauschwarz. Stiel 2–8 cm. Lamellen weißlich, wachsartig, dick.

Leider findet man den köstlichen März-Schneckling immer seltener.

Pilze
Blätterpilze

- Saftling
- August bis November
- grasige Plätze
- schwach giftig

Merkmale
Hut 1–3 cm, stumpf gebuckelt, grün, gelbgrün, grünorange bis orange. Stiel zerbrechlich. Lamellen grünlich.

Papageigrüner Saftling
Hygrocybe psittacina

Lebendige Edelsteine

Der Papageigrüne Saftling gehört zu einer Pilzgruppe, die sich durch glasige und bunt gefärbte Hüte, die wie Edelsteine im Sonnenlicht glitzern, auszeichnet. Mit seiner glänzend grünen Hutfarbe, die im Pilzreich eher selten vorkommt, ist er einer der farbenprächtigsten von ihnen.

Der Papageigrüne Saftling wächst anspruchslos auf ungedüngten Grasflächen, Wiesen, Magerrasen und auf naturbelassenen Weiden. Seine geringe Größe und die grüne Färbung machen ihn im Gras allerdings fast unsichtbar. Erst wenn ein Sonnenstrahl auf ihn fällt, ist der leuchtende Hut nicht zu übersehen. Der Papageigrüne Saftling kann noch relativ häufig gefunden werden, ist aber – wie alle anderen Saftlinge auch – überall rückläufig. Schade um diese bunten Edelsteine der Natur, die nun einmal alle auf naturbelassene Lebensräume angewiesen sind! Weil die Saftlinge aufgrund der Veränderung ihrer Lebensräume immer weniger werden, sind sie in Deutschland auch unter Schutz gestellt. Freuen Sie sich also über jeden dieser kleinen, glasig bunten Gesellen, den Sie noch finden!

Wo Papageigrüne Saftlinge wachsen, findet man oft auch andere Seltenheiten unserer Pilzwelt.

Pilze
Blätterpilze

Violetter Lacktrichterling

Laccaria amethystina

Ein Pilz, der Farbe auf den Tisch bringt

Seine leuchtende Farbe hat dem Violetten Lacktrichterling auch Volksnamen wie Amethystblauer Lacktrichterling, Blauer Lackpilz, Lackbläuling oder Violetter Bläuling eingebracht. Der essbare Pilz eignet sich hervorragend als Farbtupfer in Salaten und Sülzen oder zum Garnieren von Speisen.

Es ist schon eine Schau, wenn der Violette Lacktrichterling in großer Zahl den Waldboden besiedelt und dabei zart violette bis lila Farbkleckse bildet. Da der Pilz nur einen unbedeutenden Geschmack und sehr zähe Stiele hat, bleiben für ein Pilzgericht nur die kleinen Hüte übrig – und die lohnen das Sammeln kaum. Wegen seiner leuchtenden Färbung kann der Pilz allerdings sehr gut zum Verschönern verschiedener Speisen eingesetzt werden. Sie können dazu den Pilz entweder zusammen mit anderen essbaren bunten Pilzen in Essig konservieren und dann je nach Bedarf verwenden oder aber nach dem Sammeln kurz blanchieren, abtropfen lassen und gleich zur Dekoration verwenden. All dies gilt auch für den Rötlichen Lacktrichterling, der sich lediglich durch seine rotbraune Hutfarbe unterscheidet.

- Lacktrichterling
- Juni bis November
- Laub- und Nadelwald
- essbar

Merkmale
Hut 2–5 cm, glatt bis feinschuppig, violett, trocken ausblassend. Stiel 4–10 cm, schlank, violett. Lamellen breit.

Der Violette Lacktrichterling hat einen giftigen Doppelgänger: den Rettich-Helmling (S. 533).

Nebelkappe

Clitocybe nebularis

Pilze
Blätterpilze

- Trichterling
- September bis November
- Laub- und Nadelwald
- essbar

Merkmale
Hut 5–25 cm, aschgrau bis graubraun, mit abwischbarem Reif. Stiel 5–10 cm. Lamellen dicht, blassgelb.

Gasthaus „Zur Nebelkappe"

Wenn die großen Hüte der Nebelkappen langsam ins Endstadium übergehen und zusammenbrechen, kann man mit viel Glück etwas nicht Alltägliches und Faszinierendes beobachten: Auf den faulenden Hüten findet sich ein außergewöhnlicher Gast ein, der zauberhafte Parasitische Scheidling.

Der Name Nebelkappe passt ebenso gut zu diesem Pilz wie Nebelgrauer Trichterling oder Graukappe. Zum einen erinnert das zarte Grau der großen Hüte mit dem abwischbaren Reif tatsächlich an Nebelschleier. Zum andern findet man oft noch riesige Exemplare im herbstlichen Wald, wenn schon kühle, düstere Nebeltage das Ende der Pilzsaison anzeigen. Ein besonderes Schauspiel bietet dieser Pilz, wenn seine alternden Hüte meist zu mehreren vom Parasitischen Scheidling besiedelt werden (kleines Bild). Der relativ große, weiße bis grauweiße Pilz wächst aus einer zwei- bis vierlappigen Scheide hervor und sieht aus, wie wenn ihn einer auf dem Hut der Nebelkappe „angeklebt" hätte. Vor allem junge Fruchtkörper können leicht mit dem sehr giftigen Riesen-Rötling verwechselt werden.

Jung essbar – Geruch und Geschmack der Nebelkappe sind aber nicht jedermanns Sache.

Violetter Rötelritterling

Lepista nuda

Pilze
Blätterpilze

Vermeiden Sie üppige Pilzmahlzeiten!

Wenn man mit einer reichen Ausbeute, wie dies bei Violetten Ritterlingen leicht möglich sein kann, nach Hause kommt, verleitet dies natürlich auch zu einer üppigen Mahlzeit. Wie alle Pilze enthält auch der Violette Rötelritterling schwer verdauliche Bestandteile, die den Magen stark belasten können.

Der Violette Rötelritterling ist in Laub- und Nadelwäldern weit verbreitet. Er wächst oft in großen Ringen auf Laub- und Nadelstreu. Vereinzelt findet man ihn schon ab April, im Herbst aber kann der Violette Rötelritterling im wahrsten Sinne des Wortes richtig „abgeerntet“ werden. Ein solcher Erntesegen verführt allerdings oftmals zu übermäßigem Genuss! Die schwer verdaulichen Stoffe im Pilz werden beim Verdauungsprozess jedoch nicht vollständig aufgearbeitet und können in größeren Mengen den Magen empfindlich belasten.

Am besten teilt man bei üppigen Ernten die Pilze auf und friert sie in kleineren Portionen ein. Dann kann man den ganzen Winter über auf den Vorrat zurückgreifen und hat immer wieder einmal ein delikates Gericht.

- **Rötelritterling**
- **April bis November**
- **Laub- und Nadelwald**
- **essbar**

Merkmale
Hut 5–20 cm, violett bis bräunlich-violett. Stiel 4–12 cm. Lamellen fast gedrängt, violett bis graulila.

Das Fleisch vom Violetten Rötelritterling ist kaum von Maden befallen.

Pilze
Blätterpilze

- Ritterling
- August bis Oktober
- Laub- und Nadelwald
- giftig

Merkmale
Hut 5–20 cm, weiß mit silbergrauen bis graubräunlichen Schuppen. Lamellen weißlich, später gelblich. Stiel zylindrisch mit keuliger Basis, weiß bis schwach bräunlich.

Tiger-Ritterling

Tricholoma pardalotum

Der „Burggraben" der Ritterlinge

Viele werden sich fragen, woher der Name Ritterling kommt. Mit etwas Fantasie kann man sich den Volksnamen erklären, wenn man den Pilzhut umdreht und sich die Lamellen einmal genau anschaut. Sie sind nämlich am Stiel deutlich ausgebuchtet und bilden eine Art „Burggraben".

Der stämmige Tiger-Ritterling besitzt natürlich auch das typische Merkmal der Ritterlinge, den „Burggraben" (kleines Bild). Er gehört zur großen Gruppe der grauschuppigen Erdritterlinge. Kennzeichnend für ihn – und wohl auch namengebend – sind die silbergrauen bis graubräunlichen groben und konzentrisch angeordneten Schuppen, die den weißen Hut bedecken und an ein Tigerfell erinnern. Früher hieß der Pilz mit wissenschaftlichem Namen „tigrinum". Der Tiger-Ritterling ist zwar giftig, sollte aber einen näheren Blick wert sein und – das gilt für alle Pilze – nicht mutwillig zerstört werden.
Der Tiger-Ritterling gehört zur großen Gruppe der Giftpilze, deren Magen-Darm-Gifte meist eine halbe bis vier Stunden nach der Mahlzeit heftige Bauchschmerzen und schwere Brechdurchfälle verursachen.

Verschiedene grauhütige Ritterlinge können mit dem Tiger-Ritterling verwechselt werden.

Grünling

Tricholoma equestre

Pilze
Blätterpilze

Speisepilz adieu!

Der Grünling wurde lange Zeit in allen Pilzbüchern als essbar und schmackhafter Speisepilz bezeichnet und war als Marktpilz zugelassen. Wie eine Bombe schlug im September 2001 bei Pilzsammlern und Pilzsachverständigen die Nachricht von durch den Grünling verursachten Todesfällen ein.

Der Grünling hatte bislang den guten Ruf eines ausgezeichneten Speisepilzes und wurde besonders in den sandigen Wäldern Norddeutschlands viel gesammelt. Bis die völlig unerwartete Nachricht von Vergiftungen eintraf. In einer Studie haben Wissenschaftler festgestellt, dass mehrere Personen nach dem Verzehr von Grünlingen an Schädigungen und Zerstörung der Herz- und Skelettmuskulatur (Rhabdomyolyse) litten. Damit einhergehende Komplikationen haben zum Tod von mehreren Menschen geführt. Der verursachende Giftstoff ist bisher noch nicht bekannt. Vom weiteren Verzehr des beliebten Pilzes wird deshalb dringend abgeraten! Nach dem Kahlen Krempling und dem Weißen Rasling gehört nun auch der Grünling nicht mehr zu den Speise-, sondern zu den Giftpilzen. Seien wir gespannt, was uns die Forschung weiter aufdeckt!

- Ritterling
- September bis Dezember
- Laub- und Nadelwald
- giftig

Merkmale
Hut 5–12 cm, gelbgrün bis braungelb mit bräunlich gelben Schüppchen. Stiel zylindrisch bis keulig, gelblich. Lamellen gelb.

Es will einem kaum in den Kopf: Der früher so beliebte Speisepilz muss nach neuesten Erkenntnissen als giftig eingestuft werden.

Pilze
Blätterpilze

- Ritterling
- Juli – Oktober
- Laub- und Nadelwald
- giftig

Merkmale
Hut 3–7 cm, unregelmäßig verbogen, schwefelgelblich, Mitte oft mit bräunlichgelben Schüppchen. Stiel und Lamellen schwefelgelb.

Schwefel-Ritterling

Tricholoma sulphureum

Erkennbar mit verbundenen Augen

Die Palette der Pilzgerüche ist riesig. Ganz feine Gerüche, die unserer Nase schmeicheln und unser Wohlbefinden fördern, sind aber eher selten. Ein untrügliches Merkmal vom Schwefel-Ritterling ist der widerliche, leuchtgasartige Geruch des ganzen Fruchtkörpers.

So eindeutig wie beim Schwefel-Ritterling ist das Bestimmen eines Pilzes selten: Ihn und den nah verwandten braunrot bis purpurviolett gefärbten Violettbraunen Schwefel-Ritterling erkennt man mit verbundenen Augen! Viele Pilze muss man oftmals intensiv beschnuppern und dabei Riechnerven und Geruchsgedächtnis erheblich anstrengen.
Pilzgerüche sind ein interessantes Thema für Pilzausstellungen. Es gibt findige Veranstalter, die die Geruchswahrnehmung der Besucher testen, indem sie an Fenchel-Trameten, Marzipan-Fälblingen, Kokosflocken-Milchlingen, Stachelbeer-Täublingen, Birnen-Rißpilzen, Rettich-Helmlingen, Knoblauch-Schwindlingen oder anderen Arten mit gut wahrnehmbarem Geruch riechen lassen. Ein eindrucksvoller Test, der auch Kindern großen Spaß macht!

Kein Mensch wird dieses stinkende Ungeheuer verzehren.

Seifen-Ritterling

Tricholoma saponaceum

Pilze
Blätterpilze

Ein Verwandlungskünstler großen Stils

Der Seifenritterling ist ein richtiger Verwandlungskünstler. Sein Farben- und Formenreichtum macht ein sicheres Bestimmen nicht gerade leicht – wenn er nicht einen ganz bestimmten Geruch verströmen und zum Röten neigen würde! Besonders gut ist diese Rötung an der Stielbasis zu erkennen.

- Ritterling
- August bis November
- Laub- und Nadelwald
- giftig

Merkmale
Hut 4–16 cm, glatt oder faserschuppig, Farbe veränderlich. Lamellen bei Verletzung langsam rötend. Stielbasis rötend.

Der Seifen-Ritterling ist wegen seiner sehr veränderlichen Farben und Formen oft schwer zu bestimmen. Die Hutfarbe schwankt von schwarzbraun, graubraun bis olivbraun, möglich sind auch grünliche und gelbliche Töne, und bisweilen gibt es auch Exemplare mit fast weißen Hüten. Typisch für den Seifen-Ritterling und alle seine Varietäten und Formen ist jedoch der Geruch des Fleisches nach Seifenlauge oder – falls Sie sich daran erinnern können – an Großmutters Waschküche am Waschtag. Ein weiteres wichtiges Merkmal ist die rötliche Verfärbung des Fleisches nach Verletzungen, die allerdings nicht immer sofort sichtbar ist und sehr langsam einsetzen kann.
Besonders gut ist diese Rötung in der Stielbasis zu erkennen, vor allem dann, wenn man daran reibt (Bild oben).

Der Seifen-Ritterling bringt auch gute Pilzkenner bisweilen in Verlegenheit.

Hallimasch

Armillaria sp.

Der Schrecken der Förster

Der Hallimasch ist ein gefürchteter Forstschädling. Er kommt in großer Zahl in Büscheln vor allem auf den Stümpfen gefällter oder toter Laub- und Nadelbäume vor. Das wäre ja nicht schlimm, würde der Pilz nicht von hier aus über die Wurzeln auch auf gesunde Bäume übergreifen und deren Holz zerstören.

Der Hallimasch ist ein sehr variabler Holzbewohner, der Laub- und Nadelbäume befallen kann. In dichten Büscheln zu 50 und mehr Stück bedecken die rötlich braunen Fruchtkörper innerhalb weniger Tage die Baumstümpfe auf forstlichen Schlagflächen. Ihr massenhaft erzeugtes Sporenpulver überpudert oft den Waldboden. An den Stämmen infizierter, vorerst noch gesunder Bäume bildet das Pilzgeflecht unter der Rinde dunkelbraune bis schwarze, zähe, glänzende, wurzelähnliche Stränge, die der Fachmann „Rhizomorphen" nennt (Bild oben). Im befallenen Holz verursacht der Pilz eine Weißfäule. Die Pilzhüte sind essbar, solange sie noch halbkugelig und geschlossen sind (Bild unten). Sie müssen jedoch sehr gut abgekocht werden (Kochwasser wegschütten!), da sie sonst Magen-Darm-Störungen hervorrufen können.

- **Hallimasch**
- **August bis November**
- **an Nadel- und Laubholz**
- **essbar**

Merkmale
Hut 3–20 cm, gelb- bis rötlichbraun mit dunkleren Schüppchen. Lamellen weißlich bis hellbräunlich, alt rotbraun gefleckt. Stiel mit Ring.

Der Hallimasch wird selbst richtig zubereitet nicht von jedermann vertragen.

Weißer Rasling

Lyophyllum connatum

Pilze
Blätterpilze

- Rasling
- August bis November
- Laub- und Nadelwald
- giftig

Merkmale
Hut 3–16 cm, weiß, alt wässrig-grauweiß, matt bis seidig glänzend. Stiel 5–15 cm, weiß, zylindrisch. Lamellen weißlich.

Der Trick mit der Verfärbung

Weiße Blätterpilze gibt es sehr viele – essbare, ungenießbare und auch giftige. Manchmal muss man daher beim Bestimmen etwas in die Trickkiste greifen. Eine interessante Farbreaktion zeigt der Weiße Rasling, wenn man sein weißes Fleisch mit Eisensulfat in Verbindung bringt.

Es erinnert fast schon an Zauberei, wenn man etwas Eisensulfatlösung auf den Weißen Rasling tropft: Der eigentlich reinweiße Pilz verfärbt sich innerhalb weniger Minuten ins Violette (Bild oben)!
Der Weiße Rasling wächst oftmals in großen Mengen in dicht an dicht zusammenstehenden Büscheln oder in Reihen an grasigen Waldfahrwegen und ist aufgrund seiner auffälligen weißen Hüte kaum zu übersehen. Früher galt der aromatisch riechende Pilz als essbar und wurde sicherlich gerne gesammelt, da man in kurzer Zeit große Mengen „einkorben" konnte. Nach neueren Forschungsergebnissen soll der Pilz jedoch erbgutschädigende Stoffe enthalten und gilt seither als giftig! Lassen wir also die Pilze stehen und freuen uns einfach am hübschen Anblick, den uns die am Waldweg stehenden Pilzbüschel bieten.

Der Weiße Rasling – einer der früher als essbar, heute als giftig eingestuften Kandidaten.

Maipilz

Calocybe gambosa

Pilze
Blätterpilze

- Schönkopf
- April bis Juni
- Laubwald, Parks
- essbar

Merkmale
Hut 3 –12 cm, cremeweißlich. Stiel 5 – 8 cm, fest, hutfarben. Lamellen hutfarben; Fleisch mit Mehlgeruch und -geschmack.

Veronika, der Lenz ist da!

Unsere Großeltern nannten den Maipilz auch Georgs-Ritterling weil er schon zum Georgstag, also um den 23. April, erscheinen kann. Auch der Name Mai-Ritterling weist auf sein zeitiges Erscheinen hin. Und alles was so früh erscheint, war schon immer höchst willkommen in der Naturküche.

Der früh im Jahr erscheinende Maipilz war und ist ein geschätzter Speisepilz. Er kommt gesellig und in Ringen an Waldrändern, in Parkanlagen und an grasigen Stellen im Wald vor. Der weißliche bis sahnegelbe Pilz strömt einen starken Mehlgeruch aus, an dem er relativ leicht von anderen weißlichen Blätterpilzen unterschieden werden kann. Anfänger unter den Pilzsammlern sollten allerdings von weißlichen Blätterpilzen am besten die Finger lassen!
Vorsicht ist vor allem geboten vor dem besonders in der Jugend ähnlichen, sehr giftigen Ziegelroten Risspilz. Dieser gefährliche Doppelgänger wächst leider an ähnlichen Plätzen wie der Maipilz. Er riecht in jungem Zustand fruchtartig süßlich, nimmt mit zunehmendem Alter jedoch einen unangenehmen Geruch an, und sein Fleisch läuft sehr langsam ziegelrot an.

Der Geruch ist eine wichtige Bestimmungshilfe.

Pilze
Blätterpilze

- Rübling
- Mai bis Oktober
- Laub- und Nadelwald
- kein Speisepilz

Merkmale
Hut 1,5–4 cm, mit Buckel, blassocker bis fleischbräunlich. Stiel 4–10 cm, mit lilagrauem Reif, Spitze am Lamellenansatz knopfförmig.

Knopfstieliger Rübling

Gymnopus confluens

Pilze als Recyclingspezialisten

Der Knopfstielige Rübling gehört zu einer speziellen Gruppe von Pilzen – „Saprophyten“ nennen sie die Fachleute –, die sich von totem organischem Material wie Laub- und Nadelstreu, Totholz oder anderem Pflanzenmaterial ernähren. Ohne den „Hunger“ unzähliger solcher „Entsorger“ würde uns das anfallende pflanzliche Material ganz schön über den Kopf wachsen.

Der Knopfstielige Rübling fällt durch sein büscheliges Wachstum in Reihen und Ringen auf. Zieht man solch einem Pilzchen den Hut zwischen zwei Fingern nach oben ab, bleibt ein namengebender knopfförmiger Rest vom Hutfleisch zurück (kleines Bild).
Wenn Sie einmal ganz vorsichtig einige Knopfstielige Rüblinge aus dem Waldboden heben, dann erkennen Sie an der Basis ein weißes watteartiges Pilzgeflecht, den eigentlichen „Pilz“, samt eingeschlossenen Laub- und Humusresten (Bild oben). Dieses Pilzgeflecht entzieht toten Pflanzenresten die Nährstoffe, baut sie somit ab und führt sie mit der Hilfe von Bakterien in den Stoffkreislauf der Natur zurück. Die Natur hält unzählige solcher Pilzspezialisten als „Recycler“ bereit, die alle die Fähigkeit besitzen, organische Stoffe abzubauen.

Der Knopfstielige Rübling erscheint in Büscheln, Ringen und Reihen.

Butter-Rübling

Rhodocollybia butyracea

Ziemlich aufgeblasen, der Typ

Um das typische Merkmal des Butter-Rüblings zu erkennen, müssen Sie ihn dazu schon in die Hand nehmen. Wenn Sie nun den rübenförmigen Stiel zwischen den Fingern drücken oder durchschneiden, dann erkennen Sie deutlich, dass der Stiel hohl und an der Basis stark aufgeblasen ist.

Pilze
Blätterpilze

- Rübling
- August bis Dezember
- Laub- und Nadelwald
- essbar

Merkmale
Hut 4–7 cm, rotbraun, feucht fettig glänzend. Stiel 3–8 cm, keulig, Basis weißfilzig. Lamellen gedrängt, weiß.

Der Butter-Rübling, wegen seiner rotbraunen Hutfärbung auch Kastanienroter Rübling genannt, ist an seinem hohlen, rotbräunlichen, vor allem aber an der Basis keulig aufgeblasenen Stiel zu erkennen. Den Namen „Butter"-Rübling hat der essbare Pilz aber keinesfalls aufgrund eines besonders guten Geschmacks bekommen, sondern wegen seines bei feuchter Witterung fettig glänzenden Hutes.
Neben dem typisch rotbraun gefärbten Pilz gibt es noch eine horn- bis graubraun gefärbte Variante, die als Horngrauer Rübling beschrieben ist, sich aber außer der Hutfarbe nicht vom Butter-Rübling unterscheidet. Auch bei diesem Pilz wird die Huthaut bei Feuchtigkeit fettig glänzend. Die Aufteilung in zwei Arten wird daher von manchen Fachleuten in Frage gestellt.

Trotz seines einladenden Namens als Speisepilz nicht sehr geschätzt

Pilze
Blätterpilze

- Rübling
- Mai bis November
- Laub- und Nadelwald
- essbar

Merkmale
Hut 2–6 cm, alt oft wellig, gelblich bis gelbbräunlich. Stiel zäh, hutfarben, Basis filzig. Lamellen sehr gedrängt.

Waldfreund-Rübling

Gymnopus dryophilus

Kein Wald ohne „Waldfreund"

Sein Volksname Waldfreund-Rübling passt sehr gut zu diesem Pilz. Er ist tatsächlich ein Freund im Wald, ein so genannter „Allerweltspilz", der sich mit zuverlässiger Regelmäßigkeit oft schon nach dem ersten warmen Mairegen eng gedrängt in Reihen oder Ringen in Laub- und Nadelwäldern einstellt.

Der Waldfreund-Rübling fehlt fast in keinem Wald; man findet ihn aber auch in Parkanlagen und Gärten. Sein wissenschaftlicher Name (griechisch dryos = Eiche, filos = Freund) ist daher etwas verwirrend, denn der Pilz kommt vom Frühjahr bis zum Herbst nicht nur unter Eichen, sondern unter vielen Laub- und Nadelbäumen vor.
Als Speisepilz ist der Waldfreund-Rübling fast wertlos, denn die dünnen Stiele sind hohl und knorpelig und Hutfleisch fällt nicht viel an. Wertvoll dagegen ist der Pilz für den Wald, denn er ernährt sich von totem organischem Material und spielt daher beim Erhalt des biologischen Gleichgewichts im Wald eine wichtige Rolle. Der Name „Waldfreund" passt somit gut zu seiner Funktion als Recyclingspezialist.

Der Waldfreund-Rübling ist sehr variabel und macht bisweilen Schwierigkeiten bei der Bestimmung.

Breitblättriger Rübling

Megacollybia platyphylla

Pilze
Blätterpilze

- Breitblatt
- Mai bis Oktober
- an Laub- und Nadelholz
- kein Speisepilz

Merkmale
Hut 5–15 cm, radialfaserig, graubraun. Lamellen weiß, sehr breit. Stiel 5–15 cm, Basis mit langen wurzelartigen Gebilden.

Meterweit Kontakt zu Holz

Dieser Pilz kann zwar irgendwo aus dem Waldboden seine relativ graubraunen, oft strahlig eingerissenen Hüte herausschieben, hat aber immer durch ein ausgedehntes, oft meterweit reichendes Netz aus wurzelartigen Strängen unterirdischen Kontakt zu abgestorbenem Laub- oder Nadelholz!

Der Breitblättrige Rübling, auch Breitblättriger Holzrübling genannt, bildet zunächst in der Mulmschicht modernder Baumstümpfe oder in vergrabenem, abgestorbenem Holz ein dichtes Pilzgeflecht, das sich aber bald zu einem weitreichenden Netz aus bleichen, bis zu zwei Millimeter starken, würzelchenartigen Strängen (Rhizoide) entwickelt (Bild unten). An ihnen wachsen, oft meterweit vom Holz entfernt, unter günstigen Bedingungen innerhalb weniger Tage die Fruchtkörper heran. Im Alter und bei Trockenheit, wenn sein grauer Hut vom Rand her strahlenförmig einreißt und das weiße Hutfleisch freigibt, zeigt sich der Pilz in ganzer Schönheit (Bild oben). Der Pilz kommt häufig vor und erscheint schon früh im Jahr. Er wurde früher auch als Speisepilz für Mischgerichte gesammelt. Nachdem in jüngerer Zeit jedoch Vergiftungsfälle vorgekommen sind, sollte man ihn meiden.

Als Holzbewohner gehört er zu den Recyclingspezialisten im Wald.

Pilze
Blätterpilze

- **Wurzelrübling**
- **Juni bis Oktober**
- **Laubwald**
- **essbar**

Merkmale
Hut 3–15 cm, flach mit Buckel, haselnussbraun, schleimig. Stiel 8–20 cm mit wurzelartiger Verlängerung.

Grubiger Wurzelrübling

Xerula radicata

Ein Pilz mit Wurzel?

Wir haben gelernt, dass Pilze zur Aufnahme von Wasser und Nährstoffen aus dem Boden keine Wurzeln ausbilden, wie das bei unseren Blütenpflanzen der Fall ist. Einer scheint da aber eine Ausnahme zu bilden – oder was ist das lange, wurzelartige Gebilde an der Stielbasis des Grubigen Wurzelrüblings?

Der Grubige Wurzelrübling, auch Wurzel-Schleimrübling genannt, erscheint einzeln bis gesellig auf oder neben alten Baumstümpfen oder am Boden auf vergrabenem Laubholz, bevorzugt von Buchen. Sein wissenschaftlicher Name (lateinisch radicatus = mit Wurzel) und auch sein Volksname beziehen sich auf die wurzelartige, spindelige Verlängerung des Stiels im Boden (Bild unten).
Mit dieser „Scheinwurzel" entnimmt der Pilz den Wurzeln oder modernden Stümpfen von Rotbuchen Nährstoffe. Im Gegensatz zu vielen anderen Arten kann er so ausgerüstet auch Trockenzeiten gut überleben. Ein weiteres namengebendes Merkmal des leicht erkennbaren Pilzes ist seine grubig-runzelige, bei Feuchtigkeit schleimige, haselnussbraune bis milchkaffeebraune Huthaut, die bei Trockenheit seidig glänzt.

Der Grubige Wurzelrübling ist zwar essbar, aber kein Fall für Feinschmecker.

Nelken-Schwindling

Marasmius oreades

Pilze
Blätterpilze

- **Schwindling**
- **Mai bis November**
- **auf Grasflächen**
- **essbar**

Merkmale
Hut 2–5 cm, oft mit Buckel, feucht ledergelb bis rotbräunlich, trocken blasser. Lamellen weißlich-lederfarben. Stiel schlank.

Nächtlicher Hexentanz im Rasen

Manch einer hat sich schon gewundert, wenn er am frühen Morgen in seinem Rasen eine kreisförmige Anordnung von Pilzen entdeckt hat. In früheren Zeiten wurden diese als „Hexenring" bezeichneten Erscheinungen als mitternächtliche Tanzplätze von Hexen gedeutet und nährten den Aberglauben beträchtlich.

Der wissenschaftliche Name des Nelken-Schwindlings geht zurück auf die Bergnymphen der Antike, die Oreaden, Naturgottheiten, die immer in größeren Gruppen auftraten. Auch der Nelken-Schwindling erscheint vom Frühsommer bis Herbst in großer Zahl in oftmals einige Meter Durchmesser erreichenden Ringen auf Wiesen und Weiden. „Hexenringe" sind typisch für Pilze, die organische Substanz im Boden abbauen (Humuszehrer). Sie entstehen dort, wo deren Pilzgeflechte sich von einem Ausgangspunkt in geregeltem Wachstum über Jahre hinweg ausbreiten. Die älteren inneren Teile dieses Geflechtes sterben mit der Zeit aus Nahrungsmangel ab, am Rand wächst es aber weiter und bildet Fruchtkörper aus, die dann ringförmig angeordnet erscheinen. Diese Ringe werden von Jahr zu Jahr größer. Das Pilzgeflecht setzt im Wachstumsbereich Stickstoffverbindungen frei, so dass das Gras hier besonders saftig und grün ist.

Nelken-Schwindlinge sind gute Würzpilze und lassen sich leicht trocknen.

Pilze
Blätterpilze

- Helmling
- Mai bis November
- Laub- und Nadelwald
- unbedeutend

Merkmale
Hut 1–2 cm, kegelig-glockig, graubraun, grauschwarz bis weiß, wellig gerieft. Lamellen weißlich. Stiel dünn, hohl, grau.

Weißmilchender Helmling

Mycena galopus

Zwerge im Pilzreich

Der Weißmilchende Helmling und seine Verwandten gehören zu den Winzlingen unter den Pilzen. Man muss schon genau hinschauen, um sie am Waldboden nicht zu übersehen. Alle Helmlinge haben ein kleines, kegeliges Hütchen mit zart gerieftem Rand und einen dünnen Stiel.

So ähnlich wie der Weißmilchende Helmling sehen auch eine ganze Anzahl anderer Helmlinge aus. Er ist aber an einem einfachen, sehr typischen Merkmal zu erkennen: Bricht man sein zartes Stielchen ab, dann tritt ein kleiner weißer, milchiger Tropfen aus (Bild oben). Dieser weiße Safttropfen hat ihm auch seinen Namen gegeben. Es gibt noch einige andere Helmlinge, die bei Verletzung einen farbigen Saft ausscheiden: Der Gelborangemilchende Helmling scheidet einen orangegelben Saft aus, der die Finger intensiv färbt; dunkelroten Milchsaft führt der Blut-Helmling und wässrigen, weinroten der Purpurschneidige Blut-Helmling. Bei Trockenheit oder bei alten Exemplaren funktioniert diese „Saftprobe" allerdings nicht immer, denn hier kann der erkennende Tropfen auch ausbleiben!
Die Gruppe der Helmlinge ist kaum überschaubar.
Über 100 Arten dieser Winzlinge sind bisher bei uns erforscht!

Rettich-Helmling

Mycena pura

Pilze
Blätterpilze

- **Helmling**
- **Mai bis November**
- **Laub- und Nadelwald**
- **giftig**

Merkmale
Hut 2–5 cm, mit stumpfem Buckel, farbig recht unterschiedlich, Rand durchscheinend gerieft. Lamellen grauweißlich. Stiel 4–7 cm lang.

Ein Chamäleon mit Rettichgeruch

Die Hutfärbung des Rettich-Helmlings ist so variabel wie ein Chamäleon. Es gibt blasslila, braunviolette, rosafarbene, gelbliche, ja sogar weißliche Exemplare. Ist da eine sichere Bestimmung nicht unmöglich? Ein Merkmal ist typisch und unveränderlich: Zerreibt man den Pilz zwischen den Fingern, ist ein deutlicher Rettichgeruch wahrnehmbar.

Der Rettich-Helmling ist mit seinem bis zu 5 cm breiten Hut ein Riese unter den Helmlingen. Auch die ganz unterschiedlich ausfallenden Hutfärbungen (Bilder) und der starke Geruch nach Rettich heben ihn von seinen winzigen Verwandten ab. Nach Rettich riechen zwar noch zwei andere Helmlinge, die sich jedoch durch ein unveränderbares Äußeres unterscheiden, und zwar der Schwarzgezähnelte Rettich-Helmling, ein häufiger Buchenwaldbewohner mit schwarzpurpurnen Lamellenschneiden und der Rosa Rettich-Helmling mit rosafarbenen Lamellen und rosafarbenem Hut. In alten Pilzbüchern werden Rettich-Helmlinge als essbar bezeichnet. Inzwischen hat man jedoch festgestellt, dass sie alle das giftige Muscarin enthalten. Erste Symptome treten schon nach etwa 15–30 Minuten auf.

Wenn die Hüte violett gefärbt sind, erkennt man den Rettich-Helmling am besten.

Pilze
Blätterpilze

- Samtfuß-Rübling
- September bis April
- an Laub- und Nadelholz
- essbar

Merkmale
Hut 2–12 cm, honiggelb bis rostbräunlich. Lamellen gelblich bis blassorange. Stiel weißgelblich, von unten braunschwarz.

Samtfuß-Rübling

Flammulina velutipes

Pilzesammeln im Winterwald

Der Samtfuß-Rübling ist einer der wenigen essbaren Pilze, die im Winter wachsen. Allein die Tatsache, dass der Pilz den ganzen Winter über in kleinen oder großen Büscheln vor allem auf Laubholz wächst, ist schon erstaunlich – darüber hinaus handelt es sich aber auch noch um einen erstklassigen Speisepilz.

Der Samtfuß-Rübling, wegen seines Wachstums in der Winterzeit auch Winterrübling oder Winterpilz genannt, erfreut sich als Speisepilz großer Beliebtheit. Er besiedelt mit Vorliebe Laubbäume und ist in Auenwäldern während der kalten Jahreszeit regelmäßig anzutreffen. Mit seinen orange- bis braungelb gefärbten Hüten und den ein samtiges, braunes Kleid tragenden Stielen ist er unverwechselbar. Bei strengem Frost unterbricht der Pilz sein Wachstum, um es bei Tauwetter dann wieder aufzunehmen. Der Pilz kann zwar auch in gefrorenem Zustand gesammelt werden, Sie sollten allerdings darauf achten, dass das Fleisch nach dem Auftauen noch fest ist. Als holzbewohnender Speisepilz kann der Samtfuß-Rübling auch leicht im Garten kultiviert werden. In Japan wird der Samtfuß-Rübling zum Beispiel mit Erfolg auf einer Mischung aus Sägemehl und Reiskleie kultiviert.

Samtfuß-Rüblinge locken den Pilzfreund auch im Winter in den Wald.

Riesen-Rötling

Entoloma sinuatum

Essbar oder giftig?

Kritische Pilzvergiftungen beruhen meist auf Verwechslungen zwischen essbaren und giftigen Arten. Wer Speisepilze sammelt, muss deshalb unbedingt auch deren giftige Doppelgänger kennen! Das gilt zum Beispiel für die essbare Nebelkappe und den giftigen Riesen-Rötling.

Der giftige Riesen-Rötling sieht in jungem Stadium der Nebelkappe zum Verwechseln ähnlich, beide Pilze riechen zudem auch noch kräftig nach frischem Mehl! Glücklicherweise ist der heimtückische Giftpilz verhältnismäßig selten, und in Deutschland fehlt er in vielen Gegenden vollständig. In einigen europäischen Ländern steht er allerdings in der Reihe der Pilzvergiftungen weit vorne. Er verursacht schon kurz nach dem Verzehr heftige Verdauungsstörungen mit kolikartigen Magenschmerzen und sehr schweren Brechdurchfällen, die mehrere Tage anhalten können. Unerfahrene Speisepilzsammler sollten überhaupt die Finger von den Rötlingen lassen. Sie sind schwer auseinander zu halten und viele von ihnen sind giftig oder giftverdächtig! Und das wichtige Merkmal der Rötlinge, ihr rötlicher, namengebender Sporenstaub, der die Lamellen mehr oder weniger stark rosa färbt, tritt erst im Alter auf.

- Rötling
- Juni bis Oktober
- Laubwald
- giftig

Merkmale
Hut 5–20 cm, mit stumpfem Buckel, seidig glänzend, elfenbeinfarben bis hellocker. Lamellen erst hellgelb, dann rosagelb.

Der giftige Riesen-Rötling sieht Nebelkappen teuflisch ähnlich.

Pilze
Blätterpilze

- Wulstling
- Juli bis Oktober
- Laubwald
- essbar

Merkmale
Hut 8–20 cm, leuchtend orangerot. Lamellen gelb. Stiel 8–16 cm, gelb, mit zitronengelbem, herabhängendem Ring, steckt in einer dicken, weißen Scheide.

Kaiserling

Amanita caesarea

Leckerbissen der Cäsaren

Schon die römischen Kaiser, von denen dieser Pilz seinen Namen bekam, schätzten den Kaiserpilz als unübertreffichen Leckerbissen. In Mitteleuropa ist dieser Wärme liebende Pilz leider nur selten zu finden, und wer bei uns einen Kaiserling findet, darf sich getrost als Glückspilz fühlen. Da der Pilz bei uns geschützt ist, kann man sich aber nur an seinem Anblick erfreuen!

Der Kaiserling mit seinem leuchtend orange- bis scharlachroten Hut, dem gelben, beringten Stiel und der weißen Scheide wächst vor allem in den Eichen- und Kastanienwäldern Südeuropas und wird dort auch häufig auf Märkten angeboten. In nördlicheren Gefilden kann der Pilz nur in Gebieten mit mildem Klima wachsen. Sein festes, dickes und aromatisches Fleisch wird viel gerühmt und vielseitig zubereitet und kann sogar roh genossen werden. Wenn Fliegenpilze altern und der Regen die weißen Pusteln vom Hut abgewaschen hat, könnten sie von oben gesehen mit dem Kaiserling verwechselt werden – eindeutiges Unterscheidungsmerkmal sind jedoch Stiel und Lamellen, die beim Kaiserling gelb, beim Fliegenpilz jedoch weiß gefärbt sind!

Kaiserlinge sind ein Fall für Feinschmecker.

Fliegenpilz

Amanita muscaria

Pilze
Blätterpilze

- Wulstling
- Juli bis Oktober
- Laub- und Nadelwald
- giftig

Merkmale
Hut 5–30 cm breit, leuchtend- bis orangerot, mit weißen Flocken. Lamellen weiß. Stiel weiß mit weißem Ring, Basis knollig.

Der Fliegenpilz ein Fliegenfänger?

In gezuckerter Milch aufgekochte oder mit Milch übergossene Fliegenpilzstücke locken Fliegen an und sollen sie abtöten. Daher wohl auch der Name „Fiegenpilz". Die Fliegen sterben allerdings nicht, sondern sind nur betäubt und erholen sich nach einigen Stunden wieder. Sie müssen schon noch selbst Hand anlegen.

Der Fliegenpilz ist einer der bekanntesten Pilze überhaupt – jedes Kind kennt ihn aus dem Märchen- und Bilderbuch –, und jeder weiß, dass dieser schöne Pilz giftig ist. Vergiftungen aufgrund von Verwechslungen mit essbaren Arten sind beim Fliegenpilz daher wohl kaum zu erwarten. Ganz junge, kugelige Fruchtkörper könnten mit Bovisten verwechselt werden, sind jedoch im Schnitt bereits an einer rotgelben Linie unter der Haut erkennbar (Bild oben). Wenn Probleme auftreten, dann bei missbräuchlichem Gebrauch. Seit Jahrtausenden ist seine Wirkung als Rauschdroge bekannt, denn der Pilz enthält Giftstoffe, die auf das Nervensystem wirken und Rauschzustände, Wahnvorstellungen und auch Brechdurchfälle verursachen. Die „Reise ins Glück" kann aber auch tödlich enden! Für Fliegen aber anscheinend nicht!

Fliegenpilze – jedermann bekannt

Grüner Knollenblätterpilz

Amanita phalloides

Pilze
Blätterpilze

- Wulstling
- Juli bis Oktober
- Laubwald
- tödlich giftig

Merkmale
Hut 4–15 cm, olivgrün, auch weiß. Stiel 6–20 cm, mit hängendem Ring, Basis verdickt, in einer abstehenden Scheide.

Giftmord trotz Vorkoster

Das Wissen um die Giftigkeit des Grünen Knollenblätterpilzes war schon in der Antike bekannt. Heimtückische Morde an unbeliebten Zeitgenossen waren an den Höfen nicht selten und Mittel, bei denen die Vergiftungserscheinungen langsam auftreten, waren den Meuchelmördern gerade recht.

Der gefährlichste aller Pilze ist der Grüne Knollenblätterpilz, der in seltenen Fällen auch ganz weiß sein kann (Bild oben). Seine Giftigkeit war schon in der Antike bekannt und wurde als tückische Waffe genutzt, denn die damals bei den misstrauischen Adeligen üblichen Vorkoster konnten den Speisen untermischte Gifte mit einer Langzeitwirkung natürlich nicht erkennen. Vergiftungserscheinungen beim Grünen Knollenblätterpilz treten sechs Stunden bis zwei Tage nach seinem Genuss auf, so dass jede Hilfe meist zu spät kommt. Einer der bekanntesten Fälle ist die Ermordung von Kaiser Claudius (54 n. Chr.), veranlasst von seiner Frau Agrippina. Mit dem Ziel, ihren Sohn Nero auf den Thron zu bringen, schaltete die ehrgeizige Kaiserin Locusta, eine der berüchtigsten Giftmischerinnen, ein. Claudius verstarb nach den Überlieferungen an einer Knollenblätterpilzvergiftung drei Tage nach dem Genuss eines Pilzgerichtes.

Den tödlich giftigen Grünen Knollenblätterpilz muss jeder Pilzsammler kennen.

Kegelhütiger Knollenblätterpilz

Amanita virosa

Pilze
Blätterpilze

- Wulstling
- Juli bis Oktober
- Nadelwald, Moore
- tödlich giftig

Merkmale
Hut 4–8 cm, kegelig-glockig, später gewölbt, weiß, seidigfaserig. Stiel 6–15 cm, mit hängendem Ring, Knolle mit weißer, anliegender Scheide.

Unachtsamkeit kann tödlich sein!

Grundsätzlich gilt: Allein sichere Pilzkenntnis schützt vor Vergiftungen! Da die Knollenblätterpilze in Mitteleuropa für etwa 90 % der tödlichen Pilzvergiftungen verantwortlich sind, sollte der Pilzsammler ganz genau wissen, wie diese Pilze aussehen und im Zweifelsfall auch ähnliche essbare Pilze lieber stehen lassen!

Der Kegelhütige Knollenblätterpilz steht in seiner Giftigkeit dem Grünen Knollenblätterpilz nicht nach. Er ist allerdings seltener und kommt hauptsächlich in feuchten Nadelwaldgebieten und Mooren vor. Speisepilzsammler sollten sich beim Sammeln von weißhütigen Speisepilzen vor Verwechslungen hüten. Sie müssen unbedingt darauf achten, ob die Pilze eine Knolle haben – oftmals steckt diese auch tiefer im Boden. Wer also weiße Pilze sammelt, sollte erst etwas im Moos, Laub- oder Nadelstreu graben, um auch absolut sicher zu sein, dass es sich nicht um einen Knollenblätterpilz handelt! Knollenblätterpilzvergiftungen hat man lange Zeit mit Aktivkohle, hohen Penicillingaben, Magenspülungen und einer symptomatischen Behandlung der Leberschäden behandelt. Seit den achtziger Jahren senkt „Silibinin", ein Wirkstoff aus den Früchten der Mariendistel, die Sterblichkeitsrate deutlich.

Der Kegelhütige Knollenblätterpilz ist leicht zu verwechseln mit weißhütigen Lamellenpilzen.

Perlpilz

Amanita rubescens

Pilze
Blätterpilze

- Wulstling
- Juni bis Oktober
- Laub- und Nadelwald
- essbar, roh giftig

Merkmale
Hut bis 15 cm, braunrötlich mit grauweißlichen bis rötlichen Flocken. Stiel mit geriefter Manschette, Basis knollig verdickt.

Nur für erfahrene Sammler geeignet!

Unerfahrene Pilzsammler sollten die Gruppe der Wulstlinge, also Pilze, die aus einer Knolle herauswachsen, tunlichst meiden, auch wenn unter ihnen einige wohlschmeckende Pilze zu finden sind – die Gefahr, an einen tödlich giftigen Vertreter wie Knollenblätterpilz oder Pantherpilz zu gelangen, ist zu groß!

Der Perlpilz, der in ganz Europa in Laub- und Nadelwäldern verbreitet ist und zu den häufigsten Sommerpilzen gehört, ist einer der essbaren Wulstlinge. Den Namen Perlpilz hat er wohl von den grauweißen bis graurötlichen Pusteln erhalten, die den bräunlichen Hut bedecken. Ein wichtiges Merkmal ist es, dass die Lamellen mit zunehmendem Alter braunrötliche Flecken bekommen. Eine braunrötliche Verfärbung tritt auch ganz besonders deutlich an den Fraßgängen der Maden in der Stielbasis auf (Bild oben). Man nennt den Pilz deshalb auch „Rötender Wulstling“. Der Perlpilz enthält giftige Stoffe, die jedoch durch Blanchieren (Kochwasser wegschütten!) zerstört werden. Danach kann man den Pilz bedenkenlos weiterverarbeiten. Roh genossen oder ungenügend gegart ist er giftig – aber Pilze sollte man bekanntlich ohnehin nicht roh genießen.

Perlpilze haben immer braunrötliche bis fleischrötliche Farbtöne.

Pilze
Blätterpilze

Zucht-Champignon

Agaricus bisporus

- Egerling
- ganzjährig
- auf Spezialsubstrat
- essbar

Merkmale
Hut 4–10 cm, jung halbkugelig, später ausgebreitet, weiß oder bräunlich. Lamellen jung rosa, alt schokoladenbraun.

„Egartlinge": weltweit kultiviert

Die Stammform des Zucht-Champignons, der Kompostegerling, kann in Komposthaufen im Garten, auf brachliegendem Land oder am Wegrand auftreten. „Egarte", der Name für brachliegendes Land, gab den Pilzen ihren Volksnamen „Egartlinge". Daraus wurden dann die heute bekannten Egerlinge.

Bereits im 17. Jahrhundert wurde mit dem Anbau von Zucht-Champignons in den Katakomben von Paris begonnen. Bei den Zuchtversuchen fand man bald heraus, dass sich die „Champignons de Paris" zuverlässiger entwickelten, wenn dem Nährboden Erde beigemischt wurde, auf der bereits Champignons wuchsen. Den entscheidenden Fortschritt brachte die Herstellung von Pilzbrut zum Animpfen der Beete. Diese Methode wurde im Pasteur-Institut in Paris entwickelt und streng geheim gehalten. Als die Technik jedoch in Amerika nachvollzogen und bekannt gegeben wurde, war das französische Monopol gebrochen. Was zunächst als teure Delikatesse für die Gourmets in Frankreich produziert wurde, wurde bald weltweit kultiviert, und heute werden Champignons das ganze Jahr über in jedem Supermarkt preiswert verkauft.

Wenn die Lamellen braun gefärbt sind, sind Zucht-Champignons nicht mehr frisch.

Wiesen-Egerling

Agaricus campestris

Milliardenfache Vermehrung?

Die rosafarbenen Lamellen des Wiesen-Egerlings färben sich zur Reife der Pilzkörper schokoladen- bis dunkelbraun. Diese Dunkelfärbung entsteht durch Milliarden von Fortpflanzungskörpern (Sporen), die in den Pilzlamellen heranwachsen und zur Reifezeit ausgestreut werden.

Pilzforscher schätzen die Zahl der von einem einzigen Wiesen-Egerling, auch Wiesen-Champignon genannt, erzeugten Sporen auf eine bis zwei Milliarden. Ähnliche Zahlen sind auch von vielen anderen Pilzen zu erwarten. Unvorstellbar, wenn auch nur aus einem Prozent der Sporen ein Pilz entstünde! Schnell würden wir in unseren Lieblingen ersticken. Aber keine Sorge, ihr komplizierter Fortpflanzungsmechanismus lässt eine derartige Flut nicht zu. Im Verhältnis zu anderen Pilzen jedoch sorgt der Wiesen-Egerling unter guten biologischen Voraussetzungen für zahlreiche Nachkommenschaft. In Europa ist er auf Wiesen und Viehweiden und Pferdekoppeln weit verbreitet. Besonders in trockenen Sommern kann er dort nach heftigen Regenfällen schnell und massenhaft auftreten und dann oft körbeweise gesammelt werden.

- **Egerling**
- **Juni bis Oktober**
- **auf Wiesen, Weiden**
- **essbar**

Merkmale
Hut 3–12 cm, weiß, matt oder feinschuppig. Lamellen jung rosa, alt schokoladenbraun. Stiel 5–7 cm, mit Ring.

Der Wiesen-Egerling schmeckt jung so gut wie Zucht-Champignons.

Pilze
Blätterpilze

- Egerling
- Mai bis Oktober
- Wiesen, Waldränder
- giftig

Merkmale
Hut 5–15 cm, kalkweiß. Lamellen jung rosa, alt dunkelbraun. Stiel mit Ring, Basis im Schnitt chromgelb.

Karbol-Egerling

Agaricus xanthoderma

Wenn's beim Kochen nach Chemie riecht

Die meisten Egerlinge sind essbar, einige von ihnen sind mit giftigen Schwermetallen stark belastet und eine kleine Gruppe ist giftig. Pilzsammler werden aber spätestens beim Zubereiten der giftigen Egerlinge das Gericht in den Mülleimer werfen – es stinkt nämlich ganz gewaltig nach Chemie!

Der Karbol-Egerling, der meist gesellig in lichten Wäldern, an Waldrändern, in Wiesen, Parkanlagen und Gärten vorkommt, wird nicht selten mit dem Wiesen-Champignon verwechselt, obwohl er ganz eindeutig an der chromgelben Verfärbung an der Stielbasis (Bild unten) und seinem unangenehmen Geruch zu erkennen wäre. Zu Vergiftungen mit diesem Pilz kommt es allerdings recht selten, denn mit dem Erhitzen der Pilze steigen unangenehme Gerüche nach Karbol (Name!) oder Tinte aus Pfanne oder Kochtopf, und nur ganz Hartgesottene werden jetzt nicht vom Verspeisen des Pilzgerichtes abgehalten. Dennoch verspeist verursacht der Karbol-Egerling Übelkeit, Erbrechen, Durchfall und Bauchschmerzen. Auch die anderen giftigen Egerlinge sind alle im Schnitt an der Gelbfärbung und an ihrem unangenehmen Geruch nach Chemie (Phenol, Tinte, Desinfektionsmittel) zu erkennen.

Vorsicht bei Egerlingen mit Karbolgeruch!

Parasol

Macrolepiota procera

Anisplätzchen, Paukenschlegel und Schirm

Der Parasolpilz ändert im Laufe seines Wachstums ganz auffällig seine Form: Ganz jung hat er die Form eines Anisplätzchens. Der kräftige Stiel streckt sich jedoch schnell, und der Pilz zeigt dann eine typische Paukenschlegelform. Später breitet sich der Hut zu einem stattlichen Schirm aus.

Der Parasol, auch Riesenschirmling genannt, ist der größte unserer heimischen Lamellenpilze. Es ist für jeden Naturfreund ein eindrucksvolles Erlebnis, seine Fruchtkörperentwicklung vom Anisplätzchen (Bild oben) über die Paukenschlegelform bis hin zum Riesenschirm zu verfolgen. Ausgewachsene Fruchtkörper, die einzeln oder zu mehreren auf einer Heide oder im lichten Wald stehen, sind schon ein eindrucksvolles Bild. Und dem Feinschmecker läuft allein beim Anblick schon das Wasser im Munde zusammen – besteht doch Aussicht auf ein besonders leckeres und ergiebiges Pilzgericht. Die Stiele sind zäh und zum Verzehr ungeeignet. Die wahrhaft riesigen Hüte dagegen sind sehr ergiebig, als „Schnitzel“ paniert und gebraten oder gar mit einer Scheibe Schinken und Käse verfeinert schmecken sie wahrhaft köstlich (kleines Bild).

Sie sind wahrhaftige Riesen unter den Speisepilzen.

Pilze
Blätterpilze

- **Riesenschirmpilz**
- **Juli bis Oktober**
- **Wiesen, Wälder**
- **essbar**

Merkmale
Hut 10–40 cm, kugelig-eiförmig, später ausgebreitet mit Buckel, bräunlich, wollig mit Schuppen. Stiel genattert, mit doppeltem Ring.

Pilze
Blätterpilze

- Tintling
- Mai bis November
- Grasflächen, Wälder
- essbar

Merkmale
Hut walzenförmig, weißlich, mit Schuppen. Lamellen weiß, bald rosa, dann tintenartig zerfließend. Stiel schlank, mit Ring.

Schopf-Tintling

Coprinus comatus

Ein Pilz, der Tinte liefert

In längst vergangenen Zeiten, als man noch mit Gänsefedern schrieb, hat man aus Schopf-Tintlingen Tinte hergestellt. Dazu wurden die Pilzhüte in ein Gefäß gelegt. Die entstehende, braunschwarze Lösung wurde dann aufgefangen, behandelt und konserviert – fertig war die Tinte.

Der Schopf-Tintling kann zur Freude der Pilzsammler in großen Mengen über Nacht in Gärten und Parkanlagen heranwachsen. Ganz junge, noch geschlossene Pilze schmecken sehr gut, müssen aber zubereitet werden, solange die Lamellen noch weiß oder blassrosa sind – und das dauert nicht lange. Schneidet man einen Hut einmal der Länge nach durch, erkennt man die anfänglich weißen Lamellen, die sich von unten, also vom Hutrand her schnell rosa verfärben und danach schwärzen. Mit fortgeschrittener Reife beginnen sich Lamellen und Pilzfleisch zu einer tintenartigen Brühe zu verflüssigen. Dieser Vorgang ist typisch und namengebend für Tintlinge. Übrig bleiben die Stiele, an denen zum Schluss nur noch schwarze Hutfetzen hängen. Weil der weiße, walzenförmige Hut eine gewisse Ähnlichkeit mit kräftigen, dicken Spargelsprossen hat, nennt man den Pilz auch Spargelpilz – und wie dieses Gemüse kann er auch zubereitet werden.

Wenn die Lamellen am Hutrand schwärzen, ist der Schopf-Tintling nicht mehr zu genießen.

Riesen-Träuschling

Stropharia rugosoannulata

Pilze
Blätterpilze

- **Träuschling**
- **Juni bis Oktober**
- **auf organischen Abfällen**
- **essbar**

Merkmale
Hut 5–25 cm, gewölbt bis ausgebreitet, rotbraun, auch blassgelb (Bild oben). Lamellen grau- bis schwarzviolettlich. Stiel kräftig, mit Ring.

Ein Herkules unter den Kulturpilzen

Der Riesen-Träuschling ist ein beliebter Zuchtpilz geworden, denn er kann im Garten an schattigen Plätzen auf Strohsubstrat und anderen pflanzlichen Abfällen leicht kultiviert werden. Mit etwas Glück kann man riesige Exemplare mit bis zu 20 cm langen Stielen und 25 cm breiten Hüten ernten.

Der Riesen-Träuschling kann gelegentlich – dann aber in großen Mengen – wildwachsend auf Äckern vorkommen, denn faulendes Stroh und andere organische Abfälle bieten ihm ideale Wachstumsbedingungen. Wegen seiner rotbraunen Hutfarbe, die im Alter allerdings zunehmend heller wird, ist der Pilz auch unter dem Namen „Braunkappe“ bekannt. Typisch für diesen Pilz ist der Stielring und die auf dem jungen Hut und Hutrand klebenden weißen Flöckchen. Das Fleisch ist sehr fest und haltbar – eine sehr wichtige Eigenschaft für einen Kulturpilz! Es riecht schwach rettichartig und schmeckt mild bis etwas erdartig. Der Pilz hat in sehr seltenen Fällen Brechdurchfälle verursacht und sollte nicht roh verzehrt werden.
Wer den leicht zu kultivierenden und ergiebigen Pilz bei sich im Garten züchten will, der kann sich Pilzbrut unter der Bezeichnung „Braunkappen“ oder „Kultur-Träuschlinge“ in Fachgeschäften kaufen.

Riesen-Träuschlinge werden nicht immer gut vertragen.

Pilze
Blätterpilze

- Schwefelkopf
- Frühjahr bis Herbst
- an Laub- und Nadelholz
- giftig

Merkmale
Hut 2–7 cm, oft stumpf gebuckelt, schwefelgelb, Mitte rotbräunlich. Lamellen schwefelgelb. Stiel schlank, schwefelgelb, später grüngelb.

Grünblättriger Schwefelkopf

Hypholoma fasciculare

Holzabbau in geordneter Reihenfolge

Wenn es darum geht, auch dem größten sterbenden Baumriesen „den Rest zu geben", sind viele Pilze daran beteiligt, und zwar in geordneter Reihenfolge. Der Grünblättrige Schwefelkopf ist einer der Pilze, die als „Drittbesiedler" auf toten Stämmen und Stümpfen von Laub- und Nadelholz vorkommen.

Der Grünblättrige Schwefelkopf überzieht oft in großen Büscheln ganze Baumstümpfe im Wald. Hier ernährt er sich, wie viele andere Holzpilze, vom modernden Holz. Sein typisches Merkmal sind das schwefelgelbe Fleisch und die grüngelben bis olivgrünen Lamellen. Man weiß noch nicht genau, welche der unzähligen und überall in der Natur vorhandenen Pilzsporen zu welchem Zeitpunkt ihre Pilzgeflechte im Holz entwickeln und wie sie sich gegenseitig verhalten. Die Reihenfolge, in der die einzelnen Gruppen auf dem Holz erscheinen, ist jedoch ziemlich geordnet: Zuerst erscheinen auf den Stämmen Schlauchpilze, Spaltblättlinge und Schichtpilze. Danach siedeln sich über mehrere Jahre Porlinge an und zum Schluss folgen zunehmend Holz bewohnende Blätterpilze wie der Grünblättrige Schwefelkopf.

Rauchblättriger Schwefelkopf

Hypholoma capnoides

Pilze
Blätterpilze

- Schwefelkopf
- September bis Dezember
- an Nadelholz
- essbar

Merkmale
Hut 2 –10 cm, blassgelb, Mitte rötlichbraun. Lamellen gedrängt, blass, später aschgrau. Stiel nach unten zu rostbraun.

Erntesegen auf Nadelholzstümpfen

Der Rauchblättrige Schwefelkopf wächst vom Herbst bis zum Wintereinbruch büschelig an toten Nadelholzstümpfen. Hier kann er in relativ kurzer Zeit oftmals körbeweise gesammelt werden. Da er kaum von Maden befallen wird, bringt er – obwohl nur die Hüte verwendet werden – meist ergiebige Mahlzeiten.

Der Rauchblättrige Schwefelkopf wurde in früheren Jahren gerne zur „Aufstockung" der Haushaltskasse gesammelt: Zum einen, weil er wohlschmeckende Gerichte lieferte, zum andern, weil relativ schnell ein reicher Erntesegen eingebracht werden konnte. Dass der Pilz streng an tote Nadelholzstümpfe gebunden ist, macht auch die Suche relativ einfach. Die zahlreichen Fruchtkörper wachsen dabei oft zwischen der sich ablösenden Borke und dem Splintholz aus einem feinen Pilzgeflecht hervor, das im Holz wuchert und zur Zersetzung desselben führt. Leider hat auch der Rauchblättrige Schwefelkopf einen giftigen Doppelgänger: den sehr bitteren Grünblättrigen Schwefelkopf (kleines Bild, links). Eine fatale Tatsache, die bei leichtfertigem, oberflächlichem Sammeln immer wieder zu Verwechslungen führt. Hier hilft eine winzige Geschmacksprobe (Probe ausspucken!).

Rauchblättrige Schwefelköpfe schmecken mild.

Pilze
Blätterpilze

- Stockschwämmchen
- Mai bis Dezember
- auf Holz
- essbar

Merkmale
Hut 3–8 cm, gelbbraun, mit dunklerer Randzone. Lamellen hell- bis rostbraun. Stiel unterhalb des Rings mit sparrigen, braunen Schüppchen.

Stockschwämmchen

Kuehneromyces mutabilis

Stockschwämmchen-Ernte im Garten

Das Stockschwämmchen ist ein sehr ergiebiger und wohlschmeckender Suppenpilz, der allerdings einige giftige und ungenießbare Doppelgänger besitzt. Auf der sicheren Seite ist man allerdings, wenn man die Stockschwämmchen nicht in freier Natur sammelt, sondern sie unverwechselbar im Garten kultiviert.

Das Stockschwämmchen kann relativ einfach im Garten kultiviert werden: Besorgen Sie sich etwa 40 cm lange und mindestens 15 cm dicke Rotbuchen-Hölzer und eine Stockschwämmchen-Pilzbrut. Das Holz sollte nicht länger als ein halbes Jahr geschlagen und darf nicht zu trocken sein. Beimpfen Sie die Schnittflächen mit Pilzbrut und nageln Sie dann dünne Holzscheiben darüber. Stapeln Sie dann die Hölzer zusammen (kleines Bild), decken sie mit Stroh und Erde ab und versehen Sie das Ganze mit einer dunklen Folie, die einige Luftlöcher hat.

Nach etwa 5 Monaten ist das Holz von weißen Pilzfäden überzogen. Jetzt werden die Hölzer mit der Impfstelle nach oben etwa 10 cm tief in Erde eingegraben. Sorgen Sie dafür, dass die Hölzer nicht austrocknen (begießen!). Nach ein paar Wochen zeigen sich die ersten Fruchtkörper. Die Hölzer tragen über viele Jahre Pilzfruchtkörper.

Ein ganz wichtiges Merkmal sind die braunen Schüppchen am Stiel (Bild oben).

Ziegelroter Risspilz

Inocybe erubescens

Giftige Frühlingsgrüße aus dem Park

Wer im Mai auf Rasenflächen in Parks oder auf anderen grasigen Stellen die ersten Maipilze oder Wiesen-Champignons ernten will, der muss sich vor dem giftigen Ziegelroten Risspilz in Acht nehmen – zumal dieser Pilz verwirrenderweise auch noch einen angenehm obstartigen Geruch verströmt.

Der Ziegelrote Risspilz kann für den Pilzsammler, der im Mai nach dem Maipilz oder Wiesen-Champignons Ausschau hält, leicht gefährlich werden, da er das Nervengift Muscarin enthält, das zu schweren Vergiftungen führen kann. Es ist schon fatal, dass der Ziegelrote Risspilz zum einen zur gleichen Zeit an den gleichen Standorten auftreten kann, zum andern in jungem Zustand ebenfalls weiße bis strohgelbe Hüte trägt! Im Alter ist er kaum mehr zu verwechseln: Der Hut hat nun eine ziegelrötliche Färbung und reißt am Rand oft ein (Name!). Junge, noch weißhütige Pilze können aber relativ gut zugeordnet werden, wenn man weiß, dass sich Hut und Fleisch bei Druck oder kräftigem Reiben langsam (oft erst nach Stunden, also Geduld haben!) ziegelrot verfärben.

Pilze
Blätterpilze

- **Risspilz**
- **Mai bis August**
- **Parkanlagen, Wälder**
- **giftig**

Merkmale
Hut 2–9 cm, glockig, radialfaserig, jung weißlich, später ziegelrötlich. Hut, Stiel und Lamellen färben bei Druck und im Alter ziegelrötlich.

Der giftige Ziegelrote Risspilz erscheint schon im Mai.

Pilze
Blätterpilze

- Risspilz
- Juli bis Oktober
- unter Bäumen
- giftig

Merkmale
Hut 2–6 cm, tabakbraun, mit Faserschüppchen. Stiel bis 6 cm lang, deutlich gefasert. Fleisch auf Druck etwas rötend.

Duftender Risspilz
Inocybe bongardii

Vorsicht vor Birnenschnaps-Geruch!

Was nach Williams-Christ-Schnaps riecht, das kann doch so unrecht nicht sein. Wer so denkt, wenn er einen Pilz mit angenehm aromatisch, süßlich-obstartigem Geruch mit Birnenschnaps-Komponente vor sich hat, der täuscht sich erheblich: Der Pilz ist keinesfalls für den Verzehr geeignet!

Eigentlich sollte der Duftende Risspilz unverwechselbar sein, denn er riecht unverkennbar nach Birnenschnaps. Aber ganz so einfach ist das nicht, denn auch noch zwei andere Risspilze haben einen an Williams-Christ-Schnaps erinnernden Geruch: es sind der Grünscheitelige Risspilz und der Birnen-Risspilz.
Im Endeffekt kann es dem Pilzsammler jedoch egal sein, denn alle nach Birnenschnaps riechenden Pilze mit radial einreißendem Hut sind nicht zum Verzehr geeignet! Der hohe Gehalt an Muscarin führt meist schon 15–30 Minuten nach dem Verzehr zu Schweißausbrüchen verbunden mit Speichel- und Tränenfluss. Dazu kommen Sehstörungen, Erbrechen und Bauchkoliken. Schwere Vergiftungen enden mit Lungenödem oder Herzversagen.

Der Duftende Risspilz ist wie die meisten Risspilze giftig.

Reifpilz

Rozites caperatus

Ein Pilz, der Sand und Säure liebt

So wie es Blumen gibt, die nur auf ganz bestimmten Böden wachsen und durch ihr Erscheinen schon anzeigen, wie der Untergrund beschaffen ist (Zeigerpflanzen), so gibt es auch Pilze, von denen man weiß, wo man sie auf jeden Fall findet oder auf gar keinen Fall suchen muss.

Der Reifpilz ist so ein Pilz, von dem man weiß, dass er nie auf kalkhaltigen Böden wächst, dafür aber auf sandigem oder saurem Boden zu suchen ist. Wo zum Beispiel Heidelbeeren und Heidekraut wachsen, da darf man auch mit dem Auftreten von Reifpilzen rechnen. Seinen Namen bekam der Pilz von dem reifartigen Hutbelag, der bis ins Alter erhalten bleibt. Man nennt den Reifpilz aber auch Zigeuner, und das, weil er bei Trockenheit und im Alter mit seinem eingerissenen Hutrand einen etwas heruntergekommenen Eindruck macht. Die radial gerunzelte Huthaut und die frühere Zuordnung zu den Schüpplingen, weil er einen Stielring und braunes Sporenpulver besitzt, hat ihm den Volksnamen Runzelschüppling eingebracht (lateinisch caperatus = runzelig).

Reifpilze und Heidelbeeren gehören zusammen.

Pilze
Blätterpilze

- Reifpilz
- Juli bis Oktober
- saure Nadelwälder
- essbar

Merkmale
Hut 4–12 cm, jung halbkugelig, dann gewölbt, semmelfarben, silbrig bereift, Rand alt oft eingerissen. Stiel 5–15 cm, mit schmalem Ring.

Pilze
Blätterpilze

- Raukopf
- Juli bis Oktober
- saure Nadelwälder
- tödlich giftig

Merkmale
Hut 2–7 cm, spitz gebuckelt, feinschuppig, rostbräunlich. Stiel bis 10 cm, rostbraun, längsfaserig. Lamellen rostbräunlich.

Spitzgebuckelter Raukopf

Cortinarius rubellus

Giftig und auch noch heimtückisch

Der Spitzgebuckelte Raukopf gehört zu einer sehr heimtückischen Pilzgruppe, den Rauköpfen. Diese Pilze sind nämlich nicht nur giftig, sie sind darüber hinaus auch noch äußerst heimtückisch, weil erst nach zwei Tagen bis nach zwei (!) Wochen nach ihrem Verzehr die ersten Erkrankungssymptome auftreten!

Der Spitzgebuckelte Raukopf wächst in feuchten, moosigen Nadelwäldern und Mooren. Kennzeichnend für ihn ist der trockene, feinfilzig-faserige, spitzgebuckelte (Name!), rostrote Hut. Die Giftigkeit der Rauköpfe wurde erst im Sommer 1952 nach einer Massenvergiftung durch Orangefuchsige Rauköpfe in Polen – bei der elf Menschen starben – erkannt. Der Zeitabschnitt zwischen der Einnahme der Giftstoffe und dem Auftreten der auf eine Nierenschädigung hindeutenden Krankheitssymptome, ist von der aufgenommenen Giftmenge abhängig. Bei den Rauköpfen treten heimtückischerweise erst Krankheitsanzeichen auf, wenn kein Mensch mehr an eine vorausgegangene Pilzmahlzeit denkt. So glaubte man in Polen zunächst auch an eine epidemische Erkrankung unbekannter Ursache. Erst nach sorgfältigen Recherchen und Tierversuchen wurden die eigentlichen Zusammenhänge aufgedeckt.

Schleiereule

Cortinarius praestans

Pilze
Blätterpilze

- Schleimkopf
- August bis Oktober
- Laubwald
- essbar

Merkmale
Hut 5–25 cm, braunviolett mit flockigen Hüllresten. Stiel 10–20 cm, keulig, weißlich-blassviolett. Lamellen ockerbraun.

Das Eulenauge im Buchenwald

Die Schleiereule heißt auch Eulenauge. Sie hat ihre Volksnamen vom Aussehen der jungen Pilze. Zu Beginn ist der kugelige Fruchtkörper der Schleiereule samt Basisknolle von einem weißen Schleier überzogen. In kurzer Zeit wird dieser aufgerissen und der Pilz guckt wie ein Eulenauge aus dem Erdboden.

Die erwachsenen Fruchtkörper der Schleiereule erreichen beachtliche Ausmaße. Sie können 20 cm hoch und 25 cm breit werden. Daher kommt auch der wissenschaftliche Name (lateinisch praestans = stattlich). Die Stielbasis wird von einer kräftigen weißen Knolle gebildet. Auf dem Hut bleiben flockenartige, weiße Schleierreste zurück. Der Hutrand ist lange nach unten gebogen und wird im Alter runzelig. Die Schleiereule wächst meist gesellig oder sogar nesterartig in Kalk-Buchenwäldern und ist dort nicht zu übersehen. Gelegentlich wird der Pilz wegen seines schleimigen Hutes und des bläulich bis blassvioletten Stiels auch Blaugestiefelter Schleimkopf genannt. Der Pilz ist zwar essbar, und wurde früher wegen seiner Ergiebigkeit sehr geschätzt. Inzwischen ist er aber schon selten geworden und sollte deshalb geschont werden.

Für den Kochtopf ist die seltene Schleiereule viel zu schade.

Pilze

Sprödblättler

Diese Pilzgruppe, zu der die Täublinge und Milchlinge zählen, trägt an der Hutunterseite Lamellen, die sich bei den Täublingen allerdings durch eine gewisse Sprödigkeit von denen der Blätterpilze unterscheiden. Fährt man mit der Fingerspitze darüber, so splittern kleine Stücke ab. Ein weiteres Merkmal ist der in der Längsachse glatte Bruch der Stiele. Bei anderen Pilzgruppen fasern die Stiele beim Brechen der Länge nach aus.

Täublinge leuchten in allen Farben und sind zumeist recht häufig anzutreffen. Betrachtet man die Hutunterseite, dann stellt man fest, dass die Lamellen meistens vom unberingten Stiel bis zum Hutrand reichen. Die genaue Bestimmung der einzelnen Täublinge bereitet allerdings erhebliche Schwierigkeiten. Dem Speisepilzsammler hilft nur eine kleine Kostprobe: Alle mild schmeckenden Täublinge sind essbar; alle scharf schmeckenden (Kostprobe ausspucken!) sind ungenießbar oder gar giftig!

Die Milchlinge geben bei Verletzung einen unterschiedlich gefärbten Milchsaft ab. Besonders auffällig ist der mehr oder weniger orange gefärbte Milchsaft der Reizker.

Pilze
Sprödblättler

- Täubling
- Juli bis November
- Laub- und Nadelwald
- giftig

Merkmale
Hut 4–9 cm, hell ocker- oder strohgelb, Mitte dunkler, Rand alt furchig. Lamellen und der 2–6 cm lange Stiel hutfarben.

Gallen-Täubling

Russula fellea

Ein Name, der täuscht

Der Name Gallen-Täubling täuscht. Bei einer Kostprobe seines gelbweißen, festen Fleisches erwartet man bei dem Namen eigentlich einen bitteren Geschmack. Aber nicht gallenbitter schmeckt der Pilz, sondern brennend scharf, er sollte also eher Brennendscharfer Täubling heißen!

Auch wer den wissenschaftlichen Namen des Gallen-Täublings übersetzt, landet auf dem Holzweg: „fel" kommt aus dem Lateinischen und bedeutet Galle. Warum der brennend scharf schmeckende Pilz nun Gallen-Täubling heißt, ist ungeklärt. Auf jeden Fall lässt schon eine kleine Kostprobe erkennen, dass dieser Pilz nicht zum Verzehr geeignet ist, ob er nun bitter oder scharf schmeckt. Ein weiteres Erkennungsmerkmal des Gallen-Täublings ist sein intensiver süßlich-obstartiger Geruch. Man kann den Gallen-Täubling im Laub- und Nadelwald antreffen, am besten gefällt es dem Pilz aber unter Rotbuchen, mit denen er besonders gern Partnerschaft schließt. Für Pilzsammler könnte man die große Gruppe der Täublinge ganz grob durch eine kleine Kostprobe in essbar oder ungenießbar einteilen. Alle mild schmeckenden Täublinge sind essbar, alle bitter oder scharf schmeckenden sind ungenießbar oder gar giftig.

Als sehr scharfer Täubling gehört er zu den Giftpilzen.

Ocker-Täubling

Russula ochroleuca

Pilze
Sprödblättler

- Täubling
- Juli bis November
- Laub- und Nadelwald
- essbar

Merkmale
Hut 4–12 cm, ockergelblich, bisweilen auch oliv, Rand ungerieft. Lamellen alt gelblich. Stiel 2–6 cm, weißlich.

Ein Massenpilz im Laub- und Nadelwald

Der Ocker-Täubling ist ein Pilz, den man in vielen Jahren körbeweise ernten kann. Schade nur, dass er als Speisepilz nur von minderer Qualität ist und sich nur als Mischpilz eignet. Er schmeckt mild bis leicht scharf und die spröde Konsistenz des Pilzfleisches ist ebenfalls wenig einladend.

Der Ocker-Täubling, aufgrund seiner Färbung auch Gelbweißer Täubling, Weißblättriger Ocker-Täubling oder Zitronentäubling genannt (griechisch ochroleuca = ockergelb-weiß), kommt als Speisepilz eigentlich nur in Frage, wenn alle anderen schmackhaften Speisepilze nur in kleiner Zahl erscheinen, und dann auch nur in Form von Mischpilzgerichten. Nun lässt sich über den Geschmack bekanntlich trefflich streiten. Ich habe für die Beurteilung von Speisepilzen im Zweifelsfall eine recht einfache Methode: Die Pilze werden geputzt, in Butter gebraten und leicht mit Salz gewürzt. Dann folgt die Geschmacksbewertung. Gute Speisepilze sprechen für sich, weniger gute benötigen noch Zugaben. Vielleicht machen Sie die Geschmacksprobe auch einmal auf diese Weise.

Ein Massenpilz – leider kein Fall für Feinschmecker

Frauen-Täubling

Russula cyanoxantha

Pilze
Sprödblättler

- Täubling
- Juni bis Oktober
- Laub- und Nadelwald
- essbar

Merkmale
Hut 4–15 cm, glänzend, violett bis grüngelblich; Rand ungerieft. Lamellen weich, weiß, alt gelblich. Stiel 5–10 cm, weißlich.

Keine Regel ohne Ausnahme

Täublinge gehören zu den Sprödblättlern, das heißt, sie haben spröde Lamellen, die bei Berührung leicht splittern. Aber keine Regel ohne Ausnahme: Beim Frauen-Täubling splittern die weichen, sich fettig anfühlenden Lamellen nicht, sondern legen sich einfach nur um.

Der Frauen-Täubling, auch als Violettgrüner Frauen-Täubling oder Blautäubling bekannt (griechisch cyanoxantha = blaugelb) ist ein ergiebiger und schmackhafter Speisepilz. Man kann ihn schon im Frühsommer nach einem warmen Gewitterregen sammeln, muss sich allerdings beeilen, denn der Pilz wird sehr gerne von Schnecken befallen, die sich „schnell" mit ihrer ungezügelten Fresslust über den vorzüglichen Speisepilz hermachen (Bild oben). Nicht nur diese gefräßigen Tiere mindern die Anzahl der Pilze, nach kurzer Zeit ist er auch von unzähligen Maden durchsetzt. Man sollte die Pilze deshalb schon beim Sammeln durchschneiden und – was für alle Pilze gilt – alte Exemplare im Wald stehen lassen. Ein Tipp für Gartenfreunde: Pilzreste bei Regen oder nachts im Garten auslegen. Das gefräßige Schneckenvolk kommt garantiert – die „Entsorgung" ist dann allerdings Ihre Sache!

Der Frauen-Täubling – in der Hitliste der Speisepilze ganz oben

Spei-Täubling

Russula emetica

Höllisch brennende Speiteufel

Lassen Sie sich von dem angenehmen, obstartigen Geruch und der leuchtenden Rotfärbung dieses Täublings nicht täuschen: Schon eine kleine Kostprobe brennt höllisch auf der Zunge und Sie werden sie sofort ausspucken – nicht umsonst heißt dieser verlockende Pilz auch Speiteufel.

Auch der wissenschaftliche Name des Spei-Täublings (lateinisch emetica = zum Erbrechen reizend) sagt schon aus, dass es sich hier keinesfalls um einen Speisepilz handelt. Der kirschrote Pilz hat mehrere sehr ähnliche Verwandte, die sich auf unterschiedliche Baumpartner und Lebensräume eingestellt haben. Im Buchenwald wächst der Buchen-Speitäubling, unter Birken in Feuchtgebieten findet man den Birken-Speitäubling und unter Kiefern wächst der Kiefern-Speitäubling. Alle zeichnen sich durch schmerzhaft brennenden Geschmack aus, der im Allgemeinen vom Verzehr abhält und damit wohl schon manche Pilzvergiftung verhindert hat. Eine kleine Geschmacksprobe, die meist sowieso gleich wieder ausgespuckt wird, ist unschädlich, größere Mengen führen allerdings zu starken Brechdurchfällen!

Wer Spuren vom Spei-Täubling einmal gekostet hat, wird ihn nicht mehr vergessen.

Pilze
Sprödblättler

- **Täubling**
- **Juli bis November**
- **Nadelwald**
- **giftig**

Merkmale
Hut 4–10 cm, leuchtend blut- bis kirschrot, alt gelblich bis weißlich fleckend. Lamellen weiß. Stiel 5–8 cm, weiß.

Pilze
Sprödblättler

- **Milchling**
- **Juni bis Oktober**
- **Laubwald**
- **kein Speisepilz**

Merkmale
Hut 6 –15 cm, cremeweißlich, alt mit gelbbräunlichen Flecken. Lamellen weißlich. Stiel 3 –12 cm, weiß.

Pfeffer-Milchling

Lactarius piperatus

Für Leute, die es scharf mögen

In neuerer Zeit trifft man immer häufiger Pilzsammler, die massenweise die auffälligen, scharf schmeckenden Milchlinge sammeln. Spricht man sie an, dann stellt man fest, dass es sich um Osteuropäer handelt. Ihre Aussage: „Die Pilze schmecken gut, man muss sie nur richtig zubereiten!“

Der Pfeffer-Milchling gehört zur leicht erkennbaren Gruppe der Milchlinge. Das sind Pilze, deren Fleisch bei Verletzung eine milchige Flüssigkeit absondert, was ihnen auch den Namen „Milchlinge“ eingebracht hat. Der Pfeffer-Milchling kann wegen seiner oftmals recht großen, weißen Hüte im Laubwald kaum übersehen werden und ist deshalb auch leicht zu sammeln. Wegen seiner großen Schärfe wurde er bei uns als Speisepilz jedoch nicht verwendet. In Osteuropa wird dieser Pilz allerdings schon seit alters her für den Wintervorrat konserviert. Er soll dabei viel von seiner Schärfe verlieren. Die Methode ist allerdings aufwändig: Die Pilze werden zunächst lange gewässert, dann abgekocht und anschließend in Salz und Essig eingelegt. Bisweilen wird der Pfeffer-Milchling auch mit Speck gebraten verzehrt.

Ein Pilz mit auffällig viel milchweißer und sehr scharfer Flüssigkeit

Mohrenkopf-Milchling

Lactarius lignyotus

Ein Mohrenkopf im Fichtenwald

Wer schon einmal einen Mohrenkopf-Milchling gefunden hat, der stimmt sofort zu, dass dieser Pilz gerade so aussieht wie ein Mohrenkopf, in den gerade jemand gebissen hat, so dass die weiße Füllung zu sehen ist. Zwar hat der Pilz noch viele andere Volksnamen, der passendste dürfte aber „Mohrenkopf" sein.

Wer den Mohrenkopf-Milchling einmal kennengelernt hat, wird ihn kaum wieder vergessen. Sein dunkler, schwarzbrauner Hut und Stiel stehen in krassem Gegensatz zu den anfangs weißlichen, später sahnegelblichen Lamellen. Das düstere Aussehen hat dem Pilz weitere treffende Namen wie „Kaminfeger", „Essenkehrer" oder „Schornsteinfeger" eingebracht. Unsere französischen Nachbarn nennen ihn „Lactaire à tête noire", zu deutsch Schwarzkopf-Milchling; in Italien heißt er wegen seinem Vorkommen im Berg-Nadelwald „Lattario delle abetaie di montagna". Die Schweden nennen ihn „sotriska", zu deutsch „Ruß-Milchling", und sein wissenschaftlicher Name (griechisch lignys = Ruß) bezieht sich ebenfalls auf seine dunkle Färbung. Man findet den unverwechselbaren Pilz nur in Berg-Nadelwäldern unter Fichten. Im Flachland sucht man ihn vergebens.

Pilze
Sprödblättler

- **Milchling**
- **Juli bis Oktober**
- **Berg-Nadelwald**
- **essbar**

Merkmale
Hut 2–10 cm, samtig schwarzbraun. Lamellen weißlich. Stiel ebenfalls samtig schwarzbraun. Stielspitze runzelig.

Ein Geheimtipp – dieser Pilz ist eine ganz besondere Delikatesse.

Brätling

Lactarius volemus

Pilze
Sprödblättler

- Milchling
- Juli bis November
- Laub- und Nadelwald
- essbar

Merkmale
Hut 6–15 cm, gelbbraun bis braunorange. Stiel hutfarben. Lamellen an Druckstellen langsam bräunend. Milch weiß.

Was tun denn Heringsdosen im Wald?

Wer an den Standort vom Brätling kommt, der rümpft die Nase. Es riecht nach Heringslake, und das nicht wenig. Hat hier einer seine Heringsdosen im Wald entsorgt? Tatsächlich ist der Geruch, den ältere, schon etwas vergammelte Brätlinge in der Sommerhitze verströmen, nicht weit entfernt von dem, den Heringsdosen hinterlassen.

Der Brätling, auch Milchbrätling genannt, da er sehr viel weiße Milch aussondert (Bild unten), ist im Alter schon allein an seinem Geruch zu erkennen. Eine feine Nase wird in diesem Fall im Gegensatz zu vielen anderen Pilzarten nicht benötigt! Und dieser Geruch überträgt sich auch sehr schnell, so dass man nach dem Anfassen des Brätlings auf jeden Fall die Hände waschen muss, sonst wird man den Heringsgeruch nicht los. Wer nun aber meint, dass so ein geruchsbeladener Pilz nicht schmecke, irrt sich. Der Brätling verliert nämlich seinen jung ohnehin noch schwach entwickelten Geruch beim Zubereiten. Wie schon sein Name verrät, eignet er sich am besten zum Braten, denn beim Kochen wird er leicht schleimig. Leider ist der früher verbreitete Pilz selten geworden und man sollte ihn, wo er rar geworden ist, deshalb nicht mehr sammeln.

Wenn man die Lamellen vom Brätling verletzt, quillt sein Milchsaft förmlich über.

Pilze
Sprödblättler

- Milchling
- August bis Oktober
- unter Kiefern
- essbar

Merkmale
Hut 5–15 cm, orangefarben mit rotgelben Zonen, alt trichterförmig. Lamellen alt grünfleckig. Stiel blassorange mit dunkleren Gruben.

Edel-Reizker

Lactarius deliciosus

Kennzeichen „rotorange Milch"

Für den Pilzsammler ist es immer wieder erfreulich, wenn es schmackhafte, essbare Pilze gibt, die durch irgendein auffallendes Kennzeichen unverwechselbar sind. Und gibt es etwas Eindeutigeres als orangefarbene, karottenrote oder weinrote Milch, die beim Anschneiden austritt?

Schneidet man einen Edel-Reizker durch, dann tritt sofort reichlich karottenrote, mild schmeckende Milch zutage, die nur langsam verblasst. Wie der wissenschaftliche Name schon sagt (lateinisch deliciosus = wohlschmeckend), handelt es sich beim Edel-Reizker um einen schmackhaften Speisepilz. Seine verschiedenen Verwandten sind ebenfalls essbar, im Geschmack jedoch recht unterschiedlich zu beurteilen. Der Fichten-Reizker, ein typischer Begleitpilz der Fichte, ist weit verbreitet und kann massenhaft auftreten. Unter Weißtannen wächst ebenfalls oft in großen Mengen der Lachs-Reizker. Bei diesen beiden Pilzen verfärbt sich die karottenrote Milch allerdings nach einigen Stunden weinrot. Im Mittelmeergebiet wächst der Weinrote Kiefernreizker, der wirklich köstlich schmeckt. Wir haben schon oft beobachtet, dass viele Südländer nur Jagd auf diesen Pilz machen und alle anderen – zu unserer Freude – stehen ließen.

Reizker haben individuelle Partnerbäume: Der Edel-Reizker wächst unter Kiefern.

Maggipilz

Lactarius helvus

Pilze
Sprödblättler

- Milchling
- Juli bis Oktober
- Feuchtgebiete
- giftig

Merkmale
Hut 3–15 cm, gelbbraun bis fleischocker, feinschuppig-filzig. Stiel hutfarben. Lamellen gelblichweiß bis ocker.

Wenn es im Ried nach Maggi duftet

An meine erste Bekanntschaft mit dem Maggipilz kann ich mich bestens erinnern: In den schweren Duft des erwärmten Moorbodens mischte sich plötzlich ein würziger Duft von Liebstöckel. Dieses beliebte Küchenwürzkraut war aber um alles in der Welt nicht im Ried zu erwarten.

Bei Windstille verbreiteten ältere Exemplare vom Maggipilz in der Sommerhitze einen unverwechselbaren Liebstöckel-Geruch, der identisch ist mit der bekannten Suppenwürze und der dem Pilz auch seinen Volksnamen gab. Auch wenn der Duft nach fein gewürzter Suppe noch so verführerisch ist, essen sollte man den Maggipilz nicht. Er verursacht besonders roh genossen Übelkeit, Durchfall und Erbrechen. Getrocknet und fein zerrieben gilt er in kleiner Dosierung als guter Würzpilz. Die filzigen Hutschüppchen, die es nur bei wenigen Milchlingen gibt, verhalfen ihm auch zu dem Namen Filziger Milchling. Und den treffenden Namen Bruch-Milchling hat er aufgrund der Zerbrechlichkeit von Hut und Stiel bekommen.

Der Maggipilz ist als Speisepilz giftig. Getrocknet in kleinen Mengen gilt er als guter Würzpilz.

Pilze
Nichtblätterpilze

In der Gruppe der Nichtblätterpilze sind die verschiedensten Pilze zusammengefasst. Sie tanzen mit ihrer Formenvielfalt und den unterschiedlichsten Lebensweisen ganz aus der Reihe, zumal sehr viele von ihnen nicht in unsere Vorstellung vom Pilz mit Hut und Stiel passen.
Solch ein Nichtblätterpilz ist zum Beispiel der allseits bekannte und als Speisepilz hoch geschätzte Pfifferling. Auf den ersten Blick könnte er zu den Blätterpilzen gerechnet werden. Bei genauerem Hinsehen zeigt es sich aber, dass er unter dem Hut keine Lamellen, sondern so genannte Leisten trägt. Zu den Nichtblätterpilzen gehören auch die Porlinge mit ihren zähen, oft konsolenartig wachsenden Fruchtkörpern. Gesehen hat sicherlich schon jeder diese mehr oder weniger großen Gestalten, die vor allem an lebendem oder totem Holz wachsen. Aber dass es sich hierbei um Pilze handelt, ist nicht jedem klar. Auch die fußballgroßen Fruchtkörper vom Riesenbovist, die verzweigten bunten Fruchtkörper vom Klebrigen Hörnling, die „Staubwolken“ ausstoßenden Stäublinge und Boviste oder die farbenprächtigen, schüsselförmigen Becherlinge werden nicht immer gleich als Pilz erkannt.

Pilze
Nichtblätterpilze

- Leistenpilz
- Juni bis November
- Laub- und Nadelwald
- essbar

Merkmale
Hut 3–10 cm, jung gewölbt, später trichterförmig, blass- bis dottergelb. Stiel mit herablaufenden Leisten. Fleisch fest.

Pfifferling

Cantharellus cibarius

Pfifferlinge fürs Tafelsilber

Pfifferlinge wurden in früheren Zeiten in unseren Wäldern körbeweise gesammelt. So hat uns eine alte Schwarzwälder Bäuerin erzählt, dass der Erlös aus dem Verkauf von Pfifferlingen und Heidelbeeren den jungen Frauen zur Anschaffung des Tafelsilbers diente. Fleißige Leute!

Heute findet man den beliebten Pfifferling leider nicht mehr in solchen Mengen, dass man Körbe damit füllen könnte. Gebietsweise, besonders in der Nähe größerer Städte, ist der Pilz kaum noch anzutreffen. Umwelteinflüsse, Veränderungen in der Forstwirtschaft, aber auch übermäßiges Sammeln sind als Ursachen für den Rückgang zu nennen. Die im Handel und in der Gastronomie angebotenen „frischen Pfifferlinge“ kommen meist aus Ostländern.
Der Pfifferling gehört zu den Pilzen, die fast jeder kennt, und der auch von ganz Unerfahrenen als Speisepilz gesammelt wird. Zumal er über Jahre hinweg an den gleichen Plätzen vorkommt und oftmals herdenweise wächst. Leider reißen einige Pilzsammler sogar noch die kleinsten Exemplare mitsamt dem anhängenden Pilzgeflecht aus und tragen damit immer mehr zu seinem Aussterben bei! Sein Fleisch ist fest, meist madenfrei und lange haltbar – alles ideale Eigenschaften für einen beliebten Marktpilz.

Im Wald immer seltener, im Supermarkt dagegen häufig

Herbst-Trompete

Craterellus cornucopioides

Pilze
Nichtblätterpilze

- Leistenpilz
- August bis November
- Laubwald
- essbar

Merkmale
Nicht in Hut und Stiel gegliedert, innen graubraun außen hellgrau, bei Regen fast schwarz, trompetenförmig, hohl.

Die Trüffel des kleinen Mannes

Wegen seines dünnen Fleisches kann dieser Pilz sehr gut und schnell getrocknet werden. Als Pilzpulver zerrieben oder in der elektrischen Kaffeemühle gemahlen, entfaltet er ein ausgezeichnetes Aroma. Bisweilen werden Herbst-Trompeten sogar als Ersatz für Morcheln und Trüffeln verwendet.

Die Herbst-Trompete erscheint in manchen Jahren als Massenpilz und kann dann in großen Mengen gesammelt werden, in anderen Jahren fehlt sie gänzlich. Der Pilz wächst meist gesellig und büschelig hauptsächlich unter Rotbuchen auf kalkhaltigen Böden und ist standorttreu. Weil der Hut übergangslos in den Stiel übergeht, sieht der Pilz wie eine Trompete (Name!) oder ein Füllhorn (lateinisch cornucopia = Füllhorn) aus. Toten-Trompete wird dieser Pilz auch genannt. Dieser Name bezog sich allerdings nur auf sein wenig einladendes Erscheinungsbild und hatte absolut nichts mit seiner Essbarkeit zu tun! Vom Regen durchnässte Herbst-Trompeten sehen besonders schlimm aus. Herbst-Trompeten sind gute Speise- und beliebte Würzpilze. In hellen Saucen erinnern die dunklen Stücke an Trüffeln oder Morcheln, wenn sie auch nicht ganz so fein schmecken wie diese.

Furcht vor der dunkel gefärbten Herbst-Trompete ist unberechtigt, sie schmeckt köstlich.

Pilze
Nichtblätterpilze

- **Riesenkeule**
- **August bis November**
- **in Kalk-Buchenwäldern**
- **kein Speisepilz**

Merkmale
6–30 cm hoher, meist keulenförmiger, unverzweigter, oben abgerundeter Fruchtkörper, hellgelb, später ockerfarben.

Herkuleskeule

Clavariadelphus pistillaris

Die Faustwaffe der Waldgeister

Wer durch den Buchenwald geht und dabei auch immer wieder seinen Blick auf dem Boden schweifen lässt, der könnte an Kobolde glauben, findet er die ockerfarbenen Herkuleskeulen. Diese keulenförmigen Pilze stehen im Laubstreu, wie wenn eine Horde Kobolde sie gerade hingestellt hätte.

Die schlanke Keulenform, aber auch die Tatsache, dass die Herkuleskeule bis zu 30 cm hoch werden kann, hat diesem Pilz den treffenden Namen eingebracht. Auch die wissenschaftliche Bezeichnung bezieht sich auf die in der Pilzwelt ungewohnte Form (lateinisch pistillum = Pistill). Mit zunehmendem Alter wird diese „Faustwaffe der Kobolde" allerdings immer weniger gefährlich, denn die glatte Oberfläche wird nun runzelig und der Fruchtkörper verliert seine straffe Keulenform. Die etwas kleinere Abgestutzte Keule (kleines Bild) ähnelt vor allem im Jugendstadium der Herkuleskeule. Sie unterscheidet sich später jedoch durch ihre deutlich abgestutzte Form: Sie schaut dann aus wie eine Herkuleskeule, die einen Schlag aufs Haupt bekommen hat. Die Zungenkeule, eine weitere Verwandte, ist noch kleiner. Ihr Lebensraum sind Berg-Nadelwälder.

Die Herkuleskeule tanzt mit ihrer Form ganz aus der Reihe.

Krause Glucke

Sparassis crispa

Pilze
Nichtblätterpilze

- Glucke
- August bis Oktober
- unter Nadelbäumen
- essbar

Merkmale
Fruchtkörper etwa 10–20 cm breit und hoch, einem Badeschwamm ähnlich. Die welligen, krausen Äste sind am Ende abgeplattet.

Des einen Freud', des andern Leid

Was den Pilzsammler freut, nämlich die Größe und Ergiebigkeit dieses Speisepilzes, der mehrere Kilogramm schwer werden kann, das bringt dem Waldbesitzer oder Forstwirt großen Ärger. Die Krause Glucke nämlich ist ein starker Schädling der Wald-Kiefer.

Die Krause Glucke erinnert von weitem an einen Badeschwamm oder an eine am Baum sitzende, sich aufplusternde Henne. Scheuen Sie sich aber nicht, Fuchs zu spielen und den Fund mitzunehmen – der Pilz schmeckt köstlich! Der voluminöse Pilz ist ein Parasit der Waldkiefer, der bevorzugt zunächst einmal die Wurzeln in Stammnähe befällt. Hier „verankert" er sich mit seinem kräftigen knorpelfleischigen Strunk tief im Holz (Bild unten). Im befallenen Baum breiten sich seine Pilzfäden dann bis zu einigen Metern hoch im Stamm aus und verursachen eine Braunfäule im Kernholz. Der Parasit erscheint mehrere Jahre am gleichen Baum. Selbst wenn dieser gefällt ist, entwickeln sich über einige Jahre hinweg noch Fruchtkörper, die allerdings etwas kleiner ausfallen. Für den Pilzsammler lohnt es sich also, die Fundplätze alljährlich wieder aufzusuchen.

Krause Glucken sind kaum zu verwechseln, standorttreu und schmecken vorzüglich.

Pilze
Nichtblätterpilze

Semmel-Stoppelpilz

Hydnum repandum

Stacheln – einmal nicht zum Schutz!

Stacheln werden in der Natur oftmals zur Verteidigung eingesetzt. Man denke nur an die Stacheln der Rosen oder die des Igels. Die Stacheln auf der Hutunterseite des Semmel-Stoppelpilzes dienen jedoch nicht der Verteidigung, sondern wurden als probates Mittel zur Vermehrung der Sporenmenge entwickelt.

- Stoppelpilz
- Juli bis November
- Laub- und Nadelwald
- essbar

Merkmale
Hut 4–10 cm, jung gewölbt, später flach, semmelgelb bis fast weiß. Stiel 3–7 cm. Fleisch fest, blassgelb.

Von oben her betrachtet, kann der Semmel-Stoppelpilz leicht mit dem Pfifferling verwechselt werden. Dreht man den Hut um, ist jedoch alles klar: Durch die dicht gedrängt stehenden Stacheln, die mit etwas Fantasie an ein Mini-Stoppelfeld erinnern (Bild oben), ist er allerdings unverwechselbar. Wozu aber diese außergewöhnlichen Gebilde, die im Pilzreich relativ selten vorkommen? Die Stacheln vergrößern die Sporen bildende Schicht auf der Unterseite des Hutes, mit diesem Trick verschafft sich der Pilz eine größere Nachkommenschaft. Junge Semmel-Stoppelpilze sind essbar, schmecken allerdings nicht so würzig wie Pfifferlinge, sind aber wie diese auch kaum von Maden durchsetzt. Semmel-Stoppelpilze wachsen langsam und bleiben besonders im Herbst relativ lange im Wald stehen – dabei wird ihr Fleisch allerdings zunehmend bitter. Solch überalterte Pilze eignen sich nicht mehr zum Verzehr.

Am besten passt er in Pilz-Mischgerichte oder Eintöpfe.

Flacher Lackporling

Ganoderma lipsiense

- Lackporling
- ganzjährig
- an Laub- und Nadelholz
- kein Speisepilz

Merkmale
Fruchtkörper bis 40 cm, oft dachziegelig wachsend, graubraun bis rotbräunlich mit weißem Rand. Poren weißlich.

Der Malerpilz der Indianer

Die weißliche Porenschicht unter den Hüten dieses Lackporlings verfärbt sich bei Berührung in frischem Zustand bräunlich, so dass man mit dem Fingernagel oder einem Stückchen Holz auf dem Pilz malen kann. Das hat dem Pilz in Amerika auch die Bezeichnung „Malerpilz“ eingebracht.

Wer auf der Porenschicht vom Flachen Lackporling einmal „gemalt“ hat, kann sich gut vorstellen, dass diese Technik, die vor allem in Amerika heute vielfach angewandt wird, auch schon von Urvölkern angewendet wurde. Eine bekannte amerikanische Künstlerin, die auf Lackporlingen sehr schöne Naturzeichnungen anfertigt, ist Bernice Fatto. Ältere Pilzhüte zeigen auf der Unterseite ein weiteres, interessantes Erkennungsmerkmal: Sie trägt oft Dutzende zapfenförmiger Gallenbildungen, die von den Larven einer Pilzfliege bewohnt werden. Wenn die Larven erwachsen sind, nagen sie ein Loch durch ihre Behausung, fallen zu Boden und verpuppen sich dort. Andere ähnliche holzige Porlinge bleiben von den Larven verschont. Man findet den leicht zu erkennenden Baumschwamm in Wäldern, Parkanlagen und Alleen auf Stümpfen oder an Stämmen von gestürzten Laubbäumen, selten auch an Nadelhölzern.

Über viele Jahre eine Zierde am Boden liegender Stämme

Pilze
Nichtblätterpilze

- **Schwefelporling**
- **Mai bis Oktober**
- **an Laub- und Nadelbäumen**
- **jung essbar**

Merkmale
Fruchtkörper 10–30 cm, leuchtend schwefel- bis orangegelb, alt blass. Röhren schwefelgelb, nicht ablösbar. Fleisch gelb.

Schwefelporling

Laetiporus sulphureus

Schön fürs Auge – tödlich für den Baum

Schon von weitem lenken die schwefelgelben, dachziegelartig angeordneten Fruchtkörper des Schwefelporlings an den Stämmen von Laub- und Nadelbäumen die Blicke auf sich. In diesem Stadium allerdings hat der Pilz bereits ein beträchtliches Zerstörungswerk im Baum angerichtet.

Der Schwefelporling bildet eine wahre Augenweide, wenn er sich zu oft riesigen Gebilden entwickelt, die konsolenartig vom Stamm der befallenen Bäume abstehen. Anfangs sind die welligen Fruchtkörper orangefarben mit schwefelgelbem Rand, später verblassen sie bis zu einem schmutzigen Grauweiß. Die Reste alter, ausgebleichter Fruchtkörper bleiben bis ins Frühjahr hinein an den kranken Bäumen hängen. So schön dieser Baumpilz aussieht, so gefährlich ist er für seinen Wirt. Splintholz und Rinde werden kaum angegriffen, so dass der schon „todkranke“ Baum noch lange stehen bleibt. Im befallenen Holz verursacht der Pilz nämlich eine intensive Braunfäule, die den Baum mit der Zeit immer mehr „aushöhlt“. Bei jungen Pilzen ist das Fleisch sehr weich und saftig und kann nach vorherigem Brühen paniert und gebraten werden.

Die imposanten Fruchtkörper erscheinen jahrelang an den befallenen Bäumen.

Riesenporling

Meripilus giganteus

Pilze
Nichtblätterpilze

- Riesenporling
- Juli bis Oktober
- an Rotbuchen
- jung essbar

Merkmale
Einzelfruchtkörper 10–30 cm, meist dachziegelig übereinander, gelb- bis rotbraun, gezont, runzelig. Röhren weiß bis creme.

Ein Pilz für das Buch der Rekorde

Der Riesenporling verdient seinen Namen zu Recht. Seine Einzelfruchtkörper sind an der Basis zusammengewachsen und bilden riesige, unübersehbare, in Ausnahmefällen bis über einen Meter große und bis 70 kg schwere, imposante Riesenfächer aus. Diesen Rekord schafft sonst kaum einer der Großpilze!

Auch wenn ein Riesenporling zur Verpflegung einer großen Tafelgesellschaft ausreichen würde, für die Küche sind die ausgewachsenen Riesen ziemlich untauglich. Selbst über den Speisewert junger Pilze (Bild oben) gehen die Meinungen weit auseinander. Am besten schmecken sie noch, wenn man sie in Würfel zerschneidet und gut gewürzt in Speck brät. Der Riesenporling wächst vor allem an Stümpfen oder älteren Stämmen noch lebender Rotbuchen, in denen er eine intensive Weißfäule hervorruft, die allmählich das Holz zersetzt und den Baum zum Absterben bringt. Die weißen Poren und das weiße Fleisch schwärzen bei Berührung. Darin unterscheidet sich der Pilz von seinem Doppelgänger, dem Bergporling, dessen Fleisch auf Druck nicht schwärzt. Beide Pilze wachsen schnell heran und sind relativ kurzlebig. Spätestens im November fallen ihre stattlichen Fruchtkörper zusammen.

Der Riesenporling ist wahrhaftig ein Riese in der Pilzwelt.

Pilze
Nichtblätterpilze

- Hautporling
- ganzjährig
- an Birken
- kein Speisepilz

Merkmale
Fruchtkörper 8–30 cm, halbkreis- bis kissenförmig, hell- bis graubraun; Poren jung weißlich, alt grau-gelblich.

Birken-Porling

Piptoporus betulinus

Der Mörder im Birkenwald

Wenn die zunächst noch kleinen, mehr oder weniger eiförmigen, hellbraunen Fruchtkörper des Birken-Porlings am Baum erscheinen, ist dessen Todesurteil bereits gefällt. Die feinen Pilzfäden des Mörders haben schon gnadenlos Stamm und Äste durchzogen und beginnen nun, das Holz zu zerstören.

Der Birken-Porling kommt nur an Birken vor. Damit zeichnet sich dieser Pilz durch eine bei Holzbewohnern selten zu beobachtende „Wirtstreue" aus – eine sichere Bestimmungshilfe. Bäume in schattigen und feuchten Wäldern sind sein beliebtestes Angriffsziel. Hier befällt er bevorzugt ältere und leicht geschwächte Bäume. Oftmals dringt er durch Aststummel in das Holz ein. Der gefürchtete Parasit verursacht im befallenen Baum eine aktive Braunfäule. Mit Hilfe einer „Geheimwaffe", dem selbst erzeugten Enzym Zellulase, wird das Holz, genauer gesagt, sein Kohlehydratanteil, nicht aber das Lignin, zerlegt. Das Holz wird rotbraun und zerfällt schließlich würfelig (kleines Bild). Umgestürzte Bäume zerbrechen meist in mehrere Stücke. Bisweilen findet man an den Bruchstücken noch weiterwachsende Fruchtkörper, die sich vom Totholz ernähren.

Wenn Birken-Porlinge am Baum erscheinen, ist das Todesurteil für den Baum gefällt.

Schuppiger Porling

Polyporus squamosus

Pilze
Nichtblätterpilze

- Stielporling
- April bis Oktober
- an Laubbäumen
- kein Speisepilz

Merkmale
Hut 8–60 cm, gelb bis ockergelb mit dunkelbraunen Schuppen. Poren blassgelb. Stiel 4–8 cm, seitlich wachsend.

Unsagbar klein und unsagbar viele

Der Schuppige Porling gehört zu den Riesen im Pilzreich. Er ist relativ selten, aber dort, wo er auftritt, kaum zu übersehen. Seine einzeln oder dachziegelig wachsenden Fruchtkörper können bei günstiger Witterung in wenigen Tagen heranwachsen und gigantische Sporenmengen entwickeln.

Eine einzelne Spore vom Schuppigen Porling ist etwa 12 Mikrometer (μm) lang, das sind 1/120 Millimeter (mm)! Ohne Hilfsmittel ist sie mit dem Auge nicht sichtbar. Zur Erkennung ihrer Form und deren genauer Größenmessung benötigt man ein Mikroskop. Die Zahl der winzigkleinen Sporen ist gigantisch – es wird geschätzt, dass ein einziger Hut rund 10 Milliarden Sporen produziert! Der Schuppige Porling, wegen seiner dunkelbraunen Schuppen auch Schwarzschuppiger Porling genannt, wächst an verschiedenen lebenden und toten Laubbäumen und Baumstümpfen und erzeugt im befallenen Holz eine Weißfäule. Der Pilz kann über mehrere Jahre hinweg am gleichen Baum oder auch an am Boden liegenden toten Stämmen erscheinen. Die jungen, meist fächerförmig wachsenden Hüte wurden in Notzeiten auch gegessen. Ausgekocht soll er eine gute Brühe ergeben. Es stellt sich die Frage: Wie viel Rindfleisch wird mitgekocht?

Der Schuppige Porling soll jung, wie Hackfleisch zubereitet, gut schmecken.

Pilze
Nichtblätterpilze

- Stielporling
- April bis Oktober
- an Laubholz
- essbar

Merkmale
Hut 2 –15 cm, gelbbraun bis rotbräunlich mit dunkleren, radial angeordneten Schuppen. Stiel 2 – 6 cm, gelbweißlich.

Sklerotien-Stielporling

Polyporus tuberaster

Pilze, die aus Steinen wachsen

Der Sklerotien-Stielporling wächst normalerweise an Laubholz, das dem Boden aufliegt. Für die Fachwelt war es vor wenigen Jahren eine kleine Sensation, als man feststellte, dass derselbe Pilz auch aus einem im Erdboden liegenden klumpenartigen „Pilzstein" hervorwachsen kann.

Was steckt nun hinter diesen „Pilzsteinen"? Das Pilzgeflecht des Sklerotien-Stielporlings hat die Fähigkeit, unter gewissen Voraussetzungen in der Erde ein Überdauerungsorgan aus Pilzgeflecht, Erde und kleinen Steinen zu bilden (Pseudosklerotium). Legt man diese Gebilde in feuchte Keller, können sich daraus Fruchtkörper entwickeln. In Mitteleuropa bildet der Holzbewohner diese Pilzsteine nur selten aus, im wärmeren Italien dagegen ist das häufiger der Fall. Diese höchst ungewöhnliche Erscheinung war auch Wolfgang von Goethe bekannt geworden. Der Dichterfürst und begeisterte Mineraliensammler zeigte höchstes Interesse an den „Steinen aus Italien", aus denen man Pilze wachsen lassen kann. Er hatte aber mit den ihm zugeschickten italienischen „Pietra fungaja" kein Glück, Fruchtkörper haben sich bei ihm keine entwickelt.

Unser Dichterfürst Goethe hätte die Pilze, die aus Steinen wachsen, gerne gesehen.

Schmetterlings-Tramete

Trametes versicolor

Pilze
Nichtblätterpilze

- Tramete
- ganzjährig
- an Laub- und Nadelholz
- kein Speisepilz

Merkmale
Fruchtkörper 3–8 cm, wellig, feinsamtig, mit verschiedenfarbigen, konzentrischen Zonen. Poren weißlich bis gelblich.

Ein äußerst dekorativer Pilz

Schmetterlings-Trameten werden wegen ihrer bunt gezonten, seidenartig glänzenden Hüte und ihrer guten Haltbarkeit sehr gern als Schmuck in Blumengestecken oder Trockensträußen verwendet. Früher zierten die getrockneten Pilze sogar Hüte und andere Bekleidungsstücke.

Die Schmetterlings-Tramete, auch Bunte Tramete genannt, ist ein weit verbreiteter Holz abbauender Pilz und das ganze Jahr über in fast jedem Wald anzutreffen. Der langlebige Pilz ist sehr „lichthungrig" und wächst daher bevorzugt an sonnigen Waldrändern auf totem Holz. Seine Hüte wachsen dachziegelig auf Laubhölzern, seltener jedoch auf Nadelholzarten. Oft überziehen sie die Stümpfe gefällter Bäume rosettenartig oder bilden an Ästen hunderte rundlich-halbierte oder nierenförmige Fruchtkörper aus. Manchmal wird dieser Pilz auch „König der Metamorphose" genannt, da er in ganz verschiedenen Ausfärbungen, stets jedoch mit zum Rand hin helleren Zonen vorkommt. Zu Dekorationszwecken sollte der Pilz sehr gut getrocknet werden, damit er nicht von Schädlingen befallen und zersetzt wird.

Die Schmetterlings-Tramete findet man fast in jedem Wald auf totem Holz.

Echter Zunderschwamm

Fomes fomentarius

Pilze
Nichtblätterpilze

- Zunderschwamm
- ganzjährig
- an Laubbäumen
- kein Speisepilz

Merkmale
10–50 cm, bräunlich bis gräulich, konzentrisch gefurcht, mit harter Kruste. Poren jung weißgrau, alt bräunlich.

„Gib ihm Zunder!“

Bis zur Erfindung der Zündhölzer war Feuermachen eine mühsame Angelegenheit. Mit Eisen und Feuerstein wurden Funken geschlagen, die den aus dem Zunderschwamm gewonnenen Zunder zum Glimmen brachten, mit dem wiederum trockenes Stroh oder Gras entzündet wurde.

Zur Herstellung von Zunder schnitt man das zähe Pilzfleisch (Trama) unter der Hutkruste des Echten Zunderschwamms heraus, trocknete es und tränkte es dann mit einer Salpeterlösung. Nach erneuter Trocknung war der Zunder fertig. Die benötigten Gerätschaften sind längst vergessen und bestenfalls noch in Heimatmuseen zu bestaunen. Nur der Begriff „gib ihm Zunder“ , wenn jemandem „eingeheizt“ wird, ist bis heute lebendig geblieben. Der Pilz wurde auch als Ersatz für Textilien oder Leder zur Herstellung von Hüten, Westen, Taschen und Handschuhen gebraucht. In manchen Ostländern werden heutzutage wieder kunstvoll gefertigte Gegenstände wie Handtaschen als Souvenirs aus Zunderschwämmen gefertigt. In naturnahen Wäldern, wo die sterbenden Bäume lange stehen bleiben, sind die Konsolen der Zunderschwämme ein letzter Schmuck, der die „Baumleichen“ ziert (Bild links).

Der Zunderschwamm wurde früher vielseitig verwendet.

Pilze
Nichtblätterpilze

- Stinkmorchel
- Juni bis Oktober
- Laub- und Nadelwald
- als Hexenei essbar

Merkmale
Jung unterirdisch, eiförmig. Hut 3–6 cm, glockig, mit olivbrauner, stinkender Schleimschicht bedeckt. Stiel bis 20 cm, weiß.

Stinkmorchel

Phallus impudicus

Sporenversand via Kurierdienst

Schon von weitem lässt der aasartige Geruch im Wald auf Stinkmorcheln schließen. Dieser widerliche Gestank, der von der schleimigen, olivbraunen Schicht kommt, die sich über den Hut ergießt, hat einen ganz bestimmten Zweck: Die vom „Duft“ angelockten Fliegen sollen die im Schleim enthaltenen Sporen verbreiten!

Die Stinkmorchel entwickelt sich aus einem unterirdisch heranwachsenden, cremefarbenen, eifömigen Gebilde, dem so genannten „Hexenei“. Zur Reifezeit reißt die Eihülle auf und der fertig vorgebildete Pilz schiebt sich innerhalb weniger Stunden heraus. Der wabenartige Hut ist von einer stinkenden Schleimschicht bedeckt, in der die Sporen liegen. Nun brauchen sich nur noch aasfressende Insekten einfinden, die den Schleim auflecken und beim Weiterfliegen die anheftenden Sporen verteilen. Die Phallusgestalt der Stinkmorchel hat seit Urzeiten die Fantasie und den Aberglauben der Menschen beflügelt. Kein Wunder, wenn man der Stinkmorchel und deren geheimnisvoll im Waldboden heranwachsenden Eiern Fruchtbarkeitshilfe und Stärkung sexueller Freuden zugesprochen hat und sie als Aphrodisiakum verwendete.

Stinkmorcheln riecht man im Wald schon von weitem.

Tintenfischpilz

Clathrus archeri

Pilze
Nichtblätterpilze

- Gitterling
- Juli bis November
- Wiesen und Wälder
- kein Speisepilz

Merkmale
Aus einem „Hexenei" schieben sich zur Reifezeit 4–6 zerbrechliche, etwa 10 cm lange, leuchtend rote Arme.

Als blinder Passagier nach Europa

Viele Pflanzen und Tiere hat der Mensch aus ihrer Heimat umgesiedelt, oder sie sind ihm ungefragt gefolgt. Nutz- und Zierpflanzen wurden gezielt eingebürgert. Die Sporen vom Tintenfischpilz kamen vermutlich in einer Woll-Ladung aus Australien oder Neuseeland per Schiff nach Europa.

Woher der Tintenfischpilz seinen Namen hat, braucht man wohl nicht zu erklären – sein Aussehen spricht für sich. Die Entwicklung dieses Pilzes verläuft wie bei der Stinkmorchel über das so genannte „Hexenei". 1914 tauchten seine Fruchtkörper erstmals in den Vogesen auf. Von da ging es auf dem Landweg weiter. 1934 war er in der Rheinebene angekommen. 1942 hat man ihn erstmals in der Schweiz im Kanton Aargau gefunden und 1977 hat er die Ostsee erreicht. Schaden richtet der auffällige Pilz auf seinem Vormarsch keinen an und es wird sich zeigen, ob er seine Verbreitungsgrenze in Europa schon erreicht hat oder ob er weiter vordringt. Der Tintenfischpilz bevorzugt warme Laub- und Mischwälder, kommt aber auch auf Wiesen, Alpweiden und in Nadelwäldern vor. An Geruch übertrifft dieser Pilz sogar die Stinkmorchel!

Man könnte meinen, ein Tintenfisch habe sich in den Wald verirrt ...

Pilze
Nichtblätterpilze

- Bovist
- Juni bis September
- Wiesen und Weiden
- essbar

Merkmale
Fruchtkörper 10–50 cm, rundlich, jung weißlich, fein lederartig, später gelbbraun bis braun und papierartig aufbrechend.

Riesenbovist

Calvatia gigantea

Ein schnell wachsender Gigant

Mit schöner Regelmäßigkeit findet man zur Pilzzeit in Tageszeitungen Bilder und Berichte über fußball- bis kürbisgroße Boviste mit einem Gewicht von 20–25 kg, die innerhalb weniger Tage herangewachsen sind. Der Pilzsammler, der ein solches Exemplar findet, hat sicherlich für die nächste Zeit ausgesorgt.

Der Riesenbovist gehört zu den Bauchpilzen, die im Gegensatz zu Röhren- und Lamellenpilzen ihre Sporen im Innern ihrer Fruchtkörper bilden. Er liegt in der Sporenproduktion mit geschätzten fünf Billionen Sporen an der Spitze! Im vollreifen Zustand blättert die Außenhaut der großen „Kugel" in großen Stücken ab, und das Innere wird frei. Alte Exemplare sind als braune, vom Winde verwehte Mumien noch im nächsten Frühjahr anzutreffen, nachdem sie den Großteil ihrer Sporen entlassen haben. Solange sein Inneres schön weiß und fest ist, kann der Riesenbovist verzehrt werden. Als „Beamtenkotelett" zubereitet, schmeckt er vorzüglich. Dazu schneidet man die Fruchtkörper in fingerdicke Scheiben, würzt sie mit Pfeffer und Salz, paniert die Stücke in Ei und Semmelbröseln und brät sie wie ein Schnitzel in Butter goldbraun. Ein ausgewachsener Pilz stillt den Appetit einer hungrigen Großfamilie.

Klebriger Hörnling

Calocera viscosa

Pilze
Nichtblätterpilze

- Hörnling
- Juni bis Dezember
- an Nadelholz
- kein Speisepilz

Merkmale
Fruchtkörper dotter- bis orangegelb mit gabelig verzweigten Ästen, feucht klebrig und biegsam, trocken hart.

Mein Pilzwachstums-Prophet

Wann Pilze wachsen und wann nicht – dafür gibt es viele mehr oder weniger stimmende Regeln. „Beim Pilzesammeln bekommt man einen feuchten Schuh" – die Wetterregel alter Pilzsammler ist eine Binsenweisheit. Mein persönlicher Pilzwachstums-Prophet ist der Klebrige Hörnling!

Bei feuchter Witterung ist der Klebrige Hörnling dottergelb und klebrig-schlüpfrig, so dass man seine geweihartigen Fruchtkörper kaum mit den Fingern festhalten kann. Bei Trockenheit schrumpfen seine Fruchtkörper zu dünnen, dunkelorange gefärbten, hornartigen, unauffälligen Gebilden zusammen. Die eingetrockneten Fruchtkörper des Klebrigen Hörnlings sind für mich untrügliche Zeichen, dass es auch um das Wachstum anderer Arten schlecht bestellt ist. Der Klebrige Hörnling wächst in unterschiedlich großen Büscheln auf vermodernden Stümpfen und Wurzeln und auf im Boden liegendem Holz von Nadelbäumen und spielt eine wichtige ökologische Rolle beim Verrotten von Nadelholz. Als Speisepilz hat das Schönhorn, wie der hübsche Pilz auch genannt wird, keine Bedeutung. Man kann ihn allenfalls zum Garnieren verwenden.

Wer den Klebrigen Hörnling zum Garnieren verwendet, sollte die Fruchtkörper vorher abbrühen.

Pilze
Nichtblätterpilze

- Stäubling
- Juni bis November
- Laub- und Nadelwald
- jung essbar

Merkmale
Fruchtkörper 2–5 cm breit, birnenförmig, jung weißlich, mit feinen, kegeligen Stacheln besetzt, im Alter olivbraun, stäubend.

Flaschen-Stäubling

Lycoperdon perlatum

Die Schnupftabakdose des Teufels

Der Flaschen-Stäubling entlässt bei der Reife seine Sporen als staubendes Pulver durch eine Öffnung im Scheitel. Das hat ihm auch so deftige Volksnamen wie Nonnenfürze, Fuß des Teufels (pedo del diablo), Teufels Schnupftabakdose oder Wolfsfurz (griechisch lycoperdon = Blähungen) eingebracht.

Der Flaschen-Stäubling gehört zu den Bauchpilzen, deren Sporen im Innern der Fruchtkörper heranwachsen. Am Ende des Reifeprozesses bildet sich eine Öffnung im Scheitel, so dass die Sporen austreten können. Tritt man auf die reifen Fruchtkörper, dann wird eine auffällige braune Sporenwolke in die Luft entlassen.
Kinder machen sich einen Spaß, indem sie die reifen Pilze „rauchen" lassen. Man kann sie getrost spielen lassen, die Pilze werden ja nicht zerstört, die Kinder tragen so zur Sporenverbreitung bei. Stäublinge haben einen deutlich erkennbaren unteren Stielteil, in dem keine Sporenmasse entwickelt wird. Damit unterscheiden sie sich von den nahe verwandten Bovisten, bei denen sich fast die ganze Innenmasse bei der Reife zu Sporenmasse entwickelt.

Stäublinge können mit jungen, giftigen Wulstlingen verwechselt werden.

Mutterkornpilz

Claviceps purpurea

Pilze
Nichtblätterpilze

- Mutterkorn
- Frühjahr bis Sommer
- auf Getreideähren
- giftig

Merkmale
Fruchtkörper in Kopf und Stiel gegliedert, bis 1,5 cm lang, ocker- bis orangegelb und fein dunkel punktiert.

Fluch und Segen des Mutterkorns

Einerseits hat der Mutterkornpilz im Mittelalter grausame Vergiftungen verursacht, denn die zwischen den Getreidekörnern heranwachsenden dunkelbraunen „Mutterkörner" wurden beim Dreschen nicht aussortiert. Andererseits enthält das Mutterkorn chemische Stoffe, die in der Medizin von großer Bedeutung sind.

Die eigentlichen Fruchtkörper des Mutterkornpilzes sind kaum jemandem bekannt. Was man kennt, sind die braunen Gebilde, die zwischen den Getreidekörnern in den Ähren sitzen – die Überdauerungsorgane (Sklerotien) dieses Getreideparasiten. Sie fallen auf den Boden, überdauern so den Winter, und im Frühjahr entwickeln sich dann daraus kleine, in Kopf und Stiel gegliederte Fruchtkörper (Bild oben). Die hochgiftigen „Mutterkörner" kamen früher mit dem Mehl ins Brot. Erkrankte Menschen erlitten unvorstellbare Qualen, die im Mittelalter als „Antoniusfeuer" bezeichnet wurden. Mit dem Erkennen der Ursache und der Entfernung der Mutterkörner durch wirksame Getreidereinigung war der Schrecken besiegt. Auch die positiven Seiten des Mutterkorns wurden bereits frühzeitig erkannt und bis heute medizinisch genutzt.

Die giftigen Mutterkörner am Getreide werden nicht immer für Pilze gehalten.

Pilze
Nichtblätterpilze

- Morchel
- März bis Mai
- Auenwälder
- essbar

Merkmale
Hut walzenförmig bis spitzkegelig mit wabenartigen Vertiefungen, grau- bis olivbraun. Stiel 3–6 cm, weißlich, grubig.

Spitz-Morchel

Morchella elata

Auf Schatzsuche im Frühlingswald

Pilze sammelt man gewöhnlich im Sommer und Herbst. Kenner feinster Pilzdelikatessen gehen aber bereits im Frühjahr auf Pilzjagd! Wenn Huflattich und Waldveilchen zaghaft ihre ersten Blüten öffnen, ziehen Morchelsammler wie Schatzsucher scheu und achtsam durch ihre Jagdreviere.

Schon Anfang April lohnt es sich für den Pilzsammler, nach der Spitz-Morchel Ausschau zu halten. Die ersehnten Köstlichkeiten sind mit ihren graubraunen Hüten im herumliegenden Winterlaub und zwischen vertrockneten Gräsern allerdings gut getarnt, zumal ihre Hutspitzen vom Nachtfrost oft noch braun verfärbt sind. Spitz-Morcheln wachsen meist gesellig in Auenwäldern, wenig gepflegten Parkanlagen, in alten Obstgärten, auf Brandstellen und Holzlagerplätzen, oft erscheinen sie auch auf verletzten Böden an Waldwegen. Mit der Sitte der Gärtner, neu bepflanzte Gärten und Parkanlagen zur Unterdrückung der Unkräuter mit Rindenabfällen zu mulchen, haben Spitz-Morcheln neue, oft sehr ergiebige Lebensräume bekommen. Auf Rindenmulch erscheinen sie oft zu Hunderten. Das Glück währt nur 1–2 Jahre, dann werden die Ernten kleiner und die „Mulch-Morcheln" verschwinden bald auf Nimmerwiedersehen.

Spitz-Morcheln erscheinen nur wenige Jahre am gleichen Platz.

Speise-Morchel

Morchella esculenta

Morcheln – eine besondere Delikatesse

Im Gegensatz zur Spitz-Morchel, die ich eher als launenhaft bezeichnen möchte, was ihr Vorkommen anbelangt, finden wir seit 25 Jahren herrliche Speise-Morcheln in einem sonnigen Eschenwäldchen. Meist gerade so viele, um deren köstlichen Geschmack immer wieder gebührend zu genießen.

Und welch kulinarische Genüsse uns die Speise-Morchel von dem unscheinbaren Plätzchen schon beschert hat: Morchel-Cremesuppe, Kalbfleischragout mit Morcheln, Morcheln in Bierteig, Filet mit Morcheln in Blätterteig, Coq au vin mit Morcheln, Lachs mit Morcheln ... das Wasser läuft mir im Munde zusammen! Mit Morcheln gelingt meiner Pilzkochbücher schreibenden Ehefrau immer wieder ein wunderbares Gericht. Geduldig ertragen unsere Morcheln die jährliche Ernte. Ende Mai ist Schluss, dann finden wir allenfalls noch ein paar alte, bereits weiche und hochgewachsene Exemplare, die wir zwecks Gewissensberuhigung zur Sporenverbreitung gern stehen lassen. Allerdings konnten wir noch nie sichtbare Erfolge verzeichnen. Im weiten Umfeld hielten wir bislang vergeblich nach denkbarer Morchel-Nachkommenschaft Ausschau. Speise- und Spitz-Morchel lassen sich gut trocknen (kleines Bild)!

- **Morchel**
- **April bis Mai**
- **Laubwälder**
- **essbar**

Merkmale
Hut rundlich-eiförmig, unregelmäßig wabenartig gekammert, graugelb bis hellocker, hohl. Stiel 3–9 cm, weißlich.

Solch ein Morchelplätzchen behält man am besten für sich.

Pilze
Nichtblätterpilze

- Lorchel
- März bis Juni
- Nadelwälder
- giftig

Merkmale
Hut rundlich, hirnartig gewunden, gelb-, rot- bis schwarzbraun. Stiel kurz, gekammert, weißlich bis gelblich.

Frühjahrs-Lorchel

Gyromitra esculenta

Speise- oder Giftlorchel?

Die Frühjahrs-Lorchel galt früher als beliebter Speisepilz, der von März bis Juni massenhaft gesammelt und als Marktpilz verkauft wurde. Es hieß allerdings: Pilze abkochen und das Kochwasser wegschütten! Trotzdem kam es zu Vergiftungserscheinungen, so dass der Pilz als giftig eingestuft wurde.

Speise-Lorcheln (lateinisch esculenta = essbar), wie die Frühjahrs-Lorchel auch genannt wurde, hat man früher nicht nur für sich selbst oder zum Verkauf auf dem Markt gesammelt, sie wurden sogar industriell verarbeitet und in Dosen konserviert verkauft oder als Delikatesse Gemüsekonserven beigelegt. Trotz aller Vorsicht bei der Zubereitung von Lorchelgerichten wurden jedoch bereits im 18. Jahrhundert Fälle bekannt, in denen es zu leichten, aber auch zu tödlichen Vergiftungen kam. Nachdem festgestellt wurde, dass das Abkochen, das lange Zeit als Regel galt, um die Pilze zu „entgiften", nachgewiesenermaßen keine Gewähr gegen Vergiftungen bietet, hat man den Pilz als Marktpilz verboten und ihm auch den Namen Gift-Lorchel verpasst. Auch die viel größere, zimtfarbene Riesen-Lorchel ist giftig.

Die giftige Frühjahrs-Lorchel kann auch auf Rindenmulch in Gärten wachsen.

Zinnoberroter Kelchbecherling

Sarcoscypha coccinea

Pilze
Nichtblätterpilze

- Kelchbecherling
- Dezember bis Mai
- Schluchtwälder
- essbar

Merkmale
Fruchtkörper 1 – 9 cm, becherförmig, innen leuchtend blutrot, außen heller, Rand lange eingebogen. Stiel etwa 3 cm.

Ein Kleinod für jeden Fotografen

Eine Völkerwanderung findet alljährlich auf der Schwäbischen Alb im Vorfrühling statt. Scharen von Wanderern ziehen staunend durch die Schluchtwälder und bewundern die Blüte der Märzenbecher. Wer Glück hat, findet dazwischen eine mykologische Kostbarkeit: den Zinnoberroten Kelchbecherling.

Der Zinnoberrote Kelchbecherling ist einer der schönsten und auffälligsten Becherlinge, und wer ihn findet, darf sich freuen. Wenn man sich bückt und ganz genau hinschaut, dann erkennt man, dass dieser schalen- bis becherförmige, auffallend rote Pilz einen kurzen weißlichen Stiel besitzt, mit dem er fest am Holz sitzt. Aus dieser Perspektive sieht der junge Pilz eher wie eine Sektschale aus. Der Höhepunkt der Wachstumsperiode vom Zinnoberroten Kelchbecherling fällt etwa mit der Blüte der Märzenbecher zusammen. Es bleibt ein unvergessliches Naturerlebnis, wenn man einige der leuchtend rot gefärbten Becherlinge an feuchten, felsigen und moosreichen Plätzen zwischen den weißen Blüten der Märzenbecher findet. Pilzfreunde kommen oftmals von weit her, um diesen Traumpilz einmal zu sehen und zu fotografieren.

Die prächtigen Zinnoberroten Kelchbecherlinge sind oft unter Laub und Moos versteckt.

Italienische Trüffel

Tuber magnatum

Pilze
Nichtblätterpilze

- Trüffel
- Juni bis März
- Laubwälder
- essbar

Merkmale
Weißliche bis beigefarbene 2–8 cm große Knolle, dicht von weißen, gelben oder grauen Adern durchzogen.

Jagdsaison in Alba

Kurz bevor das Städtchen Alba im sonnigen Piemont in den Winterschlaf fällt, läuft dort noch ein Rummel der besonderen Art. Bauern, Trüffelsucher, Händler, Meisterköche und unzählige Touristen treffen sich dort wegen einem in der Gastronomie hoch geschätzten Pilz – der weißen Italienischen Trüffel.

Die Italienische Trüffel ist zwar kein bei uns wachsender Pilz, wird in Delikatessläden aber relativ häufig angeboten. Zum Auffinden der unterirdisch wachsenden weißen oder schwarzen Knollen mit ausgesprochen aromatischem Duft werden Schweine oder Hunde abgerichtet. Dass die Trüffeln so aromatisch riechen, hat etwas mit ihrer Fortpflanzungsstrategie zu tun. Sie werden von Waldtieren aufgespürt und gefressen. Die Sporen passieren unbeschadet den Darm der Tiere und werden dann mit dem Kot weiterverbreitet. Von Oktober bis November dreht sich in Alba alles um „Tartufo bianco“, die Italienische Trüffel. Bauern und Pilzsucher bringen die berühmten Knollen fein säuberlich in Tücher gewickelt und in Dosen verpackt auf den Trüffel-Markt. Händler riechen mit verschlossenen Augen, begutachten und wiegen die teuren Stücke auf Präzisionswagen. Bis zu hundert Euro kann eine sehr große Trüffel ihrem Finder einbringen.

Bevor sie zu den Gourmets wandern, werden Trüffeln gründlich von Humusresten gesäubert.

Telefonnummern der Informationszentren für Vergiftungsfälle

Deutschland
14059 Berlin, Landesberatungsstelle für Vergiftungserscheinungen, 030/19 240
37075 Göttingen, Giftinformationszentrum-Nord, Uni Göttingen, 0551/38 31 80 oder 19 240
53113 Bonn, Informationszentrale für Vergiftungen, Uni Bonn, 0228/287-3211, -3333
55131 Mainz, Beratungsstelle bei Vergiftungen, Uni Mainz, 06131/19 240 (Notruf) oder 23 24 66 (Anfragen)
66421 Homburg/Saar, Informations- und Beratungszentrum für Vergiftungsfälle der Universitätskliniken, 06841/19 240
79106 Freiburg, Informationszentrale für Vergiftungen der Unikinderklinik, 0761/2704 361 (Notruf), 43 00 01 (Zentrale)
81675 München, Giftnotruf München, Technische Uni München, 089/ 19 240
90419 Nürnberg, II. Medizinische Klinik des Städtischen Krankenhauses, 0911/39 82 451
99089 Erfurt, Gemeinsames Giftinformationszentrum der Länder Mecklenburg-Vorpommern, Sachsen, Sachsen-Anhalt und Thüringen, 0361/73 07 30

Österreich
1090 Wien, Vergiftungsinformation, Allgemeines Krankenhaus, 01/40 64 34 30

Schweiz
8028 Zürich, Schweizerisches Toxikologisches Informationszentrum, 01/251 51 51 und 01/251 66 6

Bildnachweis
Mit 239 Farbfotos vom Autor sowie einer Farbzeichnung von Wolfgang Lang

Einzelband

ISBN 3-440-09543-6
Projektleitung: Stefanie Tommes
Lektorat: Sonnhild Bischoff
Grundlayout: eStudio Calamar
Produktion: Siegfried Fischer / Johannes Geyer / Lilo Pabel

A

Abendländischer Lebensbaum 266
Abendsegler 147
Acker-Gauchheil 420
Acker-Rittersporn 451
Acker-Stiefmütterchen 404
Admiral 211
Ahorn, Berg- 310
–, Feld- 342
–, Silber- 248
–, Spitz- 294
Akelei, Gewöhnliche 440
Alpen-Strandläufer 27
Alpenveilchen, Wildes 421
Amberbaum 234
Ameise, Rote Wald- 200
Amsel 79
Apfel, Kultur- 257
Arnika 396
Aronstab, Gefleckter 465
Arznei-Beinwell 423
Assel, Keller- 189
Atlas-Zeder 261
Austernfischer 24
Austern-Seitling 504
Azurjungfer, Hufeisen- 193

B

Bach-Forelle 174
Bach-Nelkenwurz 415
Bachstelze 112
Bärenklau, Wiesen- 365
Baum-Hasel 246
Baumläufer, Garten- 83
Baumpieper 52
Becherling, Zinnoberroter Kelch- 171
Beifuß, Gewöhnlicher 469
Beinwell, Arznei- 423
Berberitze 339
Berg-Ahorn 310
Berg-Kiefer 320
Berg-Ulme 311
Besen-Ginster 299
Besenheide 425
Biene, Rote Mauer- 198
Birke, Hänge- 295
–, Moor- 278
Birkenpilz 498
Birken-Porling 578
Birne, Kultur- 258
Blässhuhn 111
Blattlaus, Holunder- 208
Blauer Eisenhut 450
Blauglockenbaum 235
Blaugrüne Mosaikjungfer 191
Bläuling, Hauhechel- 212
Blau-Meise 85
Blindschleiche 165
Blut-Hänfling 94
Blut-Weiderich 424
Brachvogel, Großer 32
Brandgans 21
Brätling 565
Braunelle, Hecken- 73
Breitblättriger Rohrkolben 462
Breitblättriger Rübling 529
Brennnessel, Große 459
Bruch-Weide 273
Buche, Hopfen- 247
–, Rot- 286
Buch-Fink 96
Buchsbaum 302
Bunt-Specht 49
Busch-Windröschen 370
Bussard, Mäuse- 119
Butter-Röhrling 484
Butter-Rübling 527

C

Champignon, Zucht- 542

D

Dachs 157
Dohle 89
Dom-Gleditschie 238
Dost, Gewöhnlicher 431
Dotterblume, Sumpf- 390
Douglasie 306
Dreizehenmöwe 40
Drossel, Sing- 80
–, Wacholder- 78
Duftender Risspilz 552

E

Eberesche 330
Eberwurz, Große 367
Echte Felsenbirne 314
Echte Mehlbeere 313
Echte Mispel 332
Echte Schlüsselblume 393
Echte Tollkirsche 468
Echte Traubenkirsche 283
Echte Walnuss 345
Echter Flieder 237
Echter Zunderschwamm 583
Echtes Salomonssiegel 378
Echtes Labkraut 388
Echtes Lungenkraut 444
Echtes Tausendgüldenkraut 422
Edel-Kastanie 290
Edel-Reizker 566
Edeltanne, Pazifische 262
Edelweiß 375
Efeu 304
Egerling, Karbol- 544
–, Wiesen- 543
Ehrenpreis, Gamander 439
Eibe 319
Eiche, Flaum- 289
–, Rot- 288
–, Stiel- 287
–, Trauben- 312
Eichelhäher 57
Eichhörnchen 152
Eiderente 22
Einbeere, Vierblättrige 470

Eingriffliger Weißdorn 331
Eisenhut, Blauer 450
Eisvogel 113
Elsbeere 300
Elster 90
Ente, Reiher- 108
–, Stock- 106
–, Tafel- 107
Enzian, Kreuz- 438
Erdbeere, Wald- 361
Erdhummel 199
Erdkröte 169
Erle, Grün- 315
–, Schwarz- 277
Esche, Gewöhnliche 280
–, Eber- 300
–, Manna- 236
Espen-Rotkappe 497
Essigbaum 255
Eule, Schleier- 68, 555
–, Waldohr- 65
Europäische Lärche 325

F

Falke, Turm- 120
–, Wander- 64
Falscher Pfifferling 508
Färber-Resede 387
Färber-Waid 386
Fasan 122
Faulbaum 282
Feld-Ahorn 342
Feld-Grille 195
Feld-Hase 149
Feld-Lerche 126
Feld-Maikäfer 205
Feld-Mannstreu 467
Feld-Maus 153
Feld-Sperling 93
Feld-Thymian 432
Feld-Ulme 343
Felsenbirne, Echte 314
Feuerdorn 256
Feuersalamander 168
Fichte, Gewöhnliche 323
Stech- 264
Fingerhut, Roter 430
Fink, Buch- 96
Flacher Lackporling 575
Flaschen-Stäubling 588
Flatter-Ulme 279
Flaum-Eiche 289
Fliegenpilz 537
Flockenblume, Wiesen- 427
Florfliege 207
Forelle, Bach- 174
Frauenmantel, Gewöhnlicher 460
Frauen-Täubling 560
Frosch, Gras- 171
–, Teich- 170
Frost-Schneckling 510
Frühjahrs-Lorchel 592
Frühlings-Krokus 379
Fuchs, Rot- 156

G

Gallen-Röhrling 496
Gallen-Täubling 558
Gamander Ehrenpreis 439
Gans, Grau- 104
Gänseblümchen 373
Garten-Baumläufer 83
Gartenkreuzspinne 183
Garten-Rotschwanz 77
Gauchheil, Acker- 420
Gefleckter Aronstab 465
Gelbe Narzisse 400
Gelbe Teichrose 389
Gelbfuß, Großer 509
Gemeine Wespe 197
Gemeiner Ohrwurm 196
Gewöhnliche Akelei 440
Gewöhnliche Haselwurz 458
Gewöhnliche Küchenschelle 447
Gewöhnliche Nachtkerze 385
Gewöhnliche Nachtviole 436
Gewöhnliche Schafgarbe 372
Gewöhnliche Zaun-Winde 366
Gewöhnlicher Beifuß 469
Gewöhnlicher Dost 431
Gewöhnlicher Frauenmantel 460
Gewöhnlicher Giersch 363
Gewöhnlicher Gundermann 454
Gewöhnlicher Löwenzahn 398
Gewöhnliches Leimkraut 359
Gewöhnliches Leinkraut 405
Gewöhnliches Scharbockskraut 395
Giersch, Gewöhnlicher 363
Gimpel 97
Ginkgobaum 241
Ginster, Besen- 299
Gleditschie, Dom 238
Glockenblume, Rundblättrige 445
Glucke, Krause 573
Goldammer 131
Goldblatt 501
Goldhähnchen, Winter- 54
Goldregen 244
Gold-Röhrling 485
Götterbaum 239
Grasfrosch 171
Grau-Gans 104
Grau-Reiher 103
Grau-Schnäpper 84
Grille, Feld- 195
Großblütige Königskerze 394
Große Brennnessel 459
Große Eberwurz 367
Große Klette 426
Große Wegschnecke 219
Großer Brachvogel 32
Großer Gelbfuß 509
Großer Wiesenknopf 409

Grubiger Wurzelrübling 530
Grünblättriger Schwefelkopf 548
Grüne Stinkwanze 206
Grüner Knollenblätterpilz 539
Grün-Erle 315
Grünes Heupferd 194
Grünling (Vogel) 95
Grünling (Pilz) 519
Grün-Specht 51
Gundermann, Gewöhnlicher 454
Günsel, Kriechender 453

H

Habicht 46
Hahnenfuß, Scharfer 391
Hainbuche 291
Hallimasch 523
Hänfling, Blut- 94
Hänge-Birke 295
Hartriegel, Roter 341
Hase, Feld- 419
Hasel, Baum- 246
Haselnuss 335
Haselwurz, Gewöhnliche 458
Haubentaucher 100
Hauhechel-Bläuling 212
Hausrotschwanz 76
Haus-Sperling 92
Haus-Spinne 185
Haus-Spitzmaus 146
Hecht 178
Hecken-Braunelle 73
Hecken-Rose 333
Heide-Wacholder 346
Helmling, Rettich- 533
Weißmilchender 532
Herbst-Trompete 571
Herbst-Zeitlose 428
Herings-Möwe 39
Herkuleskeule 572
Herrenpilz 495
Heupferd, Grünes 194
Hexen-Röhrling, Netzstieliger 492
Hirsch, Rot- 160
Höcker-Schwan 105
Hohler Lerchensporn 429
Holunder, Schwarzer 337
–, Trauben- 318
Holunder-Blattlaus 208
Holzbock 186
Hopfen-Buche 247
Hörnling, Kebriger 587
Hufeisen-Azurjungfer 193
Huflattich 399
Huhn, Reb- 121
–, Teich- 110
Hummel, Erd- 199
Hunds-Rose 417

I

Igel 144
Immergrün, Kleines 442
Italienische Trüffel 594

J

Johanniskraut, Tüpfel- 392

K

Kahler Krempling 506
Kaiserling 536
Kalmus 463
Kampfläufer 31
Kaninchen 150
Karbol-Egerling 544
Karde, Wilde 437
Karpfen 177
Karthäuser-Nelke 412
Kartoffelkäfer 203
Kastanie, Ross- 254
Kauz, Wald- 67
Kegelhütiger Knollenblätterpilz 540
Kelchbecherling, Zinnoberroter 593
Kellerassel 189
Keste 290
Kiebitz 124
Kiefer, Berg- 320
–, Wald- 321
–, Weymouth- 307
–, Zirbel- 322
Kirsche, Kultur- 259
Klatsch-Mohn 408
Klebriger Hörnling 587
Klee, Weiß- 380
Kleiber 87
Kleinblütiges Knopfkraut 374
Kleines Immergrün 442
Kleines Knabenkraut 433
Kleines Mädesüß 371
Klette, Große 426
Knabenkraut, Kleines 433
Knollenblätterpilz, Grüner 539
Knollenblätterpilz, Kegelhütiger 540
Knopfkraut, Kleinblütiges 374
Knopfstieliger Rübling 526
Knöterich, Wiesen- 414
Knutt 29
Kohl-Meise 86
Königskerze, Großblütige 394
Korb-Weide 270
Kormoran 102
Kornblume 448
Körnchen-Röhrling 486
Kornelkirsche 297
Krabbenspinne 182
Krähe, Raben- 129
–, Saat- 88
Kranich 123
Krause Glucke 573
Kraut, Ruprechts- 418
Kraut-Weide 316
Krempling, Kahler 506
–, Samtfuß- 507
Kreuz-Enzian 438

Kreuzspinne, Garten- 183
Kriechender Günsel 453
Krokus, Frühlings- 379
Kröte, Erd- 169
Küchenschelle, Gewöhnliche 447
Kuckuck 48
Kuckucks-Lichtnelke 413
Kuh-Röhrling 487
Kultur-Apfel 257
Kultur-Birne 258
Kultur-Kirsche 259
Kultur-Pflaume 260
Küsten-Seeschwalbe 41

L

Labkraut, Echtes 388
Lach-Möwe 125
Lackporling, Flacher 575
Lacktrichterling, Violetter 515
Lärche, Europäische 325
Lebensbaum, Abendländischer 266
Lebensbaum, Riesen- 267
Leimkraut, Gewöhnliches 359
Leinkraut, Gewöhnliches 405
Lerche, Feld- 126
Lerchensporn, Hohler 429
Lichtnelke, Kuckucks- 413
Liguster 340
Linde, Silber- 249
–, Sommer- 292
–, Winter- 293
Lorchel, Frühjahrs- 592
Löwenzahn, Gewöhnlicher 398
Lungenkraut, Echtes 444

M

Mädesuß, Kleines 371
Maggipilz 567
Magnolie, Tulpen- 243
Maiglöckchen 377
Maikäfer, Feld- 205
Maipilz 525
Malve, Wilde 419
Mammutbaum, Riesen- 265
Manna-Esche 236
Mannstreu, Feld- 467
Marder, Stein- 158
Margerite, Wiesen- 376
Marienkäfer 202
Maronen-Röhrling 489
März-Schneckling 513
März-Veilchen 452
Mauerbiene, Rote 198
Mauersegler 69
Maulbeerbaum, Weißer 251
Maulwurf 145
Maus, Feld- 153
Mäusebussard 119
Mehlbeere, Echte 313
Mehl-Schwalbe 71
Meise, Blau- 85
–, Kohl- 86
–, Schwanz- 55
Milan, Rot- 118
Milchling, Mohrenkopf- 563
–, Pfeffer- 562
Mispel, Echte 332
Mistkäfer 204
Mittelsäger 23
Mohn, Klatsch- 408
Möhre, Wilde 364
Mohrenkopf-Milchling 563
Molch, Teich- 167
Mönchsgrasmücke 81
Moor-Birke 278
Morchel, Speise- 591
–, Spitz- 590
–, Stink- 584
Mosaikjungfer, Blaugrüne 191
Möwe, Dreizehen- 40
–, Herings- 39
–, Lach- 125
–, Silber- 38
–, Sturm- 37
Mutterkornpilz 588

N

Nachtkerze, Gewöhnliche 385
Nachtviole, Gewöhnliche 436
Nadelholz-Röhrling 500
Narzisse, Gelbe 400
Nebelkappe 516
Nelke, Karthäuser- 412
Nelken-Schwindling 531
Nelkenwurz, Bach- 415
Netzstieliger Hexen-Röhrling 492
Neuntöter 128
Nieswurz, Stinkende 466
Nordmanns-Tanne 263

O

Ocker-Täubling 559
Ohrwurm, Gemeiner 196

P

Palme, Stech- 303
Papageigrüner Saftling 514
Pappel, Schwarz- 274
–, Silber- 275
–, Zitter- 296
Parasol 545
Pazifische Edeltanne 262
Perlpilz 541
Pfaffenhütchen 338
Pfauenauge, Tag- 211
Pfeffer-Milchling 562
Pfeffer-Röhrling 491
Pfifferling 570
Pfifferling, Falscher 508
Pflaume, Kultur- 260
Pfuhlschnepfe 34
Pirol 56
Platane 250
Plötze 175
Porling, Birken- 578
–, Flacher Lack- 575

Porling, Riesen- 577
–, Schwefel- 576
–, Schuppiger 579
–, Sklerotien-Stiel- 580

R

Raben-Krähe 129
Rainfarn 397
Rasling, Weißer 524
Ratte, Wander- 155
Rauchblättriger Schwefelkopf 549
Rauchschwalbe 70
Raukopf, Spitzbuckeliger 554
Rebe, Wald- 305
Reb-Huhn 121
Regenbremse 215
Regenwurm 218
Reh 161
Reifpilz 553
Reiher, Grau- 103
Reiher-Ente 108
Reizker, Edel- 566
Resede, Färber- 387
Rettich-Helmling 533
Riesenbovist 586
Riesen-Lebensbaum 267
Riesen-Mammutbaum 265
Riesen-Porling 577
Riesen-Rötling 535
Riesen-Träuschling 547
Ringelnatter 166
Ringel-Taube 46
Risspilz, Duftender 552
–, Ziegelroter 551
Ritterling, Schwefel- 520
–, Seifen- 521
–, Tiger- 518
–, Violetter Rötel- 517
Rittersporn, Acker- 451
Robinie, Weiße 298
Rohrammer 115
Rohrkolben, Breitblättriger 462
Röhrling, Butter- 484
–, Gallen- 496
–, Gold- 485
–, Körnchen- 486
–, Kuh- 487
–, Maronen- 489
–, Nadelholz- 500
–, Netzstieliger Hexen- 492
–, Pfeffer- 491
–, Rotfuß- 490
–, Satans- 493
–, Schmarotzer- 488
–, Strubbelkopf- 499
Rohrweihe 109
Rose, Hecken- 333
–, Hunds- 417
Ross-Kastanie 254
Rot-Buche 286
Rote Mauerbiene 198
Rote Waldameise 200
Rot-Eiche 288
Rötelritterling, Violetter 517
Roter Fingerhut 430
Roter Hartriegel 341
Rotfuchs 156
Rotfuß-Röhrling 490
Rot-Hirsch 160
Rotkappe, Espen- 497
Rotkehlchen 75
Rötling, Riesen- 535
Rot-Milan 118
Rotschenkel 35
Rotschwanz, Garten- 77
–, Haus- 76
Rübling, Breitblättriger 529
–, Butter- 527
–, Grubiger Wurzel- 530
–, Knopfstieliger 526
–, Samtfuß- 534
–, Waldfreund- 528
Rundblättrige Glockenblume 445
Ruprechts-Kraut 418

S

Saat-Krähe 88
Säbelschnäbler 25
Sadebaum 327
Saftling, Papageigrüner 514
Salamander, Feuer- 168
Salbei, Wiesen- 455
Salomonssiegel, Echtes 378
Sal-Weide 271
Samtfuß-Krempling 507
Samtfuß-Rübling 534
Sanddorn 281
Sanderling 28
Sandregenpfeifer 26
Satans-Röhrling 493
Sauerdorn 339
Sauerklee, Wald- 362
Schafgarbe, Gewöhnliche 372
Schafstelze 127
Scharbockskraut, Gewöhnliches 395
Scharfer Hahnenfuß 391
Schaumkraut, Wiesen- 411
Schlehe 334
Schleiereule (Vogel) 68
Schleiereule (Pilz) 555
Schlüsselblume, Echte 393
Schmalblättriges Weidenröschen 410
Schmarotzer-Röhrling 488
Schmetterlings-Tramete 581
Schnäpper, Grau- 84
–, Trauer- 53
Schnecke, Weg- 219
–, Schnirkel- 220
–, Spitzschlamm- 222
–, Weinberg- 221
Schneckling, Frost- 510
–, März- 513
–, Schwarzpunktierter 512
–, Wohlriechender 511

Schneeball 336
Schnirkelschnecke,
Schwarzmündige 220
Schnurfüßer 188
Schöllkraut 384
Schopf-Tintling 546
Schuppiger Porling 579
Schwalbe, Mehl- 71
–, Rauch- 70
Schwalbenschwanz 209
Schwan, Höcker- 105
Schwanz-Meise 55
Schwarzdorn 334
Schwarzer Holunder 33
Schwarz-Erle 277
Schwarzmündige
Schnirkelschnecke 220
Schwarz-Pappel 274
Schwarzpunktierter
Schneckling 512
Schwarz-Specht 50
Schwebfliege 216
Schwefelkopf,
Grünblättriger 548
–, Rauchblättriger 549
Schwefel-Porling 576
Schwefel-Ritterling 520
Schwertlilie, Sumpf- 403
Schwindling, Nelken- 531
Seerose, Weiße 369
Seeschwalbe, Küsten- 41
–, Zwerg- 42
Seidelbast 317
Seidenschwanz 74
Seifen-Ritterling 521
Seitling, Austern- 504
Semmel-Stoppelpilz 574
Shiitakepilz 505
Siebenpunkt 202
Siebenschläfer 151
Silber-Ahorn 248
Silberfischchen 190
Silber-Linde 249
Silber-Möwe 38
Silber-Pappel 275
Silber-Weide 272
Sing-Drossel 80
Sklerotien-Stielporling 580
Sommer-Flieder 245
Sommer-Linde 292
Specht, Bunt- 49
–, Grün- 51
–, Schwarz- 50
Speierling 301
Speise-Morchel 591
Spei-Täubling 561
Sperber 63
Sperling, Feld- 93
–, Haus- 92
Spinne, Gartenkreuz- 183
–, Haus- 184
–, Krabben- 182
–, Zebra-Spring- 185
Spitz-Ahorn 294
Spitzbuckeliger Raukopf 554
Spitzschlammschnecke 222
Spitzmaus, Haus- 146
Spitz-Morchel 590
Spitz-Wegerich 461
Springspinne, Zebra- 185
Star 91
Stäubling, Flaschen- 588
Stech-Fichte 264
Stech-Mücke 214
Stech-Palme 303
Steinläufer 187
Steinmarder 158
Steinpilz 495
Steinwälzer 33
Stichling, Dreistacheliger 179
Stiefmütterchen, Acker- 404
Stieglitz 130
Stiel-Eiche 287
Stielporling, Sklerotien- 580
Stinkende Nieswurz 466
Stink-Morchel 584
Stinkwanze, Grüne 206
Stock-Ente 106
Stockschwämmchen 550
Stoppelpilz, Semmel- 574
Storch, Weiß- 60
Storchschnabel, Wiesen- 441
Strandläufer, Alpen- 27
Strubbelkopf-Röhrling 499
Stubenfliege 217
Sturm-Möwe 37
Sumpf-Dotterblume 390
Sumpf-Schwertlilie 403
Sumpf-Vergißmeinnicht 443

T

Tafelente 107
Tag-Pfauenauge 211
Tanne, Nordmanns- 263
–, Pazifische Edel- 262
–, Weiß- 326
Taube, Türken- 61
Taubenschwänzchen 213
Täubling, Gallen- 558
–, Frauen- 561
–, Ocker- 559
–, Spei- 561
Taubnessel, Weiße 381
Taucher, Zwerg- 101
Tausendgüldenkraut,
Echtes 422
Teich-Frosch 170
Teich-Huhn 110
Teich-Molch 167
Teichrohrsänger 114
Teichrose, Gelbe 389
Teufelspilz 493
Thymian, Feld- 432
Tiger-Ritterling 518
Tintenfischpilz 585
Tintling, Schopf- 546
Tollkirsche, Echte 468
Totengräber 201
Tramete, Schmetterlings- 581

Trauben-Eiche 312
Trauben-Holunder 318
Trauben-Kirsche, Echte 283
Trauer-Schnäpper 53
Träuschling, Riesen- 547
Trichterling, Violetter Lack- 515
Trompete, Herbst- 571
Trompetenbaum 253
Trottellumme 43
Trüffel, Italienische 594
Tulpe, Wilde 401
Tulpenbaum 242
Tulpenmagnolie 243
Tüpfel-Johanniskraut 392
Türken-Taube 61
Turm-Falke 120

U

Ulme, Berg- 311
–, Feld- 343
–, Flatter- 279

V

Veilchen, März- 452
Vergißmeinnicht, Sumpf- 443
Vierblättrige Einbeere 470
Violetter Lacktrichterling 515
Violetter Rötelritterling 517
Vogelmiere 360

W

Wacholder, Heide- 346
Wacholder-Drossel 78
Waldameise, Rote 200
Wald-Erdbeere 361
Waldfreund-Rübling 528
Wald-Kauz 67
Wald-Kiefer 321
Waldmaus 154
Waldmeister 358
Waldohreule 65
Wald-Rebe 305
Wald-Sauerklee 362
Walnuss, Echte 345
Wander-Falke 64
Wander-Ratte 155
Wegerich, Spitz- 461
Wegschnecke, Große 219
Wegwarte 449
Weide, Bruch- 273
–, Korb- 270
–, Kraut- 316
–, Sal- 271
–, Silber- 272
Weidenröschen, Schmalblättriges 410
Weiderich, Blut- 424
Weinberg-Schnecke 221
Weißbuche 291
Weißdorn, Eingriffliger 331
Weiße Robinie 298
Weiße Seerose 369
Weiße Taubnessel 381
Weißer Maulbeerbaum 251
Weißer Rasling 524
Weiß-Klee 380
Weißmilchender Helmling 532
Weiß-Storch 60
Weiß-Tanne 326
Wespe, Gemeine 197
Weymouth-Kiefer 307
Wiesen-Bärenklau 365
Wiesen-Egerling 543
Wiesen-Flockenblume 427
Wiesenknopf, Großer 409
Wiesen-Knöterich 414
Wiesen-Margerite 376
Wiesen-Salbei 455
Wiesen-Schaumkraut 411
Wiesen-Storchschnabel 441
Wilde Karde 437
Wilde Malve 419
Wilde Möhre 364
Wilde Tulpe 401
Wildes Alpenveilchen 421
Wildkaninchen 150
Wildschwein 159
Windröschen, Busch- 370
Wintergoldhähnchen 54
Winter-Linde 293
Wohlriechender Schneckling 511
Wurzelrübling, Grubiger 530

Z

Zauneidechse 164
Zaunkönig 72
Zaun-Winde, Gewöhnliche 366
Zebra-Springspinne 185
Zecke 186
Zeder, Atlas- 261
Zeitlose, Herbst- 428
Ziegelroter Risspilz 551
Zilpzalp 82
Zinnoberroter Kelchbecherling 593
Zirbel-Kiefer 322
Zitronenfalter 210
Zitter-Pappel 296
Zucht-Champignon 542
Zuckergast 190
Zunderschwamm, Echter 583
Zwerg-Seeschwalbe 42
Zwerg-Taucher 101
Zwetschge 260

Bildnachweis Gesamteinleitung: Mit 3 Fotos von Giel (S. 3, Rotkelchen), Schmidt (S. 8, Rotkelchen) und Hecker (S. 9, Mohn).

Umschlaggestaltung von eStudio Calamar, Pau, unter Verwendung eines Farbfotos von Danegger (Rotfuchs) für die Vorderseite und 5 Farbfotos für die Hinterseite: Wendl (Stieglitz), Danegger (Rotfuchs), Spohn (Gingko), Vogt (Kuckucks-Lichtnelke), Laux (Fliegenpilz).

Bibliografische Information Der Deutschen Bibliothek
Die Deutsche Bibliothek verzeichnet diese Publikation in der Deutschen Nationalbibliografie; detaillierte bibliografische Daten sind im Internet über http://dnb.ddb.de abrufbar.

Gedruckt auf chlorfrei gebleichtem Papier

ISBN-13: 978-3-440-10259-6
ISBN-10: 3-440-10259-9

Lektorat: Dr. Stefan Raps
Grundlayout: eStudio Calamar
Produktion: Johannes Geyer
Printed in Slovak Republic / Imprimé en Slovaquie

KOSMOS

Was blüht denn da?

- Außergewöhnliche Farbzeichnungen von 748 Wildblumen Mitteleuropas
- Schnelle und sichere Bestimmung durch die Einteilung nach Blütenfarbe und Blütenform

Dietmar Aichele • M. Golte-Bechtle
Was blüht denn da?
Der Klassiker
448 Seiten, 832 Abbildungen
€/D 17,95; €/A 18,50; sFr 30,60
ISBN 3-440-10212-2

- Brillante Farbfotos der 400 häufigsten Wildblumen Mitteleuropas

Dietmar Aichele
Was blüht denn da?
Der Fotoband
448 Seiten, 951 Abbildungen
€/D 14,95; €/A 15,40; sFr 25,90
ISBN 3-440-10281-5

- Der kindgerechte Naturführer mit den 50 wichtigsten einheimischen Blumen

Ursula Stichmann-Marny
Mein erstes
Was blüht denn da?
256 Seiten, 170 Abbildungen
€/D 6,95; €/A 7,20; sFr 12,40
ISBN 3-440-10156-8

Preisänderungen vorbehalten

www.kosmos.de

Angaben und Abkürzungen in der Randspalte der einzelnen Kapitel

Vögel

Tiergruppe (Familie)
L Gesamtlänge vom Schnabel bis zum Schwanz
Monate, in denen die Art bei uns lebt

Sonstige Tiere

Tiergruppe (Familie)
G Gewicht
KR Kopf-Rumpflänge
L Gesamtlänge von Schnauze bis Schwanzspitze
SW Spannweite der Schmetterlingsflügel
♂ Männchen
♀ Weibchen
Monate, in denen die Art bei uns beobachtet werden kann

Bäume

Pflanzengruppe (Familie)
Blütezeit
Wuchshöhe

Blumen

Blütenfarbe und Blütenform
✤ = höchstens vier Blütenblätter
✿ = fünf Blütenblätter
❁ = mehr als fünf Blütenblätter
✾ = zweiseitig symmetrische Blüten
Pflanzengruppe (Familie)
Blütezeit in Monaten
Wuchshöhe

Pilze

Pilzgruppe (Gattung)
Wachstumszeit
Standort
Hinweis, ob essbar, kein Speisepilz oder giftig